수질공학의 응용과 해설[2]

셀프업 **20**

실무지침 가이드 북 | 수질 공학도 / 기사 / 기술사
설계시공 엔지니어 전문서

"하나뿐인 지구" 지구촌 경제재 물 환경치유

수질공학의 응용과 해설 [2]

왜 녹색성장 인가? 녹색성장 왜 가야만 하는가? 환경문제는 환경의 문제가 아니라 인간의 문제이다. 인간은 이미 그 길을 가고있고 또 가야만 하는 것이 녹색성장이다. 지구촌 환경문제가 현실적인 위협으로 등장하면서 환경과 에너지 문제, 물 문제가 국가의 미래를 결정하는 새로운 녹색성장 패러다임으로 부각되고 있다. 녹색성장은 환경오염을 줄이고 경제를 살리는 지속가능한 성장패턴이며, 환경과 경제간의 악순환 구조를 선순환 구조로 전환하는 계기가 될 것이다. 기존의 경제 우선정책이 경제적으로 한계점에 도달한 것은 지구촌 국가와 사회의 잘못된 좌표설정으로 모든 시스템 오작동의 산물이자 결과물이라고 표현해도 결코 지나친 표현은 아닐 것이다. 이제 환경문제는 환경자체만의 문제가 아니다. 환경을 모르고는 사업도 정치도 외교도 불가능 할 뿐만 아니라 과학도 철학도 정치도 혼자서는 환경문제, 에너지 문제, 물 문제를 해결할 수 없게 되었다. 앞으로 에너지 문제는 자원재생형 에너지인 태양력과 풍력, 수력으로 대체될 것이며 또한 그렇게 가고 있고, 그렇게 가야만 하는 것이 오늘의 현실이다.

물 문제는 오늘날 지구촌 최대의 현안 중 하나로 떠오르고 있다. 기후변화와 환경오염에 의한 "물 부족"문제 즉, 용수난에 부닥뜨린 세계 각국은 앞다퉈 수원확보 경쟁에 돌입 하였으며, 일부 지역에선 이미 분쟁으로 비화되고 있어 전면전으로 확산될 우려마저 높다. 물이 무한한 천연재가 아니라 희소한 경제재이기 때문에 이러한 "물 전쟁시대"가 도래 하였다고 해도 과언이 아닐 것이다. 따라서 수자원의 개발은 종래의 방법을 탈피한 보다 적극적이고 현실적인 개발의 방안이 모색 되어야 할 것이다.

본서는 이와 같은 사회적 요구에 부응하고자 수자원확보에 도움이 되도록 편집하였다. 물 환경보전을 위한 수원지, 상하수도, 오폐수처리 설계시공의 다양한 이론들을 산업현장 실무에 직접 적용하는 것을 목표로 수질공학도 및 수처리 설계시공 엔지니어, 수질환경 기사, 수질관리 기술사, 상하수도 기술사, 현장 환경기술인을 위한 핵심적인 지식을 배울 수 있는 내용으로 구성하였다. 무엇보다 이론과 현장실무를 연관시켜 해석하기 위하여 지금까지 쌓아온 실무경험과 강의노트, 수강노트, 수험노트, 참고 자료철 등의 자료를 사용하여 현실적인 실무에 도움이 되고자 노력하였다. 단지 아쉬운 점은 이러한 참고자료를 기초로 정리함에 있어서 참고문헌의 누락부분이 없지 않다.

이 책은 총 15장으로 구성되어 있으며, 제1장에서는 물의 특성을 2장에서는 물과 관련된 수질관리 지표를 언급하였다. 3장은 수자원의 수질관리 방안을 제시 하였으며, 4장부터 14장은 수처리 기본계획을 바탕으로 수리학적 설계, 물리화학적 처리, 생물학적 처리, 슬러지 처리, 고도처리 방법을 소개하였다. 15장은 환경적으로 건전하고 지속가능한 기업의 경영 순서로 구성되어 있다.

그 동안 이 책을 펴냄에 있어, 많은 격려와 조언을 해 주신 모든 분들게 진심으로 감사드린다. 출판을 맡아주신 한국학술정보(주) 사장님을 비롯한 임직원 여러분께 심심한 감사의 뜻을 전하며, 앞으로 이 책의 내용이 보다 충실해 질 수 있도록 독자 여러분의 지도와 편달이 있으시기를 바란다.

조용덕, 이상화 씀

수질공학의 응용과 해설[1]

PART 3

수자원 수질관리 / 131

PART 5

수처리시설의 수리학적 설계 / 291

PART 6

펌프 / 423

PART 10

호기성 부착성장 생물학적 처리 / 367

PART 11

혐기성 처리 / 395

PART 12

생물학적 하이브리드 공법 / 431

PART 13

고도처리 / 449

PART 15

기업과 환경 / 553

물리 화학적 처리공정

7.1 스크리닝(Screening)

정수처리나 폐수처리의 첫 단계로서 비교적 큰 부유물을 배수관로(排水管路)에서 제거하는 방법이다.

스크린(Screen)은 구조상으로 스크린의 유효간격에 따라 봉(捧) 스크린(Rack bar screen), 격자(格子) 스크린(Grating screen), 망(網) 스크린(Fine screen) 등으로 나눈다. 특히 조류(藻類)나 미생물을 제거하기 위해 Micro strainer 가 사용되는 경우도 있다. 또 망목(茫目)의 크기에 따라 50㎜ 이상 조(組) 스크린, 25~50㎜ 중(中) 스크린, 25㎜ 미만 세(細) 스크린으로 분류된다.

상수도에서 취수시설의 스크린은 취수구(取水口)에 부유물의 유입이 방지될 수 있도록 조망(Coarse screen)을 사용한다. 스크린을 통과하는 유속은 1m/sec 이하가 되도록 한다. 폐수처리장의 스크린은 펌프를 보호하기 위하여 보통 6㎝ 이하의 눈을 가진 조망(組網)을 사용한다. 스크린의 설치각도는 보통 45°~60°이고, 통과유속은 0.75m/sec 이하가 되도록 하며 일반적으로 0.45m/sec로 한다.

유속을 크게 하면 침사지의 효율을 방해하고, 수동식으로 협잡물을 제거하는 경우에는 작업이 곤란하게 될 뿐만 아니라 자동식인 경우에도 협잡물을 흘려 내보내게 되므로 적당한 유속을 유지한다. 스크린 앞쪽은 그리트의 침전을 방지하기 위하여 유속은 0.5m/초 이상으로 하며, 스크린부는 협잡물의 통과를 방지하기 위하여 1m/초 이하로 한다. 스크린부의 접근유속의 감소를 위하여 유입부 수로폭의 증가를 고려할 수 있다. 스크린에서의 손실수두는 자동식인 경우에는 0.1m, 수동식인 경우에는 0.3m 정도로 한다. 스크린의 통과유속은 계획시간 최대유입량에 대해 수동식의 경우에는 0.3~0.45m/초, 자동식의 경우에는 0.45~0.6m/초로 한다. 스크린 통과유속은 다음 식에 의해 정해진다.

$$V = \frac{Q}{B \cdot H}$$

$$B = \frac{b}{b+t} B'$$

여기서, V: 통과유속(m/초)

     Q: 시간최대유입수량(㎥/초)

     B: 스크린유효폭(m)

     H: 시간최대유입수량의 수심(m)(컨베이어 자동제거기에서는 사수부(Dead space)를 고려한다)

     b: 스크린간격(㎜)

     t: 스크린두께(㎜)

     B': 수로폭(m)

설치각도는 일반적으로 기계적 청소조작을 할 때는 설치각도를 크게,

인력(人力)으로 청소 시는 설치각도를 적게 두고 또 유속이 완만한 곳은 설치각도를 완만하게 하는 것이 보통이다.

스크린은 침사지 전후에 설치할 수 있으나 대부분 전방에 설치하고, 경사각은 기계식 청소장치를 할 때에는 수평에 대해 70° 전후, 인력으로 청소 시는 수평에 대해 45~60°로 한다.

Kirschmer의 screen 설치부 손실수두 계산식은 다음과 같다.

$$h_r = \beta \sin \alpha \left(\frac{t}{b}\right)^{\frac{4}{3}} \cdot \frac{V^2}{2g}$$

여기서, h_r: 스크린에 의한 손실수두(m)

β: 스크린봉의 형상계수

α: 수평면에 대한 스크린 설치각도

t: 스크린의 막대굵기(cm)

b: 스크린의 유효간격(cm)

V: 통과유속(m/sec)

g: 중력가속도(9.8m/sec^2)

또한 스크린에서의 수두손실(Headloss)은 유속과 스크린의 개구부 크기에 따라 딜라지는네, 나음 Bernoulli식으로 구할 수 있다.

$$h_1 + \frac{V^2}{2g} = h_2 + \frac{V_{sc}^2}{2g} + h_L$$

여기서, h_1: 상류의 수심

h_2: 하류의 수심

g: 중력 가속도

V: 상류 유속

V_{sc}: 스크린 통과 유속

h_L: 손실 수두

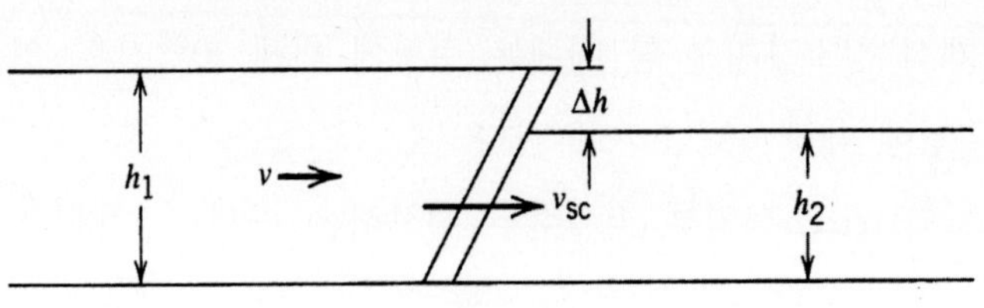

그림 7.1. 스크린 전후의 수두 차.

7.2 침사지(沈砂池, Grit chamber)

침사지의 설치 목적은 폐수 내의 자갈, 모래 기타 뼈나 금속부속품 등의 무거운 입자(쏜子)들로 구성된 사석(沙石, Grit)을 제거하여 펌프 등 처리 기계나 시설, 관의 손상이나 폐쇄를 막고 또한 침전지나 슬러지 소화조 내 축적되는 것을 방지하기 위하여 설치하는 시설이 침사지(Grit chamber)이다.

통상 양수장(揚水長) 앞에 설치하나 때로는 시공비 때문에 펌프 등의 마모를 각오하고서 양수장 다음에 위치시키기도 한다.

처리 대상물질은 비중 2~2.5, 직경(입자경) 0.2㎜ 이상, 침전속도 0.0225m ps인 입자들이며 유기질의 침전은 피하여야 한다. 그러므로 유속은 15~ 30㎝/sec, 체류시간 30~60sec로 하며 유효깊이는 1.5~2m, 총깊이 2.5~ 3.5m, 유효길이 10~20m로서 전후에 각기 3~6m 정도 여유를 준다.

침사지의 표면부하율은 다음 식과 같이 표현된다.

$$L_s = \frac{Q \times 60 \times 60 \times 24}{A} = \frac{Q \times 60 \times 60 \times 24}{L \cdot W} \tag{7.1}$$

여기서, L_s: 표면부하율($\text{m}^3/\text{m}^2/$일)

　　　　L: 침사지의 유효길이(m)

　　　　W: 침사지의 유효폭(m)

　　　　Q: 유입폐수량($\text{m}^3/$초)

일반적으로 표면부하율은 1,800 $\text{m}^3/\text{m}^2/$일로 한다. 표면부하율과 유입폐수량으로부터 침사지의 표면적을 구할 수 있다. 침사지의 길이는 체류시간을 $30 \sim 60$초로 하여 평균유속(0.3m/초)×수리학적 체류시간($30 \sim 60$초) $= 9 \sim 18$m로 되며 이것을 침사지 길이의 기준으로 한다. 침사지의 유효수심과 유속의 관계는 다음 식과 같다.

$$\text{v}/\text{V} = \text{H}/L\text{V} = \text{Q}/(W \cdot \text{H})\text{T} = (W \cdot L \cdot \text{H})/\text{Q} \tag{7.2}$$

여기서, v: 입자의 침전속도

　　　　V: 평균유속

　　　　H: 침사지의 유효수심

　　　　T: 수리학적 체류시간

또한 7.1과 7.2 식은 다음 식과 같은 관계가 있다.

$$\text{V} = \frac{Q}{L \cdot W} \tag{7.3}$$

v는 그림 **7.2**와 같이 침사지의 유입부에서 수면으로 유입하는 유출부의 바닥에 도달하는 침전속도로서 침사지에서 제거되는 그리트의 침전속도를 의미하며, 표면부하율과 동일하다. 그러므로 침사지에서 그리트의 침전속도, 즉 그리트의 제거율은 수심과는 무관하며 침사지의 표면적과 관계가 있다.

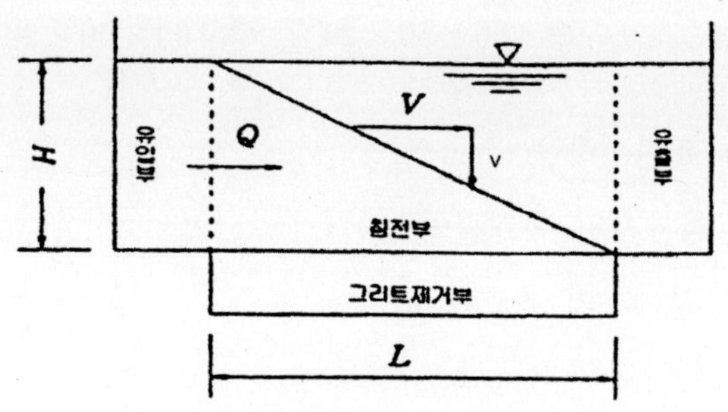

그림 7.2. 유효수심과 유속의 관계.

침사지는 침전지와 달리 모래와 같은 비교적 크고 무거운 입자를 제거 시키므로 체류시간이 짧다. 따라서 수평방향으로서의 이동으로 고형물이 씻겨 나가지 않도록 소류속도(Scouring velocity)에 유의해야 한다. 적당한 소류속도는 22.5 cm/sec 정도이며, 다음 식으로 표현된다.

$$V_c = \left(\frac{8\,\beta \cdot g\,(S-1)\,d}{f} \right)^{\frac{1}{2}}$$

여기서, V_c: 소류속도(cm/sec)

β: 상수(모래인 경우 0.04)

g: 중력가속도(980 cm/sec^2)

S: 입자의 비중

d: 입자경(cm)

f: Darcy − weisbach 마찰계수(콘크리트 재료 0.03)

침사지에는 여러 가지가 있는데 선택은 폐수 내의 사석, 처리장의 크기, 운영과 유지의 편의성, 시공비와 운영비 등 여러 가지 요소에 좌우된다. 보편적으로 많이 사용되는 종류로서 수로(水路)모양으로 생긴 것. 바닥에 웅덩이(Hopper)를 가진 폭기식, 중앙에 사석제거기를 가진 침전지, 그리고 나사형 Grit 세척기를 가진 싸이크론형이 있다.

7.3 유량조정조

유입폐수에 대한 유량조는 유입유량변동에 대한 조정과 유입수질의 균등화이다. 즉 유량조정조를 설치함으로써, 첫 번째는 유입유량변동을 균등화하여 다음 처리시설의 유량을 거의 일정하게 하기 위함이고, 두 번째는 유입수질의 농도변화를 인정하게 하여 다음 처리시설에 대해 유기물, 영양물질 및 다른 부유물질, 용존물질의 부하를 일정하게 유지하는 데 있다. 유량조정조의 구체적인 설치목적은 다음과 같다.

- 저해물질을 희석하여 과부하방지를 방지하므로 생물학적 공정의 처리효율 향상
- 독성물질의 일시적 유입에 의한 악영향방지(pH 포함)
- 일정한 고형물부하를 통한 이차침전지의 유출수질 향상과 농축효과 증대
- 화학적 처리에서 유입수질을 일정하게 함으로써 약품주입을 용이하게 하고 처리의 신뢰도 향상
- 유출수의 여과 시 여과표면적 감소, 여과효율증대, 일정한 역세척주기 확보 가능
- 슬러지처리시설에 대한 고형물부하의 균일화 등

유량조정조의 유량조정방법은 처리공정특성 및 유입유량의 변화 정도에 따라 결정한다. 기존처리시설에 유량조정조를 설치할 경우에는 처리효율을 현저하게 향상시킬 수 있으며 새로운 처리시설 건설 시에는 각 단위공정의 설계용량을 감소시킬 수 있다. 그러나 유량조정의 타당성과 미래에 증가할 부하의 변화에 대한 다음 처리시설의 증가분에 대한 경제성과 운전분석이 반드시 실행되어야 한다. 어느 방식을 사용하느냐의 문제는 유입변동형태, 유량조정조에서의 송수량, 송수방식, 제어방식 등을 검토하여 경제성, 유지관리의 용이성 및 조정효과를 평가하여 정한다. 유량조정방법은 인-라인 방식과 오프-라인 방식이 있다.

인-라인(In-line) 방식은 유량변화가 매우 심할 경우에 설치한다. 유입폐수 전량이 유량조정조를 거치게 하는 방식으로서, 유입수질과 유입유량을 목표하는 수질과 유량을 거의 일정하게 할 수 있다.

오프-라인(Off-line) 방식은 유량변화가 크지 않을 경우, 빈도가 적을 경우에 설치한다. 계획일 최대수량을 넘는 유량에 대해 유량조정조로 유입시키는 방식으로써 펌프용량을 감소시킬 수 있으나 유입수질의 균등화가 인-라인에 비해 상대적으로 감소하며 오염물질의 농도변화에 대한 조정이 비효율적이 될 수 있다.

유량조정조는 24시간 수질을 균등하게 조정되게 하여 완전한 균등화를 꾀하는 것이 이상적이지만 이런 경우 유량조정조의 용량이 커지고 건설비도 늘어나 비경제적이 되므로 유량조정조의 용량은 계획일 최대수량을 넘는 유량을 일시적으로 저류해서 시간최대유입수량이 계획일 최대수량에 대하여 1.5배 이하로 되도록 처리장의 특성과 건설비 등을 고려하여 정하고, 유량조정 후의 본 처리시설의 설계수량은 계획일 최대수량으로 한다.

유량조정조 용량은 송수량의 설정치(송수량÷일평균폐수량)를 1.3～1.5의 범위로 할 경우 계획일 최대수량에 대하여 약 3～4시간 이상 분의 용량으로 하며 또한 설정치를 1.0으로 하는 경우에는 약 6시간 이상의 용량으로 한다. 폐수량의 변동형태는 실측자료가 있는 경우 유입유량 누적곡선을 이용하여 조의 용량을 정한다. 신설하는 폐수종말 처리시설에서는 실측자료가 없으므로 유사한 처리시설의 자료에 의하여 가정하여 산정한다. 그러나 각 처리시설의 변동형태가 다르므로 유사한 경우는 거의 없으며 각 경우마다 독특한 변동형태를 취하고 있다. 유량조정조의 용량은 각 사업장에 따른 배출형태를 고려하여 어느 정도의 여유를 둔다. 이러한 여유는 혼합·폭기를 위한 여유, 예측불허의 급격한 유량변동, 반송이 있는 경우 반송량을 고려하여 정한다. 또한, 유입폐수의 변동형태 산정 시에는 각 사업장의 조업시간 및 처리시설 내의 지형 등도 고려하여야 한다. 실측자료를 기준으로 유량조정조의 용량을 산정하는 방법에는 유량수지산정법(流量收支算定法), 농도수지산정법(濃度收支算定法), 유량수지 및 농도수지 동시산정법, Sign곡선 산정법 및 직교선산정법 등이 있다.

그림 **7.3(b)**는 하루 24h 동안의 유량변동의 예를 나타낸다.

여기에서 24h 동안 총 흐름부피는

$$V = \int_{o}^{24} Q(t)dt$$

이 동안의 평균유량 $\overline{Q}$는 다음과 같다.

$$\overline{Q} = \frac{1}{24} \int_{o}^{24} Q(t)dt$$

그림 **7.3(b)**에서의 필요한 균등조 부피는 V_3이다.

$$V_3 = V_1 + V_2$$

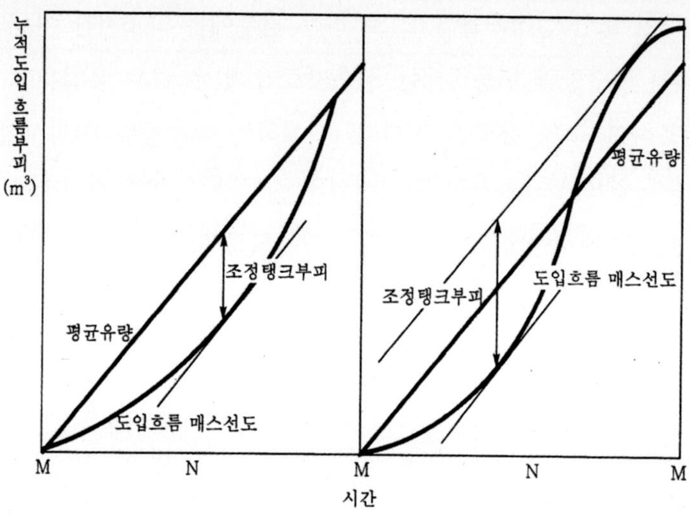

(a) 누적 유량변동

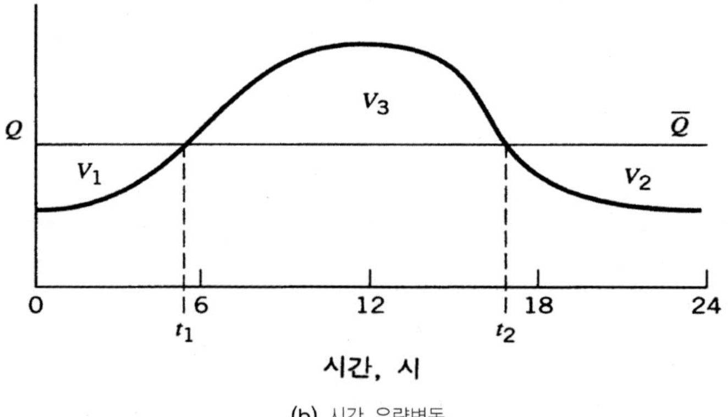

(b) 시간 유량변동

그림 7.3. 하루 24시간 동안의 누적 유량변동과 시간 유량변동.

유류는 크게 광물유(鑛物油), 동식물유(動植物油)로 분류할 수 있다. 광물유는 경질유와 중질유(中質油)로, 동식물유는 건성유(乾性油), 불건성유(不乾性油) 등으로 나눌 수 있다. 폐수 중에 유류가 혼합될 경우, 유입되는 상태에 따라 주의해야 하며 이를 분류하면 다음과 같다.

- 휘발성 유류(揮發性油類)
- 유리상유류(遊離相油類)
- 유화상유류(乳化狀油類)
- 고형유지류(固形油脂類)
- 수면부유유적(水面浮遊油滴)

부유상(浮游狀) 유류성분은 물과 유류성분의 비중차에 의해서 제거 분리할 수 있다. 중력식 유수분리장치는 대략 미국석유협회(API) 기준을 따르고 있다. 이와 같은 중력식 유수분리장치는 API형 유수분리장치로 불리고 있다. 중력식 유수분리장치의 효율을 높이는 방법으로는 물과 유류성분의 비중 차이를 크게 하는 방법과 분리에 소요되는 면적을 증가시키는 방법이 있다.

물과 유류성분이 비중 치이를 크게 하는 방법은 부유해 있는 유류성분에 세형기포를 부착시켜서 유적의 겉보기 비중을 작게 하는 것이며 일반적으로는 부상분리법이라 한다. 부상분리법은 부상분리장치에서 다시 설명하기로 한다. 분리에 소요되는 면적을 증가시키는 방법은 경사판을 두어 분리면적을 증가시키는 것으로써 그 예는 PPI형이 있다.

유화상(乳化狀) 유류성분은 단순한 물리적 처리만으로는 분리할 수 없고 중력분리를 하기 전에 유화상태를 파괴하지 않으면 안 된다. 현탁액

(Emulsion)은 액체 중에 액체분자가 분산해서 유상(乳狀)을 이룬 것이지만 유류성분 함유폐수에는 물과 유류성분이 일시적으로 혼합해서 안정한 현탁액으로 되어 있는 것과 세제나 화학약품의 첨가에 의해서 안정한 콜로이드, 즉 현탁질(Emulsoid)로 되어 있는 것도 있다.

유류폐수 중의 현탁액을 파괴하는 방법에는 여러 가지가 있고 특수한 경우에 대해서 어떤 방법을 선택하는가에 미리 예비실험을 해야만 하고 필요경비에 대해서도 검토해야만 한다.

7.4.1. API(American Petroleum Institute)

API(American Petroleum Institute)식 유수분리장치는 중력에 의해서 폐수 중의 유분 및 고형물을 분리 제거하는 것으로 유화(乳化)한 유분이 고형물과 결합해서 그 비중이 물과 비슷한 경우에는 분리할 수 없다. 또한 비중이 물과 비슷하지 않더라도 유수분리장치만으로 유분을 100% 제거하는 것은 불가능하다. 특히 고도의 분리제거가 요구되는 경우에는 유출수를 2차 처리할 필요가 있다. 2차 처리로는 가압부상조, 응집침전조 등이 많이 사용된다.

유분이 포함된 폐수가 유수분리장치로 유입될 때 작은 유적이 부상하는 것은 침전지에서 고형물 입자가 침전하는 것과 비슷하다. 유적과 고형물의 존재형태에 의해 영향을 받지만 그 형상이 구형이 되기 쉽다. 이 때문에 물에 대한 접촉면적은 작아지게 되고 부상속도는 고형물입자의 침강속도보다 빠르게 된다.

- **소요단면적**: 소요단면적은 폐수유량과 유적의 상승속도에 의해 결정되지만 실제로는 유수분리장치 내의 난류 및 단회로에 의해서 효율이 떨어지게 되므로 설계 시에는 어느 정도 여유를 두는 것이 좋다.

$$A_H = F(Q_m/V_f)$$

여기서 A_H: 최소표면적(m^2)

       F: 난류 및 단회로에 대한 보정계수

      Q_m: 유입폐수량(m^3/분)

      V_f: 유적의 부상속도(m/분)

여기서 V_f의 값은 Stokes 법칙에 의해서 유도된 다음 식으로 나타내며, 유적의 레놀즈 수가 0.5 이하인 경우에 적합한 식이지만 0.5보다 커도 설계상의 차이는 무시할 수 있다. 또한 위 식의 계산에 필요한 유적의 직경은 0.015㎝로 한 경우에 유분의 회수가 좋다고 알려져 있기 때문에 0.015㎝ 이상의 유적에 대해서 나타낸다.

$$V_f = 0.00735 \left(\frac{\rho_w - \rho_o}{\mu} \right)$$

여기서 μ: 폐수의 점성계수(g/㎝/초)

      ρ_w: 폐수의 밀도(g/㎤)

      ρ_o: 유적의 밀도(g/㎤)

- **수직단면적**: 폐수의 흐름방향에 수직인 단면적은 폐수유량과 수평유속에 의해 결정되고 다음 식에 의해서 나타낸다.

$$A_c = \frac{Q_m}{V_H}$$

여기서 A_c: 최소수직단면적(m^2),

V_H: 폐수의 수평유속(m/분)

또한 V_H는 유적 부상속도(V_f)의 15배를 넘지 않아야 하고 0.9m/분보다 작아야 한다.

• **유수분리장치의 깊이와 폭의 비 및 길이**: 유수분리장치의 깊이와 폭의 비 최솟값은 0.3으로 한다. 만약 경제적인 측면에서 이 값이 취해지지 않을 경우에는 0.5를 취해도 무관하다. 유수분리장치의 길이는 다음 식에 의하여 구한다.

$$L = F \ (V_H/V_f) \ h$$

$$F = F_1 \times F_3$$

여기서, L: 유수분리장치의 길이(m)

        F: 보정계수(F_1: 난류에 대한 보정계수, F_3: 단회로에 대한 보정계수)

        V_H: 폐수의 수평유속(m/분)

        V_f: 유적의 부상속도(m/분)

        h: 유수분리조의 깊이(m)

여기서 F_3는 1, 2로 하고 F_1는 V_H/V_f에 따라 변화한다.

7.4.2. PPI(Parallel Plate Intercepter)

PPI(Parallel plate intercepter)식 유수분리장치는 한정된 부지에서 분리면적을 증가시키는 방법으로서 경사판을 삽입시키는 방법이다. 폐수의 상승속도, 즉 표면부하율이 작을수록 처리수중의 유분이 적게 된다는 실험결과에 근거를 둔 것이며 유수분리장치 내에 다수의 판을 45° 각도로 늘어 놓는 것이다. 유분의 분리면적은 경사판 수평투영면과 수면적으로 표현된다.

유수분리장치 유입부에는 그리트 저류부와 스크린을 설치하여 조대입 자를 제거한다. 유적은 상부의 철판에 부착되어 조금씩 성장해서 철판의 천정을 따라 후두 아래의 유분저류부에 고인다. 분리된 기름은 상부 후드 내에 고이게 되나 자유수면보다 약간 올라가 있어 자동적으로 월류관을 넘쳐 나와 회수유조(回收油槽)에 들어간다. 슬러지는 가끔 흡입펌프로 가 이드파이프를 통해 흡입해 낸다.

PPI식 유수분리장치는 유적의 직경 60㎛까지 회수가 가능하도록 설계 되어 있고 API식 유수분리장치보다 성능이 좋은 편이다. 유분함유량이 1,000ppm인 유입수를 10ppm까지 처리할 수 있다고 한다. 상부가 후드로 덮여 있고 천정수(天井水)로 덮여 있어 회수유분의 증발이 없고 화재방지 및 악취방지에 유리하다. 분리된 유분은 자동적으로 회수되며 슬러지제거 가 용이하다. 비교적 크기가 작은 편으로 API식 유수분리장치의 1/4 정도 이다.

7.4.3. CPI(Corrugated Plate Intercepter)

CPI식 유수분리장치 구조는 플라스틱의 파상판(波狀板)을 다수 평행으 로 조합한 것을 45° 경사로 수중에 잠겨놓는 것이다. CPI식 유수분리장 치의 유입부에는 그리트 저류부가 있으며, 본체에는 2~4㎝ 간격으로 평 행한 파상형 플라스틱판으로 구성되어 있다. 분리된 유류는 마상파의 마루(凸)부분을 따라 물의 흐름에 대항하면서 상승하며 슬러지는 골(凹)부분을 따라 하강한다. 재질은 글라스화이버로 강화된 이소프탈산, 폴리에스테르(PET) 및 이와 유사한 재질로 만들어지고 폐수의 pH는 5～9로 유지하며 그 밖의 범위일 때는 특수한 재질을 요구한다. 집유부는 본체 상부의 유면(油面)증발과 악취발생을 막기 위하여 덮개설비를 한다. 집유구의 상부 개구부는 출구웨어보다 약간 높게 한다.

CPI식 유수분리장치의 성능은 PPI식 유수분리장치와 마찬가지로 유적직경 60㎛ 크기 정도를 분리 회수하는 설계로 되어 있다. 일반적으로 1,000ppm 정도의 유분(油分)이 유입되면 10ppm보다 적은 유분이 유출된다. 설치면적은 PPI식 유수분리장치보다 적게 소요되며 내산성 및 내알칼리성 재질로 용기를 만들 수 있다. CPI식 유수분리장치는 15㎥/시(판간격 4㎝)와 30㎥/시(판간격 2㎝)의 것으로 표준화되어 있다.

7.5 침전(沈澱, Sedimentation)

침전은 물보다 비중이 큰 부유물(Suspended solids), 즉 침전성 고형물을 중력에 의해 가라앉혀 제거하는 것으로 정화 또는 농축(Thickening)이라고도 한다. 현재 운영되는 대부분의 침전지는 연속적인 흐름 상태에서 제거의 특성에 따라 다음의 4가지 영역으로 분류된다.

- Ⅰ형(type Ⅰ): 독립입자의 침전
- Ⅱ형(type Ⅱ): 응결된 부유물의 침전

- Ⅲ형(Type Ⅲ): 지역, 간섭침전
- Ⅳ형(Type Ⅳ): 압축, 압밀침전

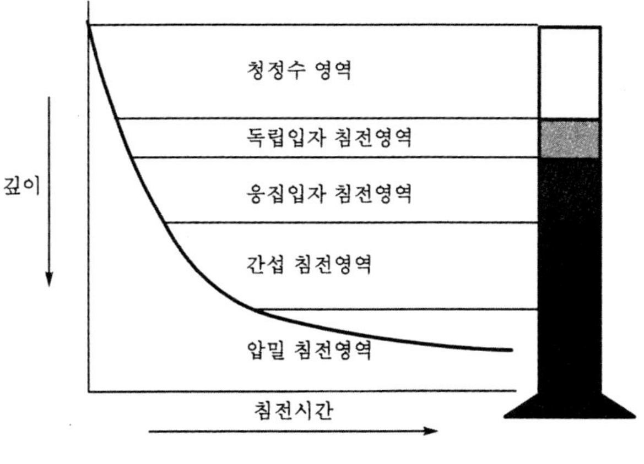

그림 7.4. 침전의 분류.

정수(淨水)를 위한 침전(沈澱)에서는 탁도(濁度)가 높은 지표수를 약품침전 전에 침강을 유도할 필요가 있다. 이때 전침전지(Presedimentation basin)는 호퍼형의 바닥으로 하거나 슬러지를 계속 제거하는 기계로 설치할 수 있다. 최소 체류시간은 3시간이나 미세한 부유물 제거에는 부적덩할 수 있다. 물이 너무 탁한 경우에는 전침전 처리 전에 전염소처리(Prechlorination) 혹은 부분응집(Partial coagulation)의 실시가 필요한 경우가 있다.

응결(Flocculation) 후의 침전은 응집과정에서 생성된 응결물(Floc)의 특성에 좌우되나 침전속도는 대략 0.6~1.8m/hr이다.

응결물을 침전시키기 위한 체류시간은 2~8시간, 표면침전율은 20~40m/day이다. 폐수처리를 위한 침전(沈澱)은 생하수를 침전시키기 위한 침전지를 1차침전지(Primary sendimentation), 2단계 살수여상 사이에 위치하는 침전지를 중간침전지(Intermediate clarifier), 또한 살수여상 폭기조 다음에 위치하는 침전지를 종말 또는 2차(Secondary) 침전지라고 한다.

폐수처리를 위한 침전지는 표면 침전율이 12~40m/day, 체류시간은 1~3시간으로 한다.

표 7.1 침전지의 종류에 따른 체류시간과 유속

종 류	체류시간	유 속	유속의 방향
보통침전지	8시간	30cm/min	횡류유속
약품침전지	3~5시간	40cm/min	횡류유속
경사판 침전지	2.4~4.6시간	60cm/min	횡류유속
고속응집침전지	1.5~2.0시간	4~5cm/min	상승유속

7.5.1. 침전원리

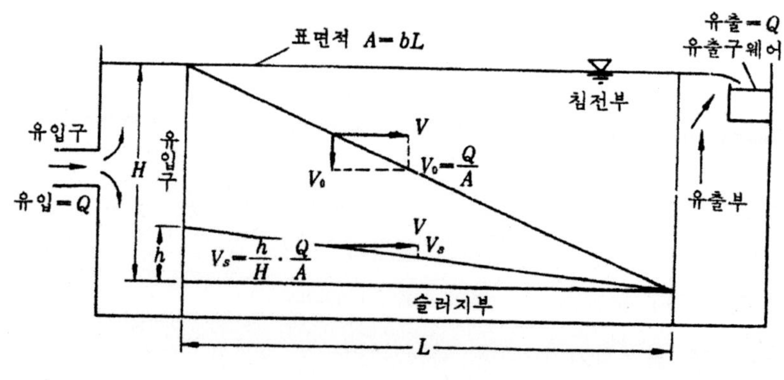

그림 7.5. 침전효율 설명도.

상기 그림 **7.5**에서와 같이 이상적인 직사각형 연속수평류 침전지는 유입부(Inlet zone), 유출부(Outlet zone), 침전부(Settling zone) 그리고 슬러지부(Sludge zone)로 구분될 수 있다.

먼저 침전속도 V_s인 독립입자를 가진 균일한 액체의 흐름을 생각하면, 최초위치 h 높이입자 침전경로는 유속 V와 침전속도 V_s의 벡터의 합이 된다. 이 입자는 침전부를 가로질러 유출부에 도달하는 순간 제거되면 같은 원리로 최초 위치가 h보다 낮은 입자들은 모두 제거되지만 h보다 높은 곳에 위치했던 입자들은 유출부에 도달할 때까지 슬러지에 도달하지 못하므로 제거되지 않는다. 그림 **7.5**에서 모든 입자가 최초의 위치에 관계없이도 100% 제거될 수 있는 침전속도 V_0를 가정하면 한 입자의 침전속도가 V_0보다 크면 제거될 것이고 V_0보다 작으면 최초의 위치에 따라 제거 가능성이 결정된다고 볼 수 있다.

따라서 상기 그림에서 밑변이 L이고 높이가 H인 삼각형 내의 면적은 100% 제거를 뜻하고 침전속도가 V_s인 입자들의 제거율은 $\dfrac{h}{H}$가 된다. 깊이는 침전속도의 체류시간 t_o의 곱이므로 $\dfrac{h}{H} = \dfrac{V_s\, t_o}{V_o\, t_o} = \dfrac{V_s}{V_o}$가 된다. 따라서 일정한 크기를 가진 입자 중에서 제거되는 부분은 다음 식과 같다.

$$E = \frac{V_s}{V_o} = \frac{V_s}{Q/A}$$

여기서, E: 침전처리효율

Q: 유량

A: 침전부의 표면적

만약 그림에서 깊이 $\dfrac{H}{2}$ 지점에 판(板)을 설치한다면 유량Q와 유속 V는 변함이 없고 침전지의 규격도 변함이 없으며 또한 침전속도도 같으므로 제거율 V_s/V_o가 2배로 된다. 즉 입자가 제거되기 위해서 침전 깊이가 반으로 줄어드는 대신 침전지의 유효 표면적은 두 배가 되는 셈이다. 따라서 침전지의 침전효율이 침전지의 깊이에는 관계없고 표면적에 의해서 좌우된다고 할 수 있다.

상기 원리를 Stokes 법칙과 연관시켜 보면 다음과 같다.

Stokes 법칙에 따르면 Reynolds Number가 1보다 적은 경우 구형(舊形)의 독립입자가 정체유체 또는 층류층을 침하하는 종속도는 다음과 같다.

$$V_s = \frac{g\,(\rho_s - \rho)\,d^2}{18 \cdot \mu}$$

여기서, V_s: 독립입자의 종속도(cm/sec)

ρ: 유체의 밀도(g/cm³)

g: 중력가속도(980cm/sec²)

μ: 유체의 점성계수(g/cm · sec)

ρ_s: 입자의 밀도(g/cm³)

d: 입자의 직경(cm)

즉 Stokes는 어떤 액체 중에 있는 1개의 입자가 침강과정에 있어서 크기, 모양, 무게가 일정하고 침강속도도 입자의 침강하려는 힘과 액체의 점성으로 인한 마찰저항이 같은 크기가 되어 등속도로 침강한다는 이론을 전개하였다.

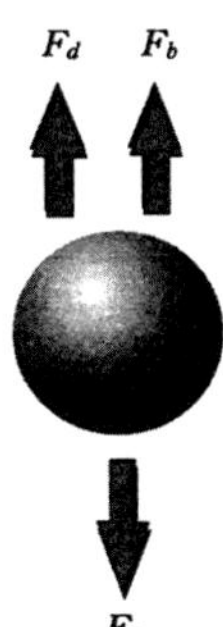

그림 7.6. 구형입자의 침강 또는 부상.

$$F_g(\text{침강력}) = \text{부피} \times \text{밀도} \times \text{중력}$$

$$= \frac{\pi}{6}\,d^3 \times (p_s - p)g$$

$$F_d(\text{저항력}) = 6\pi\mu\frac{d}{2}\,V_s(\text{Stockes 영역에서의 저항력})$$

$$\therefore \ \text{침강속도} \ F_g = F_d$$

$$\frac{\pi}{6}d^3 \times (\rho_s - \rho)g = 6\pi\mu\frac{d}{2}\,V_s$$

$$\therefore \ V_s = \frac{d^2(\rho_s - \rho)g}{18\mu}$$

침전속도 V_s 인 독립입자를 가진 균일한 액체의 흐름을 생각하면 그림 7.7과 같은 등식이 성립한다.

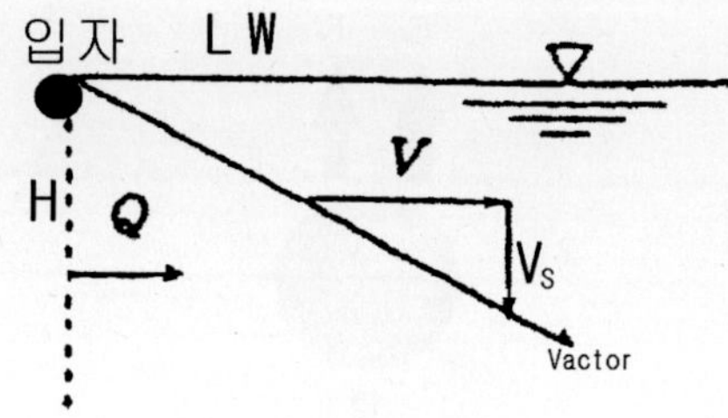

그림 7.7. 침강속도.

$$\frac{H}{V_s} = \frac{L}{V}$$

$$V_s = \frac{HV}{L} = \frac{H\dfrac{Q}{A}}{L} = \frac{HQ/WH}{L} = \frac{Q}{LW} = V_o$$

$$\therefore \ V_s(\text{침강속도}) = V_o(\text{수면적 부하})$$

따라서 $V_s \geqq V_o$일 때 침전효율은 최대가 된다.

또한, 침전효율 $E = \dfrac{V_s}{V_o}$ 가 된다.

7.5.2. 침전지의 설계 및 개량방법

일차침전지에서 적절한 표면부하율은 제거대상물질의 부유형태에 따라 결정된다. 일차침전지에서의 표면부하율은 침전 가능한 고형물의 비율 및 농도 등에 따라 결정되며 첨두유량에서도 침전지의 기능을 유지하도록 표면부하율이 낮게 설계하여야 한다. 침전지에서 제거되는 고형물의 제거율은 수리학적 체류시간과 표면부하율을 근거로 정해진다. 침전지의 표면부하율이 결정되면 침전지의 길이에 따른 수리학적 체류시간을 결정할 수 있으므로 표면부하율은 중요한 설계인자이다. 일차침전지에서의 표면부하율은 계획일최대유입수량 기준 $25 \sim 40 \, \text{m}^3/\text{m}^2/$일 정도로 하되 유입유량의 변동 및 유출수의 수질 등을 고려하여 결정한다. 일반적으로 표면부하율을 낮추기 위하여 경사판(그림 7.8) 또는 경사관(그림 7.9) 등을 설치하는데, 경사판 설치에 따른 유효분리면적은 다음과 같다.

유효분리면적 $A(\text{m}^2) = n \, a \, \cos \theta$

여기서, n: 경사판 매수

　　　　a: 경사판의 면적(m^2)

　　　　θ: 경사각

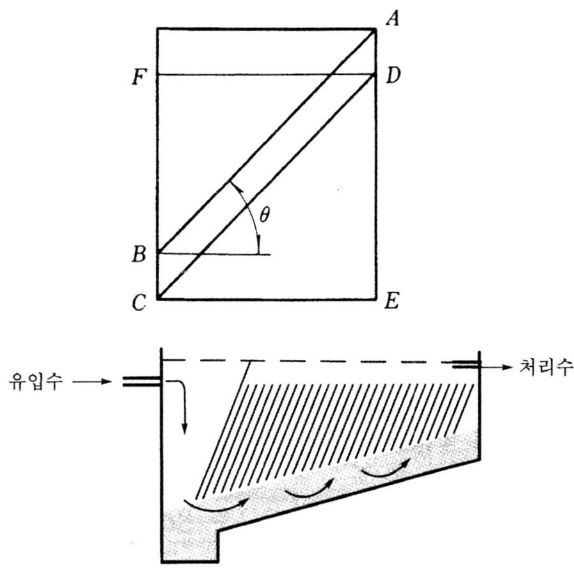

그림 7.8. 경사판 침전지.

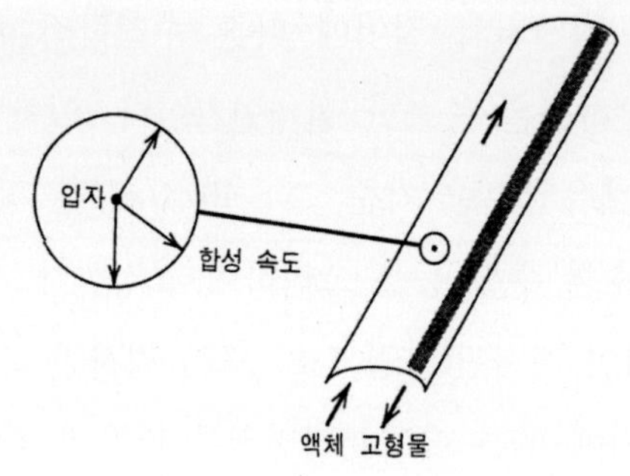

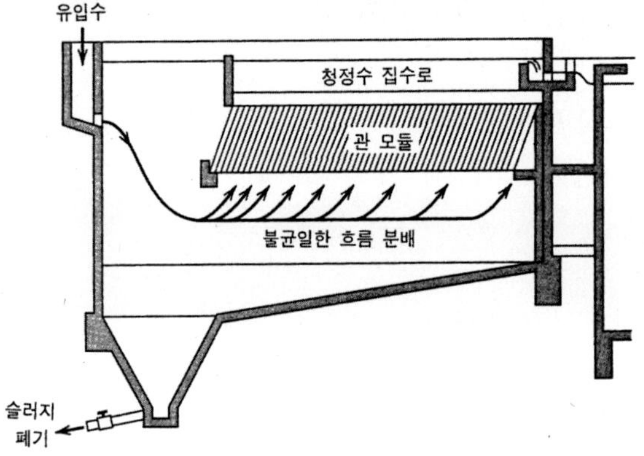

그림 7.9. 경사관 침전지.

또한, 침전지의 표면적을 증대시키기 위하여 이층식 침전(그림 7.10), 유출부 웨어 위치수정(그림 7.11) 등의 방법도 강구되고 있다.

그림 7.10. 이층식 침전지.

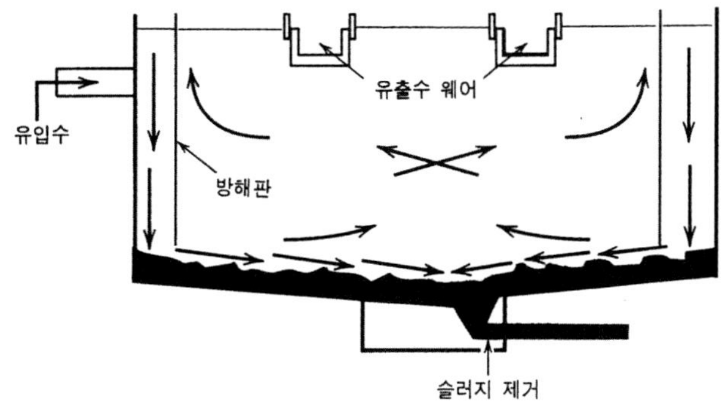

그림 7.11. 유출부 웨어 위치수정 침전지.

침전시간은 계획일 최대수량에 대한 폐수유량과 침전물의 특성에 따라 일반적으로 2~4시간 범위가 되도록 한다. 일차침전지에서의 침전시간은 표면부하율과 유효수심에 따라 결정된다.

일차침전지에서 침전시간의 결정에 있어서 고려되어야 할 사항의 하나는 저유량 시에도 침전물이 부패를 일으키지 않을 정도의 적당한 체류시간이다. 일차침전지에서의 부패는 악취 가능성 침전물의 용해 및 후처리 시설의 과부하를 일으킬 수 있다. 침전시간을 길게 할수록 부유고형물의 제거효율은 높아지는 반면 시간이 너무 길면 침전지의 크기가 커지는 데 비해 효율이 크게 증가하지 않고 침전된 슬러지가 부패하여 오히려 수질 악화를 초래하는 경우가 생긴다. 단계별 또는 계열화 계획 시에는 운전 초기의 체류시간이 지나치게 길어지지 않도록 설계할 필요가 있다.

폐수성상에 따라서는 차이가 있을 수 있지만 일차침전지에서의 침전 가능 고형물의 침전이 Ⅰ형 침전(독립입자의 침전)에 따른다고 가정하면 침전시간, 표면부하율 및 유효수심에 의하여 다음 식이 성립한다.

$$\text{침전시간} = \frac{\text{유효수심}}{\text{표면부하율}}$$

유효수심은 침전지에서 가장 얕은 부분의 수심을 말하는데, 침전지 설계상 표면부하율을 작게 할수록 제거효율이 증가하기 때문에 표면부하율을 작게 하는 것이 유리하며, 동일체류시간으로 할 경우 유효수심은 감소한다. 실제 침전지에서는 동일 수면적에서 유효수심이 깊을수록 침전효율이 좋고 수량 및 수질의 변동에 대해 안전한 운전을 할 수 있다. 또한 침전지에서의 유효수심은 슬러지제거설비, 침전슬러지의 저장, 침전된 고형물의 재부상방지 및 유출수에 의한 소류를 방지할 수 있도록 충분히 깊어야 한다.

일차침전지의 유효수심은 범위 3~5m이며 일반적으로 직사각형 침전지는 3.5m로 하며 원형 침전지는 4.5m로 한다. 그러나 수심이 과도하게 깊어지면 침전시간이 길어져 침전슬러지의 인출을 신속하게 하지 않으면 침전된 고형물의 부패가 우려되므로 되도록 피하는 것이 좋다. 한편 슬러지의 제거가 가능하다면 수심이 얕아도 좋으나 침전지 깊이가 너무 얕으면 유체의 흐름에 의해 영향을 받거나 슬러지를 제거할 때 슬러지가 부상할 수 있다. 따라서 슬러지 수집기의 구동속도(선속도)는 2m/min(회전수rpm = πd/선속도) 이하가 이상적이다.

정류설비는 유입수를 일차침전지의 전단면에 균등하게 분포시켜 편류나 단회로를 방지하고 유입수의 유속을 침전지 내 평균유속(0.3m/분 이하)까지 감소시켜 침전효과를 촉진시키기 위하여 설치하며 저류판 또는 정류벽 등이 사용된다(그림 7.12).

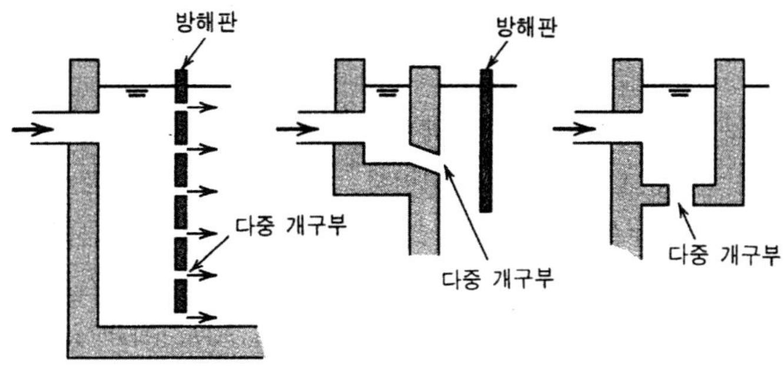

그림 7.12. 침전지의 정류벽.

　직사각형 침전지와 같이 폐수의 유입이 평행류인 경우, 월류형 유입장치에서는 유공정류벽을 설치하며 월류형이 아닌 경우(잠수로 유입시키는 게이트 및 유입관)에는 저류판 및 유공정류벽을 설치한다. 원형 침전지와 같이 폐수의 유입이 방사류인 경우에는 유입구 주변에 원통형의 정류벽 또는 저류벽을 설치한다(그림 7.13).

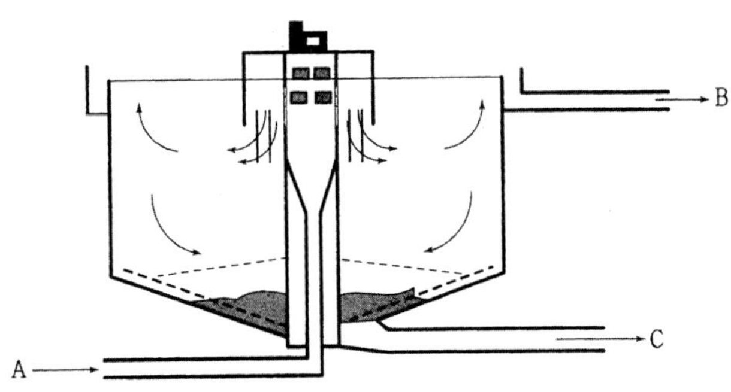

그림 7.13. 원형 침전지 내 저류판.

정류벽은 물의 흐름을 전체적으로 균일하게 하기 위해 설치하는 것으로 정류벽의 유공면적이 너무 크면 정류효과가 없어지고, 너무 작으면 정류벽의 유공을 통과하는 유속이 과대하게 되어 침전지 내의 흐름과 플럭 파괴 등의 관점에서 좋지 않다. 따라서 저류판 또는 유입 분배관(그림 7.14) 등을 이용하여 이러한 속도성분을 감소시켜 지내를 일정한 유속으로 할 필요가 있다.

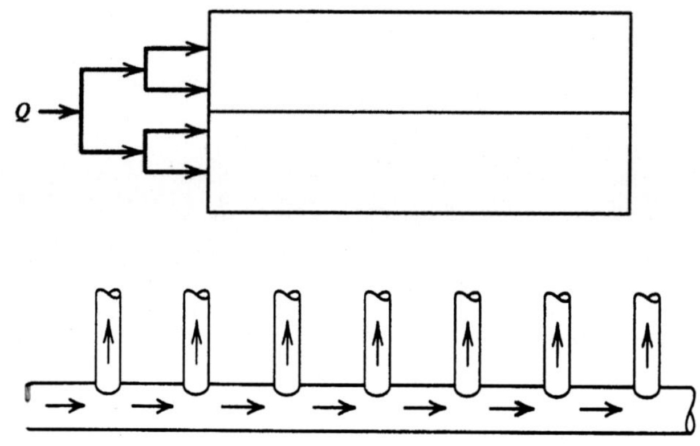

그림 7.14. 침전조 유입부 분배관.

일반적으로 직사각형침전지에서 유공정류벽 구멍의 단면적은 지의 단면적, 즉 저류판의 단면적의 6∼20% 정도가 적당하다.

원형 침전지와 같이 폐수의 유입이 방사류인 경우에는 유입부가 중심부가 되기 때문에 유입구 주변에 정류벽 또는 저류판을 설치하며 단면적의 10∼20% 정도의 소형구멍을 낼 수도 있다. 구멍의 크기는 5∼15cm 정도를 전단면적에 걸쳐 균등하게 분포시킨다. 정류판에 의해 유효침전 구역으로 유입되는 폐수의 유속은 0.08m/s 이하가 되도록 하며, 유입지역의 유속은 1m/s로 한다.

유출부의 웨어월류부하는 유입폐수의 성상, 유량변동 등을 고려하여 정하며 125∼250㎥/m/d 정도를 기준으로 한다. 웨어월류부하가 부족한 경우에는 유출유속이 빨라져서 침전 가능 물질의 유출이 발생할 수 있다. 그러나 일차침전지의 웨어월류부하는 침전효율에 큰 영향을 미치지 않으면 침전지의 설계인자로서의 중요성도 타 인자에 비해서 적어진다. 특히, 일차침전지의 유효수심이 3.7m 이상인 경우에는 웨어월류부하는 침전효율에 큰 영향을 미치지는 않는다. 일반적으로 침전지의 형상에 따른 웨어의 설치위치가 침전효율에 영향을 미친다. 웨어에는 V노치형, 웨어잠수오피리스(Submerged orficie) 등이 사용된다.

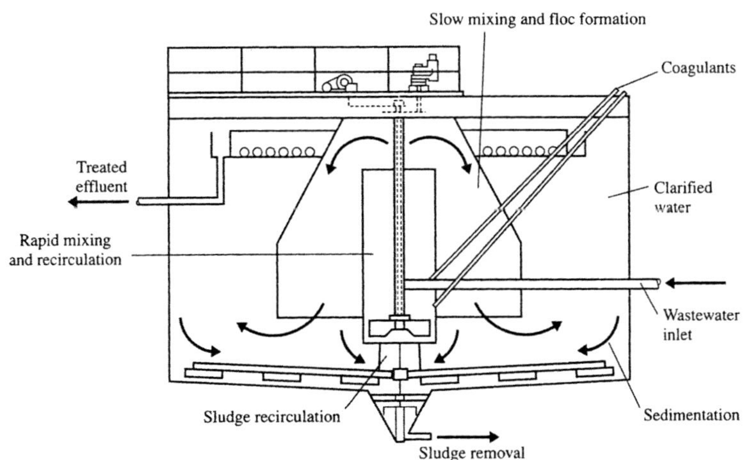

그림 7.15. 유출부 오리피스형 침전지.

덮개가 없는 침전조에서는 대개 바람의 영향을 줄이기 위하여 V노치형 웨어(V – notch type weir)를 사용한다. 또 직선칼날형 웨어(Straight edge weir)도 사용하지만, 웨어가 완전히 균등하지 않으면 웨어 전체에서 유량이 고르지 않게 된다. 이렇게 되면 침전조의 흐름패턴이 불균일해져서 침강성적이 나빠진다.

V노치형 웨어에서의 방류량은 다음 식으로 나타낼 수 있다.

$$Q = \frac{8}{15} \ C_d \sqrt{2g} \ \tan \ \frac{\theta}{2} H_w^{5/2}$$

여기서, θ: V 노치의 각도

C_d: 방류 계수(0.62 정도)

H_w: 웨어 상부의 수심

V 노치형 삼각웨어에서 깊이 – 폭 관계는 다음과 같다.

$$\frac{w}{2H_w} = \tan \frac{\theta}{2}$$

여기서, w: 임의 높이 H_w에서의 웨어 폭

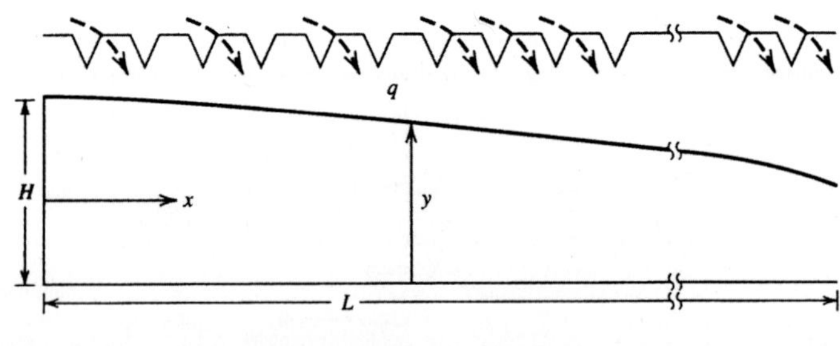

그림 7.16. V 노치형 웨어.

부상은 침전과는 반대로 물보다 가벼운 입자를 떠올려서 분리 제거하는 방법으로 침전지의 모양을 뒤집어 놓은 형태가 된다.

폐수의 현탁성 부유물의 겉보기 비중이 1근처이거나 용존 불순물 중에서 유기물 특히 계면활성제가 많은 경우는 폐수에 거품을 발생시키고 거품이 표면에 떠오르면서 현탁성 부유물과 용존불순물의 일부까지 거품표면에 흡착시켜 부상된 거품을 스키머(Skimmer)로 걷어내는데 이를 부사(浮渣, Scum)라고 한다. 부사는 침전지의 바닥에서 걷어낸 슬러지보다는 함수율이 낮은 특징을 가지는데, 침강분리법에 견주어 보면 다음과 같은 특징을 가진다.

- 플럭(floc)이 밑바닥으로 침강하는 데 걸리는 시간보다 거품이 부상하는 속도가 훨씬 빠르기 때문에 단위시간당 처리량이 크다.
- 처리용량(處理容量)이 크고, 처리장치는 비교적 적어도 된다.
- 분리한 부사(Scum)는 침강법에서 발생하는 잔사(Sludge)보다는 함수율이 훨씬 적다.
- 합성세제 등의 불순물을 함께 분리 제거할 수 있는 장점이 있다.

반면에 다음과 같은 단점이 있다.

- 처리수의 혼탁도가 침강법보다는 크다.
- 폐수수질이 변동하면 처리결과가 일정하지 않고 변동요인도 많다.

부상법에는 단순부상(Flotation), 공기부상(Air – flotation), 용존공기부상(Dissolved air – flotation), 진공부상(Vacuum flotation) 등이 있는데 단순

부상을 제외하고는 일반적으로 작은 공기방울을 용액에 주입시켜 용액 내의 입자를 엉겨 붙여서 부력에 의해 상승시키는 방법이다.

단순부상은 폐수의 현탁성 부유물의 비중이 1보다 작은 유기물, 특히 기름류가 중력상으로 표면에 떠오르므로 분리 처리하는 방식이다.

공기부상은 다공질의 산기판(散氣板)을 통하여 압축공기를 배출, 작은 기포를 형성하고 기포가 상승하면서 입자를 흡착 분리하는 방식으로 폭기와 동일한 방식이다. 분리원리는 젖음(wetting), 흡착, 거품의 발생, 거품과 현탁성 부유물의 입자와의 접촉, 거품·계면에서의 흡착과 이들이 관여하는 물리적 화학적 요소가 결합되어 복잡한 현상으로 일어난다.

용존공기부상은 처리하려는 폐수를 밀폐한 용기에서 공기를 가압하여 폐수에 주입시키고 대기압 상태에 있는 다른 폐수처리조에 옮기면 가압하에서 녹는 과잉의 공기가 유리하면서 작은 기포방울이 상승하는 효과를 이용하는 방식이다(그림 7.17~7.18).

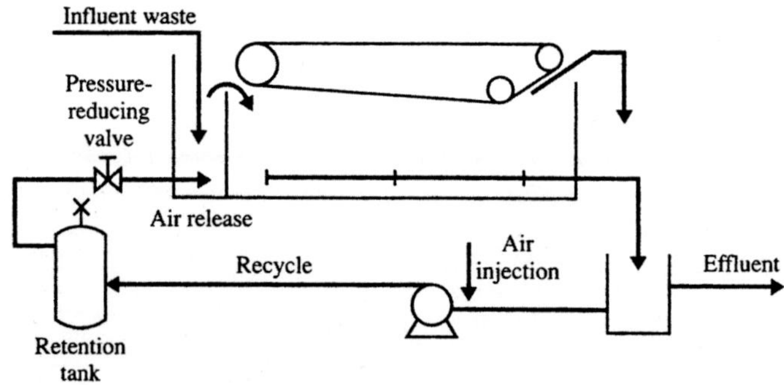

그림 7.17. 순환수가 있는 용존공기 부상조.

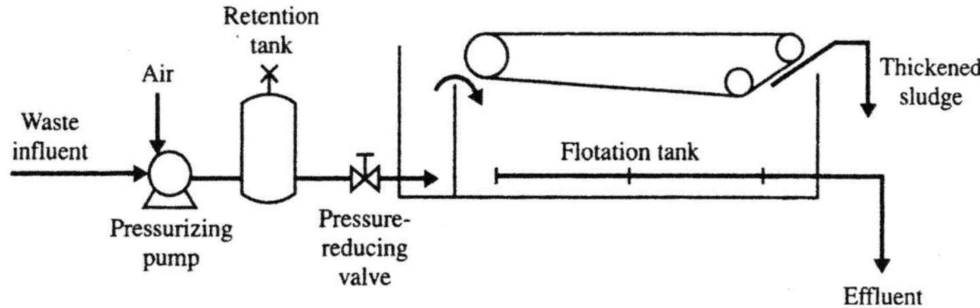

그림 7.18. 순환수가 없는 용존공기부상.

진공부상은 대기압하에서 녹은 공기를 밀폐용기에 보내고 용기 내부를 진공상태로 할 때 포화된 공기의 용해도가 감소한 부분만큼 작은 공기방울이 튀어나오게 됨에 따라 입자가 엉겨 붙어서 상승하는 현상을 이용한 것이다.

부상지의 설계 시에는 입자의 농도, 주입공기량, 입자의 부상속도, 공기방울의 크기, 고형물의 부하량을 고려해야 한다.

Stokes법칙에 따른 부상속도는

$$V_f = \frac{g(\rho_s - \rho_w)d^2}{18\mu}$$

여기서, V_f: 입자(유적)의 부상속도(cm/sec)

g: 중력가속도(980 cm/sec^2)

μ: 액의 점성계수(g/cm · sec)

d: 입자(유적)의 직경(cm)

ρ_s: 액의 밀도(g/cm^3)

ρ_w: 유적의 밀도(g/cm^3)

공기/고형물의 비(Air/Solids)

$$A/S = \frac{1.3S_a(f \cdot P - 1)}{S}$$

가압수의 반송이 있는 경우 A/S비는 다음과 같다.

$$A/S = \frac{1.3S_a(f \cdot P - 1)}{S} \cdot \frac{R}{Q}$$

여기서, 1.3: 공기의 밀도(mg/cm^3, mg/ml)

S_a: 1기압 $t\,^\circ\!C$ 때 공기의 용해도(cm^3/ℓ, mg/ml)

f: 포화상태에 대한 공기의 용해비(0.5가 대표적)

P: 가압탱크 내의 압력(atm)

S: 고형물 농도(mg/ℓ)

$\dfrac{R}{Q}$: 반송률

(예제) 2,000mg/L의 고형물 농도를 가진 폐수 2,000m^3/day를 부상 처리하고자 한다. 다음의 설계조건에서 물음에 답하시오.

- 최적 A/S비: 0.02
- 공기의 용해도: ml/ℓ (20$^\circ\!C$)
- 포화율: 0.5
- 표면부하율: 12 $\ell/m^2 \cdot min$

부상지의 소요압력과 면적, 고형물 부하율을 구하시오.

① $A/S = \dfrac{1.3S_a(f \cdot P - 1)}{S}$

$$0.02 = \frac{1.3 \times 18.7 m\ell/\ell\,(0.5_p - 1)}{2{,}500\,\text{mg}/\ell}$$

$P = 6.11\text{atm}$

$1\text{atm} = 101.32\text{KPa}$

$\therefore\ 6.11\text{atm} \times 101.32\text{KPa/atm} = 619.1\text{LPm}$

② 부상지 면적(㎡) $= \dfrac{2{,}000\,\text{m}^3/day \div 1{,}440\,\text{min}/day}{12\ell/\text{m}^2\cdot\ \min \times 10^{-3}\text{m}^3/\ell}$

$\qquad\qquad = 115.74\,\text{m}^2$

③ 고형물부하율(kg/㎡ · hr)

$= \dfrac{2{,}500g/\text{m}^3 \times 2{,}000\,\text{m}^3/day \times 10^{-3}\text{kg}/g}{115.75\,\text{m}^2} \div 24\text{hr/day}$

$= 1.80\,\text{kg}/\text{m}^2 \cdot \text{hr}$

7.7 pH 조정조

7.7.1. 중화처리

화학적 처리법 중 흔히 이용되는 것 중의 하나가 중화처리이며 여기서 중화는 pH7로 한다는 의미보다는 광의적으로 볼 때 pH 조정의 의미를 띤다.

중화란 산과 염기가 반응하여 염과 물을 생성시키는 반응을 말하나 pH 조정의 경우는 pH가 중성영역에서 크게 벗어나는 경우도 있다.

산성폐수(酸性廢水)를 중화시키는 중화제로는 일반적으로 가성소다($NaOH$), 탄산소오다(Na_2CO_3), 소석회($Ca(OH)_2$) 등이 쓰이는데 $NaOH$나

Na_2CO_3는 용해성이 좋고 반응생성물이 가용성(可溶性)인 것이 많지만 소석회($Ca(OH)_2$)의 반응생성물은 물에 불용성의 생성물이 많아서 슬러지 발생량이 많아진다. 그러나 칼슘 알칼리 쪽이 나트륨 알칼리보다 가격이 저렴하므로 슬러지가 발생하여도 경제적인 조건이라면, 칼슘(Ca)은 다소 응집효과도 있으므로 바람직한 경우도 있다. 또한 생물학적 처리를 하기 전에 석회(石灰)중화를 하면 좋은 영향을 줄 수도 있다.

석회석 또는 dolomite($CaCO_3$와 $MgCO_3$의 혼합물)도 중화에 쓰이는 저가의 중화제이다. 알칼리성 폐수의 중화는 황산(H_2SO_4)과 염산이 쓰이나 최근에는 폐산처리에서 농축한 폐황산이나 황산제1철이 이용되고 보일러 등의 연도가스 중의 아황산가스(SO_2)나 탄산가스(CO_2)를 중화제로 사용하기도 하는데, 이때 알칼리 폐수를 펌프 등으로 노즐을 통해 연도가스 중으로 뿜어 넣는다. 탄산가스와의 중화에서 수온이 낮고 탄산가스가 많을 때는 중탄산 소오다로 되고 수온이 높으면 탄산소오다가 된다.

산성폐수와 알칼리성 폐수의 중화와 pH관계를 요약하면 다음과 같다.

- 물의 이온화적 상수(Kw)

$$[H^+][OH^-] = 1 \times 10^{-14} = K_w$$

$$[H^+] = 10^{-7} = [OH^-]: 중성$$

$$[H^+] > 10^{-7} > [OH^-]: 산성$$

$$[H^+] < 10^{-7} < [OH^-]: 알칼리성$$

- 수소이온지수(pH)

$$pH = -\log[H^+]$$

$$pOH = -\log[OH^-]$$

$$pH + pOH = 14$$

$$pH = 14 - pOH = 14 - (-\log[OH^-])$$

$$pH = 14 + \log[OH^-]$$

- 중화적정

$$N_a V_a = N_b V_b$$

여기서, N_a: 산의 규정농도(N농도)

V_a: 산의 부피

N_b: 염기의 규정농도(N농도)

V_b: 염기의 부피

(참고) N농도 = g당량/ℓ = eq/ℓ

- pH가 다른 두 용액을 혼합 시 농도계산

$$N_1 V_1 - N_2 V_2 = N(V_1 - V_2)$$

여기서, N_1, V_1: 함량이 높은 쪽의 $[H^+]$ 또는 $[OH^-]$와 부피

N_2, V_2: 함량이 낮은 쪽의 $[H^+]$ 또는 $[OH^-]$와 부피

N: 혼합시 $[H^+]$ 또는 $[OH^-]$

$$N = \frac{N_1 V_1 - N_2 V_2}{V_1 + V_2}$$

(예제 1) pH5인 폐수를 NaOH(순도 90%)를 사용하여 pH9로 하고자 한다. 이때 필요한 NaOH 주입량을 계산하시오(단, 폐수는 500㎥ /day이다).

$$pH5 \rightarrow [H^+] = 10^{-5}\,mole/\ell$$

$$pH9 \rightarrow [OH^-] = 10^{-5}\,mole/\ell$$

$[H^+] = 10^{-5}$mole/ℓ 를 중화시키는 데는 $[OH^-] = 10^{-5}$mole/ℓ 가 소요 되고 pH9로 하기 위해서는 OH^-가 10^{-5}mole/ℓ 가 더 소요되므로 필요한 $[OH^-] = 2 \times 10^{-5}$mole/$\ell$ 가 된다.

그런데 OH^-는 NaOH로부터 얻고 NaOH는 100% 전리하므로

$$NaOH \quad \rightarrow \quad Na^+ + OH^-$$
$$2 \times 10^{-5}\text{mole/}\ell \qquad 2 \times 10^{-5}\text{mole/}\ell$$

즉 $[OH^-] = 2 \times 10^{-5}$mole/$\ell$ 를 얻기 위한 NaOH 소요농도는 2×10^{-5}mole/ℓ 가 된다.

NaOH 순도는 90%이므로

$$\text{NaOH 소요량} = 2 \times 10^{-5}\text{mole/}\ell \times 40\text{g/mole} \times \frac{100}{90} \times 10^3 \text{mg/g}$$

$$= 0.889\text{mg/}\ell = 0.889\text{g/m}^3$$

$$\therefore \ 0.889\text{g/m}^3 \times 500\text{m}^3/\text{day} = 444.5\text{g/day}$$

(예제 2) pH3인 용액과 pH10인 용액이 각 공정으로부터 폐수로서 배출 되고 있다. 혼화지에서 혼합 시 용량비가 2:5라면 형성되는 pH는 얼마로 예상되는가?

$$\text{pH3} \rightarrow [H^+] = 10^{-3}\text{mole/}\ell$$

$$\text{pH10} \rightarrow [OH^-] = 10^{-4}\text{mole/}\ell$$

$$N = \frac{N_1 V_1 + N_2 V_2}{V_1 + V_2} \text{ 에서}$$

$$\text{혼합 시 } [H^+] = \frac{10^{-3} \times 2 - 10^{-4} \times 5}{2 + 5} = \frac{2 \times 10^{-3} - 0.5 \times 10^{-3}}{7}$$

$$= \frac{1.5 \times 10^{-3}}{7} = 2.14 \times 10^{-4} \, \text{mole}/\ell$$

$$\therefore \ \text{pH} = -\log(2.14 \times 10^{-4}) = 4 - \log 2.14 = 3.67$$

7.7.2. 중금속류의 수산화물 침전

일반적으로 산성인 폐수에 금속이온이 함유되어 있을 경우 알칼리 중화제를 가하면 금속의 수산화물이 형성되어 침전이 일어난다. 참고로 금속 ion의 용해도와 pH와의 관계를 표 7.2에 나타내었다.

중화처리로 금속이온을 제거하는 데 필요한 최적의 pH를 구할 수 있다. 특히 Al, Zn, Cr 등은 pH가 높아지면 수산화물 침전이 다시 용해되는 성질이 있어 유의해야 한다.

표 7.2 침전을 생성할 때의 pH계열

H$^+$	10^{-4}	10^{-5}	10^{-6}	10^{-7}	10^{-8}	10^{-9}	10^{-10}	10^{-11}
금속 이온	Fe^{3+}	Al^{3+}	Zn^{2+} Cu^{2+} Cr^{3+}	Fe^{2+} Pb^{2+}	Ni^{2+} Cd^{2+} Co^{2+}	Hg^{2+} Nn^{2+}		Mg^{2+}

금속수산화물의 침전은 보통 pH8~10으로 하는 것이 좋으나 금속의 종류, 농도, 중화제 등에 따라 침강속도, 응집상태가 각각 다르므로 폐수의 성분에 따라 중화제, 응집제 등의 선정, 적정 pH를 결정하기 위한 예비검토가 필요하다.

특히 도금공장의 폐수는 여러 금속이 혼재하므로 처리에 신중을 기하고, CN$^-$과 NH$_4{}^+$ 등의 이온이 존재하면 착염(錯鹽)을 형성하여 중화처리만으로는 제거가 어려운 경우가 있다.

일반적으로 산성폐수에 금속이온이 함유되어 있을 경우 알칼리를 가해 pH만 상승시키면 수산화물 침전이 일어난다.

$$M^{++} + 2OH^- \rightarrow M(OH)_2 \downarrow$$
$$\text{(금속)} \quad \text{(알칼리)} \quad \text{(침전)}$$

따라서 금속이온의 수산화물 침전은 pH(potential hydrogen), 산의이온화 상수K_a(ionization), 염기의 이온화상수 K_b, 용해도적 상수 K_{sp}(solubility product constant) 등의 검토가 요구된다.

7.7.3. 용해도적(Solubility product)과 수산화물 침전

보통 어떤 물질의 용해도는 용매 100g에 녹은 용질의 g수로 표시되나 AgCl, CaCO$_3$, HgS, Cd(OH)$_2$ 등의 난용성 물질은 용해도가 매우 적어서 용액 1 ℓ 중에 녹는 용질의 ㎎수 또는 mole수로 나타낸다.

CaCO$_3$의 용해 관계를 보면 CaCO$_3$는 물에 잘 녹지 않는 불용성 물질이지만 극히 소량의 물에 용해하면 Ca^{2+}, CO$_3{}^{2-}$의 전리형태로 존재한다.

이온화된 용질의 용해도는 화학평형원리로부터 유도된다.

$$CaCO_3(s) \rightleftarrows Ca^{2+} + CO_3{}^{2-}$$

이 식의 평형식은

$$\frac{[Ca^{2+}][CO_3^{2-}]}{[CaCO_3(S)]} = K$$

고상의 활동도는 일정온도에 대하여 상수이므로 다음 식으로 유도된다.

$$[Ca^{2+}][CO_3^{2-}] = K[CaCO_3(S)] = K_{sp}$$

여기서 K_{sp}를 고체의 용해도적 상수 혹은 용해도적(solubility product)이라 부른다.

$25\,℃$에서 $CaCO_3$의 K_{sp}는 7.20×10^{-9}이며 고체의 용해도는 온도가 일정하면 변함이 없으므로 상수로서 나타내도 무방하다.

어떤 물질을 불용성 물질로 형성시켜 침전 제거할 때 그 불용성 물질의 용해도적(K_{sp})이 적을수록 침전에 유리하다. 즉 K_{sp}가 적다는 것은 그 물질의 용해도가 낮아 용존상태로 존재하는 양이 적고 대신 불용성 고형물(침전물)이 많이 형성된다는 것을 나타내 준다.

어떤 불용성 물질이 A_mB_n의 경우에

$$A_mB_n \rightleftharpoons mA^{n+} + nB^{m-}$$

$$K_{sp} = [A^{n+}]^m [B^{m-}]^n \quad ---(일정\ 값)$$

$$[A^{n+}]^m [B^{m-}]^n < K_{sp} \quad ---(침전이\ 불가능: 불포화)$$

$$[A^{n+}]^m [B^{m-}]^n = K_{sp} \quad ---(포화상태)$$

$$[A^{n+}]^m [B^{m-}]^n > K_{sp} \quad ---(침전이\ 일어남: 과포화)$$

따라서 K_{sp}는 용해도(S mole/ℓ)의 함수이나 용해도에 비례하지 않는다. 염 A_mB_n의 용해도 S mole/ℓ인 경우 포화용액 중의 $[A^{n+}] = m\,S$ mole/ℓ이고 $[B^{m-}] = n\,S$ mole/ℓ이다.

$$K_{sp} = [A^{n+}]^m [B^{m-}]^n = (mS)^m (nS)^n = m^m n^n (S)^{m+n}$$

$$\therefore S = \sqrt[m+n]{\frac{K_{sp}}{m^m n^n}}$$

보통의 경우 용해도 S mole/ℓ가 클 때에는 K_{sp}도 큰 값을 나타내며,

적을 경우에는 K_{sp}로 적은 값을 나타내는 것이 일반적이다.

금속은 알칼리성에서 OH^-와 수산화물을 형성하여 불용성 물질로 된다. 이 불용성 수산화물은 극히 소량이 물에 용해되어 용존이온농도로 존재하는데 이 이온농도의 적을 K_{sp}라 하고 이 값이 작을수록 침전에 유리하다.

$$M(OH)_2(S) \rightleftharpoons M^{++} + 2OH^-$$

$$K_{sp} = [M^{++}][OH^-]^2$$

지금 Cu^{++}의 경우를 생각해 보자.

$$Cu(OH)_2(S) \rightleftharpoons Cu^{++} + 2OH^-$$

$$K_{sp} = [Cu^{++}][OH^-]^2 = 1.6 \times 10^{-19}$$

$$[Cu^{++}] = \frac{1.6 \times 10^{-19}}{[OH^-]^2}$$

$$[H^+][OH^-] = 1 \times 10^{-14}$$

$$[OH^-] = \frac{1 \times 10^{-14}}{[H^+]}$$

Cu^{++}를 함유한 산성수용액에 알칼리를 가하여 중화시킬 때 pH가 상승하면 $Cu(OH)_2$가 침전된다.

pH $=7$일 때,

$$[H^+] = [OH^-] = 1 \times 10^{-7} \text{mole}/\ell \text{ 이므로}$$

$$[Cu^{++}] = \frac{1.6 \times 10^{-19}}{(1 \times 10^{-7})^2} = 1.6 \times 10^{-5} \text{mole}/\ell$$

이것은 물속에 1.6×10^{-5}g원자/ℓ, 즉 1.6×10^{-5}g원자/$\ell \times 63.546$g/g원자 $= 1.017 \times 10^{-3}$g/ℓ 가 용존상태로 존재한다.

pH＝9일 때

$$[Cu^{++}] = \frac{1.6 \times 10^{-19}}{(1 \times 10^{-5})^2} = 1.6 \times 10^{-9} \text{mole/} \ell$$

표 7.3 금속 수산화물의 용해도적 상수(Ksp)

금속이온	해리반응	용해도적
Cu^{++}	$Cu(OH)_2 \rightleftharpoons Cu^{++} + 2OH$	1.6×10^{-19}
Zn^{++}	$Zn(OH)_2 \rightleftharpoons Zn^{++} + 2OH$	4.5×10^{-17}
Pb^{++}	$Pb(OH)_2 \rightleftharpoons Pb^{++} + 2OH$	4.2×10^{-15}
Fe^{++}	$Fe(OH)_2 \rightleftharpoons Fe^{++} + 2OH$	1.8×10^{-15}
Fe^{+++}	$Fe(OH)_3 \rightleftharpoons Fe^{+++} + 3OH$	6×10^{-38}
Cd^{++}	$Cd(OH)_2 \rightleftharpoons Cd^{++} + 2OH$	2.0×10^{-14}
Ni^{++}	$Ni(OH)_2 \rightleftharpoons Ni^{++} + 2OH$	1.6×10^{-15}
Mg^{++}	$Mg(OH)_2 \rightleftharpoons Mg^{++} + 2OH$	8.9×10^{-12}
Al^{+++}	$Al(OH)_3 \rightleftharpoons Al^{+++} + 3OH$	5×10^{-33}
Mn^{++}	$Mn(OH)_2 \rightleftharpoons Mn^{++} + 2OH$	2×10^{-13}
Cr^{+++}	$Cr(OH)_3 \rightleftharpoons Cr^{+++} + 3OH$	1×10^{-30}
Sn^{++}	$Sn(OH)_2 \rightleftharpoons Sn^{++} + 2OH$	3×10^{-27}
Co^{++}	$Co(OH)_2 \rightleftharpoons Co^{++} + 2OH$	2×10^{-16}

즉　1.6×10^{-9}mole/ℓ $\times 63.546$g/mole $= 1.0417 \times 10^{-7}$g/ℓ $= 1.017 \times 10^{-4}$가 용존상태로 존재한다.

이상에서 보면 pH가 높게 유지될수록 Cu^{++}는 물속에 적게 용존되고 침전물로 많이 형성된다는 것을 알 수 있다. 그러므로 금속의 수산화물 침전 시는 pH가 높을수록 유리하다. 그러나 필요 이상의 높은 pH에서는

$$Cu(OH)_2 \rightleftharpoons H^+ + HCuO_2^-$$

$$Kc = [H^+][HCuO_2^-] = 1 \times 10^{-19}$$

즉 높은 pH에서는 $HCuO_2^-$의 농도가 증가한다는 점에 유의해야 할 것이다. 실제 Cu^{++} 처리 시의 적정 pH는 $[H^+] = [HCuO_2^-]$일 때 좋은 조

건이 될 수 있다.

$$[H^+][HCuO_2^-] = [H^+]^2 = 1 \times 10^{-19}$$

$$[H^+] = 1 \times 10^{-9.5}$$

$$pH = -\log[H+] = -\log(1 \times 10^{-9.5}) = 9.5$$

그러므로 Cu^{++}를 중화 침전시키는 데 적정 pH는 9.5라는 결론에 이른다. 다른 금속도 이러한 방법으로 적정 pH를 구할 수 있는데 표 **7.4**의 PKc를 2로 나눔으로써 얻을 수 있다.

표 7.4 양성 수산화물의 이온형성 때의 평형상수(PKc)

반응식	PK$_c$
$Al(OH)_3 \rightleftharpoons H^+ + H_2AlO_3^-$	11.2~13.9
$Co(OH)_2 \rightleftharpoons H^+ + HCoO_2^-$	19.1
$Cr(OH)_3 \rightleftharpoons H^+ + H_2CrO_3^-$	17
$Cu(OH)_2 \rightleftharpoons H^+ + HCuO_2^-$	19
$Mn(OH)_2 \rightleftharpoons H^+ + HMnO_2^-$	19
$Ni(OH)_2 \rightleftharpoons H^+ + HNiO_2^-$	18.2
$Pb(OH)_2 \rightleftharpoons H^+ + HPbO_2^-$	15
$Sn(OH)_2 \rightleftharpoons H^+ + HSnO_2^-$	15
$Zn(OH)_2 \rightleftharpoons H^+ + HZnO_2^-$	16.5~16.9

(예제) Cd^{++}를 함유하는 산성수용액에 pH를 증가시키면 침전이 생기는데 pH10일 때 Cd^{+2}농도는 몇 mg/L 이겠는가?

(단, $Cd(OH)_2$의 K_{sp}는 4.0×10^{-4}이고, 원자량은 $C_d = 112.4$, $O = 16$, $H = 1$이며, 기타 공존이온이나 착염에 의한 재용해는 없는 것으로 한다)

$$pH10 = \frac{10^{-14}}{10^{-10}} = 10^{-4} mole/\ell = [OH^-]$$

$$Cd(OH)_2 \rightleftharpoons Cd^{2+} + 2OH^-$$

$$K_{sp} = [Cd^{2+}][OH^-]^2$$

$$4.0 \times 10^{-14} = [Cd^{2+}][10^{-4}]^2$$

$$[Cd^{2+}] = \frac{4.0 \times 10^{-14}}{[10^{-4}]^2}$$

$$= 4.0 \times 10^{-6} \text{mole}/\ell$$

Cd 원자량이 112.4이므로

$$[Cd^{2+}] = 4.0 \times 10^{-6} \text{mole}/\ell \times (112.4 \times 10^3) \text{mg/mole}$$

$$= 0.45 \text{mg}/\ell$$

$Cd(OH)_2 \rightleftharpoons H^+ + HCdO_2^-$ 이온형성의 평형상수(K_C)는

$$K_C = [H^+][HCdO_2^-]$$

$$= x \cdot x$$

$$= x^2$$

$$\therefore \ x = \sqrt{K_{sp}} \, (\text{mole}/\ell)$$

따라서 용해도적 상수는 이온화된 이온농도의 곱의 형태로 표현할 수 있다. 이 값은 온도에 따른 값으로 용해도와 관계가 있다. 즉 일정온도에서 어떤 용액의 이온농도를 곱한 값이 그 온도에서 용해도적 상수 값과 같으면 그 상태는 포화상태이고, 용해도적 상수 값보다 적으면 불포화상태이다. 용해도적 상수 값보다 크면 포화 용액이다. 그러므로 이온농도의 곱과 K_{sp}값을 비교하면 포화도를 알 수 있다.

7.7.4. pH 조정장치

pH조정조에서는 교반에 의한 난류를 일으켜 유입된 폐수와 약품과의 반응을 촉진시켜야 하는데, 체류시간은 폐수에 사용되는 약품의 종류, 교반상황 등에 따라 다르지만 대개의 경우 10~15분 정도가 적당하며, 교반강도들을 고려하여 5분 정도까지 줄일 수 있다. 대개의 경우 소석회를 사용할 경우 20분 정도 소다류의 경우는 약 10분 정도이다.

pH 조정조의 형태에는 원형과 사각형이 있는데 원형인 경우 교반효과를 크게 하기 위해서 저류판을 설치하여 단회로를 방지하는 것이 좋다. 원형일 경우 조의 크기는 대체로 깊이 직경의 비가 1:1에서 1:1.5의 범위가 바람직하며 사각형에서의 폭과 깊이의 비는 1:1.2~1.3이 바람직하다.

교반조는 급속교반을 이루어 pH조정제와 폐수와의 혼합이 잘되도록 하고 교반강도를 나타내는 속도경사(G)는 300~1,500/초 정도로 유지하는데 이를 고려한 조의 크기에 따른 소요동력은 다르다. 교반속도는 약품의 혼합과 단회로의 현상을 방지하기 위하여 통상 120~180rpm의 범위로 운전하나, 이는 폐수의 특성 및 약품의 종류에 따라 다르고 임펠러나 프로펠러의 크기 및 조의 형상에 따라 다르므로 실험적인 자료를 이용하여 적당한 범위로 운전하는 것이 바람직하다.

pH자동조절장치의 전극은 pH조정조의 pH를 잘 예측할 수 있는 위치에 설치되어야 하고, 수시보정 및 교체가 용이하도록 설치하여야 할 필요가 있다. 또한 유입수 내 유분(n‒Hexane추출물질)농도가 높은 경우에는 pH 전극에 부착하여 동작오류를 유발할 수 있으므로 설치 시 이를 고려하여야 한다. 또한 감지기는 1일 1회 이상 세척하는 것이 좋으며 수시 표준액으로 보정할 필요가 있으며 온도에 의한 영향을 충분히 고려하여야 한다. 각 반응에 최적인 pH범위를 설정하여 약품주입장치가 자동 운전될 수 있도록 pH 자동조절장치의 범위를 설정한다.

교반기의 종류로는 터빈형과 프로펠라형이 있으며 속도경사가 높은 경우에는 터빈형을 주로 사용하며, 약품주입시설의 약품주입량을 조절하는 방식에는 수동식과 자동식이 있지만 어느 경우에도 투입량은 확실하고 신뢰성이 있어야 하며, 또한 적당한 범위에서 자유롭게 조정할 수 있어야 한다. 주입약품의 성상에 따라 고체 및 액체 약품주입시설이 있지만 투입약품은 완전 혼합되고 가장 효과적인 반응을 하는 것을 선택한다. 약품주입탱크는 철판에 고무라이닝을 하거나 FRP 또는 경질염화비닐제를 주로 사용한다.

7.8 산화 환원

7.8.1. 산화수

광의적인 의미에서 산화란 각 원소가 가지고 있는 산화수(Oxidation number)가 증가하는 것을 말하고 환원이란 산화수의 감소, 즉 음원자가의 증가를 말한다.

표 7.5 산화 환원의 개념

	산 화(oxidation)	환 원(reduction)
(1) 산소	화합 ······ 산소와 화합하는 현상 $C + O_2 \rightarrow CO_2$	잃음 ······ 산화물에서 산소를 잃는 현상 $2CuO\ H_2 \rightarrow Cu_2O + H_2O$
(2) 수소	잃음 ······ 수소화합물에서 수소를 잃는 현상 $2H_2S + O_2 \rightarrow 2S + 2H_2O$	화합 ······ 수소와 화합하는 현상 $N_2 + 3H_2 \rightarrow 2NH_3$
(3) 전자	잃음 ······ 전자를 잃는 현상 $Na \rightarrow Na^+ + e^-$	얻음 ······ 전자를 받아들이는 현상 $Cl + e^- \rightarrow Cl^-$
(4) 원자가(산화수)	증가 ······ 원자가(원자의 산화수)가 증가되는 현상 $2FeCl_2 + Cl_2(\mathrm{II}) \rightarrow 2FeCl_2(\mathrm{III})$	감소 ······ 원자가(원자의 산화수)가 감소되는 현상 $2FeCl_2(\mathrm{III}) + SO_2 + 2H_2O \rightarrow 2FeCl_2(\mathrm{II})$ $+ 2HCl + H_2SO$

즉 모든 원소는 1 또는 2 이상의 정(+), 부(−) 어느 쪽인가의 산화수를 갖고 있어 화합물을 구성하고 있는 모든 원소의 산화수는 0이다. 예를 들어 $FeCl_2$의 Fe산화수는 +2, Cl는 −1이며 CH_4의 C의 산화수는 −4, CO_2의 C의 산화수는 +4이다(단, 화합물 중의 H, O의 산화수는 각각 +1, −2로 한다).

$2Fe^{+3} + 2I - \rightarrow\ 2Fe^{+2} + I_2$의 반응에 있어 Fe의 산화수는 +3에서 +2로 감소하고 I는 −1에서 0로 증가하고 있다. 따라서 Fe^{+3}은 I^-에 의해 환원되고 I^-는 Fe^{+3}에 의해 산화된다. 이와 같이 산화, 환원반응이 동시에 그리고 화학량론적으로 일어난다.

산화제 + ne $\rightleftarrows$ 환원제(1) + 산화제(2)

용액 중의 산화, 환원력의 척도측정에 산화환원전위(ORP: Oxidation Reduction Potential)가 이용된다.

산화수는 물질 중의 원자가 어느 정도 산화 또는 환원되었는가의 정도를 나타낸 수치이다. 전자를 잃은 상태는 (+), 얻는 상태는 (−)로 나타 낸다. 물 분자 내에서 전기음성도가 큰 산소는 환원된 상태로, 작은 수소 원자는 산화된 상태로 결합되어 있다. 산소의 산화수는 −2, 각 수소는 + 1이다. 같은 원소라 할지라도 속해 있는 물질에 따라 산화수가 다르기 때 문에 반드시 전기음성도를 고려하여 결정해야 한다.

다음과 같은 조건에서 산화수법에 의한 산화 · 환원 반응식의 계수를 맞추어 보면 다음과 같다.

- 홑원소물질 중의 원자의 산화수는 0이다.
- 중성의 화합물을 구성하는 원자들의 산화수의 총합은 0이다.
- 라디칼 이온을 구성하는 원자들의 산화수의 총합은 그 이온의 전하 수와 같다.
- 1원자 이온의 산화수는 그 이온의 전하와 같다.
- 주기율표의 각 원소들이 여러 화합물에서 갖는 공통적인 산화수는 표 7.6과 같다.

표 7.6 각 원소들의 산화수

족	1A	2A	3B	4B	5B	6B	7B
산화수	+1	+2	+3	−4∼+4	−3∼+5	−2∼+6	−1∼+7

㉠ 화합물 내에서의 1족, 2족, 3족 원소들이 산화수는 각각 +1, +2, + 3이다.

㉡ 4족∼7족의 원소들이 속해 있는 화합물 내에서의 전기음성도의 상 대적인 크기에 따라 (+) 산화수에서 (−) 산화수까지 여러 종류의

산화수를 지닐 수 있다.

ⓒ 수소화합물에서 수소의 산화수는 +1이다. 단, 금속의 수소 화합물에서는 −1이다. 예) NaH, CaH_2, $LiAlH_4$

ⓔ 산소원자는 전기음성도가 커서 대부분의 화합물에서 산화수는 −2이다. 단, 과산화물에서는 −1, 초과산화물에서는 $-\dfrac{1}{2}$, OF_2에서는 +2이다.

상기 조건에서 다음의 반응을 예로 들어 산화·환원 반응식의 계수를 맞추어 보기로 한다.

$$\underline{Cu} + H^+ + \underline{N}O_3{}^- \rightarrow \underline{Cu}^{2+} + \underline{N}O + H_2O$$

㉠ 먼저 산화수의 변화를 조사한다.

$$\underset{0}{\underline{Cu}} + H^+ + \underset{+5}{\underline{N}O_3{}^-} \rightarrow \underset{+2}{\underline{Cu}^{2+}} + \underset{+2}{\underline{N}O} + H_2O$$

㉡ 증가된 산화수와 감소된 산화수가 같아야 하므로 Cu의 계수는 3이 되고, N의 계수는 2가 되어야 한다.

$$3Cu + H^+ + 2NO_3{}^- \rightarrow 3Cu^{2+} + 2NO + H_2O$$

㉢ 양쪽의 산소의 수는 같아야 하므로 오른쪽 H_2O의 계수를 4로 한다.

$$3Cu + H^+ + 2NO_3{}^- \rightarrow 3Cu^{2+} + 2NO + 4H_2O$$

㉣ 끝으로, 양쪽 수소의 수를 맞추면 왼쪽 H^+의 계수는 8이 된다.

$$3Cu + 8H^+ + 2NO_3{}^- \rightarrow 3Cu^{2+} + 2NO + 4H_2O$$

(예제 1) 다음 화학식에서 밑줄 친 원소의 산화수를 구하여라.

(1) $\underline{N}H_3$　　(2) $Na_2\underline{S}_2O_3$　　(3) $\underline{Al}_2O_3$　　(4) $\underline{Cr}_2O_7{}^{2-}$

구하고자 하는 원소의 산화수를 x라 하자(산화수는 원자 1개에 대한 값이다).

(1) $x + 1 \times 3 = 0$ $\therefore$ $x = -3$

(2) $(+1 \times 2) + (x \times 2) + (-2 \times 3) = 0$ $\therefore$ $x = +2$

(3) $x \times 2 + (-2 \times 3) = 0$ $\therefore$ $x = +3$

(4) $(x \times 2) + (-2 \times 7) = -2$ $\therefore$ $x = +6$

(예제 2) 산화수법을 써서 다음 반응의 계수를 결정하여라.

$$MnO_4^- + H_2S + H^+ \rightarrow S + Mn^{2+} + H_2O$$

(1) 먼저 산화수의 변화를 조사한다.

$$\overset{\displaystyle \ulcorner\!\!-\!\! 산화수\ 5감소 \!\!-\!\!\searrow}{\underset{\underset{산화수\ 2증가}{\quad}}{\underset{+7 \qquad -2 \qquad\quad 0 \quad +2}{MnO_4^- + H_2\underline{S} + H^+ \rightarrow \underline{S} + \underline{Mn}^{2+} + H_2O}}}$$

(2) 증가된 산화수와 감소된 산화수가 같도록 한다.

MnO_4 계수 2, H_2S 계수 5

$$2MnO_4^- + 5H_2S + H^+ \rightarrow 5S + 2Mn^{2+} + H_2O$$

(3) 양쪽 산소의 수는 같아야 하므로 오른쪽 H_2O의 계수를 8로 한다.

$$2MnO_4^- + 5H_2S + H^+ \rightarrow 5S + 2Mn^{2+} + 8H_2O$$

(4) 끝으로, 양쪽의 수소 수를 맞추면 왼쪽의 H^+ 계수는 6이 된다.

$$2MnO_4^- + 5H_2S + 6H^+ \rightarrow 5S + 2Mn^{2+} + H_2O$$

7.8.2. 산화제와 환원제

산화제는 자신은 환원되어 다른 물질을 산화시키는 물질로 $KMnO_4$, $K_2Cr_2O_7$, H_2O_2, MnO_2, 진한 H_2SO_4, HNO_3, O_2, O_3, Cl_2 등이 있으며 다음과 같은 특징을 갖는다.

- 주기율표 오른쪽 위로 갈수록 강산화제이다(표 7.8).

- 산화수가 높은 금속이나 비금속 원자를 가진 화합물($KMnO_4$, $K_2Cr_2O_7$, HNO_3, $HClO_4$에서 산화수는 +7, +6, +5)일수록 강한 산화제이다.

- 같은 원자가 여러 가지 산화수를 가질 경우, 산화수가 큰 원자를 가진 화합물이 더 강한 산화제이다. 예를 들면 $KMnO_4$, MnO_2, Mn_2O_3, $MnCl_2$ 중에서 $KMnO_4$가 가장 강한 산화제이다. 환원제는 자신은 산화되며 다른 물질을 환원시킨다. $FeCl_2$, $SnCl_2$, CO. $(COOH)_2$, C, Al, Zn, SO_2, H_2O_2 등이 있으며, 환원제의 특징은 다음과 같다.

- 주기율표에서 왼쪽 아래로 갈수록 강한 환원제이다.

- 이온화 에너지가 작은 원소나 전자를 버리기 쉬운 원소이다.

- 한 원소에 여러 가지 산화수를 가질 경우 산화수가 작을수록 강한 환원제이다. 예를 들면 H_2S, S, SO, SO_3 중에서 H_2S가 가장 강한 환원제이다.

H_2O_2는 발생기의 산소를 내어 다른 물질을 산화시키므로 산화제이나, 강한 산화제는 $KMnO_4$와 만나면 단체의 O로 되며 산화수가 -1에서 0으로 증가되어 환원제가 된다.

$$2FeSO_4 + H_2O_2 + HSO \rightarrow Fe(SO) + 2HO(H_2O_2는 산화제)$$

$$2KMnO_4 + 3H_2SO_4 + 5H_2O_2$$

$$\rightarrow K_2SO_4 + 2MnSO_4 + 8H_2O + 5O_2(H_2O_2\text{는 환원제})$$

SO_2와 같은 물질은 SO_3나 H_2SO_4로 S의 산화수가 증가되어 산화될 수 있으므로 환원제이다. 그러나 H_2S와 만나면 단체인 S로 환원되므로 SO_2가 산화제로 된다.

$$SO_2 + 2H_2O + Cl_2 \rightarrow H_2SO_4 + 2HCl(SO_2\text{는 환원제})$$

$$SO_2 + 2H_2S \rightarrow 2H_2O + 3S(SO_2\text{는 산화제})$$

표 7.7 산화수와 전자

족	I	II	III	IV	V	VI	VII
가전자의 수	1	2	3	4	5	6	7
제공 가능한 전자의 수	1	2	3	4	5	6	7
산화수	+1	+2	+3	+4	+5	+6	+7
수용 가능한 전자의 수	7	6	5	4	3	2	1
산화수	−7	−6	−5	−4	−3	−2	−1

표 7.8 주기율표

1A																	8A
1 H	2A											3A	4A	5A	6A	7a	2 He
3 Li	4 Be		전이금속(Transition metals)									5 B	6 C	7 N	8 O	9 F	10 Ne
11 Na	12 Mg											13 Al	14 Si	15 P	16 S	17 Cl	18 Ar
19 K	20 Ca	21 Sc	22 Ti	23 V	24 Cr	25 Mn	26 Fe	27 Co	28 Ni	29 Cu	30 Zn	31 Ga	32 Ge	33 As	34 Se	35 Br	36 Kr
37 Rb	38 Sr	39 Y	40 Zr	41 Nb	42 Mo	43 Tc	44 Ru	45 Rh	46 Pd	47 Ag	48 Cd	49 In	50 Sn	51 Sb	52 Te	53 I	54 Xe
55 Cs	56 Ba	57 La	72 Hf	73 Ta	74 W	75 Re	76 Os	77 Ir	78 Pt	79 Au	80 Hg	81 Tl	82 Pb	83 Bi	84 Po	85 At	86 Rn

(예제) 다음 반응에서 SO_2는 산화제인가? 아니면 환원제인가?

$$SO_2 + Cl_2 + H_2O \rightarrow H_2SO_4 + 2HCl$$

$SO_2 \rightarrow H_2SO_4$로 변화되어 산화수는 $+4 \rightarrow +6$으로 산화되었다. 따라서 환원제이다.

7.8.3. 산화 – 환원전위

수처리 공정에서 산화환원력의 척도로 산화환원전위를 사용하는데, 그 산화, 환원전위 값을 나타내는 Nernst식은 다음과 같다.

$$E = E_o + \frac{RT}{nF} \ \ln \frac{[O_X]}{[R_{ed}]}$$

여기서, E_o: 표준상태에서의 전위(V)

R: 가스상수(8.316 volt · coulomb/°K · mol

$= 8.316J/°K · mol)$

T: 절대온도(K = ℃ + 273)

n: 반응에 관여하는 전자수

F: 패러데이 상수(9.649×10^4coulomb/g 이온)

$[R_{ed}]$: 환원제의 몰농도

$[O_X]$: 산화제의 몰농도

만약 $[O_X] = [R_{ed}]$이면 $E = E_0$이고

상기식을 25℃ 기준으로 계산해서 유도하면

$$E = E_o + 2.3026 \, \frac{RT}{nF} \, \log \, \frac{[O_X]}{[R_{ed}]}$$

$$2.3026 \frac{RT}{nF} = 2.3026 \times \frac{8.316 \times (25 + 273)}{n \times 9.649 \times 10^4} = \frac{0.05915}{n}$$

$$E = E_o + \frac{0.05915}{n} \, \log \, \frac{[O_X]}{[R_{ed}]}$$

$$F_2 + 2_e^- \rightleftharpoons 2F^-, \; E_o = 2.87V$$

$$O_3 \;+\; 2H^+ + 2e \rightleftharpoons O_2 + H_2O, \; E_o = +2.07V$$

$$Cl_2 + 2_e^- \rightleftharpoons 2Cl^-, \; E_o = 1.36V$$

위 반응식에서 보면 ORP가 높은 순서, 즉 강한 산화제의 순서는 불소, 오존, 염소 순이다.

표준 산화, 환원 전위(E_o)는 표준수소 전극치를 0으로 하고 이를 기준하여 수소보다 높은 것은 +, 낮은 것은 −를 붙이는 것을 규약으로 정하고 있다. 그러므로 +의 것은 H를 산화하여 H^+으로 할 수 있으나 −의 것은 역으로 H^+를 환원하여 H로 하는 작용이 있다.

$$+ 의 \; 것은 \; H - 1e \rightarrow H^+ (Oxidation)$$

$$- 의 \; 것은 \; H^+ + 1e \rightarrow H (Reduction)$$

또한 E_o는 표준수소 전극과 백금전극 사이에서 1atm, 15℃의 표준상태에서 생기는 전위차이다.

산화환원전위(E)는 그 용액의 산화력 또는 환원력의 강도를 아는 척도로서 전자(electron) 교환이 따르는 모든 화학반응은 산화환원 반응이며 산화−환원력의 강도는 ORP를 측정함으로써 알 수 있다. ORP의 측정은 계열의 강도 측정이며 계열의 용량을 측정할 수는 없다. 이 점에서 보면

pH라든가 온도의 측정과 유사하다. 따라서 ORP의 측정값으로부터 용액 중의 산화제나 환원제의 농도를 알 수 없고, 단지 양자의 농도비만을 알 수 있다. 또 처리를 위하여 가해진 산화제나 환원제의 양도 물론 알 수는 없다. 폐수처리에서 실용적인 입장에서 O_X 또는 R_{ed} 농도의 절댓값을 필요로 하는 경우는 적고 그들의 농도비만을 알면 충분한 경우가 많다.

ORP(Oxidation Reduction Potential)는 유리전극 pH계의 유리전극 대신에 백금전극을 넣으면 pH계는 그대로 ORP 측정용 전위차계로서 사용할 수 있다.

수처리공정의 산화반응을 이용한 폐수처리 방식은 널리 분포되어 있다. 포기법, 호기성 생물처리방법 등도 산화반응이 이용되는 것이고 암모니아 제거, 살균, Fe^{+2}, Mn^{+2} 등의 산화침전, CN^-의 산화처리(염소산화, 오존산화, 전해산화) 등도 화학적 산화법에 속한다.

환원반응의 일반적인 응용은 6가크롬 함유폐수, 동함유 폐수처리에 이용되고 있다.

7.8.4. 시안의 산화처리

시안계 폐수의 처리는 알칼리성 차아염소산소다(NaOCl)에 의해 시안을 산화 분리하는 방법이 가장 안전하고 확실한 방법으로서 널리 적용되고 있다.

차아염소산소다에 의한 시안의 분해는 다음과 같이 시안이온(CN^-)을 시안산(CNO^-)으로 분해하는 1단 반응과 시안산을 아주 무해한 질소가스(N_2)

와 탄산가스(CO_2)로 분해하는 2단 반응의 2단계 반응조작으로 행한다.

1단 반응: $NaOH + NaOCl \rightarrow NaCNO + NaCl$

2단 반응: $2NaCN + 3NaOCl + H_2O$

$$\rightarrow N_2 + 3NaCl + 2NaOH + 2CO_2$$

1단 반응으로 시안 CN^-은 차아염소산소다($NaOCl$)에 의해 바로 시안산 CNO^-로 되는 것이 아니고 시안이온에 차아염소산소다를 가하여 반응시키면 먼저 다음과 같은 반응에 의해 염화시안($CNCl$)이 생성된다.

$$NaCN + NaOCl + H_2O \rightarrow 2NaOH + CNCl$$

이 염화시안은 휘발성이고, 독성은 시안가스의 1/3 정도 강한 위해성 물질이다.

염화시안은 알칼리성으로서 용이하게 가수하면 분해되어 시안산이 된다.

$$CNCl + NaOH \rightarrow NaCl + HCNO$$

이 반응은 중성으로서 느리지만 알칼리로 높이면 대단히 빨리 반응이 진행된다. 그러므로 염화시안을 발생시키지 않고 1단반응을 행하여 시안 산을 생성하려면 pH를 10.5 이상으로 유지할 필요가 있다.

2단 반응은 1단 반응과 틀리며 pH는 낮은 쪽이 빨리 진행되고 pH10 부근에서는 $30 \sim 60$분 이상 소요되지만, pH7.5~8.0에서는 단시간(10분 이내)에 완료된다.

이와 같이 시안의 완전분해를 행하자면 최적 pH조건에서 반응을 2단 계로 분리하여 행할 필요가 있는데, 반응조건은 다음과 같다.

1단 반응: pH10.5 이상과 산화전위 300㎷ 이상

2단 반응: pH7~8.5와 산화전위 600㎷ 이상

1단 반응과 2단 반응을 합한 알칼리염소법에 의한 시안의 산화 반응은

다음과 같이 된다.

$$2NaCN + 5NaOCl + H_2O \rightarrow N_2 + 5NaCl + 2NaOH + 2CO_2$$

시안(CN) 1g을 완전 산화시키는 데 필요한 차아염소산소다(NaOCl)의 이론량은 6.8g이지만 실제로는 과잉량의 NaOCl(100% 환산)를 필요로 한다. 또한 NaOCl는 유효염소량 $10 \sim 12\%$로 공급되므로 CN 1g 분해에 요하는 NaOCl(12% 유효염소)는 이론량으로서 60g 필요하다. 그러나 철, 니켈, 금 등의 CN^- 착체는 안정하여 산화분해가 어렵다.

철이온은 2가(Fe^{2+})와 3가(Fe^{3+})가 있고 어느 것이나 시안기와 철시안착염을 만든다.

$$3가철\ 훼로시안착화합물: Fe(CN)_6^{4-}$$
$$2가철\ 훼리시안착화합물: Fe(CN)_6^{3-}$$

이러한 철시안 착화합물은 알칼리염소법으로는 거의 분해되지 않는다. 도금폐수처리로서의 시안처리의 불완전한 사례의 원인을 찾아보면 철시안 착화합물에 의한 검출의 예가 많다.

그것은 금속표면처리의 경우 소재가 철이며, 도금조 내에 떨어진 소재의 철이 용출하여 철시안 착화합물이 형성되어 도금폐수 중에 유입된 것이 원인으로 추정되고 있다. 그러므로 도금폐수의 경우 철시안 착화합물은 일반적으로 주된 시안 발생원인으로서 잔존하는 것만은 아니고, 시안계 폐수 중 미량의 철시안 착화합물로서 존재하고 있으며, 이것이 알칼리염소법 시안처리로서는 분해되지 않고 처리수에 남는 경우가 많다.

이 철시안 착화합물의 제거는 아연, 구리 등의 금속과 반응시켜 불용성 화합물을 만들어 침전 분리하는 방법으로 처리한다.

훼로시안($Fe(CN)_6^{4-}$)에 아연이온을 가하면, 다음 반응에 의해 훼로시안화 아연이 생성된다. 이것은 약산성부터 알칼리성이므로 불용성이다.

$$Fe(CN)_6{}^{4-} + 2Zn^{2+} \rightarrow Zn_2Fe(CN)_6$$

그러나 훼리시안$(Fe(CN)_6)^{3-}$은 전연 불용성의 염을 만들지 않는다. 그 때문에 훼리시안이온은 훼로시안이온으로 환원시킬 필요가 있다. 환원제로서는 황산제일철, 황화수소 등이 이용된다.

아황산나트륨(Na_2SO_3)이나 티오황산나트륨$(Na_2S_2O_3)$도 사용 가능하지만 반응이 늦으므로 가열이나 촉매첨가에 의해 반응을 촉진시키든가 반응시간을 길게 유지시킬 필요가 있다. 또한 훼로시안 착화합물은 아연 외에 구리, 니켈, 크롬, 철과 함께 불용성 화합물을 생성한다. 도금폐수의 경우 아연, 구리 등이 중금속 폐수 중에 함유되어 있으므로 시안의 2단계 반응 처리수의 과잉염소를 아황산소다에 가하여 제거한 후 황산제일철을 가하든가 산세폐수$(Fe^{2+}$가 함유)를 가하여 응집처리를 행한다. 과잉염소의 분해와 침강분리효과를 높이기 위해 크롬환원처리수를 함유시켜 처리할 수도 있다.

즉 시안은 전이원소 중 철과 강력한 결합상태로 훼로시안$[Fe(CN)_6]^{4-}$과 훼리시안 $[Fe(CN)_6]^{3-}$를 형성한다.

훼로시안은 전이원소$(Cu,\ Ni,\ Cr,\ Fe\cdots\cdots)$와 결합하여 불용성 화합물을 생성한다.

그러나 훼리시안은 전이원소와 결합하여 불용성 화합물을 생성하지 못한다. 따라서 알칼리 염소법에 의해 시안착화합물을 분해하고자 할 때에는 훼로시안을 훼리시안으로의 전환이 요구되며 난용성 착화합물에 의해 시안착화합물을 제거하고자 할 때에는 훼리시안을 훼로시안으로의 전환이 요구된다.

결론적으로 시안착화합물의 처리방법은 다음과 같이 표현된다.

$$[Fe(CN)_6]^{4-} \underset{②}{\overset{①}{\rightleftharpoons}} [Fe(CN)_6]^{3-}$$

① 강알칼리성에서 과잉의 산화제 주입

② 약알칼리성 이상에서 환원제 주입

7.8.5. 크롬의 환원처리

크롬은 2가, 3가, 6가 등의 화합물이 있다.

2가크롬은 불안정하고 3가크롬은 물속에서 $[Cr(H_2O)_3]^{3+}$의 자색을 띠고 $[Cr(OH)_4]^-$ 형태도 있다. 6가 크롬은 CrO_4^{2-}, $Cr_2O_7^{2-}$ 등의 양성의 성질이 있다. 6가 크롬은 일반적인 중금속과 달라서 $Cr(OH)_6$와 같은 염기성으로 물에 불용성인 수산화물을 만들지 않고 그것에 상당하는 산화물 CrO_3가 형성된다. CrO_3는 다른 금속의 산화물과 달리 물에 잘 용해되어 적색을 띠는 산성용액이 된다.

$$2CrO_3 + H_2O \rightarrow H_2Cr_2O_7 \rightleftharpoons 2H^+ + CrO_7^{2-}$$

(삼산화크롬,　　　　　(중크롬산)　　　　　　(중크롬산이온)
무수크롬산)

삼산화크롬 용액에서 황산을 가한 것은 크롬의 전기도금액으로 많이 사용되고 있다. 중크롬산이온에 수산화나트륨과 같은 알칼리를 가하면 동적색에서 황색으로 용액의 색이 변화한다.

$$Cr_2O_7^{2-} + 2OH^- \rightleftharpoons CrO_4^{2-} + H_2O$$

동적색　　　　　　　　황색
(산성)　　　　　　　(중성, 알칼리성)

크롬산이온을 함유하는 용액에 황산과 같은 산을 가하면 역반응이 생겨 용액은 황색에서 동적색으로 변화한다.

$$CrO_4^{2-} + 2H^+ \rightleftharpoons CrO_4^{2-} + H_2O$$

(황색) (동적색)

크롬산이나 중크롬산과 같이 6가크롬을 함유하는 폐수는 pH를 3 이하로 한 후 환원제에 의하여 3가의 크롬이온(Cr^{+3})으로 환원시킨다.

환원제로는 $NaHSO_3$, $FeSO_4$, SO_2 등이 사용되며 외관적으로 황색의 폐수가 청록색으로 변화한다.

$$H_2Cr_2O_7 + 6FeSO_4 \cdot 7H_2O + 6H_2SO_4$$
$$\rightarrow Cr_2(SO_4)_3 + 3Fe_2(SO_4)_3 + 49H_2O$$
$$2H_2Cr_2O_7 + 6NaHSO_3 + 3H_2SO_4$$
$$\rightarrow 2Cr_2(SO_4)_3 + 3Na_2SO_4 + 8H_2O$$
$$H_2Cr_2O_7 + 3Na_2SO_3 + 3H_2SO_4$$
$$\rightarrow Cr_2(SO_4)_3 + 3Na_2SO_4 + 4H_2O$$

환원반응의 적정 pH는 2~3이 적절하고 pH가 높을수록 반응속도가 빠르나 비경세적이 된다. 또한 pH4 이상이 되면 반응속도가 급격히 떨이진다(환원 시 ORP: 250mV). 이렇게 환원된 Cr^{3+}는 pH8~9로 조정하여 수산화물로 침전시킨다. 이때 알칼리제로는 $NaOH$, $Ca(OH)_2$ 등이 쓰이나 사용하는 약품의 종류, 농도, 주입방법, 교반방법 등에 따라서 반응효율이 다르다.

$$Cr_2(SO_4)_3 + 6NaOH \rightarrow 2Cr(OH)_3 \downarrow + 3Na_2SO_4$$
$$Cr_2(SO_4)_3 + 3Ca(OH)_2 \rightarrow 2Cr(OH)_3 \downarrow + 3CaSO_4 \downarrow$$

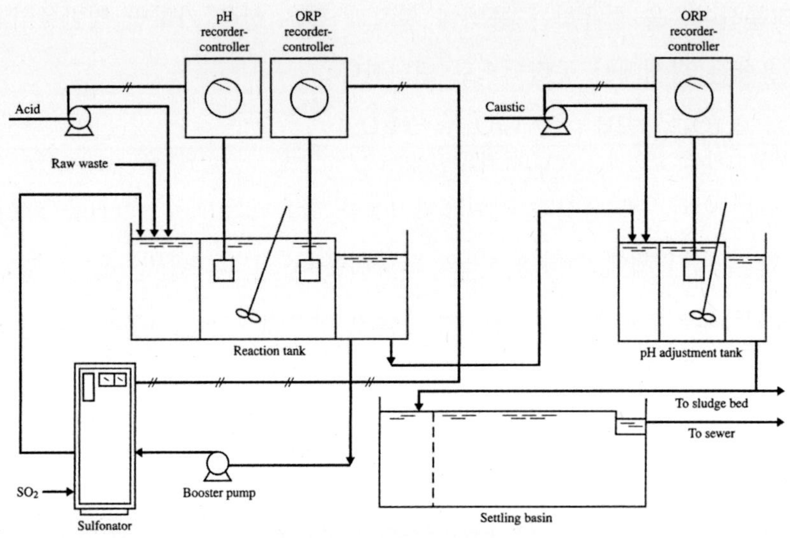

그림 7.19. 크롬처리 플로차트.

    침전 시 알칼리제는 묽은 것을 사용하고 $Ca(OH)_2$를 침전제로 사용하는 경우에는 $CaSO_4$가 같이 침전하므로 슬러지 생성량이 많아진다. 한편 pH12 이상이 되면 수산화물은 착이온을 형성·재용해된다.

$$Cr(OH)_3 + OH^- \rightarrow Cr(OH)_4^-$$

    환원제로 쓰이는 황산제1철($FeSO_4$)은 값이 싸고 쉽게 구할 수 있는 환원제이지만 6가 크롬을 환원시킨 후 황산제2철 $Fe_2(SO_4)_3$로 변화한다. 그러므로 수산화크롬을 침전시킬 때 황산제2철은 $Fe(OH)_3$로 되어 침전하므로 오니의 양이 그것만큼 증가하게 된다.

7.8.6 황화물 침전물

중금속이온을 황화물로 회수하는 방법으로 황화물의 용해도적이 수산화물의 용해도적 보다 대단히 적은것을 이용하여 분별침전시키는 방법이다. 중금속 이온 중에서 Cu^{++}, Hg^{++}제거에 많이 이용되고 있으며, Zn^{++}등은 가장 침전하기 어려우므로 분별침전이 적합하다고 생각된다. 특히 Fe^{++}과 Cu^{++}를 함유하는 혼합폐수를 처리할 때에는 그 이온들의 용해도적(K_{sp})이 근사하므로 pH3에서 Fe^{+++}을 수산화물로 분별 침전시키고 그 후 황화법으로 Cu^{++}를 회수 제거하는 것이 상례이다.

다른 일례로서 Fe^{++}, Fe^{+++}, Cu^{++}, Zn^{++}, Cd^{++}을 함유하는 폐수처리에서,

㉮ O_2 혹은 O_3로 Fe^{2+}를 Fe^{3+}으로 산화시킨 후 석회 수산화물로 제거한다.

㉯ 다음 황화수소(H_2S)를 첨가하여 CuS 및 CdS로 침전 응집처리하여 회수한다.

㉰ ㉯의 공정에서 과량의 H_2S를 흡입치 않으면 Zn^{2+}은 잔액 중에 존재, 황화법은 황화제의 가격, 독성 장치나 혹은 제조방법이 고가로 아직 보편화되어 있지 않다. 황화제로는 H_2S 또는 Na_2S를 사용하는데 황화물은 수산화물보다 용해도적이 적어 난용성이고 또 안정성이 있으며 여과성도 좋으나 콜로이드상으로 존재하기 쉬워 침강성이 떨어지고 따라서 응집제의 첨가가 필요하게 된다.

표 7.9 금속황화물의 용해도적 상수(Ksp)

금속이온	해리반응	용해도적
Zn^{++}	$ZnS \rightleftharpoons Zn^{++} + S^{--}$	7.8×10^{-26}
Cd^{++}	$CdS \rightleftharpoons Cd^{++} + S^{--}$	1.0×10^{-28}
Hg^{++}	$HgS \rightleftharpoons Hg^{++} + S^{--}$	1.6×10^{-54}
Hg^{+}	$Hg_2S \rightleftharpoons 2Hg^{+} + S^{--}$	1.0×10^{-45}
Cu^{++}	$CuS \rightleftharpoons Cu^{++} + S^{--}$	8×10^{-37}
Ni^{++}	$NiS \rightleftharpoons Ni^{++} + S^{--}$	3×10^{-21}
Pb^{++}	$PbS \rightleftharpoons Pb^{++} + S^{--}$	7×10^{-29}
Fe^{+++}	$Fe_2S_3 \rightleftharpoons 2Fe^{+++} + 3S^{--}$	1×10^{-38}
Fe^{++}	$FeS \rightleftharpoons Fe^{++} + S^{--}$	4×10^{-19}
Co^{++}	$CoS \rightleftharpoons Co^{++} + S^{--}$	5×10^{-22}
Mn^{++}	$MnS \rightleftharpoons Co^{++} + S^{--}$	7×10^{-56}
Ag^{+}	$Ag_2S \rightleftharpoons 2Ag^{+} + S^{-}$	6.3×10^{-50}

또 황화물은 pH나 음이온의 영향을 많이 받는 경향이 있다. 예를 들면 Cd^{++}의 경우 침전반응 H^{+}가 증가하면 CdS의 S^{--}은 H^{+}와 결합되어 H_2S로 되고 S^{--} 농도가 감소하므로 CdS는 용해되며 할로겐, 시안, 암모니아 등의 음이온과 배위화합물을 형성하여 착화합물이 가용성 상태로 되므로 잘 침전하지 않는 경향이 있다.

HgS의 경우, S^{--}가 과량으로 존재하면

$HgS + [S^{--}] \rightarrow [HgS_2]^{--}$가 되고

$2Na^{+} + [HgS_2]^{--} \rightarrow Na_2[HgS_2^{--}]$와 같은 착염으로 가용성이 된다.

(예제) 다음은 수은(Hg^{2+})을 황화물로 침전시키기 위해 다음 반응을 이용한다.

$$Hg^{2+} + Na_2S \rightarrow HgS \downarrow + 2Na^{+}$$

수은의 배출허용기준은 $0.005\,mg/\ell$ 인데 그 이하로 배출하기 위한

(가) Na_2S의 소요량은 얼마(mole/ℓ)이며,

(나) 폐수량이 $200\,m^3/day$인 경우 1일 주입량(g/day)을 산정하시오.

단, 폐수 중의 Hg^{2+} 농도$=1.5\,mg/\ell$ 이고 원자량은 $Hg=200.6$, $Na=23.0$, $S=32.0$이다.

(가) 제거해야 할 $Hg^{2+}=1.5-0.005=1.495\,mg/\ell$

$$Hg^{+2}+Na_2S\rightarrow HgS\downarrow+2Na^{+}$$
$$200.6g \ : \ 78g$$
$$1.495 \ : \ x$$

$$x=\frac{78\times1.495}{200.6}=0.58\,mg/\ell \ \ -\ -\ -\ -\ -\ \ 소요 \ Na_2S$$

$$\therefore \ Na_2S \ 소요량=0.58\,mg/\ell \div(78\times10^{3})mg/mole/\ell$$
$$=7.45\times10^{-6}mole/\ell$$

(나) 주입량

$$=7.45\times10^{-6}mole/\ell \times200,000\,\ell/day\times78g/mole$$

$$=116.22g/day$$

7.8.7. 전해 환원법

전기분해에 따라 음극에서 발생하는 수소와 동시에 철음극에서 용출되는 철이온에 의하여 크롬산을 환원하는 방법이다.

$$Cr_2O_7^{2-}+14H^{+}+ \ 6e \rightleftharpoons 2Cr^{3+}+7H_2O$$

이 경우 전해 중에 다량의 수소이온을 소비하므로 pH가 상승하여 수산화물이 생겨 액저항이 커지면 전력소모량이 많아져서 효율이 떨어진다. 따라서 전해 중에 황산을 가하여 pH를 일정하게 유지하면서 환원시켜야 할 것이다.

전해법은 농도가 희박한 폐수에 적용하기에는 곤란하다.

7.8.8. 전해 산화법

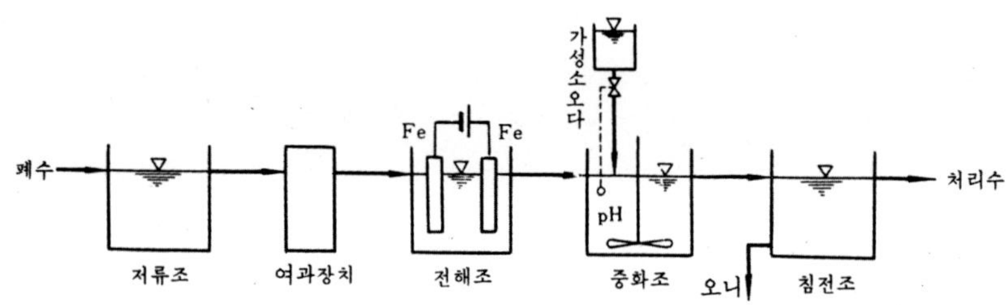

그림 7.20. 전해 산화법에 의한 크롬처리 예.

이 방법은 폐수 중의 금속이온을 회수해서 재이용하는 것을 목적으로 고안된 것이며 시안의 산화는 완전하게 이루어지지 않는다. 이 방법은 농후한 폐액에 적용되며 폐수의 온도를 $80 \sim 90\,^{\circ}\mathrm{C}$로 상승시킨 다음 양극 $1\,\mathrm{cm}^2$당 $2.3 \sim 7.0\mathrm{A}$의 전류를 주어 음극 대 양극의 면적비를 $4{:}1 \sim 5{:}1$로 한 전극장치에서 행한다.

양극에서는 시안이온(CN^-)이 산화되어서 시안산이온 또는 탄산이온이 되며 음극에서는 금속이온이 환원된다.

$$CN^- + 2OH^- \rightarrow CNO^- + H_2O + 2e^-$$

$$2CNO^- + 4OH^- \rightarrow 2CO_2 + N_2 + H_2O + 6e^-$$

이 방식으로는 시안이 완전히 산화되지 않으므로 금속이온이 제거된 후에 새롭게 다른 방식에 의해 시안이 완전하게 제거되도록 재처리를 하여야 한다. 그러나 처리법은 조작이 간단하고 또 오니처리를 할 필요가 없으며 더구나 처리비가 저렴하다. 다만 시안농도가 저하됨에 따라 효율이 저하되므로 세정폐수 등 묽은 용액에 대해서는 불리하다.

시안이온이 전해로 산화될 때 식염을 첨가하면 전류효율이 상승되어 분해를 촉진하는 효과가 있다. 이것은 양극에서 염소가스가 생성되어 시안이온을 산화하기 때문이라고 생각된다.

$$2Cl^- \rightarrow Cl_2 + 2e^-$$

$$CN^- + Cl_2 + 2OH^- \rightarrow CNO^- + 2Cl^- + H_2O$$

$$2CNO^- + 3Cl_2 + 4OH^- \rightarrow 2CO_2 + N_2 + 6Cl^- + 2H_2O$$

7.8.9. 감청법(착염법)

철, 니켈, 금 등의 CN착체는 안정하며 차아염소산소오다로 산화분해할 수 없다.

그렇기 때문에 이들의 시안 착체를 함유하는 폐수는 감청의 침전을 생성시켜서 폐수에서 침강 분리시키는 방법을 취하고 있다.

$$Na_4[Fe(CN)_6] + FeSO_4 + (NH_4)_2SO_4$$

$$\rightarrow Fe(NH_4)_2[Fe(CN)_6] + 2Na_2SO_4$$

$$2Fe(NH_4)_2[Fe(CN)_6] + NaClO$$

$$\rightarrow 2FeNH_4[Fe(CN)_6] + NaCl + H_2O + 2NH_3$$

황산철의 경우는 다음 반응과 같다.

$$6KCN + FeSO_4 \rightarrow K_4Fe(CN)_6 + K_2SO_4$$

$$K_4Fe(CN)_6 + 2FeSO_4 \rightarrow Fe_2Fe(CN)_6 + 2K_2SO_4$$

$$3Fe_2Fe(CN)_6 + 4\ Fe^{3+} \rightarrow Fe_4[Fe(CN)_6]_3 + 6Fe^{2+}$$

이 방법의 단점은

- 착색된 다량의 침전물이 생기는 것
- 일정한 농도 이상은 제거할 수 없는 점
- 시안농도가 낮은 폐수처리에는 효과가 적다.

7.8.10. 석출법(동이온의 환원)

동함유량이 많은 폐수 중에서는 이온화 경향의 차를 이용하여 금속동의 회수제거를 하게 된다. 일반적으로 철 스크랩이 사용되며 30~60분으로 대부분의 반응이 끝난다.

$$Cu^{2+} + Fe \rightarrow Cu + Fe^{2+}$$

7.8.11. 침전 부선법

침전부선(또는 이온부선법)이란 카드뮴과 같은 중금속을 수산화물이나 황화물로서 불용화한 후에 침전에 의하지 않고 계면활성제를 이용해서 부상시키는 방법으로, 이때 입자표면을 소수화해서 부상되기 쉽게 하기 위하여 부수제로서 지방족아민 또는 4급 암모늄, 초산염 등의 계면활성제를 첨가하여 부상 분리한다. 또 금속수산화물은 가압부상 장치를 사용하면 보수제를 첨가하지 않아도 그대로 부상 분리시킬 수 있는 경우가 있다.

이온 부선이란 수용액 중의 중금속이온과 반응하여 착화합물 또는 불용성침전을 생성하게 되는 계면활성제를 첨가하여 중금속을 직접적으로 부상 분리하는 방법으로, 예를 들면 황화광물의 부유선광에 사용되고 있는 Xanthate는 중금속이온과 결합하여 대단히 난용성이고 표면이 강한 소수성의 염을 생성하므로 중금속을 부상 분리하는 데 사용되고 있다.

7.8.12. 펜톤 산화법

Fenton 산화는 1984년 H. J. H Fenton에 의해 처음 발견되었고, 1960년대까지는 독성 유기물질을 처리하는 데에는 적용되지 않았다. 그러나 그 후 난분해성 물질을 생분해가 가능한 물질로 전환하거나, 독성 유기물질을 함유한 폐수의 처리, 생물학석 처리 후 처리되시 않는 물질을 처리하는 후처리 공정의 개념으로 이용하게 되었다. 다음은 Fenton 산화에 의한 유기물의 제거 반응이다.

$$Fe^{2+} + H_2O_2 \rightarrow Fe^{3+} + OH^- + \bullet OH$$

$$Fe^{3+} + H_2O_2 \rightarrow Fe^{2+} + HO_2 \bullet + H^+$$

$$\bullet OH + RH \rightarrow R \bullet + H_2O$$

$$R \bullet + Fe^{3+} \rightarrow Fe^{2+} + Products$$

$$R\bullet + \bullet OH \;\rightarrow\; ROH$$

$$R\bullet + H_2O_2 \;\rightarrow\; ROH + \bullet OH$$

$$HO_2\bullet + Fe^{3+} \;\rightarrow\; O_2 + Fe^{2+} + H^+$$

$$\bullet OH + Fe^{2+} \;\rightarrow\; OH^- + Fe^{3+}$$

$$\bullet OH + H_2O_2 \;\rightarrow\; HO_2\bullet + H_2O$$

Fenton 산화반응에 의해 유기물이 산화 분해될 때 철이온은 Fe^{2+}와 Fe^{3+} 사이를 순환한다. 촉매기능을 지닌 Fe^{2+}는 과산화수소에 촉매작용을 하여 과산화수소로부터 OH 라디칼(radical)을 발생시키고 Fe^{3+}로 산화된다. 이 때 발생된 OH 라디칼은 유기물을 분해하여 유기물 Radical(R·)을 만들며 이 유기물 라디칼에 의해서 Fe^{3+}는 다시 Fe^{2+}로 환원되고 유기물 라디칼은 결국 산화 분해된다.

7.8.13. 광 – 펜톤 산화법

Photo – Fenton 산화반응은 Fenton 산화반응과 H_2O_2/UV법이 결합되어 산화제(oxidant)로서 유기물과 비선택적으로 반응하는 OH 라디칼을 생성하는데, 그 산화반응의 mechanism에서 OH 라디칼은 3가지 반응경로에서 생성된다.

Fenton 산화반응에서 생긴 ferric hydroxy complexes들, 예를 들면 Fe^{3+}, $Fe(OH)^{2+}$, $Fe(OH)_2^+$ 들은 UV에 의하여 광분해되어 Fe^{2+}와 OH 라디칼을 생성한다. 그 하나의 예로서 $Fe(OH)^{2+}$는 다음과 같이 광분해된다.

$$Fe(OH)^{2+} + h\nu \rightarrow Fe^{2+} + OH^-$$

Fe^{3+} 이온들은 자외선뿐만 아니라 가시광선의 빛을 흡수하며 그들의 흡수능은 각 파장에 의존한다. Faust와 Hoigen의 보고에 의하면 $Fe(OH)^{2+}$의 흡수스펙트럼이 420㎚의 파장까지 나타나며 대기에서 태양광선에 의하여 Fe^{3+}의 광반응이 OH 라디칼의 발생원으로 작용한다.

또한, 상기 반응에서 과산화수소가 존재하는 한 OH 라디칼을 발생시킨다. 이러한 반응은 Photo‒Fenton 산화반응에서 OH 라디칼의 주된 발생원이 된다.

과산화수소는 300㎚ 미만의 파장을 지닌 UV에 의하여 직접 OH 라디칼로 분해되는데, 실제로 사용되는 수은중압램프는 UV‒C를 부분적으로 조사하기 때문에 과산화수소와 직접적인 광분해 가능하다.

이와 같이 세 가지의 발생경로를 통하여 Photo‒Fenton 산화반응에서는 기존의 Fenton 산화반응과 H_2O_2/UV보다 더 많은 양의 OH 라디칼이 생성되어 독성 유기물의 산화를 가속시킬 것이며, Fe^{3+}의 광환원에 의하여 Fe^{2+}가 연속적으로 재생되어 공급되므로 초기 $FeCl_2$의 주입량을 현저히 줄일 수 있고, 최종적으로 철 슬러지의 발생량이 감소된다. 또한 Fe^{2+}의 광화학적 가시광선까지 넓은 범위의 파장을 가진 광선이 이용되므로 램프에서 조사되는 광선을 H_2O_2/UV보다 더 효율적으로 사용할 수 있어 상대적으로 에너지가 절감되는 효과를 가져온다.

7.8.14. 오존 산화법

오존처리는 오전의 강력한 산화력을 이용하여 분해·제거하거나, 원수

중에 있는 미량 유기물질의 성상을 변화시킨 후 활성탄에 흡착시켜 제거하는 방법으로서 THM 전구물질이나 맛·냄새물질의 제거에 효과적이다.

또한 오존은 살균효과가 우수하여 소량의 접촉에 의해서도 대부분의 세균을 사멸시키며, 염소살균과는 다르게 THM 등의 유기염소계 화합물을 생성시키지 않아 이산화염소와 함께 대체살균제로서 사용할 수 있다.

오존의 물리적인 특성을 살펴보면 산소 동위원소인 오존은 상온에서 무색의 기체로서 코를 자극하는 독특한 비린 냄새를 가지고 있으며 −180℃까지 냉각시키며 검푸른 액체로 된다. 오존은 대단히 불안정하고 폭발성이 있어서 공기 산소 혼합상태에서 오존농도가 30% 이상이 될 때는 쉽게 폭발하게 된다. 오존은 특정 파장에서 적외선, 자외선, 가시강선 등의 빛을 흡수하는데 최대 흡수파장은 253.7㎚로 알려져 있다. 산소보다는 용해도가 높지만 분압이 훨씬 작기 때문에 일반적인 온도나 압력조건 하에서 수 ppm 이상의 농도를 얻기는 힘들다. 또한 자체가 불안정하여 보통 20℃의 물에서 20~30분의 반감기를 가지면서 분해되며, 오존의 농도, 불순물의 존재 여부, 압력 등에 따라 분해율이 달라진다. 수중의 잔류 오존은 비교적 단시간에 분해되어 산소로 변화하는데 분해속도는 주로 pH의 영향을 받아 알칼리성으로 갈수록 분해속도가 빨라진다.

오존은 강력한 산화제로서 불소와 OH기 다음으로 높은 전위차(2.07V)를 가지기 때문에 백금과 은을 제외한 모든 금속과 미생물 및 유기물질 등을 산화시킨다. 오존은 불안정하여 스스로 자기분해를 하여 산소로 변화하는데 습도와 은, 백금, 이산화망간, 수산화나트륨, 소석회, 브롬, 염소 또는 광화학반응 등의 촉매작용에 의해 그 분해속도가 빨라진다.

오존분해 반응은 hydroxide이온, UV light, hydrogen peroxide, 금속이온

(Fe 등)에 의해 시작되며 반응과정에서 수산화기 OH, 오존이온 O_3^-, superoxide이온 O_2^- 등이 중간물질로 생성된다.

오존의 생성과 분해반응의 메커니즘, 유기물제거 경로는 다음과 같다.

- 오존의 생성과 분해반응

$$O_2 + e \rightarrow 2O + e$$

$$O + O_2 + (M) \rightarrow O_3 + (M)$$

$$O_3 + O \rightarrow 2O_2$$

$$O_3 + e \rightarrow O + O_2 + e$$

- 오존의 분해 메커니즘

$$O_3 + H_2O \rightarrow HO_3 - OH$$

$$HO_3 + OH \rightarrow 2HO_2$$

$$O_3 + HO_2 \rightarrow HO + 2O_2$$

$$O_3 + HO \rightarrow HO_2 + O_2$$

$$HO_2 + HO_3 \rightarrow H_2O_2 + O_2$$

$$HO + HO_2 \rightarrow H_2O + O_2$$

$$HO + HO \rightarrow H_2O_2$$

- 유기물의 제거경로

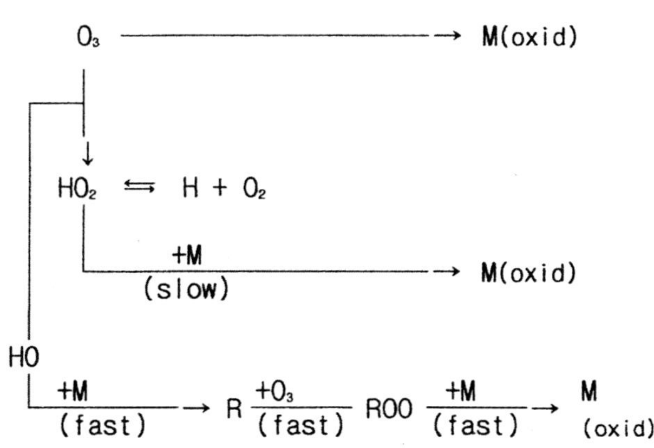

자연수 내에서 오존의 반응은 복잡하며, 오존이 천연 유기물과 반응할 때 복합 Humic M molecules의 가장 결합력이 약한 곳을 공격하게 되는데 탄소-탄소이중결합, 방향족고리, 금속이온 등과 반응이 시작되어 중간 생성물을 생성하게 되는 것이다.

오존의 발생방법으로는 여러 가지가 시도되고 있지만 무성방전법, 전해법, 광화학법, 고주파전해법, 방사선 조사법에 의한 오존발생장치가 개발되어 있다. 그러나 이 중에서 무성방전법에 의한 오존발생장치가 폭넓게 사용되고 있다.

오존을 대량으로 제조할 때는 무성반전을 사용하는데, 그 원리는 전극을 한쪽 방향에 고체 절연물을 두고 전극 간에 교류전압을 가하면 공간에 연속적인 방전이 발생하며 방전에 의한 가속전자 e가 산소분자 O_2와 충돌하여 반응이 일어난다.

전극과 전극의 사이에서 오존의 생성과 분해반응이 공존하고 있으며, 방전전력을 높이거나 원료를 산소로 사용하거나 또는 방전공간에서의 체류시간을 길게 하면 오존농도는 높아진다. 고농도의 오존은 분해하기 어렵기 때문에 경제적 운전을 위해서 낮은 농도를 사용한다.

오존발생기에는 그 형상에 따라 플레이트형과 튜브형(수평형, 수직형) 등으로 분류되며, 주로 튜브형이 많이 사용되고 사용 주파수에 따라 저주파(60Hz, 1.9KV)에 의한 방법과 중주파(250~600Hz, 1.5KV)에 의한 방법이 있다. 주파수에 따른 차이점은 중주파에 의한 방법이 저주파에 의한 방법보다 방열이 많아 별도의 냉각장치가 필요한 반면 저주파 방법은 중주파 방법보다 발생기 자체가 크다. 전력비가 싼 곳이나 기온이 낮은 곳에서 냉각에 필요한 경비를 절감할 수 있으므로 중주파에 의한 방법이 경제적이나, 전력비가 비싼 곳이나 기온이 높은 곳에서 저주파방법이 경제적이므로 방식의 선택에는 오존발생효율, 안전성, 내구성은 물론이고 경제성에 대하여도 충분한 검토가 필요하다. 오존의 발생장치는 원료 공기가 제진장치, 공기압축기, 냉각장치, 제습장치를 거쳐 오존발생기에 유입되면 오존이 생성되고, 오존접촉조에서 사용된 가스는 고온의 오존파괴장치에 의해 잔류오존을 소실시킨 후 배기한다.

오존을 이용한 하·폐수, 오수, 축산폐수 등에 적용하는 분야는 다양하다. 여기서 정수처리의 효과에 대하여 요약하고자 한다.

정수처리의 목적으로 사용되는 오존의 이용 분야는 살균 및 조류의 제거, 무기물의 산화, 미량 유기물의 산화, 불특정유기물의 산화, 응집효과의 개선 및 생물활성탄 공정의 전처리 등이 있다. 이들은 유입원수의 특성과 정수장의 환경에 따라 지역마다 오존처리 공정을 다양하게 도입하고 있다.

- **오존의 살균효과**

정수 처리되는 원수에는 유기물 함량이 매우 낮다. 그러나 Humic 물질들 특히 Fulvic Acid나 Humic Acid 등은 원수에 흔히 존재하고 있다. 살균제 중 가장 널리 쓰이는 염소가 투입될 경우 이들 유기물과 결합·반응하여 THM(Trihalomethane)류의 화합물을 형성시킨다. THM은 암을 유발시키는 발암물질로 알려져 있으며, 인간이 섭취할 경우 비록 낮은 농도지만 오랜 기간에 걸쳐 섭취하면 인체 내에 축적되고, 따라서 인간에게 암을 유발시킬 가능성이 높다. 이에 따라 미국 등지는 물론 국내에서도 정수 살균 시 염소처리를 재고하게 되었으며, 그 대안으로 THM 등을 형성시키지 않으면서도 살균효과가 매우 높은 오존의 사용을 고려하게 된 것이다.

오존은 불소 다음으로 강력한 산화제로서 염소에 비하여 몇 가지의 장점을 지니고 있다. 오존은 염소처리 유기물과 결합하여 THM 등을 형성시키지 않으며 맛과 냄새의 원인이 되는 phenol 등의 유기물은 산화시킨다. 또한 산화력이 높은 관계로 미생물 살균에 염소보다 훨씬 효과적이다. 그러나 단점으로는 오존의 반감기가 약 25분으로서 매우 불안정한 가스이기 때문에 살균 현장에서 제조 공급되어야 하며 오존발생기의 규모가 클 경우 경제성이 낮으며, 잔류성이 없기 때문에 사용자에게 공급되는 수도관에서 미생물에 의한 이차오염의 우려가 있고, 반응과정에서 수산화기 OH^-, 오존이온 O_3^-, superoxide lon O_2^- 등이 중간물질로 생성된다. 자연수 내에서 오존의 반응은 복잡한데, 오존은 천연 유기물과 탄소-탄소 이중결합, 방향족고리, 금속이온 등과 반응하여 중간 생성물을 생성한다.

- **철·망간 처리**

지하수나 복류수 중에는 철과 망간이 공존하고 있는데 일반적으로 철이 망간보다 많이 함유되고 있는 것이 보통이다. 철은 수중에서 맛과 냄새를 유발시키고 또한 색을 띠게 되며 배수관망에서 철박테리아의 서식으로 관의 폐쇄, 적수의 원인물질로도 알려져 있다.

보통 철, 망간은 수중에서 $Fe(HCO_3)_2$, $Mn(HCO_3)_2$ 또는 착염상, 콜로이드상, 규산/암모니아 등과 공존하는 형태로 존재하게 된다. 오존은 $Fe(HCO_3)_2$, $Mn(HCO_3)_2$, 뿐만 아니라 착염상, 콜로이드상 또는 암모니아 등과 공존하는 철, 망간을 산화할 수 있다. 그러나 과잉의 오존 주입으로 인한 MnO_4^-의 색도 유발을 주의해야 한다. 오존 주입에 의해 MnO_4^-가 생성되면 오존접촉조 후반부에 조류조를 두어 MnO_4^-를 다시 환원시켜 색도를 제거해야 한다.

- **시안 제거**

시안(CN^-)은 광산, 화학공장 및 도금공장에서 방류되는 원수를 오염시키게 되는데 포기와 미생물 분해에 의해 제거될 수 있다. 오존에 의해서는 가수 분해되어 무해물질로 된다.

● 맛, 냄새의 처리

원수 중의 맛, 냄새의 원인물질로서는 조류의 분비물에 의한 흙냄새, 곰팡이냄새, 생선냄새가 대표적인 것으로 알려져 있다. 유발물질은 Geosmin, TCA, IPMP, IBMP, 2 - MIB로 분류하고 있다. 이들에 대한 오존의 산화효과는 오존주입농도, 산화메커니즘, 대상 유기화합물의 분자구조, pH, 온도, 유기물 농도 및 방해물질 등에 의해 좌우된다. 한편 ClO_2, $KMnO_4$ 는 맛, 냄새를 유발하는 저분자 유기화합물의 제거에 효과적인 산화제가 아닌 것으로 알려져 있다. 오존처리의 경우 잔류오존농도를 $0.5\,mg/\ell$ 이라 가정했을 때, 대부분의 맛, 냄새물질이 산화 분해되는 데에는 통상적으로 10분 정도의 접촉시간이 필요한 것으로 보고되고 있다.

● 응집 보조효과

응집침전 프로세스에서 오존의 전처리를 병행하면 응집상승효과를 얻게 되고 이로 인해 응집효율을 증대시키게 되면 응집제 투입량 절감이라는 경제적인 효과도 함께 얻게 된다. 또한 오존은 강력한 산화력에 의하여 원수중에 유입한 용존 유기물 및 용존 무기물질의 성상 및 성질을 변화시켜 용존상태에서 미소플럭(microfloc)화함으로써 응집·침전의 효율을 극대화하는 것으로 보고되고 있다.

● 유기물의 생분해도 증진

유기물은 오존의 산화작용을 받게 되면 일부는 무기화되는 것도 있지만 대부분이 저분자화되어 생물 분해성이 향상된다.

7.8.15. 고도산화(Advanced Oxidation Process, AOP)

오존은 강한 산화력을 가진 불소와 OH 라다칼 다음으로 높은 전위차 (2.07volt)를 가지고 있다. 이론적으로 오존은 모든 유기물을 CO_2와 H_2O로 완전 분해시켜야 하지만, 실제 대다수의 유기물과 반응이 느리거나(예: 맛·냄새의 유발물질인 Geosmin, 2-MIB, THM과 같은 포화탄화수소 등) 혹은 전혀 반응을 하지 않는 것이 일반적이라고 할 수 있다. 이와 같이 오존은 단점을 보완하기 위하여 오존과 산화제 등을 동시에 반응시켜 OH 라디칼 생성을 가속화하여 유기물질을 처리하는 방법을 고도산화기술(Advanced Oxidation Technology, AOT or AOP)이라 하며, 정수처리에서 응용될 수 있는 AOT의 종류는 Ozone/high pH, Ozone/H_2O_2(PEROXONE), Ozone/UV, TiO_2/UV, H_2O_2/UV, Fe/H_2O_2, O_3/TiO_2, O_3/ Electron Beam, O_3/Metallic Oxides 등의 방법들이 있다.

(1) Ozone/high pH

오존분해 메커니즘에서 제시한 바와 같이 오존은 높은 pH 상태에서 많은 OH 라디칼을 생성하게 된다. 그러나 수용액에서 OH 라디칼을 소모하는 물질은 여러 가지 존재할 수 있으며 이러한 물질의 농도 및 분포가 pH에 영향을 받을 수 있다(예, Carbonate Spacies 등). 따라서 pH의 변화는 OH 라디칼 생성 및 소모 면에서도 중요하며, 원수수질에 따라서 최적 pH를 제시하는 것이 중요한 과제라 생각한다.

(2) Ozone/H$_2$O$_2$(PEROXONE)

Hart와 Hoigne 등은 과산화수소가 수산화기보다 훨씬 빠르게 오존을 인위적으로 분해하여 OH 라디칼을 생성할 수 있음을 보고하였다. 과산화수소는 pKa 11.8로 짝염(Conjugate base)인 HO$_2$$^-$와 산－염기 평형관계를 유지하고 있는데, HO$_2$$^-$가 오존분해 개시제로 작용하여 O$_2$$^-$, HO$_2$$^-$을 형성하고 cyclic chain reaction 과정을 거쳐 OH Radical을 생성하게 되며 유기물질은 생성된 OH 라디칼에 의해 제거된다.

이 기초연구를 토대로 Glaze은 Ozone/H$_2$O$_2$ AOP를 이용하여 VOC(Volatile Organic Compounds)로 오염된 지하수를 처리하는 방법과 이에 대한 Kinetic Model을 제시하였다. 그러나 이 실험조건은 비교적 TOC의 함량이 적고 알칼리도가 높은 지하수를 대상으로 수행되어서 원수조건이 전혀 상이한 지표수에 적용할 경우 별도의 실험이 요구되며 지표수에 적용할 새로운 Model이 요구된다.

PEROXONE AOP에서 오존분해 메커니즘과 OH라디칼 생성반응은 다음과 같다.

$$\text{Initiation} \; : \; H_2O_2 \leftrightarrow H^+ + HO_2^- \;,\; pKa = 11.8$$
$$O_3 + HO_2^- \rightarrow \underline{O_3^-} + \underline{HO_2}$$

$$\text{Propagation} \; : \; O_3^- + H^+ \rightarrow HO_3 \qquad HO_2 \rightarrow H^+ + O_2^-$$
$$HO_3 \rightarrow OH + O_2 \qquad O_2^- + O_3 \rightarrow O_3^- + O_2$$
$$O_3^- + H^+ \rightarrow HO_3$$
$$HO_3 \rightarrow OH + O_2$$
$$\text{Net Equation} \; : \; 2O_3 + H_2O_2 \rightarrow 2OH + 3O_2$$
$$\text{OH Radical} \quad : \; OH + M \rightarrow Products$$
$$\text{Scavenging} \quad : \; OH + Si \rightarrow Products$$
$$OH + HCO_3^- \rightarrow H_2O + CO_3^-$$
$$OH + CO_3^{-2} \rightarrow OH^- + CO_3^-$$
$$OH + O_3 \rightarrow HO_2 + O_2$$
$$OH + H_2O_2 \rightarrow HO_2 + H_2O$$
$$OH + HO_2^- \rightarrow OH^- + HO_2$$
$$CO_3^- + H_2O_2 \rightarrow HO_2 + H\,CO_3^-$$

(3) Ozone/UV AOP

이 방법은 오존이 자외선 에너지에 의하여 광분해(Photolysis)되어 OH 라디칼을 생성하는 방법이며 중간 생성물질로 과산화수소가 형성된다.

$$O_{3} + hv + H_2O \rightarrow H_2O_2 + O_2$$

오존은 자외선 영역인 254㎚에서 흡수성이 강하며, 1몰의 오존과 1몰의 Photon(Einsteins)이 반응하여 1몰의 과산화수소를 생성하게 된다. 생성된 과산화수소는 오존을 분해하는 개시제로 작용하여 PEROXONE과 같은 경로로 OH 라디칼을 생성하게 된다.

(4) H₂O₂/UV AOP

과산화수소/UV 방법은 1몰의 과산화수소가 1몰의 Photon에너지로 1몰의 OH라디칼을 생성하는 방법이다.

$$H_2O_2 + hv \rightarrow 2OH \bullet$$

이 방법은 OH 라디칼 생성 면에서 본다면 위에서와 같이 간단하지만, OH 라디칼은 수용액이 함유하고 있는 여러 Background Organic Compound (BOC)나 Inorganic 성분에 의해서도 trap되기 마련이다.

오존/UV 및 과산화수소/UV 방법의 장점은 유기물을 UV energy에 의해서도 직접 분해(Direct photolysis)될 수 있어 유기물이 254nm에서 빛을 흡수하는 흡수계수(Molar extinction coefficient)가 크고 분해율이 크다면 이 방법은 매우 효과적일 수 있다.

7.8.16. 과망간산칼륨 산화

과망간산(MnO_4^-)은 강력한 산화제이므로($E_h = 1.68V$), 여러 가지 유기 및 무기 화합물에 대해 넓은 pH 범위에서(높은 pH에서는 반응이 빠르다) 반응성이 있다. 이것은 안정한 고체(순도 96.5%에서 99% 이상)나 농축액체 상태로 취급한다. $KMnO_4$는 전통적으로 악취제거(무기 및 유기 황화물의 산화), 섬유, 피혁, 제강, 도금, 펄프 및 제지와 정유공장 폐수처리에 응용되어 왔다. 황화물의 산화반응은 액성(산성 및 알카리성)에 따라 달라진다.

산성: $3H_2S + 2KMnO_4$

$$\rightarrow 3S^o + 2H_2O + 2KOH + 2MnO_2(s)$$

알칼리성: $3H_2S + 8KMnO_4$

$$\rightarrow 3K_2SO_4 + 2H_2O + 2KOH + 8MnO_2(s)$$

다른 산화제와는 달리 반응의 부산물로서 고체 $MnO_2(s)$가 생기므로 이를 다른 공정에서 생성되는 침전물/고형물 폐기물과 함께 슬러지로 처분한다. $KMnO_4$는 페놀을 비롯한 방향족 화합물로서 트리클로로에틸렌이나 테트라클로로에틸렌과 같은 염소화 지방족 화합물에 이르기까지 특정 화합물의 분해와 독성감소에 효과적이다.

7.8.17. 열수공정

열수법(Hydrothermal process)이란 폐수를 고온 고압의 액상에서 처리하는 방법이다. 현재 가동 중이거나 시험 단계에 있는 운전 형식에는 기본적으로 세 가지가 있다.

- **습식 공기 산화법(Wet Air Oxidation, WAO)**

농축폐액, 특히 독성이거나 생물학적 난분해성인 물질을 함유한 폐액이 일반적으로 이용된다. 이 공정에서 주로 공기 중의 산소를 산화제로 사용하여 유기물을 부분 산화시킴으로써 생분해성이 좋은 저분자 유기산이 생성되도록 한다. 온도는 $150 \sim 320℃$ 정도, 압력은 $150 \sim 3,000 Ib_f/in^2$ gauge($1.0 \sim 20.7$Mpa) 정도로 운전한다.

- **열수 가수분해법(Hydrothermal hydrolysis)**

고온 고압에서는 유기화합물의 가수분해가 일어날 수 있는데, 예를 들면 다음과 같다.

$$CN^- \rightarrow HCOO^-$$

$$CCl_4 \rightarrow HCl$$

이 방법은 현재 실험실 규모에서 연구되고 있는데 온도는 $200 \sim 374\,℃$ 범위, 압력은 $220 \sim 3{,}200Ib_f/in^2$ gauge 범위가 제시되어 있다.

- **초임계 산화법**(Supercritical Water Oxidation, SCWO)

습식 산화법에서보다 온도와 압력을 높이면 유기물의 액상 산화가 완결된다. SCWO법은 물의 임계점(약 $374\,℃$, 218atm) 이상에서 조작하는데, 대표적 조작조건은 $400 \sim 650\,℃$와 $3{,}500 \sim 5{,}000b_f/in^2$ Gauge($24.1 \sim 34.5$Mps)이다. 이러한 온도와 압력에서는 구조 재질이 임계상태가 되고 염의 용해도가 크게 감소하여 파울링(Fouling)의 원인이 되기도 한다.

현재까지 상업화된 것은 습식 공기산화법뿐이다. 열수 가수분해법과 SCWO법은 주로 시험적으로 입증된 방법으로서, 현장에서 연속 운전되고 있는 것은 소수에 불과하다. WAO 공정의 대표적 공급자는 셋이며 (US Filter/Zimpro, Kenox Corporation, Nippon Petrochemical), 250이 넘는 시설의 설치실적이 있다. 현장 장치의 운전용량은 약 $2.5 \sim 300$gal/min이며, 폐가성액과 약품폐수에 이르기까지 다양한 폐수를 처리한다. 어느 시설에서나 산소원으로는 공기를 사용한다. 고온 고압과 폐수의 부식성으로 인해 매년 유지보수와 검사가 필요하며, 보일러와 열교환기에 부착된 스케일을 자주 제거해야 한다. 정기적인 보수 때문에 WAO장치의 운전시간은 $80 \sim 85\%$ 정도이며, 2차 펌프와 압축기는 운전시간을 $90 \sim 95\%$까지 증가시킬 수 있다.

7.8.18. 전자가속기

전자가속기는 전자총에서 방출되는 전자를 고전압하에서 전위차에 의해 빛의 속도에 가깝도록 가속시켜 높은 에너지의 전자선을 만들어 내는 장치이다.

기본원리는 TV 브라운관과 같으나 가속시키는 전압이 높고(백만 볼트), 훨씬 많은 양의 전자를 방출시켜 물질에 직접 조사하는 것이 다르다. 이러한 전자선을 각종 물질에 조사하면 물질의 분자구조를 바꿈으로써 기존 물질과는 물리적, 화학적 특성이 다른 물질이 생성된다. 이와 같은 특성을 이용하면, 촉매가 필요 없이 짧은 순간($10^{-8} \sim 10^{-1}$초 이내)에 반응이 진행되어 기존의 공정으로는 얻을 수 없었던 특성들을 얻을 수 있다. 이를 각종 산업에 응용하면, 전선·케이블 제조, 반도체 개질 등 일반 산업 분야와 폐수처리, 배연가스 탈황·탈질 등 환경정화 분야에서 획기적인 결과를 얻을 수 있다.

폐수에 조사된 고에너지 전자선(그림 7.21)은 물을 분해하여 매우 짧은 시간 동안에 반응성이 강한 라디칼들($OH \bullet$, $H \bullet$)을 생성하고(그림 7.22), 이들이 폐수 중의 난분해성 물질들을 분해하거나 또는 분해 가능한 물질로 전환시킨다. 전환된 물질들은 침전되거나 쉽게 제거할 수 있다.

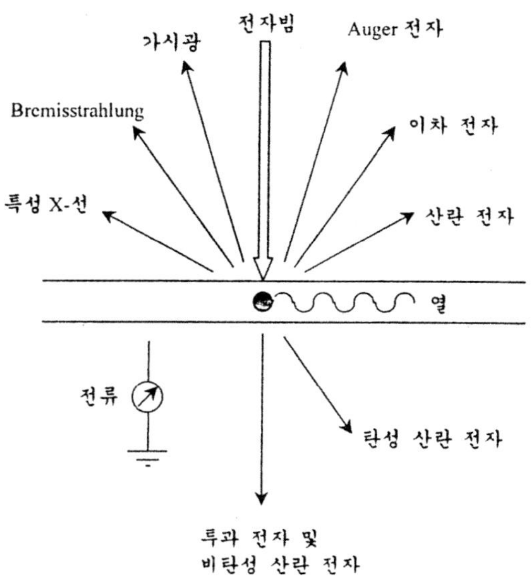

그림 7.21. 전자 빔 입사에 따른 산란의 형태.

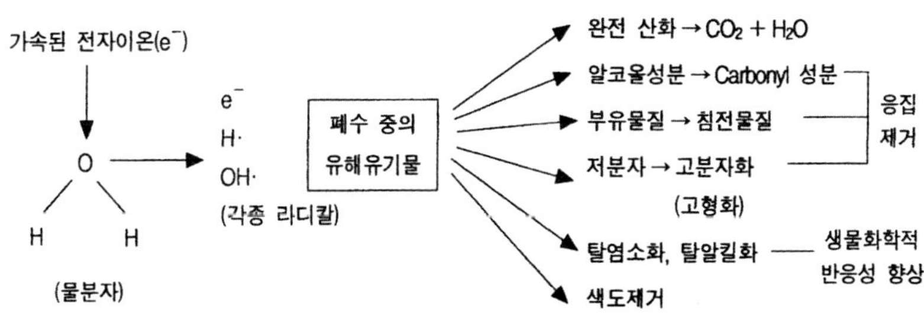

그림 7.22. 전자선의 유해물질 분해.

또한, 라디칼 반응에 의해 기존방법으로 처리가 어려웠던 난분해성 폐수처리가 가능하며, 유기물질의 완벽한 제거로 처리수 재활용 및 무방류 시스템이 가능하다. 경제적 측면에서 볼 때, 운전조작이 간단하고, 기존의 폐수처리 설비보다 설치면적이 적게 소요되며 폐수처리공정의 대폭 축소로 화학약품비, 운전비가 적게 든다.

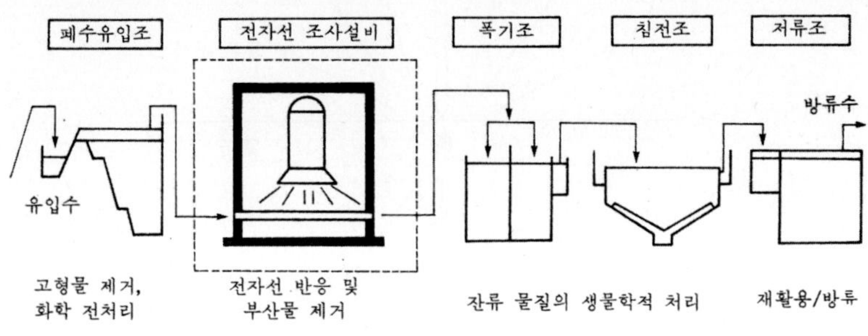

그림 7.23. 전자빔 폐수처리 공정.

7.8.19. 유해물질의 미생물산화

미생물 반응은 유기성 폐수에만 적용하는 것으로 인식되어 있으나 유기성 폐수 중에도 상당량의 중금속을 함유하고 있는 경우가 많으며 이러한 유기성 폐수의 처리에도 역시 생물학적 처리법이 채택되고 있는데 여기서는 단지 생물학적 처리 시 중금속류의 거동에 대해서만 살펴보자.

폐수를 미생물 처리할 경우 산, 알칼리, 중금속류가 함유되어 있으며 이들은 미생물군에 독성을 나타내 미생물활동에 중대한 영향을 미치게 된다. 따라서 이러한 성분은 생물처리 전에 중화 혹은 응집침전 처리하는 것이 보통이나, 만약 완전 처리하지 않고 생물처리장치에 혼입하여도 활성오니 처리에 있어서는 허용농도 이하이면 미생물 활동에 지장을 주지 않고 처리할 수 있다. 또한 폐수 중의 중금속류는 생물처리에서 유기물과 같이 산화 분해되지 않으나 가끔 불용성 화합물로 전환되어 미생물 플럭에 흡착되어 제거되는 효과도 있다.

이 경우 메커니즘은 복잡하고 각 금속류에 따라 다르나 대개 Cr은 15～58%, Cu 50～80%, Ni 12～76%, Zn 74～97% 등의 제거율을 얻을 수 있다. 또 중금속화합물이 미생물에 대하여 독성을 갖고 있는 것이 일반적이나 그중에는 독성이 강한 환경 속에서 발육하는 균도 있다.

수은화합물을 분해하는 Pseudomonas균은 수은화합물을 균체막면에 흡착한 다음 이것을 무기화함으로써 분해효과가 상당히 높게 나타나고 있다. 유기성 Methyl 수은도 Methane과 무기수은으로 분해시킨다. 특히 철분제거의 산화공정에 적용되는 철박테리아(Ferrobacillus－Ferrooxidans)의 응용 등은 경제적이고도 유용한 처리방법으로 발전되고 있다.

페놀 등과 같이 시안이 탄소원, 질소원으로서 섭취하는 많은 세균이나 곰팡이류가 알려져 있다. 이것을 이용하면 CN^-을 생물학적으로 처리가 가능하나 실제로는 여러 가지 단점이 많아 활용하기가 쉽지 않다. 시안함유량이 낮은 폐수라면 활성슬러지법이나 살수여상법에 의해 어느 정도 제거가 가능하며 또 순치(馴致)한 살수여상이나 활성오니에서는 시안부하량 0.05～0.2kg/㎥·일에서 90% 정도 제거된다는 보고가 있다. Murphy와 Nesbitt에 의하면 완전혼합활성슬러지(Complete sludge)로 시간당 MLVSS 1g에 대해 약 5mg CN^-을 완전히 제거했다는 기록이 있다.

7.9.1. 계면과 콜로이드

표면(surface) 또는 계면(Interface)이란 서로 접하는 두상(phase)의 경계면을 말한다. 따라서 계면화학(Surface chemistry) 또는 계면과학(Surface science)이란 계면에서 일어나는 현상을 물리, 화학적인 수단을 사용해서 해명하는 학문의 분야를 가리킨다.

계면은 5가지 기본적인 형태가 있는데 고체/증기, 고체/액체, 고체/고체, 액체/증기, 액체/액체 계면이 그것이다. 전통적으로 증기상과 만나는 응축상(즉 고체/증기, 액체/증기 계면)을 표면이라고 부르는데 좀 더 일반적인 의미로 계면은 모든 형태의 상 사이에 존재하는 경계면을 지칭한다. 계면의 원자나 분자는 물질 내부에 비해 높은 퍼텐셜 에너지를 가지고 있다. 일반적으로 내부상에서 표면상으로 분자를 이동시키는 데 부가적인 일이 요구된다. 낮은 농도의 표면활성인 물질은 계면에 흡착하여 높은 에너지를 지니는 표면분자를 치환하여 계의 전체적인 자유에너지를 감소시킨다.

계면현상은 단위 부피에 비하여 큰 계면을 가지는 경우 그 중요성이 증가하는데, 대표적인 예로서 콜로이드계(Colloidal system)가 있다. 콜로이드(Colloid)는 나노미터에서 마크론 크기를 지니는 한 가지 이상의 성분이 포함된 계를 지칭한다. 자연계에 존재하는 콜로이드계의 종류는 매우 다양하며 여기에는 매우 넓은 계면(표현)에서의 화학적인 현상이 수반된다.

배수 중의 에멀전과 서스펜션 입자는 자연적으로 대전하며 속도도 느

리므로 저전압에서 제거할 수 있다. 오수를 모래층에 통과시키면 생물체
와 고체, 액체 미립자가 제거된다.

생성탄에는 악취·탈색의 작용이 있다. 이것은 공기 속의 취기성분자
물성의 착색분자와 이온을 흡착하는 작용이 있기 때문이다. 이 외에 미립
자를 부착하는 헤테로응집 작용도 작용할 것이다. 오수정화 시 모래층으
로의 여과, 활성오니처리 등으로 제거하지 못했던 불순물 분자와 이온(또
는 미립자)의 경우에는 활성탄층을 통과시키는 방법을 사용한다.

우리가 마시고 쓰는 상수도의 물처리에는 수원지 수질의 양부 정도에
따라 단순한 침전, 응집제(황산알루미늄 등) 첨가에 의한 응집침전, 모래
층에 의한 여과, 활성탄 흡착, 염소소독 등의 조작을 적절히 배합 사용한
다. 하수도의 오수처리에서는 침전, 활성오니를 사용한 생물학적 처리, 가
압부상법이라고 일컬어지는 거품을 만들어 여기에 미립자를 부착시켜 부
상시키는 방법(부유선광법과 유사한 방법), 응집침전 등을 조합하여 공업
용수와 생활용수를 얻는다.

7.9.2. 콜로이드 용액

$10^{-5} \sim 10^{-7}$ cm 정도의 크기를 가진 입자가 용액 속에 분산되어 있을
때, 이러한 크기의 입자를 콜로이드 입자(Colloid particle)라고 한다. 그리
고 콜로이드 입자가 분산되어 있는 용액을 콜로이드 상태(Colloidal state)
또는 콜로이드 용액(Colloidal solution)이라고 하며, 보통의 투명한 용액인
참용액과 구별한다. 콜로이드 용액 속의 콜로이드 입자는 분산질, 용매는

분산매라고 한다.

또한, 흙탕물과 같이 콜로이드 입자보다 큰 고체 입자가 분산되어 있는 용액을 서스펜션, 우유와 같이 큰 액체 입자가 분산되어 있는 용액이 에멀젼이다.

콜로이드용액을 크게 3가지로 분류해 보면 다음과 같다.

- **상태에 의한 분류**
- 졸(sol): 액체 상태의 콜로이드, 예) 비눗물, 먹물, 잉크, 페인트
- 겔(gel): 반고체 상태의 콜로이드, 예) 젤리, 한천, 두부
- 에어로졸(aerosol): 분산매가 기체인 콜로이드, 예) 연기, 스프레이, 스모그

- **안정도에 의한 분류**
- 소수 콜로이드: 물과 친화력이 약해서 소량의 전해질에 쉽게 침전이 되는 콜로이드이다. 예) 금, 은, 황, 점토, 먹물
- 친수 콜로이드: 물과의 친화력이 강해서 다량의 전해질에 의해 침전이 되는 콜로이드이다. 예) 녹물, 비누, 단백질, 아교
- 보호 콜로이드: 소수 콜로이드 용액에 친수 콜로이드 용액을 가하면 친수 콜로이드 입자가 소수 콜로이드 입자를 둘러싸 소량의 전해질에 의해서 쉽게 엉김이 일어나지 않는다. 이와 같이 소수 콜로이드를 잘 보호해 주기 위해 가해 주는 콜로이드이다. 예) 잉크 속의 아라비아고무, 먹물 속의 아교, 필름의 젤라틴

- **전하에 따른 분류**
- 양성(+) 콜로이드: (+)전하를 띤 콜로이드이다. 예) 단백질, 금속, 산화물
- 음성(−) 콜로이드: (−)전하를 띤 콜로이드이다. 예) 찰흙, Au, Ag,

금속 황화물 등이 있다.

콜로이드 용액 속에 분산되어 있는 어떤 고체입자들은 교반하지 않고 가만히 방치했을 때, 쉽게 가라앉는 것이 있는가 하면 상당한 시간이 지나도 분산상태를 그대로 유지하는 것도 있다. 또, 작은 틈으로 햇빛이 통과하는 것을 관찰하면 공기 중에 미세한 알갱이들이 매우 활발히 움직이는 것을 볼 수 있다. 이와 같이 분산체 내의 입자가 끊임없이 움직이고 있음을 알 수 있는데, 여기에서 특히 액체 매질에 분산되어 있는 콜로이드입자 또는 분자의 운동은 수처리 공정에서 중요하게 고찰할 필요가 있다. 입자의 움직임은 동력원에 따라 크게 두 가지 형태의 운동으로 나누어진다. 그 하나는 분자 또는 입자의 열운동이며, 다른 하나는 중력 또는 원심력과 같은 외력에 의한 운동이다. 열운동은 미시적으로 Brown 운동으로 나타나며, 거시적 규모로는 확산과 삼투의 형태로 나타난다. 또한 외력에 의한 입자의 운동은 침강으로 표시되는데, 콜로이드계에서 입자의 운동을 조사하는 것은 입자의 크기와 형태에 관한 정보를 제공하기 때문에 콜로이드 분석의 매우 실용적인 수단이 된다.

(1) 틴달현상(Tyndal phenomenon)

투명한 콜로이드 용액에 가늘고 강한 빛을 통과시키면 빛이 반사되어 뿌옇게 보인다. 콜로이드 입자가 빛을 산란시키기 때문이다. 그러나 진한 용액에서는 나타나지 않는다. 이것을 틴달현상이라 한다. 한외 현미경(Ultra microscope)은 이 원리를 응용한 것이다.

(2) 브라운 운동(Brownian motion)

한외 현미경으로 콜로이드 용액을 살펴보면 입자가 불규칙적으로 운동하고 있는 것을 볼 수 있다. 이것을 브라운운동이라 하며 이러한 운동의 원인은 운동하고 있는 용매분자가 충돌하기 때문이다. 콜로이드 입자가 중력에 의해 아래로 가라앉지 않고 영구 분산되는 것은 브라운 운동에 기인하는 것이다.

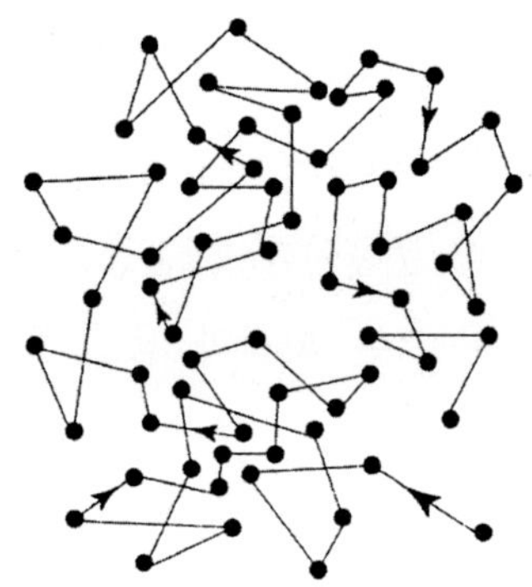

그림 7.24. 콜로이드입자의 브라운운동.

(3) 투석(Dialysis)

황산지나 셀로판지 등은 물이나 이온을 자유롭게 통과시키지만 콜로이드 입자는 통과시키지 않는다. 이런 막을 사용하여 콜로이드 용액을 진용액에서 분리시키는 방법을 투석이라 한다.

콜로이드 용액을 반투막 주머니에 넣고 흐르는 물속에 담가두면 콜로이드 입자만 주머니 속에 남는다.

(4) 전기영동(Electrophoresis)

전하를 띤 콜로이드 용액에 직류전류를 가하면 마이너스로 하전된 입자는 양극으로, 플러스로 하전된 입자는 음극으로 이동한다. 이것은 콜로이드 입자가 하전되어 있기 때문이며 이러한 현상을 전기영동이라 한다.

(5) 엉김(Coagulation)과 염석(Salting out)

흙탕물의 콜로이드 입자는 음전하를 띠고 있어서 Na^+, Mg^{2+}, Al^{3+}과 같은 이온을 가하면 중화되어 입자가 엉겨 붙어 가라앉는다.

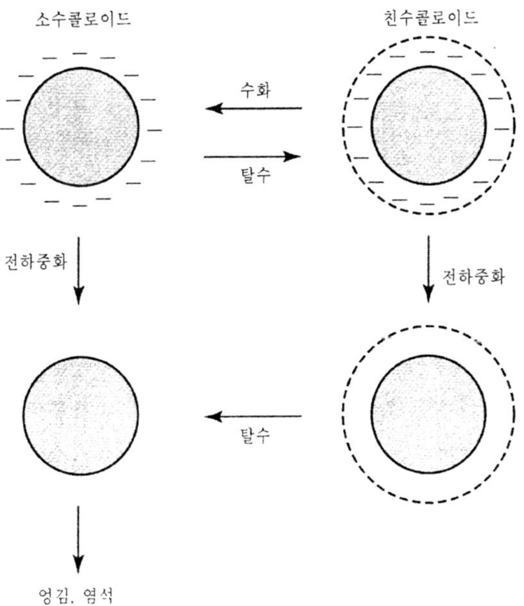

그림 7.25. 콜로이드의 엉김과 염석.

이것을 엉김이라 하며 이온의 양전하량이 클수록 크다. 플러스로 하전된 콜로이드 입자의 엉김에는 음이온이 효과적이다(그림 7.25). 콜로이드 입자를 엉기게 하는데 끓이거나 오랫동안 방치하는 방법도 있다. 다량의 전해질을 넣고 콜로이드 입자를 엉기게 하는 방법을 염석이라 한다. 염석을 이용하여 간수($MgCl_2$)로 콩단백질을 엉기게 하여 두부를 만들거나, 강의 흙탕물이 하구에서 바닷물의 무기물과 만나 퇴적된 삼각주를 만든다.

(6) 흡착

흡착은 어떤 물질의 표면에 다른 물질이 달라붙는 현상이다. 흡착의 기구는 복잡하고 일정하지 않다. 흡착은 표면적이 클수록 커지는데, 분자나 이온을 흡착하는 데는 콜로이드 입자의 크기가 적합하다.

토양이 수분이나 비료 등을 잘 보존하는 것은 콜로이드 크기의 점토 미립자가 존재하기 때문이다. 활성탄이 색소나 유독가스 등을 잘 흡착하는 것은 미립자의 집합체 표면이 크기 때문이다.

(7) 삼투현상

반투막을 사이에 두고 농도가 서로 다른 용액이 들어 있으면 양쪽 용액의 농도가 같아지려는 성질 때문에 농도가 작은 용액의 용매가 농도가 큰 용액 쪽으로 이동하게 되는데 이를 삼투현상(Osmosis)이라고 부른다. 삼투압은 삼투에 의하여 생긴 액면의 높이 차를 원래대로 되돌리기 위해서 가해 주어야 하는 압력이다(그림 7.26).

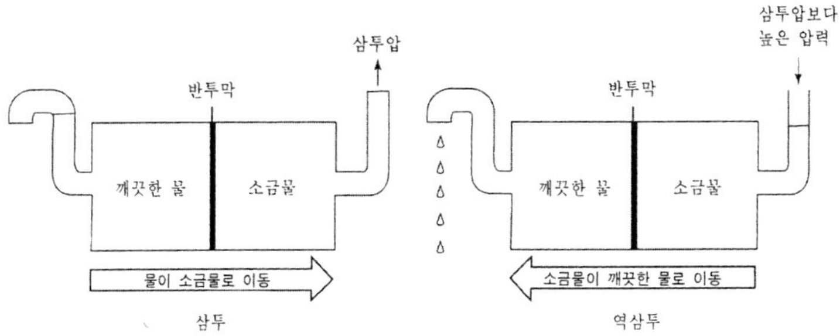

그림 7.26. 삼투압 현상.

7.9.3 표면전하

수용액과 같은 극성 매질하에서 대부분의 물질은 이온화, 이온흡착, 그리고 이온용해 등의 과정에 의하여 표면전하를 띠며, 이러한 표면전하는 인접한 극성매질의 전화 분포에 영향을 준다. 즉 반대 전하끼리는 서로 끌리고 같은 종류의 이온들은 서로 반발한다(그림 7.27). 그 결과 하전된 표면 근처의 극성 매질영역은 대이온에 의해 중성화된 전기이중층(Electrical double layer)을 형성한다(그림 7.28).

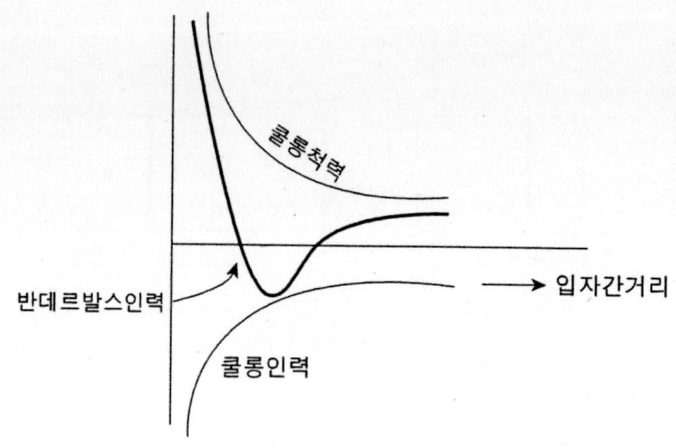

그림 7.27. 콜로이드입자의 인력과 척력.

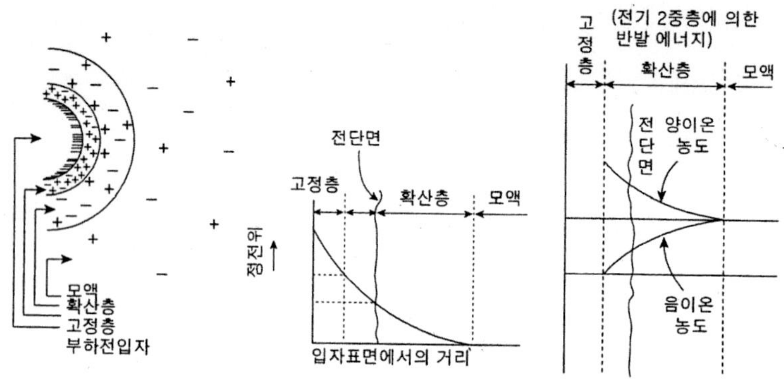

그림 7.28. 콜로이드와 전기이중층.

전기이중층 이론은 전하의 분포 및 그에 따라 하전된 표면 주위의 전위에 대한 개념을 포함하고 있으며, 하전된 콜로이드계의 전기동력학적 성질 및 안정성 등에 대한 실험적인 관찰결과를 이해하는 데 매우 중요하다.

표면전하를 띠는 예로서, 단백질과 같은 물질은 카르복시기와 아미노기의 이온화에 의하여 전하를 띤다. 이와 같은 분자들의 이온화와 알짜전하는 용액의 pH에 크게 의존한다. 예를 들면 단백질 분자는 낮은 pH에서 양으로 그리고 높은 pH에서 음으로 하전된다. 이때 알짜전하가 0으로 되는 pH를 등전점(Iso－electric point)이라고 하는데(그림 7.29), 수처리 공정에서는 이 등전점에서 응결제에 의하여 응집이 일어난다(그림 7.30).

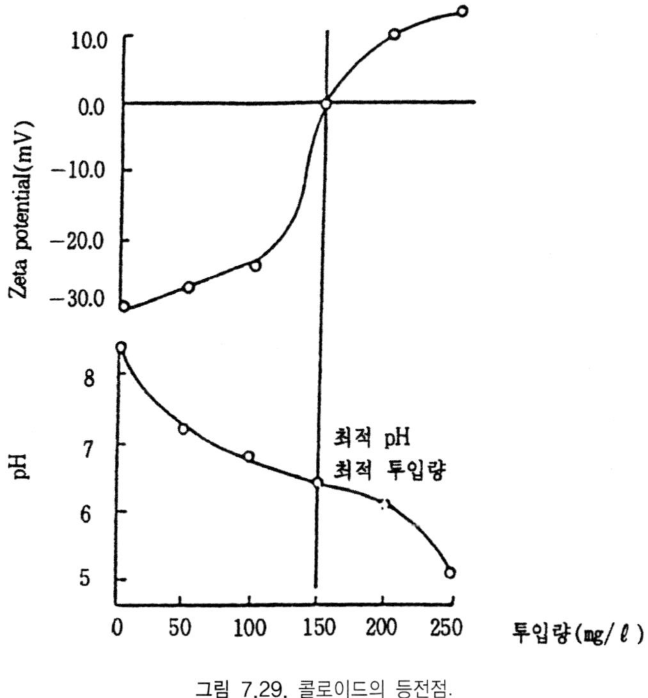

그림 7.29. 콜로이드의 등전점.

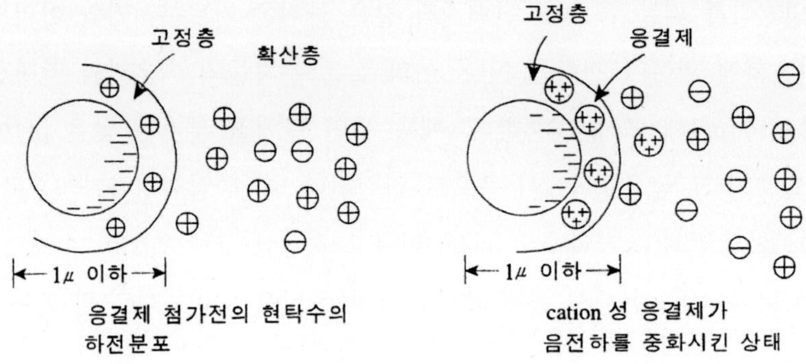

그림 7.30. 콜로이드의 응결.

흡착에 의해서도 표면전하가 발생하는데, 반대로 하전된 이온이 흡착하면 알짜 표면전하가 발생한다. 수계 매질과 접촉하고 있는 표면들은 양이온보다는 음이온으로 더 하전되어 있는 경우가 많다. 이것은 양이온이 음이온에 비하여 덜 수화되어 있어 수계 매질 내부상에 존재하려는 경향이 크고, 음이온은 극성이 더 커서 흡착하는 경향이 더 크기 때문이다.

또한 이온성 물질은 구성하고 있는 반대 전하가 불균등하게 용해됨에 따라 표면전하를 띠기도 한다.

예를 들면 실리카(SiO_2), 산화티탄(TiO_2), 알루미나(Al_2O_3) 등의 산화물 미립자는 안료나 흡착제로서 중요한 물질이다. 이들을 물에 분산시켰을 때는 공기 속이나 또는 수중의 물분자가 산화물 표면에서 결합(수화)하여 표면수산기를 만든다. 이 수산기는 물속의 H^+와 결합하여

$$-OH + H^+ \rightarrow OH_2^+ \tag{7.1}$$

가 되고, 또 물속의 OH^-에서 H^+가 뺏겨 다음과 같이 된다.

$$-OH + OH^- \rightarrow -O^- + H_2O \tag{7.2}$$

식(7.1)의 반응이 일어나면 입자표면은 플러스의 전하를, 식(7.2)의 반응이 일어나면 마이너스 전하를 가지게 된다. 만일 용액 속에 H^+가 많을 경우 (산성)에는 식(7.1)이 일어나기 쉽고, OH^-가 많을 경우(염기성)에는 식(7.2) 의 반응이 일어나기 쉽다. 이와 같이 산화물 입자의 표면전하는 물의 pH에 따라 플러스가 되거나 마이너스가 된다. 이 경계선상의 pH에서는 전하가 zero가 되는데, 이를 등전점(等電點)이라 한다. 즉 산화물은 그의 등전점보 다 낮은 pH용액 속에서는 플러스전하를 높은 pH용액 속에서는 마이너스전 하를 가진다. 등전점은 산화물의 산성, 염기성에 따라 다르며, 실리카, 산화 티탄, $\alpha-$알루미나에서는 각각 $1.5 \sim 3.7$, $6.0 \sim 6.7$, $9.1 \sim 9.5$의 범위에 있다.

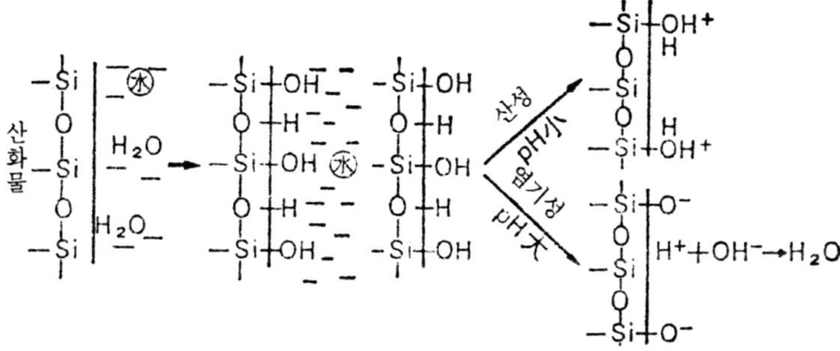

그림 7.31. 산화물 SiO_2의 수중계면상태와 전하발생 메커니즘.

예컨대, 카본블랙은 검은색 안료로서 중요한 미립자이다. 이것을 물에 분산시키면 안료표면에 있는 $-OH$(페놀성), $-COOH$가 $-OH \rightarrow -O^- + H^+$, $-COOH \rightarrow COO^- + H^+$로 해리하여 마이너스전하를 가진다. 이와 같이 흡착성이온(예컨대 계면활성제이온)이 물속에 있으면 입자표면의 흡 착 정도에 의하여 전하상태가 달라진다.

7.9.4. 계면활성과 미셀콜로이드

용질의 농도가 증가함에 따라 표면장력이 감소되어 가는 현상을 계면활성(Surface activity)이라고 한다. 표면장력이 떨어지면 표면의 분자 간 인력이 작아져 표면이 확산되기 쉬워진다.

기체/액체계면일 경우, 거품이 생기기 쉬우며 거품의 수명이 길고 잘 사라지지 않는 이유도 계면이 활성화되어 있기 때문이다.

계면활성제 수용액은 C_M 이상에서는 미셀(Micelle)콜로이드이다. 그러나 C_M 이하의 용액 속에서는 집합체를 만들지 않고 분자 또는 이온상태에서 용해되어 있는 보통용액(혹은 참된 용액)에 불과하다. 이와 같이 C_M이라는 농도는 계면활성제 수용액이 미셀콜로이드 입자를 형성할 수 있는 임계미셀농도(Critical micellar concentration, CMC)라 부른다(그림 7.32).

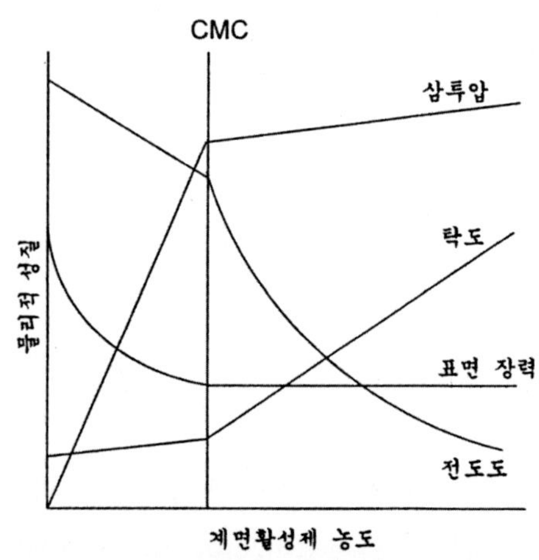

그림 7.32. 임계미셀농도.

CMC 이상에서 미셀의 생성은 입자의 석출로 볼 수 있다. 석출한 입자가 계면활성제분자의 특수한 구조 때문에 큰 입자로 성장하지 못한다. 즉 수계상에서 계면활성제의 소수기부분이 안쪽으로 모여들지만, 바깥쪽에는 친수기가 모인다. 이온성 계면활성제의 경우는 친수기가 전이하여 같은 종류의 전하를 갖고 있기 때문에 서로 반발하여 집합을 방해한다. 비이온성 계면활성제에서는 친수기의 수화와 입체장애 때문에 집합이 방해받는다. 이렇게 해서 석출입자는 미셀이라는 거의 일정한 소립자로 끝나 버린다.

이와 같은 미셀콜로이드의 형성과 소멸과정을 제타전위 측면에서 보면 다음과 같이 표현된다. 플러스전위를 가진 고체입자에 음이온성 계면활성제 용액을 첨가하면(그림 7.33(a)) 자기와 반대 부호의 입자에 흡착되어 (그림 7.33(b)) 흡착층을 형성하고, 흡착층 바깥쪽 전기 이중층 내 제타전위가 발생한다(그림 7.33(c)). 이온성 계면활성제, 즉 반대이온의 농도를 증가시키면 제타전위는 제로(0)에 접근하게 되어 흡착층은 더욱 증가하게 되나(그림 7.33(d)), 반대이온의 농도가 과잉이 되면 제타(ζ')전위의 절댓값은 다시 증가하게 되며 대신에 부호의 역전이 일어난다(그림 7.33(c)).

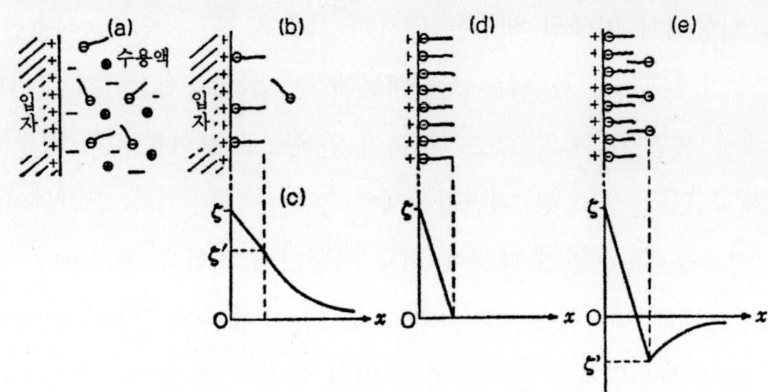

그림 7.33. 계면활성제 이온흡착에 의한 이중층전위의 변화.

7.9.5. DLVO 이론

분자 간에는 보편적인 인력이 있다. 이것은 반데르바알스(Van der Waals) 힘이라고 일컬어진다. 그렇다면 분자집합체의 입자 간에도 보편적인 인력이 있는 것이 아닐까. Derjaguin – Lindau – Verwey – Overbeek의 네 사람 (DLVO)은 전기 이중층을 가진 2개의 입자가 접근했을 때 어떤 힘이 작용하는가를 이론적으로 정립하였는데, 이것을 DLVO 이론이라고 한다.

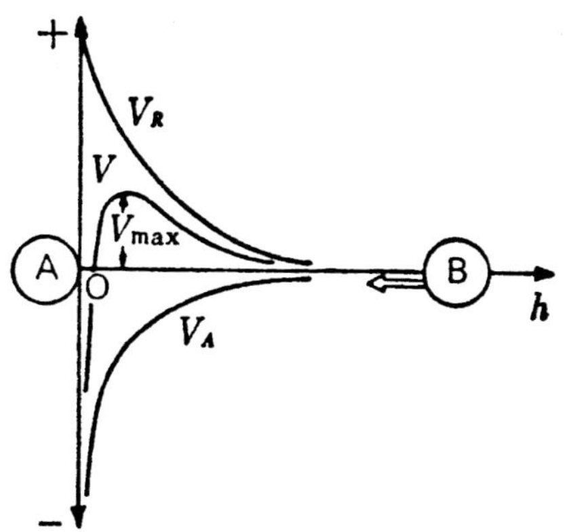

그림 7.34. 에너지 곡선(3개)의 입자 간 거리(h)에 의한 변화(V_R 반발력 에너지, V_A 인력에너지, V 에너지장벽).

그림 7.34와 같이 원점에 입자를 놓고, 다른 입자 B가 횡축 오른쪽으로부터 A에 접근한다고 하자, 만일 V가 V_{max}라는 에너지장벽을 가진다면, B가 A에 접근(응집하는 것)하려는 데 대한 방해물로 작용하는 셈이다. 따라서 이 장벽이 높을수록 응집하기가 어려워진다. 이렇게 하여 콜로이드 입자의 수명이 연장된다. 그러나 이 에너지장벽이 낮아짐에 따라 응집이 용이해져서 $V_{max} \leq 0$이 되면 입자 간 접근이 방해받지 않고 곧 응집하게 된다. $V_{max} = 0$를 경계로 완만응집, 급속응집으로 구분할 수 있다.

V_{max}의 높이를 결정하는 것은 V_R의 크기인데 반발력의 에너지 V_R은 DLVO이론에 의해 계산된다.

$$V_R = (\epsilon \alpha \xi^2 / 2)e^{-\kappa h}$$

여기서, ϵ 액의 유전율 κ 입자거리상수

       α 입자 반지름 h 입자 간 거리

       ξ 제타 전위

콜로이드 응집현상에 대한 이해는 DLVO의 이론에 바탕을 둔 슐쯔·하디의 법칙으로부터 설명할 수 있다. 염을 첨가하게 되면 κ를 증가시키게 되어 V_R을 감소시킨다. 따라서 V_{max}가 저하되면 응집하기가 쉬워진다. 농도가 같더라도 반대이온의 전하를 증가시키면 상기 식에서 κ는 증가하나 V_R은 줄어들어 응집하기 쉬워진다. $V_{max}=0$이 응집의 완만한 급속의 경계이기 때문에 여기서는 $V=0$, $dV/dh=0$이라는 두 가지 조건이 성립된다. 이 조건을 상기 식에 대입하여 계산하면 응집농도는 대이온의 가수 n승(n:2 − 6)에 역비례하는 관계가 얻어진다.

즉 반대이온 가수가 증가하면 반발력 에너지(V_R)는 다음과 같이 감소한다.

$$1가{:}2가{:}3가 = \frac{1}{1^6} : \frac{1}{2^6} : \frac{1}{3^6} = 100:1.6:0.13$$이 된다.

7.9.6. 이종입자간의 응집(헤테로 응집)

물을 정화하기 위하여 상수도 양수장에서는 하천물을 모래층 속에 통과시켜서 물속의 미립자와 모래가 접촉토록 한다. 이것은 응집을 유도하는 것으로 이종입자가 접촉할 때 응집 여부를 논하는 것을 헤테로 응집이라고 한다.

헤테로응집은 실험하기가 까다롭다. 이론도 앞서 말한 DLVO의 이론을 확대하여 체계화시킨 것이다. 개략적인 결론을 말하면 2개 입자(입자 대신에 한쪽이 고체 면이라도 좋다)의 제타전위를 ζ_1 ζ_2로 할 때, 양자가 다른 부호일 경우는 당연히 응집하지만, 동일 부호라 해도 어떤 일정 값 K에 대해 ζ_1 ζ_2<K일 경우는 역시 응집이 진행된다. ζ_1 ζ_2>K일 때는 응집하기 어려워져서 분산된다. K값은 수용액 속의 전해질농도로 결정된다.

따라서 헤테로응집에서는 2입자가 같은 부호를 가지고 있어서, 한쪽이 커도 다른 쪽이 작으면 그의 곱은 커지지 않는다. 예를 들어 그림 7.35의 점 A에서 ζ_1은 크지만 ζ_2가 작기 때문에 응집영역에 들어가 버린다. 이 이론적 결론은 수은방울을 사용하여 실험적으로 확인된 것이다. 플라스틱막과 미립자(카본블랙 등)와의 부착실험에서도 $\zeta_1\zeta_1$ 곱의 값이 작은 것일수록 부착량이 많았다.

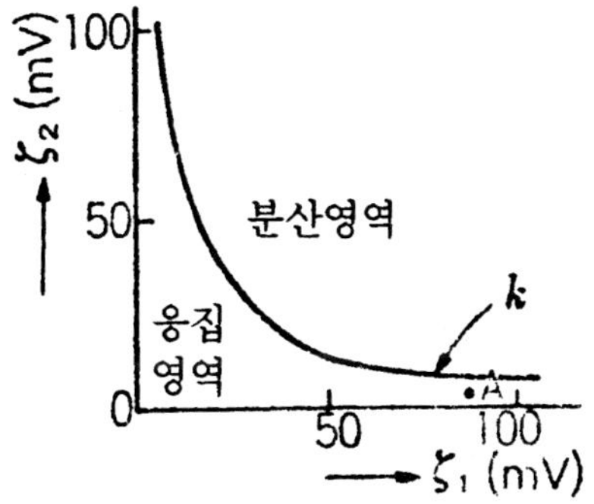

그림 7.35. 헤테로 응집에서 2입자이 응집과 분산영역.

7.9.7. 동전현상(Electrokinetic phenomena)

동전이라는 용어는 하전된 표면으로부터 이용 가능한 전기 이중층을 떼어놓으려 할 때 발생하는 몇 가지 현상을 나타내는 데 적용된다. 하전된 표면에 접선방향을 전장을 가하면 전기 이중층 양쪽이 힘을 받게 된다. 하전된 표면과 이에 부착된 물질은 적절한 방향으로 이동하려는 경향을 갖는데 이동상에 있는 이중층 이온들은 부호 반대반향으로 용매와 함께 이동하여 흐름을 유발한다.

하전된 표면과 이중층 확산부분의 상대적인 이동이 있게 되면 전기장이 발생한다. 동전 현상으로 다음과 같은 네 가지 경우가 존재한다.

전기영동(Electrophoresis): 전기장을 가했을 때 액체는 정지하여 있고 하전된 표면과 이에 부착된 물질(용해 또는 현탁 물질)이 이동하는 현상이다.

전기삼투(Electro − osmosis): 전기장이 가해졌을 때 액체가 이동하고 하전된 표면은 정지하여 있는 경우로서, 전기영동에 대응하는 개념이다. 전기삼투 흐름을 억제하는 데 요구되는 압력을 전기삼투압이라 한다.

유동전위(Steaming potential): 액체가 정지해 있는 하전된 표면을 따라 흐를 때 발생하는 전기장을 나타낸다.

침강전위(Sedimentation potential): 하전된 입자가 정지상 액체에서 이동할 때 발생하는 전기장을 나타낸다.

7.9.8. 콜로이드의 안정성

콜로이드계의 제조와 안정성은 콜로이드계 파괴를 억제하는 충분한 크기의 에너지 장벽과 밀접한 관련을 지닌다. 역으로 콜로이드 상태를 파괴하는 것은 에너지 장벽을 낮추거나 없어지게 함으로써 가능하다.

콜로이드 분산에서 에너지 장벽을 극복하는 에너지는 입자의 브라운

운동으로부터 나온다. 무질서한 입자와 매질분자의 충돌과 같은 브라운 운동으로 인한 콜로이드입자의 평균 병진 에너지는 입자당 3/2KT이다. 이때 K는 Boltzmann 상수 1.38×10^{-23} J/molecule이며 T는 절대온도이다. 300K에서 두 개의 입자가 충돌하면 대략 10^{-20}J의 에너지가 발생한다.

에너지 장벽의 높이는 매질의 조성, 온도, 압력에 민감한 인자로 알려져 있다. 이와 같은 한두 가지 인자를 변화시켜 에너지 장벽을 낮추면 콜로이드계의 불안정성이 발생하고 그 결과 응집이 일어나게 된다. 에너지 장벽에 대한 몇 가지 경우가 그림 **7.36**에 나타나 있는데, (a)는 강한 반발력 때문에 높은 에너지 장벽이(1차 최대, Primary maximum, P) 존재하여 분리된 상태로 있는 경우, (b)는 반발력의 감소로 인한 에너지 장벽이 수 kT 정도에 달하여 응집이 가능하게 된 경우, (c)는 에너지 장벽이 전혀 존재하지 않아 응집이 발생하는 경우이다. 또한 흥미 있는 경우로서 (d)는 일차 최소점(Primary minimum, M_1)과 구분되는 이차 최소점(Secondary minimum, M_2)이 존재한다. 만일 이차 최소점의 깊이가 수 kT 정도라면 작고 비교적 약한 응집상태(플럭, flocs)를 얻게 된다. 이러한 플럭은 입자 상태와 속도론적인 평형상태를 보이며 플럭으로의 존재시간은 짧다. 때때로 이를 약한 응집 또는 2차 최소응집이라고 부른다.

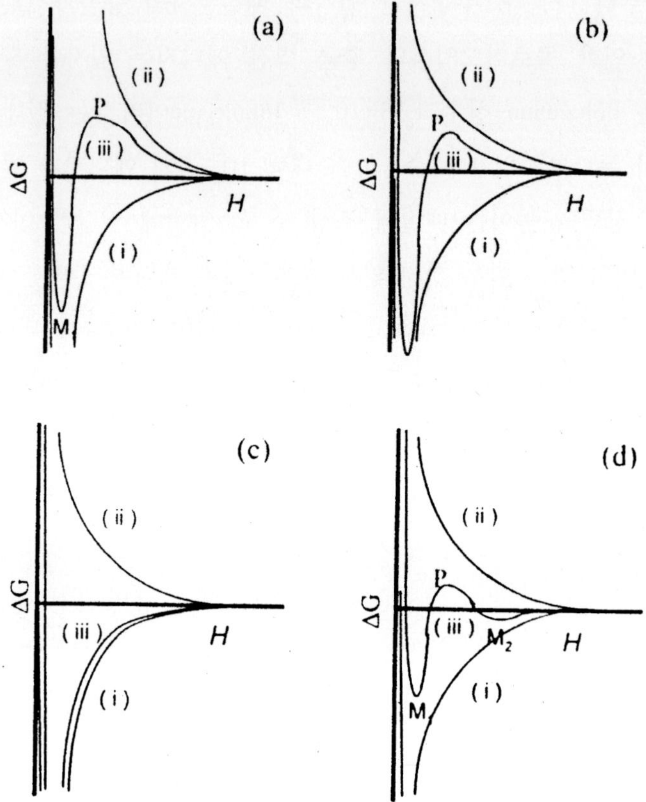

그림 7.36. 거리 H의 함수로서 나타낸 전체 상호작용 에너지 곡선 [① 인력 기여, ② 반발력 기여, ③ 전체]: (a) 강한 반발력으로 인하여 분리와 접촉의 과정에 높은 에너지 장벽(1차 최대, P)이 존재하는 경우, (b) 에너지 장벽이 수 kT 정도로 낮아서 1차 최대점을 극복할 수 있는 경우, (c) 에너지 장벽이 없어서 1차 최소(M1)점까지 접근할 수 있는 경우, (d) 1차 최대점에 접근하기 전 2차 최소(M2)점이 존재하며 두 점 사이의 에너지 장벽이 낮아서 1차 최소점에 도달하는 경우.

7.9.9. 고분자의 안정화

　전분, 젤라틴 등 천연고분자와 폴리비닐알코올, 폴리아크릴산나트륨 등의 합성 고분자를 물에 녹여서 고분자 수용액을 만든다.

　이들 용매에 녹기 쉬운 고분자는 반복단위(모노머)가 1차원적으로 연결된 사슬상 고분자이다. 플라스틱은 사슬상 고분자체인이 2차원 내지 3차원으로 연결된 형태의 고분자이다.

　수용성 고분자에는 폴리아크릴산나트륨처럼 물속에서 전리하는 고분자 전해질과 전리기를 가지지 않는 폴리비닐알코올과 같은 고분자 비전해질 두 가지가 있다. 폴리아크릴산나트륨의 용해상태는 염, pH의 영향을 받는다. 예를 들어 염을 첨가하지 않을 때는 해리된 전하의 반발로 분자가 퍼져 있지만 염을 첨가하면 국부적으로 볼 때 전리가 억제되어 분자의 확산이 억제된다.

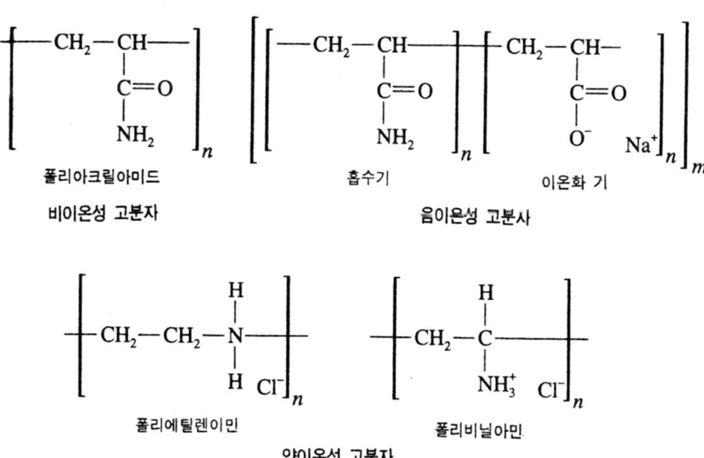

그림 7.37. 고분자 응집제의 대표적 화학구조식.

고분자응집제는 소량을 첨가함으로써 수중의 분자 미립자를 응집시킨다. 흔히 사용되는 것은 폴리아크릴아마이드(Ⅵ)로서 분자량이 수백만에 이르는 것도 물에 녹아서 양용매 고분자량이라는 다리놓기 응집의 조건에 부합된다. 그러나 다량으로 사용할수록 응집작용이 커질 것으로 예상하여 많이 사용하게 되면 오히려 분산작용이 증가하게 된다. 고분자 응집제는 오수처리 등에 많이 쓰이며, 높은 이온원자가 전해질과 공용하면 시너지효과를 얻을 수 있다.

고분자액과 고체계 면에서는 일반적으로 흡착이 일어난다. 고분자 사슬을 구성하는 분자 가운데 친수기와 소수기의 양자를 가지는 것이 많고, 어느 정도의 계면활성이 있으며 흡착성을 가진다.

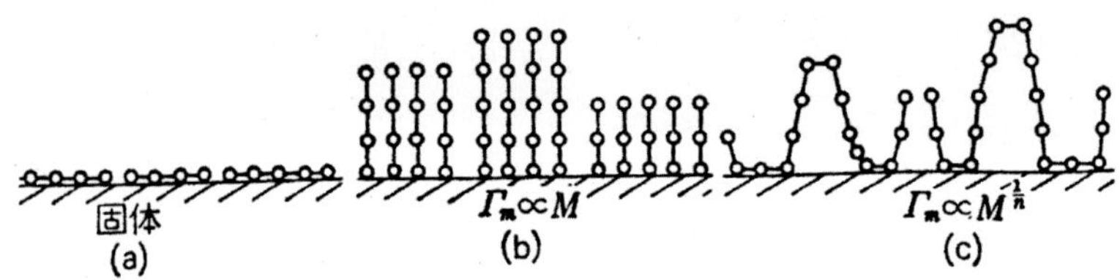

그림 7.38. 고분자 흡착형태의 3가지 타입.

고분자의 흡착형태로서는 그림 7.38의 세 가지 경우를 예상할 수 있다. (a)의 수평형 흡착에서는 분자량이 변화해도 g/㎠ 또는 g/g로 표시하는 포화흡착량(Γ_m)은 변화하지 않을 것이다.

(b)의 수직형 흡착에서 Γ_m은 분자량(M)에 비례할 것이다. (c)의 루프형 흡착에서는 (a), (b)의 중에서 Γ_m은 $M^{1/n}$에 비례한다(n>2).

그런데 고분자가 흡착되어 응집 또는 응집방지에 유용하게 되려면, 흡착고분자가 만드는 층(흡착층)이 일정한 두께를 가질 필요가 있으며, 흡착 고분자가 탈락하기 쉬워도 곤란하다. 이 두 가지 조건을 갖춘 것이 **(c)**의 루프형 흡착이다.

7.9.10. 응집시험

콜로이드입자의 응집시험 방법에는 Zata potential을 이용하는 방법과 쟈테스트(Jar – test)에 의한 시험방법 등이 있다.

Zata potential은 하전입자가 주어진 전장에서 나타내는 전기영동도 (Electrophoretic mobility)를 측정하는 방법과 셀을 통한 콜로이드 입자의 이동을 현미경으로 관찰하여 zeta 전위(ξ)를 측정하는 방법 등이 있는데, 그 정의는 다음과 같다.

$$\xi = \frac{4\pi n\nu}{\varepsilon X} = \frac{4\pi nEM}{\varepsilon}$$

여기서, ξ: Zata Potential

ν: 입자 속도

ε: 매체의 유전상수(dielectric constant)

n: 매체의 점노

X: 셀(Cell) 단위 길이당 가한 전압

EM: 전기영동도(electrophoretic mobility)$\left[\left(\frac{\mu m/s}{V/\text{cm}}\right)\right]$

μ: 점성

V: 전압

상기 식을 정리하여 Zeta 전위의 실용식으로 나타내면 다음과 같으며

$$\xi(m/V) \;=\; \frac{113,000}{\varepsilon}\, n(\text{Poise})\,EM\!\left(\frac{\mu m/s}{V/\text{cm}}\right)$$

25℃에서는 다음과 같이 정리된다.

$$\xi \;=\; 12.8\,EM$$

또한, 쟈테스트 시험은 응집을 위한 최적 운전조건을 결정하는 데 있으며, 그 시험과정은 다음과 같다.

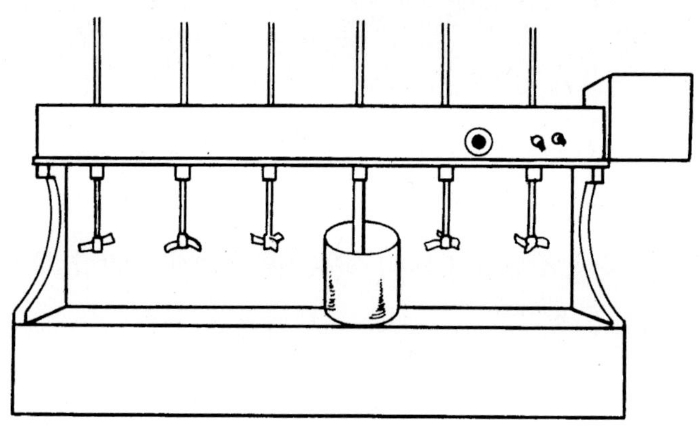

그림 7.39. 쟈테스트 장치.

① 시료 200mL를 채운 비커를 교반기 위에 올려놓고 pH6.0에서 응집제를 소량씩 증가하여 주입한다. 주입할 때마다 1min 동안 급속 교반하고 3min 동안 완속 교반한다. 가시적 플럭이 생성될 때까지 응집제를 계속 첨가한다.

② 6개의 비커에 각각 시료 1,000mL를 넣고 위에서 결정한 응집제를 주입한다.

③ 표준 알칼리로 pH를 각각 4.0, 5.0, 6.0, 7.0, 8.0, 9.0으로 조정한다.

④ 각 시료를 3min 동안 급속 교반하고, 12min 동안 완속 교반하면서
   플럭을 형성시킨다.

⑤ 플럭을 침강시키고 각 처리수 농도를 측정한다.

⑥ 제거율과 pH의 관계를 그림으로 나타내고 최적 pH를 구한다.

⑦ 최적 pH에서 응집제 주입량을 달리하여 단계 ②, ④, ⑤를 반복한다.

⑧ 제거율과 응집제 주입량의 관계를 그림으로 나타내고 최적 주입량
   을 구한다.

⑨ 고분자 전해질을 사용할 경우에는 급속교반을 끝내면서 첨가하고,
   위의 절차를 반복한다.

7.9.11. 응집처리

응집은 진흙입자, 유기물, 세균, 조류, 색소, 콜로이드(Colloids) 등 탁도(濁度)를 일으키는 콜로이드 상태의 불순물을 제거하기 위하여 채택하며 때로는 맛과 냄새(Odor)도 제거되므로 오염된 지표수 및 각종 폐수처리를 하기 위하여 많이 이용하는 단위공법이다.

원리(原理)는 폐수 중에 현탁되어 있는 부유물질, 즉 콜로이드성 입자는 그 크기(입경 $10^{-4} \sim 10^{-6}$mm)가 매우 작아서 진비중(眞比重)이 실제로 1보다 크지만 겉보기 비중은 물과 비슷하기 때문에 밑바닥에 가라앉지 않고 표면에 떠오르지도 않아 매우 안정하게 현탁하고 있다. 또한 ⊕ 또는 ⊖ 같은 전하끼리 대전하고 있어 서로 동종의 전하 때문에 서로 반발을 일으키고 있는 상태에서 더욱 침전이 일어나기 어렵다. 즉 Colloid성

입자는 zeta potential(전기적 반발력), Van der waals force(전기적 인력), 중력(重力)에 의해서 전기역학적으로 평형되어 있다.

응집은 이러한 입자의 제타전위를 화학약품을 첨가하여 전기적 중화에 의한 반발력을 감소시키고 입자를 충돌시켜 입자끼리 크게 뭉치게 하여 침전시키는 방법으로 이때 가한 화학약품을 응집제(凝集劑)라 하고 입자의 덩어리를 플럭(Floc)이라 한다. 부(負)로 대전하고 있는 콜로이드액 중에 양이온(cation)계 응집제를 가하면 그림 7.40과 같이 전기적으로 중화가 일어나 대부분의 경우 응집은 제타전위로 $20 \sim 50\,mV$에서 $\pm 5\,mV$까지 전기적 중화가 일어나 응집이 완결된다.

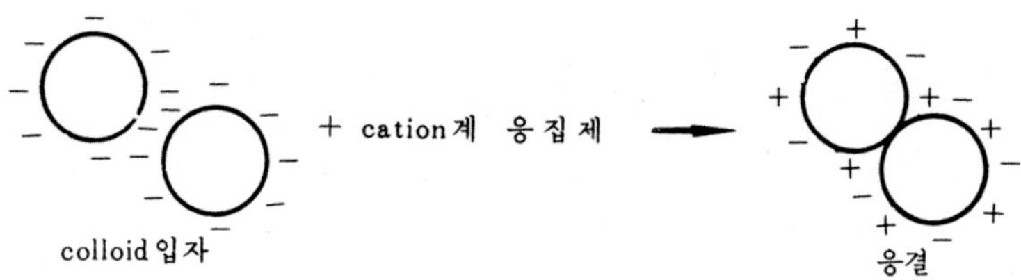

그림 7.40. 전기적 중화의 개념도.

정수나 폐수처리를 위해서 가장 많이 이용되는 응집제는 명반(Alum)과 철염으로서 명반을 물에 주입하면 알칼리도와 반응해서 수산화알루미늄($Al(OH)_3$)의 응결작용으로 응집이 일어난다.

$$Al_2(SO_4)_3 \cdot 18H_2O + 3Ca(HCO_3)_2$$
$$\rightarrow 2Al(OH)_3 \downarrow + 3CaSO_4 + 6CO_2 + 18H_2O$$
$$2FeCl_3 + 3Ca(HCO_3)_2 \rightarrow 2Fe(OH)_3 \downarrow + 3CaCl_2 + 6CO_2$$

이때 만약 처리대상폐수에 충분한 양의 알칼리도를 함유하지 않으면

석회나 소오다회 등의 알칼리를 가해 알칼리도를 보완시켜 주어야 한다.

응집의 다른 현상은 가교작용(架橋作用)이다. 고분자(高分子) 응집제는 분자 중에 몇 개의 극성기(極性期)를 가지고 있어 이 극성기를 통해 대전 입자에 흡착하여 입자와 입자 간의 가교를 놓는 작용을 통해 입자를 크게 만든다.

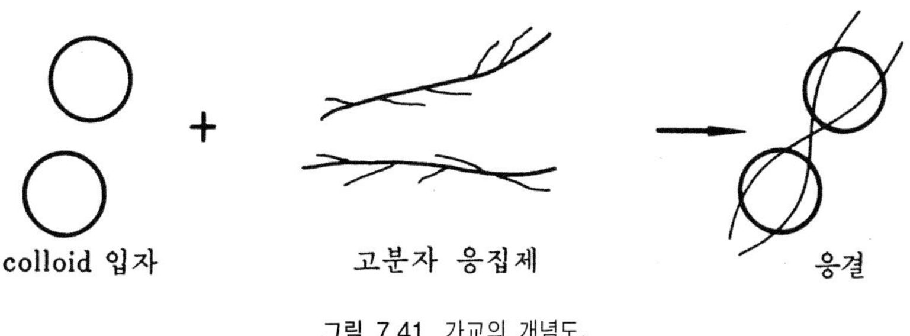

그림 7.41. 가교의 개념도.

응집공정은 금속수산화물에 의한 응집과 전해질, 계면활성제, 고분자 응집제 등을 첨가하는 방법이 있다. 금속수산화물에 의한 응집은 Fe, Al 등의 수산화물 또는 산화물의 수산화물은 중성 부근에서 양전하를 가지기 때문에 탁질 또는 기타의 불순물 색도의 원인이 되는 colloid 입자를 응결시켜 침강하므로 물이 맑아진다. 주로 Al염, Fe염 등의 응집제가 이용된다.

전해질에 의한 Colloid 입자의 응결작용은 colloid 입자와 반대부호의 전하를 가진 이온을 가함으로써 입자표면의 전하를 중화시킬 수가 있다. colloid 용액은 반대전하의 이온에 의해서 응집되어 그 효과는 이온가(價)가 클수록 크다. 그러므로 3가의 Al이나 Fe의 염이 응집제로 사용된다.

원자가와 응집효과와의 관계는 2가이온은 1가이온의 20~50배 3가이온은 1가 이온의 약 500~1,000배이다.

계면활성제(界面活性劑)는 분자 중에 친수성 부분과 소수성 부분을 동시에 갖고 있는 화합물로서 수용액 중에 용해되어 그 표면장력을 감소시키거나 또 임의의 두 액 사이의 장력에 영향을 끼치게 된다. 계면활성제는 일반적으로 음이온성, 양이온성, 양쪽성, 비이온성, 반극성 등이 있으며 이들은 반대의 전하를 가진 현탁계의 입자에 흡착하여 그 전하를 중화함과 동시에 입자표면을 소수성(疏水性)화하여 응집을 일으키는 작용을 한다. 수용액상에서는 Aldehyde, 알코올, 지방산, 비누, 에테르, 에스테르 등이 계면활성제로서 작용한다.

고분자(高分子) 물질에 의한 응집은 유기고분자 물질은 계면활성제보다 더 좋은 응집효과를 갖고 있으며 화학구조로는 불명한 점이 많으나 중합 또는 축합에 의해서 만들어진 고분자 다가전해질의 산 또는 염기이다. 이 것은 가수 분해(加水分解)하여 반대 전하를 미립자 표면에 흡착하여 그 전하를 중화함과 동시에 고분자 전해질의 극성기가 입자 간 가교역할을 통해 응집을 일으키게 된다.

응집제 첨가 시 응집과정의 순서를 보면

① 응집제의 수중첨가

② 수중에서의 응집제의 확산

③ 응집제와 탁질 입자와의 접촉을 위한 교반

④ 입자를 성장시켜 크고 무거운 플럭으로 성장시키기 위한 완속교반

이 중에서 ③, ④만이 응집의 과정으로 보는 협의의 의미도 있으나 응집제는 보통 응집장치에 넣기 전에 가하거나 또는 급속교반 과정에서 주

입하게 된다. 그 후 ②, ③과정에 들어가게 되는데 ②, ③ 과정은 교반속도가 크므로 플럭이 거의 생성되지 않고 생기더라도 극히 작다. 다음의 ④과정에서는 플럭을 성장시키기 위하여 완속교반을 한다.

교반은 응집을 효과적으로 하기 위해서는 입자끼리의 충돌횟수가 많을수록 좋다. 그렇게 하기 위해서는 입자의 농도가 높고 또 입자 지름이 불균일할수록 좋다. 앞서의 응집과정에서도 보는 바와 같이 실제의 응집장치도 응집제가 주입된 직후에는 가장 심한 교반을 하고 응집이 차차 진행됨에 따라 서서히 교반할 수 있게 만들어져 있다. 교반조건에 관해서는 G라는 수치가 일반적으로 사용되는데 다음 식으로 표시된다.

$$G = \sqrt{p/\mu V}$$

여기서, G = 속도경사(sec^{-1})

$\quad\quad p$ = 동력(watt)

$\quad\quad \mu$ = 점성계수(kg/m · sec)

$\quad\quad V$ = 응결지 부피(㎥)

응집시간(응집장치의 체류시간)을 t(sec)라고 하면 $G \cdot t$는 무차원수가 되나 양호한 응집을 위해서는 $G \cdot t$의 값이 $10^4 \sim 10^5$의 범위 내에 있어야 하며 상기 ③의 급속교반의 G값은 100 ④의 완속교반의 G값은 10 정도가 적당하다고 한다.

정수를 위한 응집은 혼합, 응결, 침전의 3단계로 이루어지는데 미국의 경우에는 혼합시간 30sec 이상 응집지의 체류시간은 최소한도 30분은 되어야 하며, 수평유속은 0.15~0.45m/min가 되어야 한다.

pH는 응집의 양부를 고찰할 때 제일 먼저 고려해야 할 인자이다. 황산알루미늄의 경우 공존이온이 작을 때는 pH7~8 부근에서 가장 빨리 플

력을 생성하나 그림 **7.42**와 같이 용해도 곡선에서, Al(OH)$_3$의 용해도는
중성부근에서 0이고 Al(OH)$_3$의 등전점(等電點: 표준전위 0인 점)이 pH8
부근에 있기 때문이다. 실제 폐수에 있어서는 그 수질 여하에 따라 최적
pH는 변하게 되므로 일반적으로 Jar test를 통해 최적응집에 적당한 pH
를 결정해야 한다.

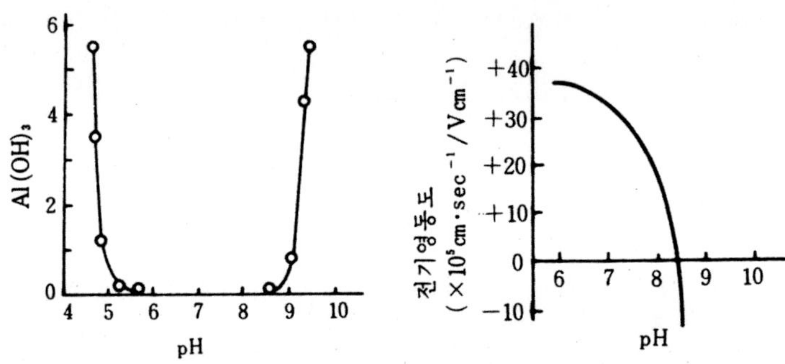

그림 7.42. 수산화알루미늄의 용해도와 전기영동도.

7.9.12. 응집 혼화장치

응집제와 탁질 콜로이드를 효과적으로 접촉시키기 위한 시설이 약품혼
화지이다. 응집제는 수중에서의 중합반응이 매우 빠르게 진행되기 때문에
혼화지 내는 급속교반장치가 있어야 한다.

약품혼화의 방식에는 기계식 교반, 도수(Hydraulic jump)식, 저류판
(Baffle)식, 확산펌프(Diffusion pump)식이 있다. 가장 일반적으로 사용되고
있는 기계식 교반기는 Flash mixer라고 불리는데, 이것은 여러 개의 날을

가진 임펠러를 연직축에 붙여 1.5m/sec 이상으로 회전시켜 혼화시키는 것
이다.

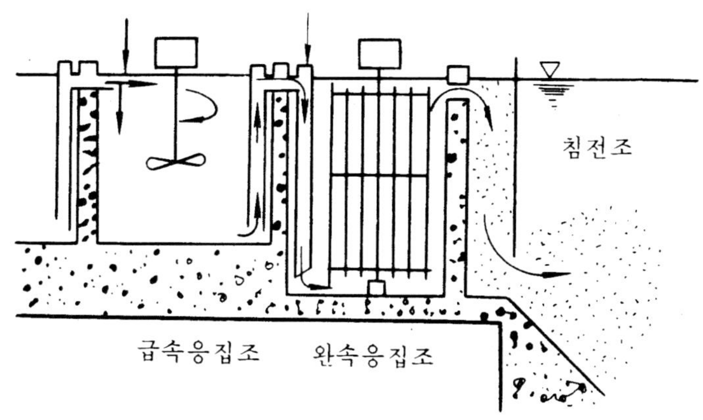

그림 7.43. 응집 혼화장치.

응집제의 혼화시간은 신속하고 균일한 혼화가 되면 정수처리에서는
1분, 폐수처리에서는 15분 내외가 바람직하나 원수의 수질에 따라 달라진
다. 입자의 크기가 작은 유기성 콜로이드를 다량 함유하는 원수의 경우에
는 음으로 하전된 전하량이 충분한 혼화를 하여야 하지만, 점토질 콜로이
드를 많이 함유한 경우에는 체류시산이 짧아도 부방하다.

플럭 형성지는 침전지 앞에 설치하여 혼화지에서 생성된 미소 플럭을
Flocculator 또는 저류판이 있는 유수로에 의해 완속 교반시켜 플럭의 성
장을 촉진시키는 시설이다. 대표적인 Flocculator로는 패들식이 있으며, 패
들의 주변속도는 15~80㎝/sec 정도이다. 유수로형의 유속은 15~30㎝
/sec가 표준이다. 또한 플럭 형성지의 체류시간은 일반적으로 정수, 폐수

처리는 20~40분으로 한다.

고속응집 - 침전 장치에는 각각 특색 있는 설계가 있는데 대표적인 3가지를 들면 다음과 같다.

- **● 슬러지(Sludge)순환형**

어떤 범위의 농도를 가진 슬러지를 항상 지외에서 순환시키며 새로 유입된 원수와 응집제는 이 고농도의 슬러지와 혼합해서 대형 플럭으로 성장시킨다. 대형 플럭을 포함한 순환류가 Slit에서 분리실로 방출되면 청징수의 상승수류와 슬러지의 하강류로 분리된다. 청징수는 수면의 Through로 유출하고 잉여오니는 때때로 반출되어 Sludge농도를 일정하게 유지한다.

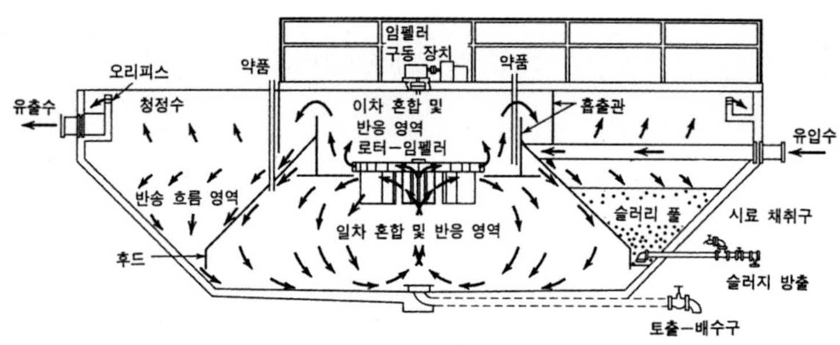

그림 7.44. 슬러지 순환형 응집침전 장치.

- **● 슬러지 블랑켓(Sludge blanket)형**

중앙 혼합 반응실에서 기준 슬러지와 혼합하여 대형 플럭을 만드는 점은 슬러지 순환형과 같으며, 분리실의 방출을 조저에서 행하여 상승시킨다. 상승유속의 단면이 커짐에 따라 차차 작아져 침강하면 대형 플럭이 상승속도와 평형이 되어 수중에 정지하는 슬러지 블랑켓층이 형성된다.

상승하는 슬러지는 이 층을 통과할 때 여과되어 청정해진다.

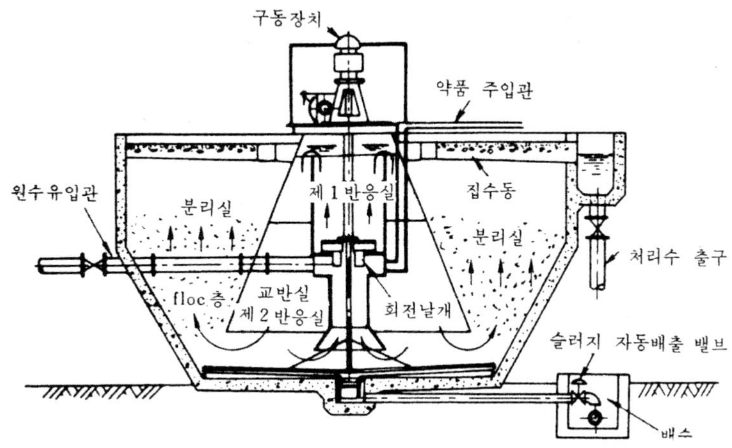

그림 7.45. 슬러지 블랑켓형 응집침전 장치.

● **복합형**

최초의 응집과정을 슬러리 순환방식으로 행하고 다음에 슬러지의 성장과 분리를 슬러지 블랑켓(Blanket) 방식에 의하는 것으로 많이 사용되고 있다.

기타 고속응집침전지는 맥동형, 접촉침전지 등이 있다.

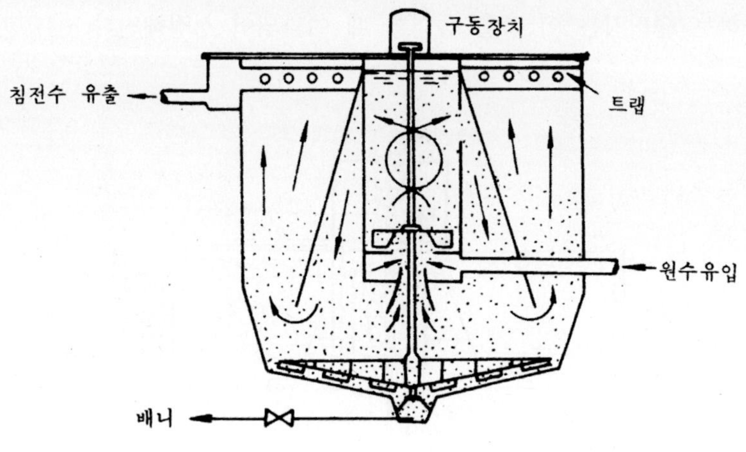

그림 7.46. 복합형 응집침전장치.

7.10 급속/완속여과(Filteration)

여과는 공극(空隙)이 있는 매개층을 통하여 물을 통과시켜서 부유물질을 제거하는 방법으로 여과제로서는 모래(Sand), 규조토(Diatomaceous – earth), 무연탄(Anthracite) 그리고 세밀히 짜인 섬유가 사용되기도 한다.

미(微)여과(Microstraining)는 조류(Algae)나 기타 미세한 부유물을 제거하기 위한 것으로 세밀하게 짜인 강철망이 사용되며, 규조토여과는 미세하게 제조된 금속망이나 섬유망 위에다 다공성인 규조토막을 형성시켜 물을 여과시키는 방법으로 수영장이나 소규모 처리에 이용된다.

압력여과(Pressure filter)는 강철탱크 내에 여과재와 하부 배수시설(Under drains)을 장치한 여과시설로서 펌프압으로 여과시켜 여과속도는 급속 모래여과지와 같이 120~240m/day 정도이다. 공장에서 용수처리에 많이 사용한다.

완속모래 여과지(Slow sand filter)는 화학적 전처리가 요구되지 않을 정도로 낮은 탁도를 가진 원수의 여과에 국한되는데, 미생물이 성장하여 양호한 수질을 생산하므로 생물여과라고도 한다.

여과율은 3~6m/day 정도로서 모래층의 수두손실이 크게 되면 표면의 모래를 5㎝ 정도 제거하고 새 모래로 바꾼다.

완속여과의 여과작용은 여과(Straining), 흡착(Adsorption) 그리고 생물학적 응결작용(Flocculation)의 혼합으로 젤라틴 같은 박테리아층(Slime)이 모래층 표면이나 상부층 내에 형성된다.

원수의 탁도(濁度)가 30~50mg/ℓ 이하가 되어야만 박테리아, 탁도 그리고 색깔이 효과적으로 제거되며 시공비가 높고 토지의 요구도 커진다.

급속모래 여과지(Rapid sand filter)는 음료수의 정수시설이나 용수처리에 가장 보편적으로 이용되고 있으며 원수(原水)의 침전과 응집처리 후에도 남는 비침전성 플럭(Floc)과 불순물을 제거한다. 여과층에 부유물이 많이 쌓여 수두손실이 커지면 역세척(Back washing)을 위하여 물을 반대방향으로 흐르게 함으로써 청소할 수 있다.

급속여과의 여과작용은 대단히 복잡한데 주로 여과(Straining), 응결(凝結) 그리고 침전에 의해서 이루어진다. 여과층 내에서 발생하는 작용은 원수의 수질과 화학적인 전처리에 의해 결정된다.

일반적인 여과방법의 분류와 급속-완속 여과지를 비교하면 다음과 같다.

• **수류(흐름)방향에 의한 분류** ── 하향류여과(downflow filter)
상향류여과(upflow filter)
2방향여과(biflow filter)

• 여상의 구성에 따른 분류: 단층여과, 다층여과
• 여상의 추진력에 의한 분류: 중력식 여과, 압력식 여과
• 유량조절방법에 따른 분류: 일정유량여과, 감소유량여과
• 여과속도에 의한 분류: 완속여과, 급속여과

7.10.1. 여과지의 수리

여과지는 여과속도에 따라 여과지의 면적이 결정되고, 유효경과 균등계수에 의하여 여과효율이 결정된다(표 7.10). 따라서 완속여과는 부지의 소요면적이 과대해지나 급속여과는 부지의 소요면적이 작은 것이 하나의 특징이다. 여과지의 형상은 직사각형을 표준으로 하며, 총면적은 계획정수량을 여과속도로 나누어 구하고 여과지 1지의 여과면적은 150m^2 이하로 하는 것이 일반적이다.

$$A = \frac{Q}{V}$$

여기서, A: 여과지 면적(m^3)

Q: 여과수량(m^3/day)

V: 여과속도(m/day)

유효경, 즉 입경(粒經)이 작을수록 세균이나 부유물질의 제거효과는 좋지만, 반면 쉽게 막힘이 일어나고 균등계수가 클수록 큰 입자의 혼합 차가 크며, 모래의 공극률(空隙率)이 작아지고 여과저항이 증대한다.

표 7.10 급속여과와 완속여과의 비교

구 분	내 용	완 속 여 과	급 속 여 과
장·단점	여과속도	5~10m/day	100~200m/day
	약품처리	–	필수조건이다.
	세균제거	좋다.	나쁘다.
	손실수두	작다.	크다.
	건설비	크다.	작다.
	유지관리비	적다.	많다(약품 사용)
	수질과 관계	저탁도에 적합	고탁도, 고색도, 조류가 많을 때 자동
	여재세척	시간과 인력이 소요	시스템으로 적게 든다.
여사	모래	석영질이 많은 견고하고 균등한 모래로서 외관상 먼지나 점토질의 불순물이 없을 것	외관상 먼지 토질 같은 불순물이 없는 석영질이 많아 견고하고 균등한 모래
	유효경(E·S)	0.3~0.45mm	0.45~0.7mm
	균등계수(U·)	2 이하	1.7 이하
	세정탁도	30도 이하	30도 이하
	비중	2.55~2.65	2.55~2.65
	열에 의한 감량	0.7%를 넘지 아니할 것	0.7%를 넘지 아니할 것
	마멸률	3%를 넘지 아니할 것	–
	최대경	2mm 이하	2mm 이하
	최소경	–	0.3mm 이상
	염산가용률	3.5%를 넘지 아니할 것	3.5%를 넘지 아니할 것
구 조	모래층 두께	70~90cm	60~70cm
	지의 깊이	2.5~3.5m	2.5~3.0m
	자갈층	40~60cm	30~50cm
	세균 제거율	98~99.5%	95~98%
	상수(上水)	1m	1m

또한, 균등계수 U가 1에 가까울수록 입도분포(粒度分布)가 양호하다고 하며, 1이 넘을수록 불량하다고 한다.

유효경(Effective size)과 균등계수(Uniformity coefficient)의 산출은 다음과 같다.

$$U = \frac{P_{60}}{P_{10}}$$

여기서, U: 균등계수($\geqq 1$)

P_{10}: 모래 10%를 통과시킨 체눈의 크기(유효경)

P_{60}: 모래 60%를 통과시킨 체눈의 크기

여과지에서 여층이 오염되면 완속여과는 역세척을 하지 않고 오염된 여층 표면을 제거하지만, 급속여과는 여층이 오염되면 역세척을 하여 오염물질을 제거하기 때문에 사층의 팽창비를 고려하여야 한다.

급속여과의 역세척(逆洗滌) 방법에는 압력수를 역송하는 방법, 압력수와 압축공기를 역송하는 방법, 교반기를 쓰는 방법 등이 있고 사면상(斜面上) 5～10㎝ 높이의 회전 및 고정 노즐에서 압력수를 분사시키는 표면세정방법도 있다.

$$\text{사층팽창비}(\%) = \frac{\text{세정시팽창사층두께} - \text{세정전사층두께}}{\text{세정전사층두께}} \times 100$$

급속여과의 적정 사층팽창비는 30～50%이고 팽창비가 너무 크면 모래 사이의 충돌이 적어 오히려 세정효과가 저하된다.

손실수두를 수리학적으로 볼 때 모래입자로 구성된 여과지로 공극(空隙)을 통하는 흐름이며, 여과지의 수두손실 H_f는 여과지의 깊이 L, 여과재의 공극률 e, 모래입자의 직경 d, 여과층을 통한 물의 유속 v, 물의 동점계수 μ, 물의 밀도 ρ, 그리고 중력가속도에 의해서 결정된다.

$$H_f = (e,\ L,\ d,\ v,\ \nu,\ \mu,\ g)$$

Carmen – Kozeny 공식은 Darcy – Weisbach 공식($H_L = f \cdot \dfrac{L}{d} \cdot \dfrac{v^2}{2g}$)에서 유도된 것으로 다음 식으로 표현된다.

$$H_L = f_1 \left(\frac{L}{\phi d} \right) \left(\frac{1-e}{e^3} \right) \left(\frac{v_s^2}{g} \right)$$

여기서, $f_1 = 150 \dfrac{1-e}{R_e} + 1.75$

$$R_e = \varnothing \, \frac{\rho v_s d}{\mu}$$

f_1: 마찰계수

$\varnothing$: 입자의 형상계수(Shape factor, 구형입자 : 1,

　　가루상태의 석탄 : 0.73, Ottawa모래 : 0.95, 둥근 모래 : 0.82)

v_s: 접근유속 $= v, \ e$

v: 여과지를 흐르는 물의 유속

e: 모래층의 공극률

R_e: Reynolds수

Rose 공식은 구형(球形)이거나 구형에 가까운 입자를 가진 여과지에 적용시킬 수 있으며 급속모래 여과지의 수두손실을 계산하기 위해 주로 쓰인다.

$$H_L = \frac{1.067}{\phi} \cdot \frac{C_D}{g} L \cdot \frac{v_s^2}{e^4} \cdot \frac{1}{d}$$

C_D: 저항계수(Drag coefficient)

7.10.2. 하부집수장치

하부집수장치는 모래층과 자갈층을 지지하며 여과수가 균등하게 집수되도록 여과지 밑에 설치한다. 전 여과 면에서 균일한 여과속도와 균등한 수질을 확보하며 작은 손실수두를 유출시킬 수 있도록 설계한다. 완속여과에서는 역세척을 하지 않으므로 급속여과와 같은 특별한 하부집수장치가 필요 없으며 단순한 집수주거 및 지거상에 콘크리트 블록을 세운 정도의 구조면 충분하다.

급속여과지의 하부집수장치 종류는 다음과 같다.

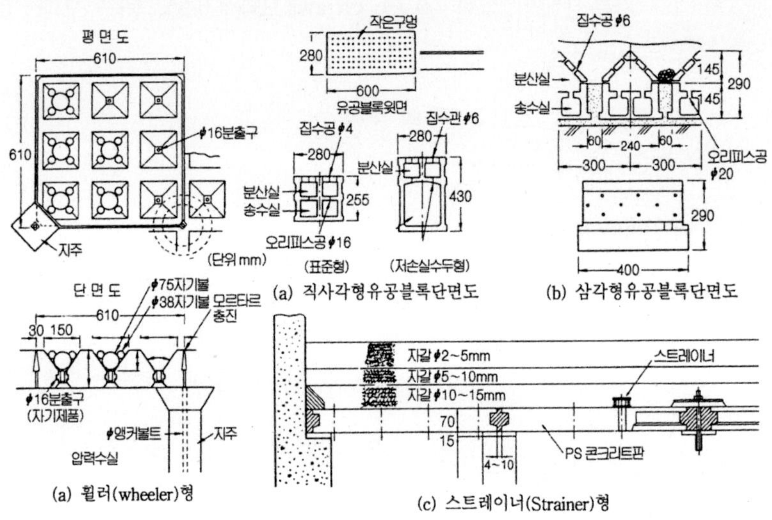

그림 7.47. 여과지의 하부집수장치.

- **휠러(Wheeler)형**

여과지의 콘크리트 상판 전면에 V형 구멍을 중심간격 20~30㎝마다 만들어 단관을 부착하여 분출구로 하며, V자형 구멍을 통해 자구 사이의 빈틈을 지나 상승한다(그림 **7.47(a)**).

- **Strainer형**

주철판, 경질 염화비닐관을 10~20㎝ 간격으로 콘크리트상판에 매설하고 여기서 스트레이너를 10㎝ 간격으로 동일높이로 설치한다. 이때, 스트레이너를 고정하는 단관의 총단면적은 여과면적의 0.25~0.4%로 한다. 이보다 단관면적이 작으면 세척 시 균등한 압력수두가 되지 않아 세척이 균등하게 되지 않는 결점이 있다(그림 7.47(c)).

- **유공블록형**

여과지 저판상에 분산실과 송수실을 갖는 유공블록을 규칙적으로 나란히 깔고 그 사이를 모르타르로 충진한 구조이다. 이는 휠러형에 비하여 시공이 쉬우며, 구조물의 깊이를 줄일 수 있고 평면적인 균등한 여과와 역세척이 행하여진다.

역세척 시 물의 수두가 타 방법에 비하여 적으며, 자갈층을 생략할 수 있으므로 자갈층의 깊이를 얇게 할 수 있으나 블록의 가격이 고가이다(그림 7.47(b)).

- **다(유)공관형**

물에 의한 세척을 할 경우에 쓰이는 형식으로 집수본관으로부터 직각으로 다공 집수지관을 30㎝ 이하의 간격, 관경의 60배 이하 길이로 하여 상판에 견고하게 고정시킨다. 주철관, 석면 시멘트관, 경질 염화비닐관으로 된 지관 밑부분을 7.5~20㎝ 간격으로 6~12㎜ 정도의 소공을 뚫고, 지관의 말단은 상호 연결하여 관 내의 압력분포를 보다 균등하게 한다. 소공의 여과면적은 지관 총단면적의 20~50%, 여과면적의 0.2% 정도이며, 본관 단면적은 지관 총단면적의 1.75~2.0배 정도로 한다.

- **집수장치**

집수장치는 여과지의 하부에 여과수를 모우고, 역세 시 역세척수를 여층 속에 분산시키기 위한 시설로 집수장치가 가져야 할 성질은 다음과 같다.

① 물의 분산이나 집수가 균일할 것

② 손실수두가 너무 크지 않을 것

③ 지지 자갈층의 두께가 작아도 좋을 것

④ scale, 먼지 등으로 막히지 않을 것

⑤ 내구성이 좋을 것

⑥ 시공성이 좋을 것

표 7.11 하부집수장치별 자갈층의 표준적 구성

하부집수장치	최소경	최대경	층 수	전 층 두께	집수공 면적
스트레이너 및 휠러형	2mm	50mm	4층 이상	300~500mm	0.25~0.4%
유공관형	2mm	25mm	4층 이상	500mm	0.20%
유공블록형	2mm	20mm	4층	200mm	0.65%

7.10.3. 현탁물질의 제거능

완속여과의 여과작용은 여과(Straining), 흡착(Adsorption) 그리고 생물학적 응결작용(Flocculation)의 혼합으로 젤라틴 같은 박테리아층(Slime)이 모래층 표면이나 상부층 내에 형성된다.

반면에, 급속여과의 여과작용은 대단히 복잡하다. 주로 여과(Straining), 응결(凝結) 그리고 침전에 의해서 이루어지는데, 비교적 굵은 입자층에 빠른 유속으로 물을 통과시켜 여재에 부착되거나 여재에서의 체작용으로 현탁물질의 제거를 기대하는 것이므로 제거대상의 현탁물질은 미리 응집처리를 받아서 흡착이나 체작용에 의한 분리되기 쉬운 상태의 플럭이 되어야 한다(그림 **7.48**). 이 방법은 완속여과에 비하여 대용량에 적용시킬

수 있으며 손실수두가 작다.

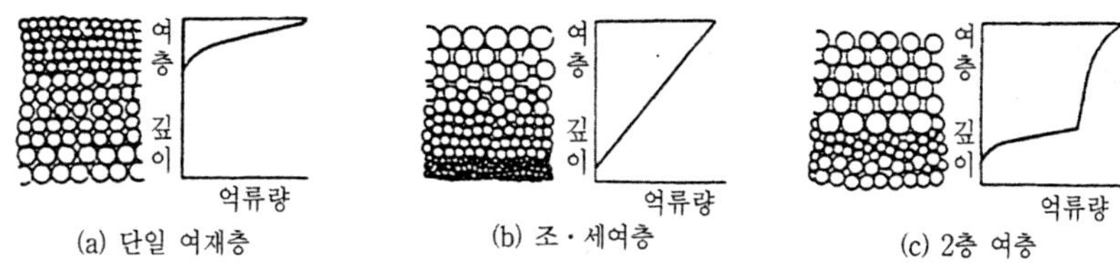

그림 7.48. 급속여과지 여층의 분포와 현탁질 억류량의 분포.

여과지는 현탁물질의 제거기능에 따라 여재표면에서의 수송단계와 부착단계로 나누어진다.

수송단계는 현탁입자가 유선에서 이탈하여 여재입자에 접촉하는 단계로서, 수송과정을 지배하는 인자는 다음과 같다.

- 체분석 작용(Straining): 부유입자보다 여층의 간극이 작은 경우에 일어나는 현상이다.
- Brown운동: 현탁입자의 크기가 약 4μ 이하 정도에서 가능하므로 큰 역할은 하지 못한다.
- 중력 침전: 상·하방향에 다단직렬로 연결되어 있어서 현탁입자 제거역할이 크다.
- 수류에 의한 접촉: 유선이 여재입자의 주변을 통과할 때 여재표면으로부터의 거리가 부유입자의 지름보다 작은 유관 내 입자가 여재에 접촉하는 현상이다.

부착단계는 부착입자가 수송인자에 의하여 여재입자 표면에 도달하면 여재표면과 부유입자 표면의 성질에 따른 부착조건을 만족하게 되어 부유입자 간 여재입자에 고정되어서 제거되는 단계로, 부착단계를 지배하는 인자는 다음과 같다.

- 기계적 부착: 여재입자의 요철(凹凸)부에 유체의 힘과 중력에 의하여 기계적으로 부유물질이 유지되는 현상으로 미소한 찌꺼기는 존재한다.

- 응집침전: 수송단계에서 여재표면에 수송된 부유입자가 여재표면에 부착하여 이들 상호 간에 응집 침전하는 작용이다.

- 생물학적 작용: 흡착과 생화학 반응에 의한 산화분해 등의 복잡한 작용으로서 완속여과의 입상여재표면에 젤라틴질의 생물여과막이 생기는 경우에 생물 플럭형성의 경우와 같이 생체표면의 부착기구가 된다. 또한, 흡착된 유기물의 분해, 흡수, 무기물의 산화 등도 발휘된다(저농도의 원수).

7.10.4. 여과유량조절

여과지의 유입 및 유출량의 평형에 필요한 모래표면상에 유효수심을 유지하는 데 있다. 이러한 유효수심의 유지는 각 여과지의 여과유량 배분을 가능한 동일하게 유지해 주며, 여과조건의 급격한 변화를 방지한다. 따라서 유량조절기(Automatic flow rate controller)는 인출관 도중에 설치하는 것이 이상적이다.

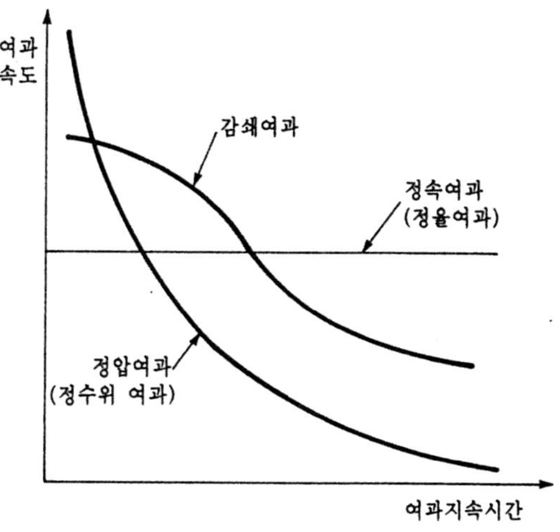

그림 7.49. 여과속도와 시간변화.

- **정압(정수위)여과**

여층의 상류 측 수위와 하류 측 수위, 즉 여층에 걸리는 압력 차가 일정하면 여층의 폐쇄에 따라서 여과유량은 서서히 감소하는 여과방식, 즉 여과지 수위가 일정하도록 유입과 유출밸브를 조절한다.

- **정속(정률)여과**

여층폐쇄에 따른 여과유량의 감소를 막기 위하여 상류 측 수위를 높이거나 하류 측 밸브를 개방하여 손실수두를 감소시켜 여층에 걸리는 압력 차를 증가시키고 일정 여과유량을 유지하기 위하여 여과지의 유출구에 유량계와 조절밸브를 설치하는 여과식으로 널리 사용되고 있다.

- **감쇄여과**

여과지 수위가 일정하게 수압을 가하지만 유량조절기가 없으므로 여과지가 폐쇄점에 따라 여과수량이 점차로 감소하는 여과법이다.

7.10.5. 공기장애(Air binding)

급속여과에서 여과가 어느 정도 진행되면 모래층 내에 대기압보다 낮은 압력인 부수압의 범위가 확대되어서 전 모래층이 부수압으로 된다. 부수압으로 되면 수중에 용존한 공기가 기포로 되어 모래층 간에 누적되어 공중에 남는데 이를 공기장애(Air binding)라 한다. 공기장애현상은 부수두, 물이 모래층을 통과할 때 수온의 상승 등으로 공기가 유리하여 모래층 간에 누적되어 발생한다.

공기장애는 물을 통과시키지 않으므로 모래층의 여과면적을 감소시키고 수중의 용존산소가 물로부터 유리되므로 물과 비중 차이로 부상작용에 의하여 여상을 팽창시켜 여과를 방해시킨다.

또한 공기장애 현상이 일어나면 모래층 내의 간극이 폐쇄되거나, 여과면의 어느 한 단면으로 여과수가 흐르기 때문에 여과유속이 빨라지게 된다. 이때 유속이 어느 한도 이상으로 되면 여층 중에 억류되어 있는 플럭이 파괴되어 여과수와 같이 유출하는 것을 탁질누출현상(Break through)이라 한다.

공기장애의 방지방법은 다음과 같다.
- 원수가 공기포화상태가 되지 않도록 할 것.
- 여과지 내에서는 수온상승이 일어나지 않도록 할 것.
- 여과지 사면상의 수심을 크게 하여 부수두(부수압)를 방지할 것.
- 탁질누출현상이 발생되면 응집에 고분자 응집제를 사용한다.

7.10.6. Mud ball

급속여과의 역세정이 되풀이되어 행해지면, 여과지의 표층에 여재입자와 점착성 물질로 된 작은 덩어리인 Mud ball이 생기는 수가 있다. 즉 조류 등의 유기물을 함유하는 원수를 여과할 때 또는 세립의 여재가 사용될 때, 역세척 효과가 불충분할 때에는 Mud ball의 발생으로 인하여 야기되는 피해는 다음과 같다.

- 여과 압력손실의 증대
- 여과지속 시간의 감소
- 여과 유출수질의 악화
- 여층의 균열
- 여층 표면의 불균일 등의 현상이 발생한다.
  Mud ball이 발생을 막기 위해서는 세정이 요구되는데 그 방법은 다음과 같다.
- 표면세정장치는 Mud ball의 발생을 막기 위하여 설치하는데, 역세정만으로는 세정이 불충분한 여층 표면에 압력수를 분사하거나, 또는 기계적 교반으로 세정효과를 높인다. 표면 세정장치에는 고정식과 회전식이 있다.
- 여과지의 오사(汚沙) 제거 후 여과 재개 시에 앞서 인접 여과지의 여액을 역송함으로써 사면의 세굴을 방지하고, 사층 안에 공기가 남지 않도록 한다. 이를 위하여 인접지의 여액을 인출관을 통해 직접 역송하든가, 전용수관을 설치하여 조정지에 연결해서 직접 역송한다.

직접여과법은 다공질의 도기나 금속, 망, 포 등에 의하여 여과를 행하는 것으로서 Micro-strainer는 그 대표적인 것이며, 비교적 고농도의 현탁액에 적용된다. 최근의 여과기술이 지향하는 바는 현탁물 저장능력의 향상에 있다고 말할 수 있다. 상향류식, 상·하향류식, 다층여과지 등은 모두 이러한 노력의 결과이다. 이와 같이 여과방향이나 여과구성을 여러 가지로 연구할 뿐만 아니라, 현탁질인 플럭입경을 작게 하여 여재간격을 통하여 정당한 심층에 도달함으로써 여층 전체를 유효하게 사용할 수도 있다. 또, 일반적으로 작은 플럭은 비중이 크므로 같은 용적의 공간에 보다 많은 양의 현탁물을 억류할 수 있다.

직접여과법의 일종인 Micro-floc process는 위와 같은 이유에서 발달한 것으로 급속 교반조를 나온 Micro-floc의 응집수를 직접여과지를 통하여 처리하는 방법이다. 이 방법은 미국의 Conley와 Pitman에 의해서 원자로의 냉각용수를 확보하기 위하여 개발한 것으로 응집침전을 행하지 않고 원수에 약품을 주입한 후 곧바로 급속여과를 행하는 것이 특징이다. 실제적으로 적용되는 Micro-floc process는 여과지의 유효 억류능력을 한층 높이기 위하여 다층여과지를 사용하게 되며, 현탁물 제거효율을 확실히 하기 위하여 고분자 응집제를 사용한다. 여과층은 다층여과지와 같은 무연탄, 천연규사, 석류석의 3층여과를 사용하며 여과속도는 $230 \sim 290\text{m/day}$이다. 원수의 탁도가 100도 이하인 저탁도에서만 사용하며, 2도 이하로 된 여액은 2단 여과지로 거른다.

micro floc 여과의 특징은 다음과 같다.

- 침전지를 생략할 수 있으나 그만큼 여과지의 부담은 커진다.
- 약품주입량이 감소된다.
- 여과속도를 크게 할 수 있다.
- 약품주입량을 자동 제어할 수 있다.

7.12 Microstrainer

마이크로스트레이너(Microstrainer)는 주로 2차 처리 유출수 중의 잔류 부유물질을 여과망에 통과시킴으로써 제어하는 시설로서 마이크로스크린이라고 불린다. 마이크로스트레이너는 가변저속(4rpm까지)의 중력유하식으로 운전되는 회전드럼여과기의 일종으로서 여과망은 $23\sim35\,\mu\mathrm{m}$의 간격을 가지며 드럼 주위에 설치되어 있다. 유입수는 드럼 내부로 유입되어 회전 여과망을 통과해 유출된다. 연속으로 역세척되어 제거된 고형물은 드럼 외부 상부에 위치한 고압 세척노즐에 의하여 역세척 드럼 내부 상부의 세척배수 수로를 통하여 배출되며 이러한 역세척은 자동으로 이루어진다. 또한 폐수종말처리장에서 수량이 매우 적은 경우 목적수질이 1단의 트레이너로 얻어지지 않으면 순차적으로 여과망이 작은 스트레이너를 2단, 3단으로 직렬로 설치할 수도 있다. 마이크로스트레이너는 유지관리비가 저렴하고 손실수두가 작으며 건설비가 낮은 등의 이점이 있으나 사여과나 응집침전 등에 비하여 처리효율이 떨어지는 단점이 있다.

마이크로스트레이너법의 특징은 다음과 같다.

- 부유생물의 크기에 따라 망눈을 바꿀 수 있다.
- 생물 발생상황에 따라서 적선(適宣)으로 운전된다.
- 소요부지가 협소하다.

마이크로스트레이너의 설계 시에는 우선 제거대상 고형물(부유물질)의 농도 및 성상을 파악하여야 하고 고형물 특성에 따른 수리학적 및 고형물 부하량의 기대범위에서 요구되는 설계 성능을 제공할 설계 변수 값을 선정하여야 한다. 또한 스크린의 처리용량을 유지하기 위한 역세척 및 세척시설의 설비 등을 고려한다.

마이크로스트레이너의 여과망 간격은 폐쇄 및 역세척에 소요되는 수량을 고려하여 정하여야 한다. 유기물질이 많을 경우 $100 \sim 150 \mu m$, 단단한 무기물질이 대부분일 경우 $40 \sim 50 \mu m$가 적당하다. 표 **7.12**에서 일반적으로 마이크로스트레이너를 이용한 고도처리는 $25 \sim 150 \mu m$의 범위이고 $0.2 mm$ 이상의 여과망 간격을 가진 스트레이너는 물리적 처리에서 이용하는 스크린의 역할을 한다. 마이크로스트레이너가 폐수처리에서 고도처리로 사용되는 경우에는 대부분 2차 처리 유출수 내의 부유물질을 제거하기 위하여 사용되는데 이 경우 여과망의 간격은 일반적으로 $15 \sim 60 \mu m$ 범위이며 대표적인 간격은 $30 \mu m$ 정도이다.

표 7.12 스트레이너의 여과망 간격

여과망 간격	$25 \sim 150 \mu m$	$0.2 \sim 4 mm$
여과방법	마이크로스트레이닝	마이크로스트레이닝
운전방법	중력식 및 압력식	중력식

여과망의 재질은 스테인리스스틸이나 폴리에스테르 등이 있다. 스트레이너의 수리학적 부하율은 수면하에 잠긴 드럼의 표면적을 기준으로 3～6㎥/㎡/분이다. 이러한 장치에서 전형적인 부유물질 제거율은 약 55%이고, 그 범위는 유입수의 성상에 따라 약 10～80% 정도이다. 드럼의 직경은 일반적으로 3m가 많이 사용되며 작은 크기의 드럼일 경우 역세척의 필요성이 증가한다. 또한 여과망의 손실수두가 20㎝ 이상일 때 우회수로를 설치하여야 한다. 그러나 유입수질 특성에 따라 처리특성이 크게 변화하기 때문에 파일롯실험을 통해 설계를 하는 것이 바람직하다.

7.13 흡착(Adsorption)

7.13.1. 활성탄

나노미터 크기의 많은 미세구멍을 가진 다공질 재료는 촉매와 분리·흡착제, 이온 교환제로 오랜 기간 이용되어 왔다. 무기결정인 제올라이트는 대표적인 미크로포러스(Micro porous)재료(구멍의 지름이 2㎚ 이하)로 알려져 있으며, 탄소를 부활시킨 활성탄에도 수 ㎚ 정도의 작은 구멍(세공)이 많이 있고(표 7.13), 이 세공이 가스나 액체를 막아주거나 흡착하게 된다.

내 용	물 성 치
표면적	$500 \sim 1,700$ ㎡/g
세공용적	$0.6 \sim 1.5$ ㎤/g
입경	$8 \sim 30$ 메쉬
비중	$0.4 \sim 0.5$ g/㎤
진비중	$2.0 \sim 2.2$ g/㎤

세공이 서로 연결되어 있으면 가스나 액체는 세공 사이를 빠져나갈 수 있다. 그러나 고온 처리한 탄소재료 속의 세공은 외부로 열려 있지 않거나 상호 연결되어 있지 않은 경우가 많다.

탄소를 1,000℃ 정도에서 수증기나 탄산가스와 반응시키면 많은 세공을 만들 수 있다. 탄소를 가볍게 연소시켜 세공을 만드는 이 방법을 부활(또는 활성, Activity)이라고 한다. 최근에는 분체상태와 입자상태의 활성탄 외에 섬유상의 활성탄도 볼 수 있는데, 모두 부활로 만들어진다(표 **7.14**).

표 **7.14** 활성탄의 부활(賦活)방법에 따른 분류

활 성 탄 면	부 활 방 법
가스부활탄	원료를 탄화로에서 탄화(炭化)하여 소탄을 만든다. 이소탄을 다단로 등의 부활로에서 수증기 등을 분사하여 $800 \sim 1,000$℃ 정도에서 부활시킨다.
약품부활탄	원료에 염화아연 또는 인산 등의 약품을 첨가하여 다단로 등에 의하여 소성하므로 원료의 탈수 탄화를 하여 수시 등의 조작에 의하여 정제한다.

활성탄은 숯보다도 큰 표면적을 가지며 흡착력이 우수한 탄소재료이다. 활성탄의 표면은 반드시 탄소 방향족평면이 그대로 노출되어 있는 것은 아니다. -OH나 -COOH와 같은 산소함유 작용기라고 하는 원자단이 결합되어 있다. 이러한 작용기는 여러 가지 물질과 효과적으로 결합하는

성질을 가지고 있으므로 활성탄표면의 흡착성능은 더욱 향상된다. 고체표면이 용액과 접하면 표면력(Surface force)의 불균형 때문에 용질(흡착질) 분자가 표면층에 축적되는 경향이 있다. 화학흡착(Chemical adsorption)에서는 표면분자의 잔여원자가 힘(Force of residual valence)에 의하여 흡착질(Adsorbate)의 단분자층(Mono－molecular layer)을 형성한다. 물리흡착(Physical adsorption)에는 고체의 모세세공(Capillary pore) 안에 분자가 응축한다. 일반적으로 분자량이 큰 물질일수록 쉽게 흡착되는데, 평형 계면농도는 빨리 형성되지만 그 뒤에 탄소입자 내부로의 확산은 느리다. 따라서 총괄 흡착속도는 활성탄 입자의 모세세공 안으로의 용질 분자의 확산속도에 의해 지배된다. 이 확산속도는 입자지름 제곱의 역수에 의존하며, 용질농도 및 온도 증가에 따라 증가하며, 용질의 분자량이 증가하면 감소한다. Morris와 Webber에 의하면, 흡착속도는 접촉시간의 제곱근에 따라 변한다. 활성탄의 흡착능은 활성탄과 용질(흡착질)의 종류에 따라서도 달라진다. 대부분의 폐수는 아주 복잡하며 들어 있는 화합물마다 흡착능이 크게 다를 수 있으며, 또한 활성탄의 종류와 형태에 따라서도 흡착능에 영향을 미친다(표 7.15).

용질의 분자구조, 용해도 등이 흡착능에 미치는 영향을 요약하면 다음과 같다.

- 액상 중에서 용질의 용해도가 증가하면 흡착능이 감소한다.
- 대개 곧은 사슬에 비해 가지사슬화합물의 흡착능이 크다. 사슬길이가 증가하면 용해도가 감소한다.
- 치환기는 용해도에 영향을 미친다.

히드록시기: 일반적으로 흡착능을 감소시킨다. 감소 정도는 모체 분자

구조에 따라 다르다.

아미노기: 영향은 히드록시기와 비슷하지만 약간 크다. 대부분의 아미
노산은 잘 흡착되지 않는다.

카보닐기: 모체 분자에 따라 영향이 달라진다. 아세트산에 비해 글리옥
실산이 더 흡착하지만, 고급 지방산에서는 양상이 달라진다.

이중결합: 카르보닐기의 경우와 마찬가지로 영향이 다양하다.

할로겐: 영향이 다양하다.

술폰기: 일반적으로 흡착능이 감소한다.

니트로기: 흡착능이 증가하는 경우가 있다.

- 일반적으로 약하게 이온화된 용액에 비해 강하게 이온화된 용액의 흡착능이 약하다. 일반적으로 해리되지 않는 분자의 흡착이 좋다.

- 가수분해 흡착량은 흡착성이 있는 산이나 염기를 생성하는 가수 분해능에 따라 달라진다.

- 활성탄 세공의 스크린 작용이 방해하지 않는다면 화학구조가 비슷한 작은 분자에 비해 큰 분자가 잘 흡착한다. 용질 − 활성탄 화학결합이 증가하면 탈착이 어렵기 때문이다.

- 극성이 큰 분자에 비해 극성이 작은 분자가 잘 흡착한다.

표 7.15 활성탄의 형상에 의한 분류

활 성 탄 면	제 조 방 법	특 징
입상활성탄(GAC)	소탄(素炭)을 미분화하여 탈핏치 등을 혼합한다. 혼합물을 성형기에 의하여 성형하여 다시 탄환시키고, 그 후 수증기에 의하여 부활시킨다.	• 분말에 비해 흡착속도가 느리다. • 물과 분리가 쉽다. • 재생하기 쉽다. • 흡착탑에 충진하든지 유동상에 사용한다. • 분말보다 취급이 용이하다.
분말활성탄(PAC)	입상 등의 가공을 하지 않고 부활시킨다.	• 흡착속도가 빠르다. • 사용 시 복잡한 장치를 필요치 않고 접촉에 의해 흡착이 된다. • 분말의 비산이 있고 취급이 불편하다.

7.13.2. 등온 흡착(Adsorption isotherm)

흡착(Adsorption)은 용액 중의 분자가 물리적 혹은 화학적 결합력에 의해 고체표면에 붙는 현상으로서 이때 결합하는 분자를 피흡착제(Adsorbate), 분자가 결합할 수 있는 표면을 제공하는 물질을 흡착제(Adsorbent)라고 한다.

흡착에는 물리적 흡착과 화학적 흡착이 있는데 화학적 흡착은 흡착제와 피흡착제 간에 결합이 대단히 강해 비가역적(非加逆的)이고, 이에 반해 결합이 상대적으로 약한 경우는 물리적 흡착으로서 가역적(可逆的)이며 정수 혹은 폐수처리 시 대부분의 흡착은 물리적 흡착에 속한다.

흡착과정은 다음 3단계로 나눌 수 있다.

① 흡착제 주위의 막을 통하여 피흡착제의 분자가 이동하는 단계

② 흡착제가 공극(空隙)을 가졌다면 공극을 통하여 피흡착제가 확산하는 단계

③ 흡착제 활성표면에 피흡착제 분자와 흡착되면서 피흡착제와 흡착제

사이에 결합이 이루어지는 단계

위에서 제3단계는 대단히 빨리 일어나므로 제1단계와 제2단계에 의해 흡착속도가 제한을 받게 된다. 따라서 흡착률은 피흡착제의 분자가 용액 내에서 이동 확산하는 율에 의해서 결정된다. 단일의 피흡착제를 제거하는 것이 아니고 혼합된 여러 피흡착제를 동시에 흡착시킬 경우 제거되는 피흡착제들은 서로 경쟁을 하게 되나 흡착효과는 증가될 수 있다.

흡착 정도와 이에 따른 평형관계를 보면, 흡착하는 물질의 양은 흡착된 물질(Adsorbate)의 농도와 성질 그리고 온도에 따라 달라진다. 일반적으로 흡착된 물질의 양은 일정온도에서 농도의 함수로 나타내며 이 함수를 흡착등온식(Adsorption isotherm)이라고 한다. Freundlich, Langmuir와 Brunauer, Emmet, Teller(BET)식이 있으나 Freundlich 흡착등온식이 상수나 폐수처리장에서 사용되는 활성탄의 흡착특성을 설명하는 데 가장 많이 사용된다.

- Fruendrich 등온공식

$$\frac{X}{M} = KC^{\frac{1}{n}}$$

여기서, $\frac{X}{M}$: 흡착제 단위 무게당 흡착된 피흡착제의 양

C: 흡착이 평형상태에 도달했을 때 용액 내에 남아 있는 피흡착제의 농도

K, n: 경험적인 상수

상기식은 양변에 대수를 취함으로써 선형으로 다시 쓸 수 있다.

$$\log(\frac{X}{M}) = \frac{1}{n}\log C + \log K$$

여기서 $\dfrac{X}{M}$와 C 사이의 대수 그래프가 직선이 되며 그 기울기와 절편으로부터 변수 n과 K를 결정할 수 있다.

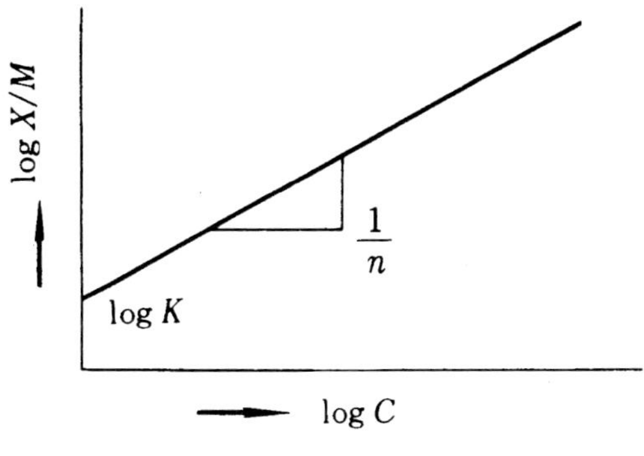

그림 7.50. Fruendrich 등온 흡착.

(예제) 폐수 내의 ABS를 활성탄(AC)을 사용하여 제거하기 위해 흡착 실험을 한 결과 아래와 같은 자료를 얻었다.

$C_{\text{(mg/}\ell\text{)}}$	8	2
$\dfrac{X}{M}$(g/g)	2	1

$$\text{Fruendrich 등온식: } \frac{X}{M} = KC^{\frac{1}{n}}$$

여기서, $\dfrac{X}{M}$: 흡착제 단위중량당 흡착된 피흡착제 양

C: 흡착 후 용액의 평형농도

K, n: 경험적인 상수

위의 자료를 이용하여 다음 물음에 답하시오.

가. Fruendrich 등온식을 선형함수식으로 유도하시오.

나. 선형 그래프를 그리고 절편과 기울기를 명시하시오.

다. 상수 K와 n을 구하시오.

라. 폐수 내의 ABS가 $48\text{mg}/\ell$ 일 때 흡착 처리하여 $6\text{mg}/\ell$ 로 하기 위하여 주입해야 할 활성탄의 양(kg/day)을 계산하시오(단, 폐수양은 $600\,\text{m}^3/\text{day}$이다).

가. $\dfrac{X}{M} = KC^{\frac{1}{n}}$ 에서, 양변에 $\log$를 취하면

$$\log\left(\frac{X}{M}\right) = \log(KC^{\frac{1}{n}})$$

$$\log\frac{X}{M} = \frac{1}{n}\log C + \log K$$

나. 자료를 대입하여 식을 세우면

$$\log 2 = \frac{1}{n}\log 8 + \log K$$

$$0.301 = \frac{1}{n} \times 0.903 + \log K \quad\cdots\cdots\cdots\cdots\cdots\cdots\cdots ①$$

$$\log 1 = \frac{1}{n}\log 2 + \log K$$

$$0 = \frac{1}{n} \times 0.301 + \log K \quad\cdots\cdots\cdots\cdots\cdots\cdots\cdots ②$$

① ÷ ②

$$\frac{0.301 - \log K}{-\log K} = \frac{0.903}{0.301} = 3$$

$$K = 0.707 \quad\cdots\cdots\cdots\cdots\cdots\cdots\cdots\cdots\cdots\cdots\cdots\cdots ③$$

③을 ②에 대입하여 풀면

$$0 = \frac{1}{n} \times 0.301 + \log\ 0.707$$

$$n = 1.999$$

위의 산출자료를 근거로 그래프를 그리면

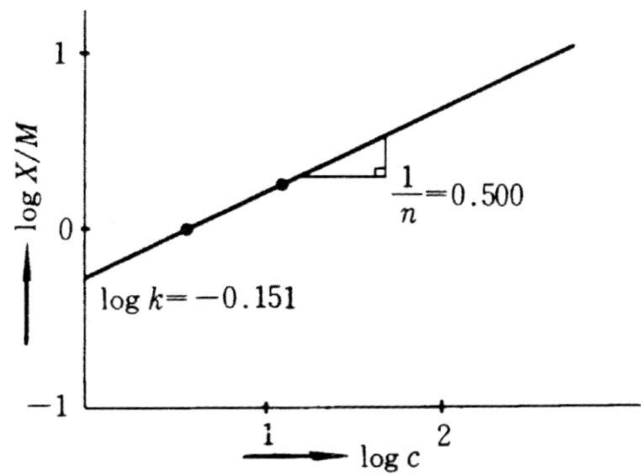

다. 가에서 상수를 구하면

$$K = 0.707$$

$$n = 1.999$$

라. 활성탄의 주입량을 계산하면

$$\frac{X}{M} = 0.707 \times 6^{\frac{1}{1.999}}$$

$$\frac{(48-6)}{M} = 0.707 \times 6^{\frac{1}{1.999}}$$

$$M = 24.24\,\text{mg}/\ell$$

∴ 활성탄 주입량: $24.24\,\text{g/m}^3 \times 600\,\text{m}^3/\text{day} \times 10^{-3}\,\text{kg/g} = 14.544\,\text{kg/day}$

- Langmuir 등온공식

$$\frac{X}{M} = \frac{abc}{1 + bc}$$

여기서, a, b: 경험적인 상수

Langmuir 등온선은 용질이 흡착제 표면에 단분자층으로 흡착된다고 가정하는 것으로 $\frac{X}{M}$와 C와의 관계도 다음과 같다.

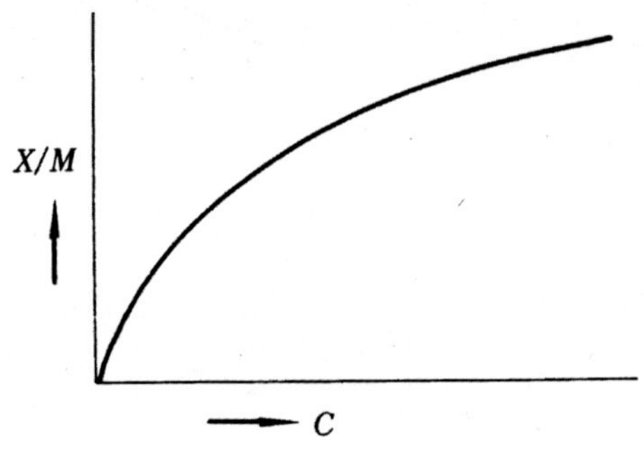

그림 7.51. Langmuir 등온흡착.

Langmiur 식은 다음과 같은 함수식으로 표시하면 직선 그래프를 얻을 수 있고 그래프의 절편과 기울기로부터 상수 a, b를 구할 수 있다.

$$\frac{c}{X/M} = \frac{1}{ab} + \frac{1}{a}c$$

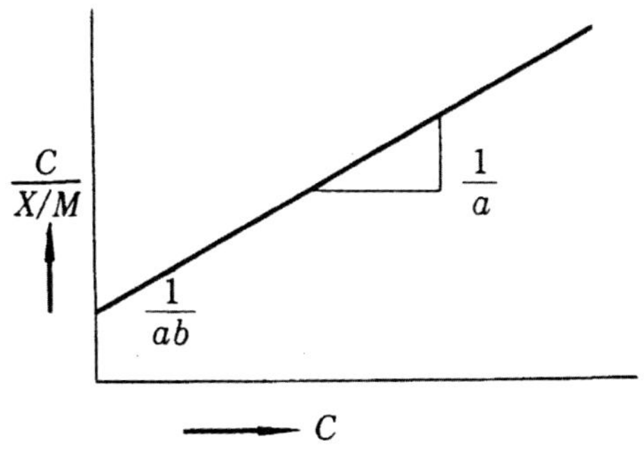

그림 7.52. Langmiur 등온흡착.

(예제) 활성탄 흡착 실험 결과 다음 표와 같은 값을 얻었다.

Langmuir 등온식이 적용될 때 COD 56㎎/L 원수를 COD 6㎎/L 이하로 처리하기 위해 필요한 활성탄의 양은 얼마(㎎/L)인가?

c(㎎/ℓ)	10	30
$\dfrac{X}{M}$(g/g)	0.133	0.220

Langmuir식 $\dfrac{X}{M} = \dfrac{abc}{1+bc}$ 에서 분모 분자를 ab로 나누면

$$\frac{X}{M} = \frac{c}{\dfrac{1}{ab} + \dfrac{c}{a}}$$

$\dfrac{c}{X/M} = \dfrac{1}{ab} + \dfrac{c}{a}$ 이 된다. 표의 수치를 대입하여 식을 세우면

$$\frac{10}{0.133} = \frac{1}{ab} + \frac{10}{a} = \frac{1+10b}{ab} \quad \cdots\cdots\cdots\cdots\cdots\cdots\cdots\cdots ①$$

$$\frac{30}{0.220} = \frac{1}{ab} + \frac{30}{a} = \frac{1+30b}{ab} \quad \cdots\cdots\cdots ②$$

①÷②에서 $\dfrac{10 \times 0.220}{30 \times 0.133} = \dfrac{1+10b}{1+30b}$

$$b = 0.0686$$

b를 ①에 대입 $a = 0.327$

따라서 $\dfrac{X}{M} = \dfrac{0.0224c}{1+0.0686c}$ 가 성립된다.

$$\frac{56-6}{M} = \frac{0.0224 \times 6}{1+0.0686 \times 6}$$

$$\therefore \ M = 525.15\,\mathrm{mg}/\ell$$

* BET 등온식

$$X/M = \frac{B \cdot c}{(c_s - c)[1+(B-1)(c/c_s)]}$$

여기서, C_s: 흡착제의 포화농도

　　　　 B: 상수

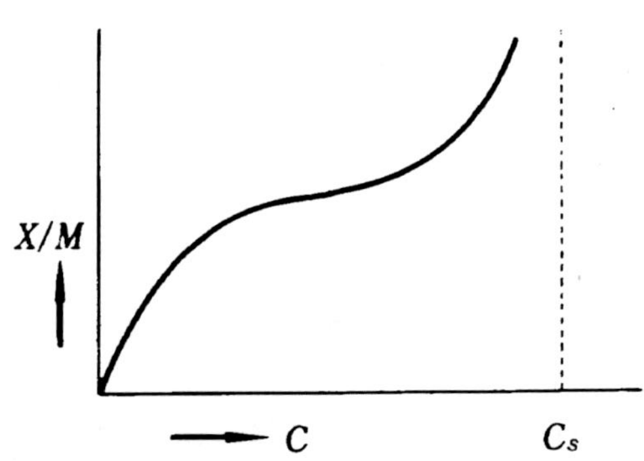

그림 7.53. BET 등온 흡착.

7.13.3. 흡착장치

활성탄의 흡착방식에는 교반조에 의한 흡착방식과 고정흡착방식이 있다.

교반조 흡착방식은 분말흡착제를 교반에 의해 액 중에 현탁시켜 용액 중의 불순물을 흡착하고 평형에 도달하면 여과 또는 침강 응집침전 등에 의해 분리한다. 장치는 보통 혼합조와 분리장치를 조합시킨 것이 되나 교반식의 혼합조 대신 액의 흐름에 의한 혼합을 이용하는 플로우믹셔 방식이나 여과기 내의 조제(助劑)와 함께 흡착제를 프리코우스트하여 통과시키는 방식 등도 있다.

고정흡착장지는 현재 가장 많이 이용되고 있는 방식으로 급속모래여과기와 비슷하다. 활성탄 충진층에 폐수를 통과시켜 폐수 내 유기물을 흡착시키면 처음에는 순도가 좋은 처리수가 얻어지지만 시간이 경과되면서 처리수 농도는 증가하게 된다. 일정한 통수(通水)조건에서 처리수의 유기물 농도가 허용치에 달한 점을 파괴점(Break throgh point)이라고 한다. 파괴점을 지나고서도 계속 통수하면 처리수의 유기물 농도는 급격히 증가하여 원수농도에 가까워진다. 이 관계를 나타낸 곡선을 파과곡선이라고 부른다. 고정층 내에서는 정상통수 조건하에서 어떤 일정한 흡착대가 형성되어 이것이 출구 방향으로 일정속도를 갖고 이동된다고 생각할 수가 있다.

흡착띠가 층 상단에 도달하면 처리수 농도가 더욱 증가하여 유입수 농도와 같아진다. 파과점까지의 처리수량은 공탑접촉시간(Empty Bed Contact Time, EBCT = 층 깊이/유속)이 감소하고, 흡착제 입도가 커지며, 초기 용질농도가 증가하면 감소된다.

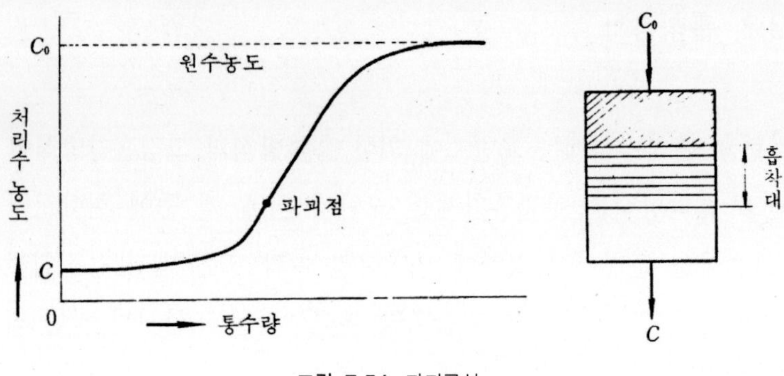

그림 7.54. 파괴곡선.

7.13.4. PACT®법

최근에는 분말활성탄(PAC, Powdered Activated Carbon)을 활성슬러지 공정에 첨가하여 성능을 향상시키는데, 이를 PACT®법이라 한다. PAC를 첨가하면 처리수 수질의 변동이 줄고, 비생분해성 유기물(주로 색소)이 흡착 제거되며, 산업폐수 처리에서 방해작용이 감소하고, 내성이 있는 특별 관리 오염물을 제거할 수 있다는 이점이 있다. PAC는 기존 생물처리시설에 최소의 자본비용으로 통합할 수 있다. PAC를 첨가하면 슬러지 침강성이 향상되므로 활성탄 주입량이 많을 경우에도 대개 재래식 2차 청정화 장치를 그대로 사용할 수 있다. 산업폐수에 들어 있는 독성 유기물 때문에 질화작용이 방해되는 경우에도 PAC를 이용하여 이 방해작용을 감소시키거나 제거할 수 있다. 최적 활성탄을 선택하려면 생물처리수에 대한 회분 흡착등온선 선별 시험이 필요하지만, 실험실 규모의 연속반응기를 이용하여 공정 설계 기준을 선정할 수도 있다. 이때 PAC를 넣지 않은 반응기 하나와 PAC 주입량을 다르게 한 몇 개의 반응기를 병렬 운전한다.

PAC주입량과 PAC혼합액(Mixed liquor) 고형물 농도는 슬러지 나이와 다음 관계가 있다.

$$X_P = \frac{X_i \theta_c}{t}$$

여기서, X_P: PAC MLSS 평형 함유량

X_i: PAC 주입량

t: 수량체류시간

θ_c: 슬러지 나이

슬러지 나이는 PAC 효율에 영향을 미친다. 슬러지 나이가 길면 활성탄 단위량당 유기물 제거량이 향상되고, 생물섭취 양상과 최종 생성물이 변화되어 흡착질의 분자구조에 영향을 미치며, 포기조 생물량이 평형수준을 이룬다. 활성탄에 부착한 생물체는 흡착된 저분자량 화합물을 어느 정도 분해하므로 포기조에 PAC를 첨가하면 흡착등온선으로 예측한 흡착능보다 TOC 제거속도가 증가한다. 자료에 의하면 PAC를 첨가한 것과 첨가하지 않는 생물장치를 병렬 운전하였을 때, TOC 제거의 차이는 흡착등온선만으로 예측한 것에 비하여 생물반응기에서의 활성탄 성능이 크게 향상된다는 보고가 있다. 이러한 현상은 다음과 같은 메커니즘에 기인하는 것으로 볼 수 있다.

- 활성탄에 의해 독성이나 방해작용이 감소되어 유기물의 생분해가 향상된다.
- 비분해성인 물질도 분해되는데 활성탄에 생물체에 노출되는 시간이 길어지기 때문이다. 활성탄에 흡착된 물질은 슬러지 일령에 해당하

는 시간(1~30d) 정도까지 장치 내에 체류하지만, 활성탄이 없으면
수력학적 체류시간에 해당하는 시간(대개 6~36h) 동안만 장치 내
에 체류하게 된다.
- 치환/흡착현상, 저분자량 화합물이 고분자량 화합물로 대체에 의하
여 흡착효율이 향상되고 독성이 줄어든다.

7.14 이온교환(Ionic exchange)

7.14.1. 원리

이온교환법은 보일러용수의 경도제거 또는 공정용수의 탈염, 정제를 목
적으로 개발된 것이지만 최근에는 정수처리나 폐수의 고도처리, 크롬 및
니켈 도금용액의 정제, 금속표면처리 공정 등에서 배출되는 수세수 중에
함유된 중금속을 흡착 회수하여 처리수를 수세수로서 재사용하기 위한
폐수처리 시설로서도 이용된다. 이온교환법의 설계 예에서 그 이용목적을
다음과 같이 분류할 수 있다.
- 경수(硬水)의 연화(連和) 또는 순수(純水) 제조
- 도금용액 등의 제조
- 폐수 중에서 중금속의 회수
- 이온교환처리수의 재이용
- 폐수처리

　이온교환법은 정전기력(Electrostatic force)으로 고체의 표면에 있는 관능기(Functional group)를 보유한 이온을 용액 중의 다른 종류의 이온으로 교환하는 방법이다. 이온교환수지는 고분자기체(高分子基體)에 수중에 전리되는 수소이온이나 수산이온 등을 해리하는 이온교환기, 즉 $-SO_3H$(슬폰산기), $-N^+(R')_3OH^-$(제4급 암모늄기), $\equiv N^+ + OH^-$ 등을 결합시킨 물질이다. 이와 같은 수지(樹脂)를 충진시킨 탑에 폐수를 통과시키면 다음 식에 표시하는 것과 같이 이온교환반응이 일어나 폐수 중의 양이온이나 음이온이 이온교환수지에 포지된다.

$$R - SO_3H + NaOH \rightarrow R - SO_3Na + H_2O$$

$$R \equiv N^+OH^- + HCl \rightarrow R \equiv N + Cl^- + H_2O$$

$$(R: 이온교환수지의 고분자기체를 표시)$$

　폐수 중의 이온에 의하여 이온교환基가 치환되면 교환능력은 저하되어 제거하고자 하는 이온이 처리수 중에 누출하게 된다. 이온이 누출하였을 경우 폐수를 유입시키는 것을 중지하고 염산(양이온교환수지)이나 가성소다(음이온교환수지) 등의 재생제를 사용하여 이온교환수지를 재생시키면 이온교환수지도 반복하여 사용할 수 있다. 이때 재생된 폐액 중에는 이온교환수지에 포지되었던 이온이 용리(熔離)되어 있으므로 별도로 화학적 처리를 실시하어야 힌다.

$$R - SO_3Na + HCl \rightarrow R - SO_3H + NaCl$$

$$R \equiv NCl + NaOH \rightarrow R \equiv NOH + NaCl$$

7.14.2. 이온교환수지의 종류 및 반응

최근에는 신형의 이온교환수지(IER, Ionic exchange resin)로서 MR형 수지(Macrorecticular Resin)가 점차 보급 개발되고 있으며 IER은 그 성질상 종류에 따른 재생제는 표 **7.16**과 같다.

일반적으로 무기양이온, 유기염기는 CER에 의해 흡착되며 무기음이온, 유기산, 중금속류의 착음이온은 AER에 의해 흡착된다. 아미노산과 같은 양성물질은 용액의 pH에 따라 양쪽의 수지에 흡착된다. 흡착성이 강한 강전해질 이온은 강산성 CER, 약산성 CER, 강염기성 AER, 약염기성이나 중염기성 AER의 어느 것이나 잘 흡착되지만 흡착성이 약한 약전해질 이온은 강산성 CER 강염기성 AER에 의해서만 흡착될 수 있다. 또한 중성 염류에서 특정이온을 분해 흡착하는 응력은 약산성 CER, 약염기성 AER 만이 갖고 있다. 보통 약중산성 CER과 약중염기성 AER은 산알칼리성에 의한 재생효율이 매우 좋아 경제적으로 쓰일 수 있다.

표 7.16 이온 교환수지의 종류에 따른 재생제

이온 교환 수지	이온 형태	재생제	필요량, $\dfrac{\text{meq 재생제}}{\text{meq 수지}}$
강산성 양이온	H^+ Na^+	HCl H_2SO_4 NaCl	$3\sim5$ $3\sim5$ $3\sim5$
약산성 양이온	H^+ Na^+	HCl H_2SO_4 NaOH	$1.5\sim2$ $1.5\sim2$
강염기성 음이온 I	OH^- Cl^- SO_4^{--}	NaOH NaCl HCl Na_2SO_4 H_2SO_4	$4\sim5$ $4\sim5$ $4\sim5$
강염기성 음이온 II	OH^-	NaOH	$3\sim4$
약염기성 음이온	 Free Base Cl^- SO_4^{--}	NaOH NH_4OH Na_2CO_3 HCl H_2SO_4	 $1.5\sim2$ $1.5\sim2$ $1.5\sim2$

표 7.17에 산의 해리지수 PK와 AER의 흡착성과의 관계 예를 든다. 산의 PK값을 알면 어떤 수지를 써야 되는가를 예측할 수 있다. 단, 유기산은 교환기 수지모체와의 상호작용이 있는 경우가 많으므로 절대적인 관계는 아니다.

표 7.17 산의 PK와 음이온 교환흡착성

AER의 종류	산의 해리지수(PK)	교환흡착의 난이도
약염기성 AER (Amberlite IR-4B)	5 이하 $5\sim7$ 7 이상	용이 곤란 불가능
강염기성 AER (Amberlite IRA-400)	8 이하 $8\sim10$ 10 이상	용이 약간 곤란 곤란

① 강산성 양이온 교환수지

a. H^+형: HCl, H_2SO_4로 재생

$$2R - SO_3H + Ca^{2+} \rightleftharpoons (R - SO_3)_2Ca + 2H^+$$

b. Na^+형: NaCl로 재생

$$2R - SO_3Na + Ca^{2+} \rightleftharpoons (R - SO_3)_2Ca + 2Na^+$$

② 약산성 양이온 교환수지

a. H^+형: HCl, H_2SO_4로 재생

$$2R - COOH + Ca^{2+} \rightleftharpoons (R - COO)_2Ca + 2H^+$$

b. Na^+형: NaOH로 재생

$$2R - COONa + Ca^{2+} \rightleftharpoons (R - COO)_2Ca + 2Na^+$$

③ 강염기성 음이온 교환수지

a. OH^-형: NaOH로 재생

$$2R - R'^1_3NOH + SO_4^{2-} \rightleftharpoons (R - R'^1_3N)_2SO_4 + 2OH^-$$

b. Cl^-형: NaCl, HCl로 재생

$$2R - R'^1_3NCl + SO_4^{2-} \rightleftharpoons (R - R'^1_3N)_2SO_4 + 2Cl^-$$

④ 약염기성 음이온 교환수지

a. OH^-형: NaOH, NH_4OH, Na_2CO_3로 재생

$$2R - NH_3OH + SO_4^{3-} \rightleftharpoons (R - NH_3)_2SO_4 + 2OH^-$$

b. Cl^-형: HCl로 재생

$$2R - NH_3Cl + SO_4^{2-} \rightleftharpoons (R - NH_3)_2SO_4 + 2Cl^-$$

7.14.3. 이온교환수지(IER)에 의한 폐수처리

수지의 구비조건은 저농도일 때 상온의 수용액에서는 이온의 원자가가 높은 것일수록 교환흡착이 잘되며, 같은 원자가의 이온일 때 수화를 포함한 이온 반지름이 적을수록 교환흡착이 양호하다. 수지의 구비요건을 요약하면 다음과 같다.

- 이온교환능력이 높은 것
- 세정시 마모가 적을 것
- 원수의 수질변화에 기능저하가 적을 것
- 재생시 재생약품의 소요가 적을 것
- 수지가 화학적으로 안정할 것
- 수지가 손상되지 않고 가격이 저렴할 것

이온 교환수지에 의한 폐수처리의 특징을 요약하면 다음과 같다.

- 유용물질의 회수, 재사용이 가능하다.
- 유해물질의 제거율이 높다.
- 적극적인 폐수처리가 가능하다.
- 소량으로 독성이 강한 물질의 처리에 효과적이다.

그러나 대량의 불순물을 함유하는 폐수처리에 부적합하고, 유류, 고분자유기물 등의 함유용액은 IER을 오염시키므로 사전 제거해야 한다. 기본적인 처리방식은 다음과 같은 방법이 있다.

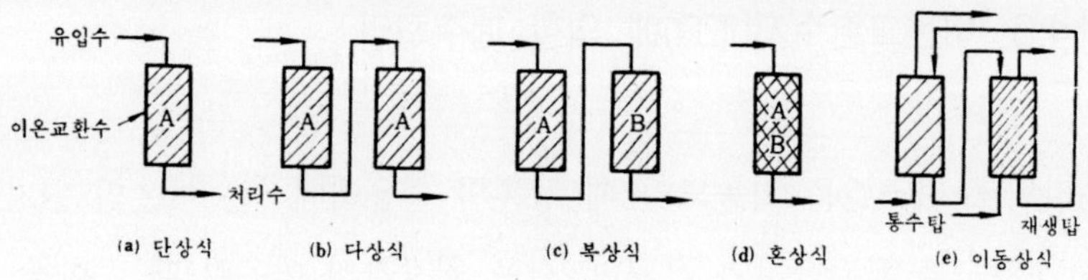

그림 7.55. 기본적인 이온교환 방식.

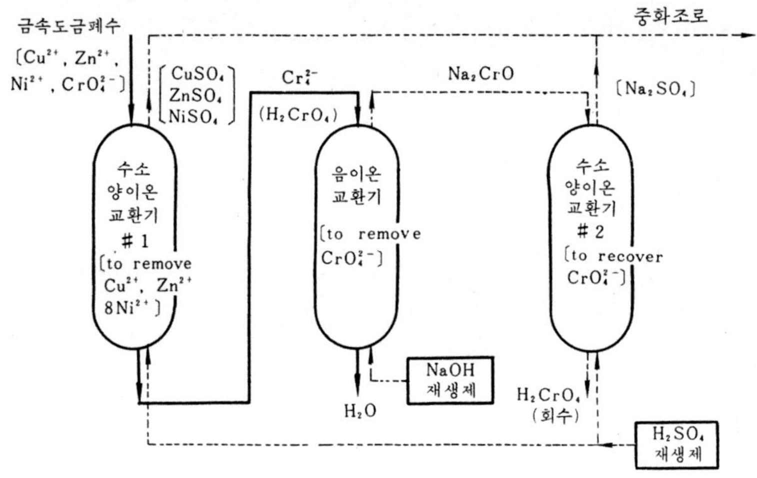

그림 7.56. 도금폐수의 이온교환 사례.

(예제 1) Cu^{2+} 25mg/L, Zn^{2+} 30mg/L, Ni^{2+} 20mg/L, CrO_4^{2-} 80mg/L
를 함유한 도금폐수 150㎥/day를 이온교환법으로 처리코자 한
다. 설계조건이 다음과 같을 때 물음에 답하시오.

설계조건

구 분	양이온 교환수지	음이온 교환수지
교환용량	2550eq/㎥ resin	60kg/㎥ resin
재생량	5% H_2SO_4	10% NaOH
재생제 요구량	180kg/㎥ resin	80kg/㎥ resin
세척수 요구량	18㎥/㎥ resin	15㎥/㎥ resin
재생 cycle	6days	5days
제거 반응	$H_2R + M^{2+} \rightleftarrows MR + 2H^+$	$R(OH)_2 + H_2CrO_4 \rightleftarrows$ $RCrO_4 + 2H_2O$
재생 반응	$MR + H_2SO_4 \rightleftarrows H_2R + MSO_4$	$RCrO_4 + 2NaOH \rightleftarrows$ $R(OH)_2 + Na_2CrO_4$
교환탑의 자유공간	50%	40%
교환탑 직경	1.1m	1.2m

(단, 원자량 $Cu^{2+} = 63.5$, $Zn^{2+} = 65.4$, $Ni^{2+} = 58.7$이다)

　가. 양이온 교환수지의 요구량(㎥/cycle)을 계산하시오.

　나. 음이온 교환수지의 요구량(㎥/cycle)을 계산하시오.

　다. 각각의 재생제 요구량은 몇 kg인가?

　라. 세척수 요구량(㎥/cycle)을 계산하시오.

　마. 수지의 충진깊이를 계산하시오.

가. Cu^{2+} 당량수 $= 25mg/\ell \div 31.75 = 0.787me/\ell$

　　Zn^{2+} 낭량수 $= 30mg/\ell \div 32.7 = 0.917me/\ell$

　　Ni^{2+} 당량수 $= 20me/\ell \div 29.35 = 0.681me/\ell$

계 2.385me/ℓ

1일 총당량수 $= 2.385me/\ell \times 150,000 \ \ell/day \div 1000me/eq$

　　　　$= 357.75eq/day$

재생시간이 6days이므로

양이온 교환지수 요구량 $= \dfrac{357.75\ eq/day \times 6\ day/cycle}{2550\ eq/㎥\ resin}$

$$= 0.842\,㎥\ \text{resin/cycle}$$

나. 1일 CrO_4^{2-} 배출량 $= 80g/㎥ \times 150㎥/day \times 10^{-3}kg/g$

$$= 12\,kg/day$$

음이온 교환수지 요구량 $= \dfrac{12kg/day \times 6day/cycle}{60kg/㎥\,resin}$

$$= 1.2\,㎥\ \text{resin/cycle}$$

다. 양이온 교환수지 재생제 5%(H_2SO_4)요구량

$$= 0.842\,㎥\ \text{resin/cycle} \times 180kg/㎥ \times \dfrac{100}{5}$$

$$= 3031.2\,kg/cycle$$

음이온 교환수지 재생제 10%($NaOH$)요구량

$$= 1.2\,㎥\ \text{resin/cycle} \times 80kg/㎥\ \text{resin} \times \dfrac{100}{10}$$

$$= 960\,kg/cycle$$

라. 양이온 교환수지 세척수량

$$= 0.842\,㎥\ \text{resin/cycle} \times 18㎥/㎥\ \text{resin}$$

$$= 15.16\,㎥/cycle$$

음이온 교환수지 세척수량

$$= 1.2\,㎥\ \text{resin/cycle} \times 15㎥/㎥\ \text{resin} = 18\,㎥/cycle$$

마. 양이온 교환수지 충진깊이 $= \dfrac{0.842㎥}{\left(\dfrac{3.14 \times 1.1^2}{4}\right)m^2}$

$$= 0.886m = 88.6cm$$

$$\text{음이온 교환수지 충진깊이} = \frac{1.2\,\text{m}^3}{\left(\dfrac{3.14 \times 1.2^2}{4}\right)m^2}$$

$$= 1.062\text{m} = 106.2\,\text{cm}$$

(예제 2) 경수의 연수화 방법 중에서 이온교환법과 Zeolite법을 설명하시오.

㉮ 이온교환법(ionic exchange process)

- 제거반응

$$\left.\begin{array}{c}\text{Ca}\\[2pt]\text{Mg}\end{array}\right\}\begin{array}{l}(\text{HCO}_3)_2\\[2pt]\text{SO}_4\\[2pt]\text{Cl}_2\end{array}\ +\ \text{Na}_2-\text{R}\ \longrightarrow\ \left.\begin{array}{c}\text{Ca}\\[2pt]\text{Mg}\end{array}\right\}\text{R}\ +\ \left\{\begin{array}{l}2\text{NaHCO}_3\\[2pt]\text{Na}_2\text{SO}_4\\[2pt]2\text{NaCl}\end{array}\right.$$

(경도)   (이온교환수지)

보통 이온교환수지 충진탑에 경수를 통과시켜 Ca^{++}나 Mg^{++} 등이 수지 내 Na^+와 교환되어 통과수는 경도성분이 제거된 상태이다.

상기와 같은 반응이 계속되면 이온교환수지의 능력이 없어지며 이때에는 다음 반응과 같이 진한 소금용액을 사용하여 재생시킨다.

- 재생(Regeneration)반응

$$\left.\begin{array}{c}\text{Ca}\\[2pt]\text{Mg}\end{array}\right\}\text{R}+2\text{NaCl}\ \longrightarrow\ \text{Na}_2-\text{R}+\left\{\begin{array}{l}\text{CaCl}_2\\[2pt]\text{MgCl}_2\end{array}\right.$$

대체적으로 $1\,\text{m}^3$의 양이온 교환수지는 약 14.5kg의 경도를 제거할 수 있으며 재생에는 약 13.5kg의 소금이 요구된다.

㉯ Zeolite법: 반응원리는 이온교환수지법과 같다.

- 제거반응

$$\left.\begin{matrix} Ca \\ Mg \end{matrix}\right\} \begin{matrix} (HCO_3)_2 \\ SO_4 \\ Cl_2 \end{matrix} \quad +Na_2O-Z \longrightarrow \left\{\begin{matrix} CaO-Z \\ MgO-Z \end{matrix}\right. \quad + \left\{\begin{matrix} 2NaHCO_3 \\ Na_2SO_4 \\ 2NaCl' \end{matrix}\right.$$

- 재생반응

$$\left.\begin{matrix} CaO-Z \\ MgO-Z \end{matrix}\right\} + 2NaCl \longrightarrow Na_2O-Z + \left\{\begin{matrix} CaCl_2 \\ MgCl_2 \end{matrix}\right.$$

zeolite의 성분조성은 $Na_2O_3 \cdot Al_2O_3 \cdot 2SiO_2 \cdot 6H_2O$로 나타낼 수 있고 Zeolite법은 이온교환수지법과 더불어 다음의 특징이 있다.

- 전 경도를 제거할 수 있고 특히 영구경도 제거에 효과가 좋다.

- 장소를 차지하지 않고 침전물이 생기지 않는다.

- 탁수에는 사용할 수 없다.

- 가격이 매우 높다.

7.15 막 분리(Membrane separation)

막 분리 방법은 모듈(Module)은 종류에 따라 평막형(Plate and frame), 중공사형(Hollow fiber), 나선형(Spiral wound) 관형(Tubular) 등으로 크게 4가지로 나누어진다. 실제로 많이 쓰이는 방법은 공중사형과 나선형 방식이며 요즘은 Ceramic 막의 발달과 더불어 관형 또한 많이 쓰이고 있다. 또한 막의 공경(pore size)에 따라 Microfiltration, ultrafiltration, nanofiltration 그리고 역삼투(Reverse osmosis)로 분류되며, 분리막으로 사용되는 재료로는 cellulose acetate(CA) 및 그 유도체들(CA-derivatives), Polyamides, Polysulfone

등과 같은 고분자 유기물 및 ceramic과 같은 무기물이 사용된다.

막 분리가 일어날 수 있는 모든 조건을 갖춘 시설의 최소 단위를 모듈(Module)이라 하며 이는 분리막, 압력지지시설, 원수의 유입구, 유입된 원수의 분배시설, 막 투과수(Permeate)의 배출구 Retentate(또는 Concentrate)의 배출구로 구성되어 있다. 모듈의 설계 시 고려하여야 할 점은 다음과 같이 요약할 수 있다.

● 압력

투과플럭스는 막 양편에 적용되는 압력과 삼투압의 차이에 따라 달라지는데, 적용 압력이 클수록 플럭스가 증가한다. 그러나 압력에 대하여 막이 견딜 수 있는 정도가 한정되어 있으므로 최대 압력은 일반적으로 6,895kPa(68atm, 1,000lb$_\text{f}$/in^{2}gauge) 정도이다. 운전 경험에 의하면 2,758~4,137kPa(27~41atm, 400~600lb$_\text{f}$/in^{2}gauge) 범위가 좋은데, 일반적 설계 압력은 4,137kPa(41atm, 600lb$_\text{f}$/in^2 gauge)로 한다.

● 온도

공급액 온도가 증가하면 수량 플럭스가 증가한다. 일반적으로 표준온도는 21℃(70°F)이며, 29℃(85°F)까지 허용된다. 온도가 38℃(100°F) 이상 넘으면, 막 손상이 증가하여 장기적 운전에 견딜 수 없다.

● 막 충선밀도

압력 용기 단위 부피 중에 설치할 수 있는 막 표면적을 나타내는데, 이 값이 클수록 장치를 통과하는 총괄 유량이 증가한다. 전형적 값은 160~1,640㎡/㎥ 압력용기(50~500ft^2/ft^3)

● 플럭스

실관막에서는 플럭스가 6.0×10^{-3}~10.2×10^{-3}㎥/d · ㎡(0.15~0.25gal/

d・ft^2)이고, 판막에서는 $6.1 \times 10^{-1} \sim 10.2 \times 10^{-1}$ ㎥/d・㎡($15 \sim 25$gal/d・ft^2) 이지만, 실막관은 적층밀도(Stacking density)를 10배 이상으로 하여 평판 막과 비슷한 플럭스가 되게 할 수 있다. 플럭스는 조작시간이 길어질수록 줄어들어서 $1 \sim 2$년 후에는 $10 \sim 50\%$가 감소된다.

- **회수율**

실제 장치의 능력을 나타내는데, 대개는 $75 \sim 95\%$ 범위로서 실질적인 최댓값은 약 80% 정도이다. 회수율(Recovery factor)이 증가하면 염수에서 와 같은 공정수에서 염 농도가 증가하게 된다. 그러나 염 농도가 크면 막 에 침전하는 염이 증가하여 효율이 줄어든다.

- **염 배제율**

염 배제율(Salt rejection)은 막의 성질과 염의 농도구배에 따라 달라지는 데, 일반적으로 $85 \sim 99.5\%$의 배제율 값을 얻을 수 있다. 대개는 95% 기 준으로 설계를 한다.

- **막 수명**

공급액 중에 페놀, 박테리아, 균류(Fungi) 등이 있고, 고온이며 pH가 너 무 낮거나 높으면 막 수명이 급격히 단축된다. 일반적으로 막은 2년 정도 사용할 수 있지만 플럭스 효율은 다소 손실된다.

- **pH**

pH가 높거나 낮으면 아세트산셀룰로오스 막은 가수 분해된다. 최적 pH는 4.7이며, $4.5 \sim 5.5$ 범위에서 조작한다.

- **탁도**

역삼투장치는 공급수의 탁도(Turbidity) 제거 목적으로 사용할 수도 있 지만 탁도가 적거나 없어야 제대로 운전할 수 있다. 일반적으로 공급수의 탁도는 Jackson 탁도단위(JTU) 기준으로 1 이하이어야 하며, 25 ㎛ 이상의 입자가 들어 있지 않아야 한다.

- **공급 유속**

역삼투장치에서 유속이 보통 1.2~76.2㎝/s(0.04~2.5ft/s) 범위이다. 평막형 장치는 이보다 큰 유속에서 조작하지만 실관장치는 이 반대이다. 막 표면의 농도분극을 줄이려면 유속을 크게 하여 난류가 되게 해야 한다.

- **동력 소비**

동력 소요량은 일반적으로 장치 수송능력 및 조작압력에 관계가 있다. 대개 2.4~4.5kW · h/㎥(9~17kW · h/10^3gal) 범위인데, 낮은 값(kW · h/㎥)은 염수 흐름으로부터 다소의 동력 회수를 감안한 것이다.

- **전처리**

현재 개발되어 있는 막은 TDS가 10,000㎎/ℓ 이상인 공급수에는 직접 적용할 수 없다. 또한 탄산칼슘, 황산칼슘, 그리고 철, 망간, 실리콘의 산화물과 수산화물, 황산바륨과 황산스트론튬, 황화아연, 인산칼슘과 같은 스케일 형성 성분은 전처리하여 조절하거나, 막에서 제거하여야 한다. 이러한 성분은 pH 조정, 화학적 제거, 침전, 방해작용, 여과 등의 방법으로 조절할 수 있다. 기름과 그리스 역시 제거하여야 막이 피복되어 오염되는 것을 막을 수 있다.

- **세정**

막을 계속 사용하면 더러워지므로 기계적, 화학적으로 세정하는 방법을 강구하여야 한다. 주기적 감압(Depressurization), 고속 수세, 공기 – 물 혼합물에 의한 세척, 역세, 효소 세제, 에틸렌디아민, 테트라아세트산, 과붕산나트륨에 의한 세정 등의 방법을 이용할 수 있다. 세정 조작 중에는 pH를 조절하여 막이 가수 분해되지 않게 하여야 한다. 24~48h마다 청소하면 공정수의 1～1.5%가 폐액으로 손실된다.

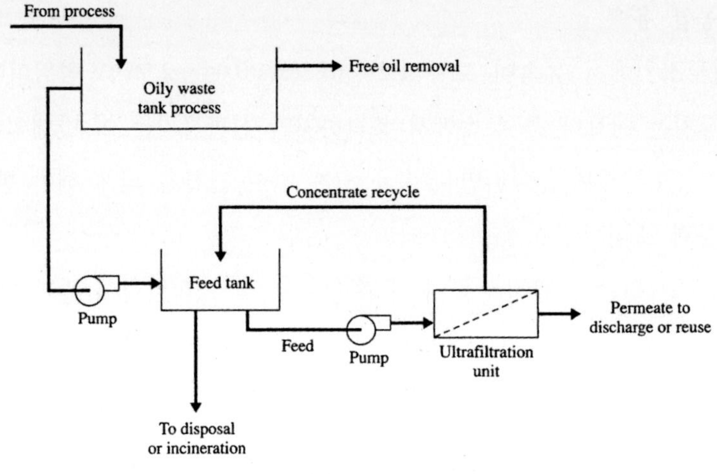

(a) 한외여과

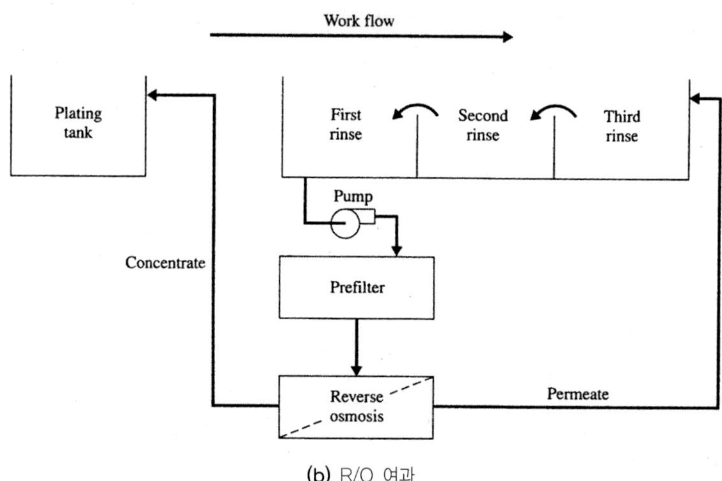

(b) R/O 여과

그림 7.57. 막 분리법에 의한 폐수처리 예.

분리방법	막 형태	구동력	분리형태	적용 분야
정밀여과	대칭형 다공성막(Pore size 0.1~10μm)	정수압 차 (0.1~1bar)	Pore size 및 흡착 현상에 기인한 체 거름	전자공업의 초순수 제조, 무균수 제조, 식품의 무균여과
한외여과	비대칭형 다공성막(Pore size Skin층 10~10^{-1} μm Support층 1~1μm)	정수압 차 (0.5~1bar)	체 거름 (Sieving)	전자공업의 초순수제조, 유수혼합 물분리, 도료페인트 회수, 효소농 축, 혈장단백질 분리, 섬유호제회 수, 섬유·제지공업의 폐수처리
역삼투	비대칭성 Skin형막(Skin 층 균일막 Pore size: A)	정수압 차 (20~100bar)	용해, 확산	해수, 공업용수의 탈염, 액체식품 의 탈수, 전기도금공업의 탈이온 수, 농축, 폐수처리제 이용, 화학 약품공업의 무균, 탈이온수
투석	비대칭성 다공성막(균일 팽윤막 Pore size: 0.1 ~ 10μm)	농도 차	대류가 없는 층에서의 확산	인공신장 및 의료공업, 화학, 식 품, 약품공업에서의 고분자와 저 분자의 분리
기체분리	균일, 다공성막	정수압 차 농도 차	용해, 확산	공업용, 의료용 산소부하, 메탄 - 이산화탄소분리, 천연가스에서 수 소회수, 공기 중의 질소농축, 핵공 업의 희소가스 회수
투과증발	균일계막	농도 차	용해, 확산	에탄올의 탈수, 공비혼합물의 탈수
전기투석	양이온, 음이온 교환막	전위 차	입자의 전하, 크기	염수의 탈염, 알칼리제조, 공업수의 연화, 도금공업의 중금속 회수, 약 품 제당공업의 탈이온화, 폐수처리

7.15.1. 막 투과량(Permeate flux)

막 분리 공법의 경제성에 가장 심각한 위해요소는 막 투과량 감소 (Permeate flux decline)에 있으며 이는 막 폐색(Membrane fouling), 막의 오 염과 농도분극(Concentration polarization) 그리고 분리막의 물리적, 화학적 변형에 의해 초래된다.

막 폐색이라 함은 원수 내의 물질에 의해 막 투과량 감소를 초래하는 모든 현상을 총칭하며 사실상 Concentration polarization에 의한 겔층(Gel layer) 형성도 이에 포함될 수 있다. 막 폐색은 크게 Organic fouling, biofouling, Colloidal fouling, inorganic fouling 그리고 Precipitaion scaling으로 분리될 수 있으며, 이는 또한 가역적(Reversible)이거나 비가역적(Irreversible) 오염일 수 있다. 실제 수처리 시의 폐색은 주로 여러 가지 물리화학적 메커니즘(Surface adsorption, pore pugging, external pore blocking, internal pore fouling)의 복합작용에 의해 발생된다. 다시 말해서 부유물질이나 콜로이드 입자의 분리막 표면으로의 축적(Deposition), 유기물의 분리막 표면에의 흡착(Adsorption), 막 공경(Pore size)보다 작은 물질의 분리막 포어(Pore) 내의 침전 및 흡착 등에 의해 막 투과량은 시간이 지남에 따라 감소하게 된다.

농도분극이라 함은 분리막을 통과하지 못한 용질의 가역적 축적(Reversible accumulation) 현상을 지칭하는 말로 농도분극층의 두께는 막 간 차 압력(Transmembrane pressure), 농도구배(Conecentration gradient), 그리고 수류에 의한 전단력(shearing for by feed－flux)에 의해 결정된다. 다시 말해 농도분극층의 범위는 막 간 차 압력, 농도구배에 의한 용질의 확산(Back diffusion), 그리고 수류에 의한 전단력이 평형을 이루는 지점까지이며 용질의 농도(C')는 분리막에서 멀어짐에 따라 점차 감소하여 결국에는 벌크용액(Bulk solution)의 농도(C_{bulk})와 같아지게 된다. Concentration polarization 내의 용질농도 (C')는 분리막에 가까워질수록 증가하게 되며 어느 임계 값에 도달해서는 증가하지 않고 일정한 농도($C' = C_{gel}$)를 나타내게 된다. 이는 농도구배에 의한 역확산(Back diffusion)이 전혀 일어나지 못하는 데에서 기인되며 그 원인으로는 높은 막 간 차 압력에 의한 용질의 임계농도 이상으로의 축척(Deposition) 또는 높은 압력이 아니더라도 용질(예, Humic substance)의 분리막 표면으로의 흡착, 농도분극현상에 의해 무기이온들의 농도가 용해도 이상으로 증가함에 따른 무기침전물 형성(Precipitation scaling) 등을 들 수 있다. 이와 같이 분리막을 통과하지 못한 용질의 막 표면으로의 가역적 축적(Reversible accumulation)이 일어난 부분을 농도분극층이라 하고 비가역적 축적(Irreversible accumulation) 부분을 겔층(Gel layer)이라 한다. 대체로 겔층은 폐색(Fouling)으로 간주되는 반면 농도분극은 폐색으로 간주되지 않는다.

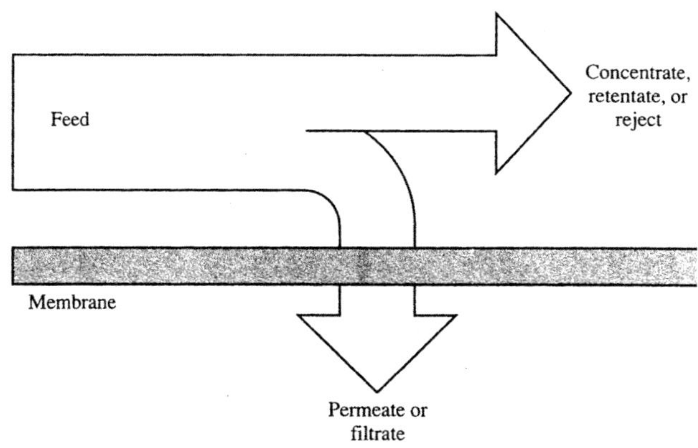

(a) 흐름에 따른 농축액과 투과액

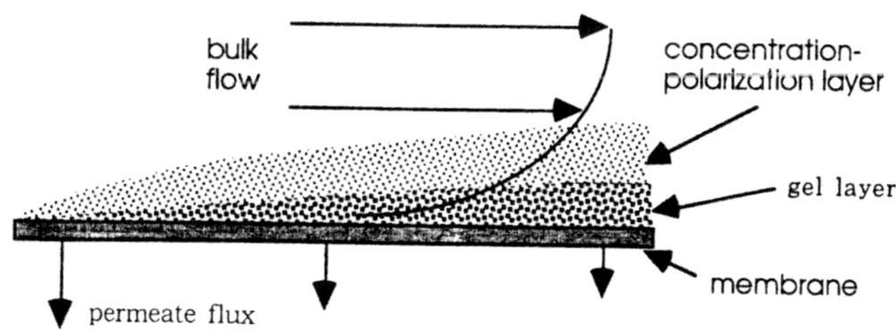

(b) 수류의 전단력과 압력에 의한 농도분극 및 겔층

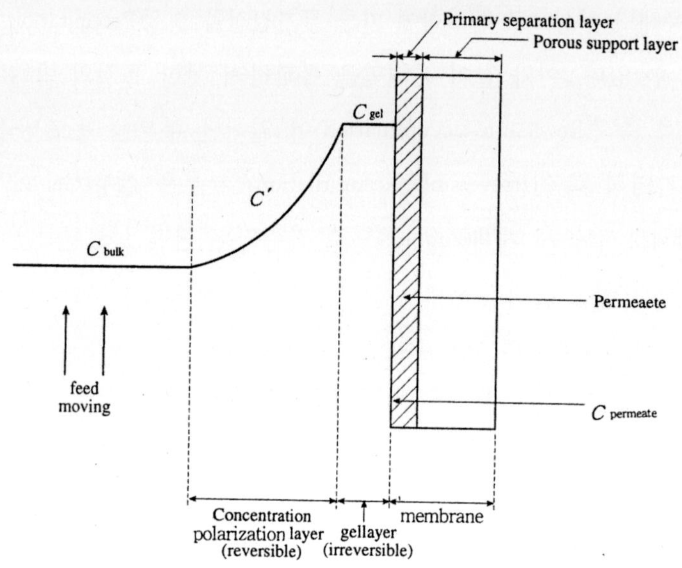

(c) 농도분극 및 겔층의 측면도

그림 7.58. 분리막의 흐름에 따른 층과 용질농도 변화.

7.15.2. 막 모듈(Module)

막 분리 모듈(Module)의 종류에는 평판형(Plate and frame), 중공사형(Hollow fiber), 나선형(Spiral wound), 관형(Tubular) 등 크게 4가지로 나누어진다.

관형(Tubular)관은 세라믹, 탄소, 기타 여러 가지 다공성 플라스틱으로 만드는데 내경은 3.2mm(1/8in)~2.54cm(1in) 정도이다. 막은 일반적으로 관 내부에 피복하고, 공급용액을 그 내부에 도입하여 한 끝에서 다른 끝으로 흐르게 하면 분리막을 통과한 투과액(Permeate) 또는 여액(Filtrate)이 관 외부에 수집된다.

실관형(Hollow fiber, 중공사) 모양은 관형 요소가 같지만 일반적으로 실관은 지름이 아주 작아서 단단한 지지체가 필요하기 때문에 실린더 안에 실관 다발을 포팅(Potting)한다. 관형 요소에서와 마찬가지로 공급액은 실관 내부에 흐르게 한다.

나권형(Spiral wound)은 투과성 관 밖에 판막(Sheet membrane)을 감아서 만드는데 관 안에 투과액(여액)이 수집된다.

평판형(Plate and frame)은 판막을 틀에 펴 붙여서 만드는데 틀은 각 층을 분리하여 투과액이 수집될 수 있게 한다.

표 7.19 막의 특성

요소 구조	충전 밀도 (막 면적/공간 부피)	부유물질에 대한 내성
나권형	크다	보통
관형	작다	좋다
평판형	작다	좋다
실관형	최고	나쁘다

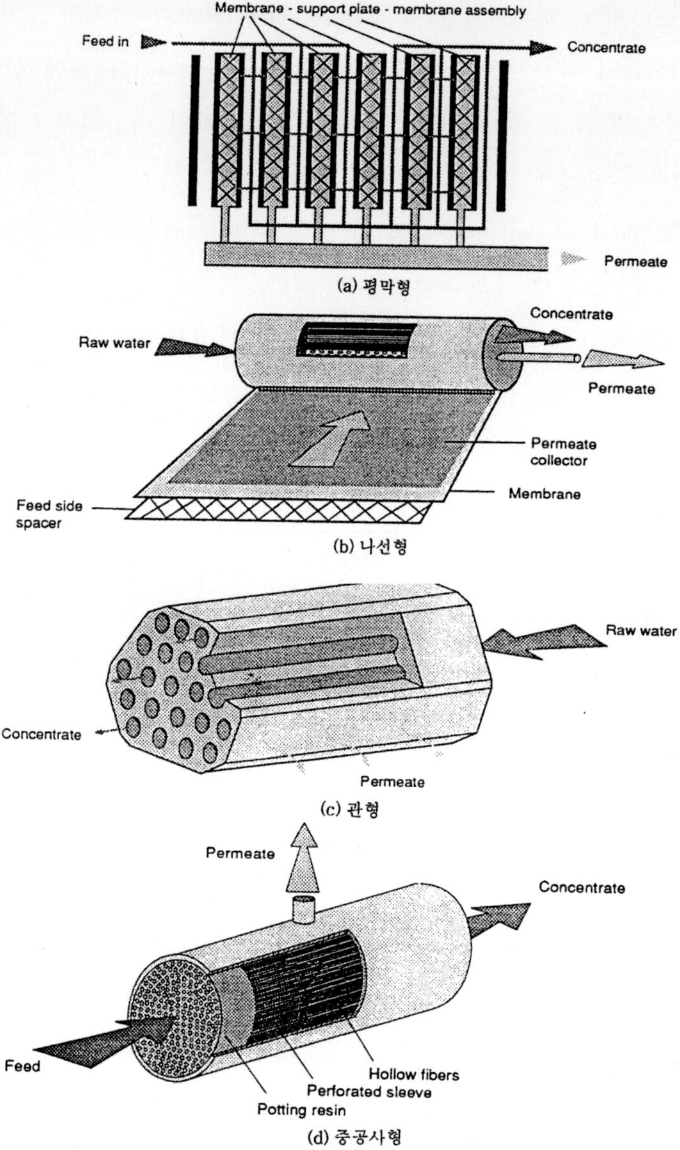

(a) 평막형

(b) 나선형

(c) 관형

(d) 중공사형

그림 7.59. 막 모듈의 구성.

7.15.3. 막 세척(Cleaning)

분리막은 원수의 성상에 따라 물리적 및 화학적으로 변형된다. 즉 원수 내의 Ionic strength가 높은 경우 분리막의 Charge density는 감소하게 되며 이는 Double layer compression을 초래하므로 분리막은 수축하게 된다. 분리막의 수축에 의해 막 투과에 대한 저항성은 증가될 수 있으며 이는 막 투과량의 감소를 초래한다. 또한 높은 Ionic strength는 NOM과 분리막의 Repulsion force도 감소시키므로 막 폐색을 촉진시킨다. 이와 같은 물리적인 변형 이외에도 원수 내 물질 및 미생물 Metabolite와의 화학적 반응 또는 Chemical cleaning에 의해 변질될 수 있으며 또한 원수 내 미생물에 의해서도 분해될 수 있다. 막 투과수의 Backflux만으로 막 투과율의 회복이 곤란할 경우, 화학약품에 의한 세척(Chemical cleaning)은 효과적인 방법이 될 수 있으며 이때 화학약품의 선택은 폐색을 일으킨 물질과 분리막의 재질을 고려하여 신중히 선택해야 하며, 또한 막에 손상이 가지 않는 농도를 선택하여야 한다. 표 7.20은 막의 세척에 사용되는 화학약품의 종류 및 그 용도를 요약하였다.

표 7.20 막 세척에 사용되는 화학약품의 종류 및 용도

화학약품	용 도
강산 유기산	무기침전물 제거
Bases	단백질 및 미생물 부산물 제거
산화제	산화 가능한 유기침전물
환원제	환원 가능한(reducible) 무기침전물
세제	불용해성 입자(particulate, 콜로이드) 및 유제(emulsion)
유기용매	물에 녹지 않는 유기침전물
Enzymes	Biofouling

7.15.4. 공경(Pore size)에 따른 막 분리 방법

수처리 시 막 분리 공법을 도입하기 위해서는 막 분리에 의해 제거할 오염물질의 크기를 파악하고 그에 알맞은 막의 공경을 선택하여야 할 것이다. 대체로 오염물의 크기가 작을수록 보다 작은 공경의 분리막을 선택하여야 하며 이는 그만큼 높은 압력을 적용하여야 함을 의미한다(표 **7.21**). 따라서 경제성과 막 투과율(Permeate flux) 및 막 투과수질(Permeate quality)을 고려하여 적절한 전처리나 후처리 공정을 선택하여야 한다.

표 7.21 막 공경에 따른 적용압력 및 막 투과율 비교

항 목	MF	UF	NF	RO
공경(pore size)	$0.1 \sim 10 \mu m$	$2 \sim 100 nm$	$1 \sim 10 nm$	$< 1 nm$
적용압력(kPa*)	$20 \sim 100$	$50 \sim 700$	$500 \sim 1,500$	$1,000 \sim 8,000$
막 투과율($m^3/m^2 \cdot d$)	$10 \sim 100$	$1 \sim 10$	$0.8 \sim 2$	$0.4 \sim 0.8$

* 1 kPa($= 1,000N/m^2$)$= 0.145psi = 0.01bar$

(1) 정밀여과(MF, Microfiltration)

Microfiltration은 다소 큰 입자(박테리아, Clay, silt, cysts, algae)의 제거를 목적으로 하며 기존처리장의 침전지 및 여과지를 대신할 수 있는 기능을 한다. 가장 흔히 사용되는 공경은 $0.2 \mu m$로서 콜로이드($0.01 \sim 1 \mu m$) 중 다소 큰 입자는 제거가 가능하나 용존물질의 제거는 불가능하다. 응집제를 주입한 후 Microfiltration을 거치게 되면 무기성 콜로이드 입자나 COM(Colloidal organic matter, $0.2 \sim 1 \mu m$)의 제거는 가능하나 DOM(Dissolved organic matter, $<0.2 \mu m$)은 거의 제거하지 못한다.

(2) 한외여과(UF, Ultrafiltration)

UF는 MF나 NF에 비해 다소 넓은 범위의 MWCO(molecular weight cut off)와 공경을 가진다. UF는 콜로이드, 박테리아, 바이러스, 고분자 유기물 등은 효과적으로 제거시키나, 공경에 따라 차이는 있지만 대개 저분자 유기물은 효과적으로 제거하지 못하므로 급수과정에서 미생물의 재성장(Bacterial regrowth)을 초래할 수 있다. NOM 제거효율은 원수 내의 분자량 AMW(Apparent Molecular weight) 분포와 막 공경에 따라 좌우된다.

(3) 나노필터(NF, Nanofiltration)

정수처리장에서 흔히 사용되는 NF의 MWCO는 $200 \sim 400$Da으로 1nm 정도의 작은 입자도 제거가 가능하며 원수 내의 DOC를 90% 정도 제거한다. 분리막의 재질과 MWCO에 따라 차이는 있지만, NO_3^-와 Na^+ 같은 1가 이온의 제거율은 $50 \sim 70\%$이고 Ca^{++}이나 Mg^{++} 같은 2가 이온(Divalent ions)의 제거율은 90% 정도로 뛰어나기 때문에 NF를 막 연수화공정(Membrane softening process)이라고도 한다.

(4) 역삼투(RO, Reverse Osmosis)

RO는 일찍이 Elecrodialysis와 더불어 바닷물의 탈염(Desalination)을 목적으로 사용되어 왔던 방법이나, 요즘은 담수의 TDS 및 1가 이온(예, NO_3^-, Na^+)의 농도를 낮추기 위한 목적으로도 사용된다. 더욱이 장래의 보다 엄격해질 중금속의 수질기준(예, Cd: $50 \rightarrow 5$ppb)을 맞추기 위해서 RO의 사용은 보다 늘어날 전망이다. 하지만 NOM이 함유된 원수를 처리할 경우 유기폐색(Organic fouling)이 일어나므로 NOM의 농도를 일정수준 이하로 떨어뜨리기 위한 전처리를 수행한 후 RO를 적용하여야 할 것이다.

표 7.22 역삼투법 조작 매개변수

매 개 변 수	범 위	대푯값
압력(lb_f/in^2 gauge)	400~1000	600
온도($°F$)	60~100	70
충전밀도(ft^2/ft^3)	50~500	–
플럭스($gal/d \cdot ft^2$)	10~80	12~35
회수율(%)	75~95	80
배제율(%)	85~99.5	95
막 수명	–	2
pH	3~8	4.5~5.5
탁도(JTU)	–	1
공급유속(ft/s)	0.04~2.5	–
동력 소비량($kW \cdot h/㎥$ gal)	9~17	–

7.15.5. MBR(Membrane Bio – Reactor) 공법

활성슬러지 공정과 분리막 기술의 장점을 결합하여, 기존 활성슬러지 공정의 단점을 해결하고자 중력침전에 의한 고액분리를 막 분리로 치환하는 연구가 진행되어 왔는데 이러한 방식들은 활성슬러지 막 분리공정 또는 막 결합형 활성슬러지 공정이라고도 하며 또한 활성슬러지법에 국한되지 않고 일반적인 생물 반응조와 막 분리공정을 결합시킨 것을 총칭하여 분리막 생물 반응기(MBR: Membrane Bio Reactor)라 부른다. 일본의 경우, 수질기준의 강화로 고도처리 설비를 설치하거나 생물학적 처리 과정에서 고분하 운전을 요하게 되어 미생물 농도를 높임으로써 중력 침전

지에서는 고액분리를 안정하게 할 수 없는 문제가 발생하여 분리막 결합
공정이 대두되게 되었으며, 1980년 이후 실용화 연구를 시작하여 건물,
하·오수의 재이용시설, 분뇨처리시설 등에 이용되어 왔다.

(1) BIOSUF

국내에서는 기업체 및 대학교에서 약 3년간 실시된 실험실 규모의 MBR
공정 실험결과를 바탕으로 1995년 80㎥/day 규모의 MBR 공정을 전원 아
파트 오수처리장에 설치하여 Pilot 규모의 1차 실험을 실시하였다. 1차 실
험에서는 한외여과막을 이용한 단순 고액분리공정과 MBR 공정이 비교
검토되었다. 단순 고액분리공정은 폭기조에서 미세 유기물질을 분해하고
침전조에서 중력침강에 의해 미생물과 고액 분리한 후 상등액을 한외여
과막으로 단순 분리하는 방법이다. 그러나 한외여과막을 투과하지 못한
농축수가 저류조로 반송되어 시간의 경과에 따라 저류조 내의 유기물질
농도가 증가하여 처리 수질이 악화될 뿐만 아니라 한외여과막의 공극을
폐쇄시켜 막 투과 유속이 급격히 떨어지고 막의 수명이 급격히 단축되는
문제점을 발견하게 되었다. 반면 MBR공정은 폭기조에서 미생물을 이용
하여 유기물질을 분해한 후 미생물을 한외여과막으로 고액 분리하는 공
정으로 한외여과막으로부터 발생된 농축소가 폭기조로 반송, 미생물에 의
해 지속적인 분해가 이루어져 항시 안정적인 막 투과 유속과 처리수를
얻을 수 있었다. 그리고 1996년 여주에서 40㎥/day 규모의 Pilot MBR 공
정을 설치하여 2차 실험을 실시하고 다양한 조건에 따른 결과를 검토하
여 최적 설계인자를 도출하였다.

(2) UBIS & ASMEX System

Mitsui Petrochemical Industries(M.P.C)사는 Rhone – Poulenc 그룹의 Tec – Sep사로부터 UF 막 모듈에 대한 라이선스를 취득하여 UF분리막과 활성 슬러지 조를 결합한 UBIS(Ultra Biological System) 시스템을 빌딩과 호텔의 오수를 처리하는 시스템으로 도입하였고, BOD, COD 값이 매우 높은 고농도의 오수를 처리하기 위한 ASMEX(Activated Sludge and Membrane complex)라는 새로운 시스템을 개발하였다.

ASMEX 시스템은 분뇨처리장의 소요부지를 줄이기 위해 고안되었으며, UBIS 시스템에 활성탄흡착 및 탈인조를 부가한 공정으로 처리 가능한 유입 BOD가 13,000mg/ℓ 로서 UBIS시스템에 비하면 매우 높다. 따라서 ASMEX 시스템은 전처리로 희석과정 없이 고부하 처리가 가능하며 MLSS를 17,0000∼20,00mg/ℓ 로 유지할 수 있어 생물반응조의 부피를 작고 compact하게 만들 수 있다. 또한 모래여과가 필요 없고 그 처리수질이 양호하다는 장점이 있다.

(3) Zenogem 공정

Zenogem 공정은 캐나다의 Zonon사에서 개발한 공정으로 생물반응조 내에 UF막을 침지시켜 직접 투과수를 얻는 방식이며, 자동차회사 등의 오일폐수처리 및 매립지 침출수 처리 등의 난분해성 폐수처리에 적용하여 90% 이상의 COD제거 효율을 보이는 것으로 발표되었다.

본 공정 역시 고농도 MLSS농도(20,000mg/ℓ)와 긴 SRT(50일 이상)을 유지할 수 있어 기존 처리장의 규모를 크게 축소시킬 수 있으며, 슬러지 발생량이 0.26kg－TSS/kg BOD로서 활성슬러지 공정의 0.6kg－TSS/kg BOD에 비해 50~80% 발생량을 감소시킬 수 있다. Zenogem 공정에 사용되는 분리막은 Pore size가 0.2 Micrometer인 Hollow fiber 형태의 분리막이다.

기존 처리장의 용량초과 또는 처리수질 확보를 위해 고도처리시설의 도입이 필요할 경우 Zenogem 공정을 적용할 수 있다.

(4) STERA PORE 공정

Mitsubish Rayon의 경우 Aqua Renaissance 90 Project에 참여하여 하·폐수 처리에 적합한 분리막 모듈 시스템을 연구하여 왔으며, 내압 용기를 필요로 하지 않는 흡인형식의 정밀 여과막인 STERA PORE－L 모듈을 개발함으로써 중공사막 직접 침지형 오수 처리장치를 사용화하게 되었다.

기본적인 설계 및 운전 조건을 보면 다음과 같다. 막 면적당 여과유량의 설계기준을 $0.2 \sim 0.6 \text{m}^3/\text{m}^2 \text{－day}$로 잡고 있으며, 이에 10~20%의 여유를 고려하여 소요 막 면적을 계산한다. 막 유니트는 5~15개의 분리막을 배관으로 연결하며, 각 유니트의 하부에는 산기관이 설치되는 구조로 구성되어 있다. 한편 막 오염을 방지하고 수명을 유지하기 위해 간헐운전으로 운영하며 흡인과 정지시간을 13분과 2분, 8분과 2분 등으로 하여, 정지시간 동안 포기에어에 의한 막 세정을 통해 퇴적 고형물을 탈리시킨다. 운전 중 초기압보다 30KPa 상승한 시점에서 모듈을 폭기조에서 꺼내어 약액 세정을 실시한다.

(5) KIMAS 공정

KIMAS(Kolon Immersed Membrane Activated Sludge) 공정도 기본원리나 구성은 다른 침지형 공정과 마찬가지나, 침지형 분리막 모듈 부분을 개선한 공정으로서 모듈 하부에 air scrubbing을 위한 자체 포기장치를 가지고 있으며 정지시간에는 막 내부로부터 외부로 공기 또는 물을 이용한 역세가 이루어지게 하여 막 오염방지 및 막 수명연장 효과가 있는 시스템이다.

공정구성은 대상 유입수 등의 성상에 따라 전처리 등에 차이가 있으나 기본적으로 침사지, 침전지 또는 유량조정지, 미세스크린, 폭기조, 그리고 잉여슬러지 처리를 위한 슬러지 농축조로 구성된다. 폭기조에 중공사막이 침지되어 자흡식 흡인펌프에 의해 직접 처리수를 생산하게 된다. 침사지, 침전지를 거친 유입수는 필요에 따라 유량조정조를 거쳐 일정한 유량이 폭기조로 공급되도록 하며, 폭기조 유입 시 분리막에 영향을 주지 않도록 미세스크린을 설치하여(1m/m) 협잡물을 제거한다. 폭기조에 유입된 유기물은 폭기조 내 미생물에 의해 대사산물로 전환되며, 이 폭기조 혼합액을 직접 중고사막(0.01㎛)을 통해 주기적으로 흡인함으로써 양질의 처리수를 얻게 된다. 폭기조 내 미생물량을 $6,000 \sim 15,000\,\mathrm{mg}/\ell$ 로 높게 유지할 수 있으므로 유기물 부하를 증가시킬 수 있다($1 \sim 4\,\mathrm{kg} - \mathrm{BOD}/\mathrm{m}^3 - \mathrm{day}$). 따라서 같은 대상폐수의 처리 시 기존 활성슬러지 공정에 비해 폭기조의 부피를 $2 \sim 5$배 줄일 수 있고 침전지가 없으므로 전체 소요면적이 크게 절감될 수 있다. 폭기조 내 일정한 MLSS를 유지하기 위해 잉여슬러지를 주기적으로 농축조로 이송하여 탈수 등의 처리를 거쳐 최종 처리하게 되며,

이때 잉여 슬러지량의 발생은 기존 활성슬러지 공정에 비해 현저하게 감소한다.

현재 KIMAS 공정에 사용되는 분리막은 친수성 재질로서 기존의 소수성 막 또는 친수화 처리를 한 소수성 막에 비해 막 오염 면에서 월등하고, 재질이 유연하여 폭기조 내의 유동과 역세공기에 의해 쉽게 끊어지지 않는 특징이 있다. 또한 표면에 고형물이 부착되어 Cake층 및 Gel층을 형성하지 않고 계속적인 탈리가 가능하도록 모듈 하부에 산기장치가 구성되어 있으며, 내부 공기 역세가 가능하도록 되어 있다.

7.16 소독

소독은 수중에 존재하는 병원성 미생물의 파괴를 말하며 물이 반드시 멸균되는 것은 아니다. 물을 소독하여 수인성 전염병으로부터 인간의 건강을 보호할 수 있다는 사실은 20C초부터 알려져 왔다. 수인성 병원균의 근절은 수처리에서 가장 중요하며 또한, 소독은 유출 폐수에 부가되어 지표수 이용자들에 대한 질병의 위험을 줄여주며 하천 하류부의 오염을 최소화시켜 준다. 소독제를 선택함에 있어 병원균의 살균효과만이 유일한 고려사항은 아니며, 좋은 소독제의 특성은 다음과 같다.

- 병원균의 종류에 관계없이 그 살균능력이 강해야 한다.
- 살균속도가 빠르며 살균에 지속성이 있어야 한다.
- 주입시 잔류농도로 인하여 인체나 가축 등에 독성이 없어야 하며,

맛이나 냄새를 발생시키지 않아야 한다.

- 저장, 운반, 취급이 용이하고 가격이 저렴하여야 한다.
- 주입시 그 농도를 용이하게 측정할 수 있어야 한다.

살균제로 사용되는 것은 주로 염소(Cl_2) 및 오존(O_3) 등 산화성 물질이며, 이 외에 자외선이나 은화합물, 과산화수소(H_2O_2), 브롬(Br), 요오드(I_2) 등도 국부적인 살균용으로 사용된다.

염소는 가장 가격이 저렴한 소독제이지만, 최근의 연구결과 염소소독의 부산물 일부가 발암성을 갖는 것으로 입증된 바 있다. 특히, 염소와 반응하여 생성되는 트리할로메탄계 화합물(THMs)에 대해서는 많은 연구와 관심들이 모아지고 있다. 일상의 소독 조작 중 생성되는 농도하에서는 THMs 및 기타의 부산물과 결부된 위험성이 작으며 현대화된 염소 소독 기법은 THMs의 생성을 더욱 최소화시키도록 변형되고 있다. 비록 염소 소독기법의 개선이 없을지라도 가치로 보아 이익이 위험의 비중을 훨씬 능가하는 것으로 많은 사람들에 의해 평가되고 있다.

여기서 쟁점은 염소의 장점과 단점을 비교함에 그쳐서는 안 된다는 것이다. 다른 소독제들은 비록 가격이 비싸긴 하나 조금 덜 위험할 수도 있다는 사실이다. 소독제들 간의 비교를 위해 돌연변이성(돌연변이종 화합물들은 종종 발암성을 나타냄) 물질생성에 대한 주어진 처리 시스템의 주요 소독제들은 생성량 순위를 $O_3 < ClO_2 <$ 클로라민 $< Cl_2$와 같이 나타낼 수 있다. 오존이 때로는 염소와 같은 정도의 높은 위험성을 나타내기도 한다. 모든 소독기술과 결부된 위험도를 정량화시키기 위한 많은 논쟁과 연구들이 계속되고 있는 중이다. 일단의 돌연변이종 화합물이 합성되면 응집 - 침전 - 여과 공정에 의해 일부 제거될 수도 있지만, 입상 활성탄 처

리공정이 가장 효과적이다.

　역학조사들을 종합해 보면 염소 소독수를 이용하는 사람들 중 특정의 발암 위험성 증가가 주목된다. 그렇지만, THM_s이 관련되어 있음을 알려주는 어떤 명백한 연구도 행해진 바가 없다. 다른 종류의 염소소독 부산물이 위험성에 기여할지도 모른다.

표 7.23 소독방식의 장·단점 및 효과 비교

고려 사항	Cl_2	$Cl/deCl_2$	Br_2	ClO_2	O_3	UV
시설 규모	전 규모	전 규모	전 규모	중·소규모	대·중규모	중·소규모
소독처리 시 응용 단계	모든 단계	모든 단계	2차 처리	2차 처리	2차 처리	2차 처리
장비의 신뢰성	좋음	아주 좋음	?	?	아주 좋음	아주 좋음
공정통제	개발됨	상당히 개발됨	불확실함	경험 없음	개발 중	개발 중
기술의 통제성, 복잡성, 안전성, 현장으로의 운반	간단－보통 위험 필수적	보통위험 필수적	보통위험 필수적	보통위험 필수적	복잡안전 보통	간단－복잡 안전 최저
박테리아 사멸	좋음	좋음	좋음	좋음	좋음	좋음
바이러스 사멸	나쁨	나쁨	아주 좋음	좋음	좋음	좋음
어독성	독성	무독성	약간－보통	독성	가능성 없음	무독성
유해 무산물	있음(THM)	있음(THM)	있음	있음	가능성 없음	없음
잔류성	길다	없다	짧다	보통	없음	없음
접촉 시간	길다 30~60분	길다 30~60분	보통	보통－길다	보통 10~20분	짧다 1~5초
용존 산소에 대한 기여	없음	없음	없음	없음	기여	없음
암모니아와의 반응	반응	반응	반응	무반응	반응(높은 pH)	무반응
색도 제거	보통	보통	?	제거	제거	제거 안 됨
용존 고형물의 증가	증가	증가	증가	증가	증가 안 됨	증가 안 됨
pH 영향	있음	있음	있음	없음	약간 (높은 pH)	없음
유지·관리의 민감성	최소	보통	보통	?	높음	보통
부식성	있음	있음	있음	있음	있음	없음

7.16.1. CT값(Concentration Time)

소독약품의 잔류농도(㎎/ℓ)와 접촉시간(분)을 곱한 값으로 1차 목적을 위한 척도로 이용되고 있다. 즉 염소인 경우 염소주입 후에 주입량의 10%가 유출되는 시간(T_{10})이 이론적인 접촉시간이 되나 오존의 경우에는 반감기가 짧기 때문에 정수장에서의 접촉시간이 실제의 접촉시간이다.

소독의 반응속도는 Chick에 의해 1차 반응속도법칙에 따르는 것으로 알려져 있다.

$$\frac{dN}{dt} = -KN$$

여기서, N: 미생물 개체 수

t: 시간

K: 사멸계수

사멸계수는 소독제 투여량, 미생물의 종류 및 수중 조건의 함수이다. Watson(1908)은 소독제 농도와 소독제의 살균력에 관련된 또 다른 조건을 포함하는 속도상수를 제시하고 있다.

$$k = \alpha C^n$$

여기서, C: 소독제의 농도

n: 희석 상수

α: 비활성화 계수

이 식에서 일반적으로 지수 n 값은 실험적으로 검증되어야 할 것이지만 보통 1로 가정한다. 위의 두 식을 결합하여 적분하면 다음과 같이 Chick – Watson 소독 모델식이 얻어진다.

$$\ln \frac{N}{N_0} = -\alpha C^n t$$

여기서, N_0: 초기의 미생물 개체 수

비활성화계수는 미생물과 사용 소독제에 따라 특성 값이 다르며 수중의 환경조건에 민감한데, 그 영향인자는 다음과 같다

- 접촉시간
- 약품의 농도와 종류
- 온도
- 미생물의 종류
- 용존물질의 특성
- 미생물의 개체 수 등

7.16.2. DBPs(Disinfection by-products)

소독부산물인 THM은 주로 aromatic NOM이 Cl_2나 Br과 반응하여 형성되는 것으로 알려지고 있는데, 다음 반응식으로 요약 설명된다.

$$Cl_2 + H_2O \rightarrow HOCl + H^+ + Cl^-$$

$$HOCl \rightarrow OCl^- + H^+$$

$$HOCl/OCl^- + NOM \rightarrow CHCl_3 + \text{other chlorinated DBPs}$$

$$HOCl/OCl^- + Br^- \rightarrow HOBr$$

$$HOBr + OM \rightarrow CHBr_3 + \text{other brominated DBPs}$$

$$HOCl + Br^- + OM \rightarrow CHCl_3 + \text{other halogenated DBPs}$$

$$CHBrCl_2(Chloro-bromo)$$

$$CHBr_2Cl$$

$$CHBr_3$$

염소주입 후에 어떠한 부산물이 형성되느냐 하는 것은 원수 내에 존재하는 유기물의 종류에 따라 상이하다.

- pH가 높을수록 THM은 증가
- 접촉시간이 길수록 증가
- 온도가 상온에서 높을수록 증가
- 염소 및 이산화염소의 주입농도가 높을수록 증가한다.

결과적으로 THM은 전구물질인 식물의 사체, 동물의 변사체, 배설물 등이 미생물에 의해 분해되는 과정에서 고분자 물질 및 저분자 물질인 Humic Substance이 염소와 반응하여 생성된다.

$$THM = 염소(비전구물질) + Humic\ substance(전구물질)$$

$$THFM(Formation\ Potential) = THM_{Terminal} - THM_{Instant}$$

7.16.3. 염소살균

염소는 강력한 살균력을 가지고 있어 소화기계통 전염 병원균에 유효하며 짧은 시간에 여과수 중의 세균을 사멸시킨다. 염소는 살균제인 동시에 강력한 산화제이기 때문에 수중에 유기물 또는 세균 등이 존재하면 염소는 살균과 산화가 종료될 때까지 소비가 계속된다. 따라서 급수관에서는 항상 $0.2\text{mg}/\ell$ 이상의 잔류염소가 남도록 염소를 주입해야 하며, 소화기 계통의 전염병이 유행하거나 감압급수의 특별한 경우에는 0.4mg/ℓ 이상 증가시키는 것이 좋다. 유행성 간염, 전염성 설사증의 병원체인 바이러스성 병원체에 대하여는 적어도 유리잔류염소 0.5mg/ℓ 이상이 요구된다.

염소는 식염를 전해하는 소다공업의 부산물로 얻어지는 것으로 산화력과 살균력을 이용하여 소독 처리하는데, 그 특징은 다음과 같다.

- 기체상태의 염소는 20℃, 1기압에서 7,160mg/ℓ 정도 용해한다.
- 가격이 저렴하며 조작이 간단하고 살균력이 강하다.
- 살균에 지속성이 있다.
- 염소의 소독효과는 반응시간, 온도 및 염소를 소비하는 물질의 양에 따라 좌우된다.
- 수중에서 유리잔류염소와 결합잔류염소 형태로 존재한다.

7.16.4. 결합잔류염소

최초의 염소주입에 의하여 분해 생성된 암모니아가 존재하고 있는 상태에서 연속적으로 염소가 주입될 때 염소가 암모니아성 질소나 유기성 질소화합물과 반응하여 존재하는 것을 결합잔류염소라 한다. 그 대표적인 형태가 클로라민(Chloramin)이다. 이때 생성되는 클로라민의 종류는 물의 pH, 암모니아의 양, 온도의 영향을 받는다. 수중에 존재하는 암모니아의 반응식을 보면 다음과 같다.

$$Cl_2 + H_2O \rightleftharpoons HOCl + H^+ + Cl^- \text{(가수분해): } 20℃ \ 1 \ 기압$$

$$HOCl + NH_3 \rightleftarrows H_2O + NH_2Cl(mono\ chloramin): pH8.5\ 이상$$

$$HOCl + NH_2Cl \rightleftarrows H_2O + NHCl_2(dichloramin): pH4.5\ 이상$$

$$HOCl + NHCl_2 \rightleftarrows H_2O + NCl_3(trichloramin): pH4.4\ 이상$$

결합잔류염소의 특징을 요약하면 다음과 같다.

- 살균 후 냄새와 맛을 나타내지 않는다.
- 살균에 지속성이 있다.
- 유리잔류염소에 비해 살균력이 약하다.
- 부활현상이 없다(살균력의 지속시간이 길기 때문)
- 방취작용이 있다.
- 접촉시간이 30분 이상 요구된다.

7.16.5. 유리잔류염소

염소가 물에 용해되었을 때는 다음과 같이 가수 분해된다.

$$Cl_2 + H_2O \rightleftarrows HOCl + H^+ + Cl^-(낮은\ pH)$$

$$HOCl \rightleftarrows H^+ + OCl^-(높은\ pH)$$

수중의 염소는 물의 pH에 따라 HOCl나 OCl⁻로 존재하는 비율이 다르게 되는데 낮은 pH에서는 HOCl, 높은 pH에서는 OCl⁻을 생성한다.

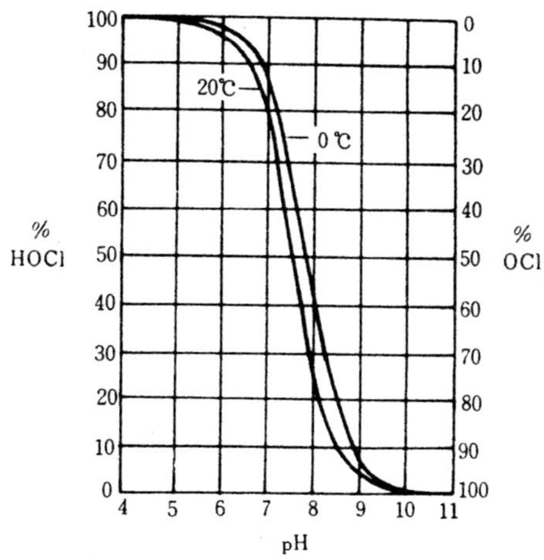

그림 7.60. HOCl과 OCl⁻의 pH와 관계.

이와 같이 수중에서 HOCl, OCl⁻ 형태로 존재하는 염소를 유리잔류염소라 하며 그 특징은 다음과 같다.

- pH5 이하에서는 염소분자로 존재한다.
- HOCl가 OCl⁻보다 살균력이 약 80배 정도 강하다.
- 대장균의 살균을 위한 필요농도는 HOCl가 0.02ppm, OCl⁻가 2ppm 정도가 필요하다.
- HOCl의 살균력은 pH5.5에서 OCl⁻이 살균력은 pH10.5 정도에서 최대가 된다.
- 부활현상(after growth)의 우려가 있다.

부활현상은 염소 소독할 때는 세균이 사멸되었다가 일정시간이 경과하면 수중에 염소성분이 없어지고 다시 세균이 증가하는 현상이다. 그 원인은 불분명하나 염소 손실로 아포성(cyst) 세균이 증식하면 세균을 잡아먹는 수중생물이 없어지고 조류가 사멸되어 영양원이 됨으로써 세균이 급속히 증식하는 것으로 사료된다.

또한, 이러한 현상은 Chloramine은 유리잔류염소보다 살균력은 약하지만 지속성이 길고, 유리잔류염소는 살균력의 지속성이 짧기 때문인 것으로 여겨진다(HOCl>OCl⁻>Cloramine).

7.16.6. 불연속점 염소처리(Break point chlorination)

산화될 수 있는 물질과 Ammonia를 함유하는 물속에 염소를 주입하면 그림과 같은 곡선을 얻을 수 있다.

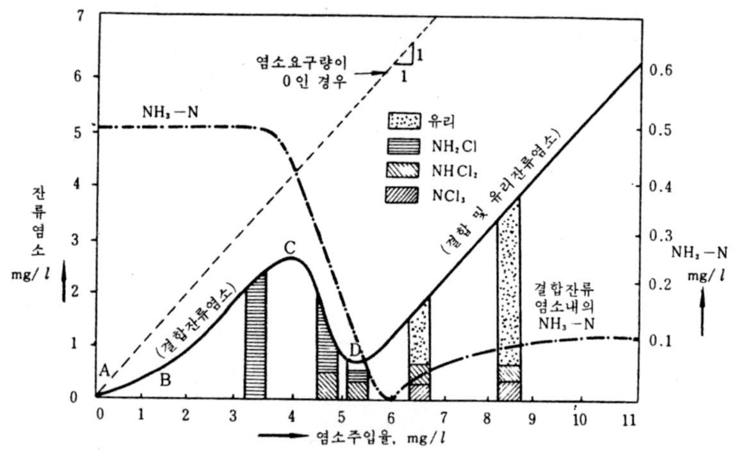

그림 7.61. 잔류염소량과 파괴점.

그림에서, **AB구간**: 염소가 수중의 환원제(피산화성 물질)유기물과 결합하므로 주입염소에 비해 잔류염소량이 없거나 극히 적다.

BC구간: 계속해서 염소를 주입시키면 염소가 Ammonia와 반응하여 Chloramine이 형성되므로 잔류염소량이 증가한다.

CD구간: 계속된 염소주입으로 C점을 넘으면 주입된 염소가 Chloramine를 파괴시켜 NO, N_2로 전환시키는 데 소모되므로 잔류염소량은 급속히 감소된다.

D점: 파괴점(Break point) 또는 불연속점이라고 하며 Chloramine이 없는 상태로서 여기서부터는 주입염소량에 비례해서 유리잔류염소가 증가하게 된다. 이 점 이상으로 염소를 주입하면 물의 취미도 제거할 수 있고 소독효과가 좋아진다. 따라서 파괴점 이상으로 염소를 주입하여 살균하는 것을 파괴점 염소주입(Break point chlorination)이라 한다.

7.16.7. 전 염소처리(前鹽素處理)

소독을 목적으로 염소를 주입하는 것을 후염소처리(Post chlorination)라 하는 반면 여과 전에 염소를 주입하는 것을 전염소처리(Pre chlorination)라 하며 보통 침전 전의 원수에 주입한다.

전염소처리는 원수가 심하게 오염되어 세균, 암모니아성 질수($NH_4 - H$)와 각종의 유기물을 포함하여 침전, 여과의 정수만으로는 제거되지 않는 경우나 철(Fe), 망간(Mn)을 제거할 목적으로 한다. 전염소처리의 목적 및 장점은 다음과 같다.

- 일반 세균이 1㎖ 중 5,000 이상 또는 대장균군이 100㎖ 중 2,500

이상 존재할 때 물의 세균을 감소시켜서 안정을 높이며, 침전지나 여과지의 내부를 위생적으로 유지한다.

- 조류, 세균 등이 다수 서식하고 있을 때 사멸시키고 번식을 방지하기 위해서이다.
- 원수 중에 용존하고 있는 철·망간을 산화 제거하기 위해서다.
- 암모니아성 질소, 황화수소(H_2S), 아질산성 질소, 페놀류, 유기물을 산화 제거하기 위해서다.

7.16.8. 폐수처리를 위한 염소주입

정수장에서의 염소주입은 주로 살균(Disinfection)이 목적이지만 폐수처리 시에는 살균 이외의 냄새제거, 부식통제(腐蝕統制), BOD 제거 등의 목적으로도 사용된다.

염소는 반응력이 강해 산화작용이 있고, 유기물 및 무기물질과도 결합력이 있으며 응집 및 침전을 촉진하는 작용도 있다. 폐수의 살균은 정수와 달리 100% 살균이 아니고 충분한 양의 염소를 주입해서 15분 후에 0.5mg/ℓ의 잔류염소를 유지시키려는 것으로 1차 침전지 유출수를 위해서는 20~25mg/ℓ, 살수여과상 유출수인 경우는 15mg/ℓ, 그리고 활성슬러지 처리장 유출수를 위해서는 8mg/ℓ의 염소주입이 요구되며, 폐수처리 시 다음과 같은 이점이 있다.

- 염소 1ppm 주입 시 BOD 2ppm, 알칼리도 0.7~1.4ppm 정도, 철, 망간 등이 약 1.5ppm 정도 감소된다.

- NH$_3$제거에 사용되는데, 염소의 주입은 파괴점 염소주입(Break point chlorination)이 요구된다.

$$Cl_2 + H_2O \rightleftharpoons HOCl + H^+ + Cl^-$$

$$2NH_3 + 3HOCl \rightleftharpoons N_2 + 3HCl + 3H_2O$$

- CN$^-$ 처리에 사용

염소주입은 염소의 강한 산화력을 이용하여 CN$^-$, 살균, 냄새제거, BOD제거 등의 목적을 달성할 수 있지만 유기물과 결합하여 인체에 해로운 염소 화합물을 생성시키고 이들 중에는 발암물질(Trihalomethane)이 포함되는 경우가 있어 근래에 논란이 되고 있다.

- 냄새제거

냄새(odor)는 수중의 유기물, 생물, 가스 등과 관계있는 휘발성 물질에 기인하는데, 염소살균 때와 같이 인위적으로 주입된 약품 때문에 생기는 경우도 있다. 맛과 냄새에 대한 감각은 사람마다 다르며, 맛과 냄새의 강도를 나타내기 위하여 Threshold odor number로 표시한다.

Threshold odor number

$$= \frac{시료의부피 + 맛이나냄새가없는물의부피}{시료의 부피}$$

- 맛과 냄새의 통제

맛과 냄새의 통제를 위해 가장 많이 사용되는 방법은 활성탄소 흡착법, 유리잔류염소 주입법, 종합잔류염소 주입법, Ozone 사용법 또는 폭기법 등이 있다. 염소 주입법, ozone 사용법 또는 폭기법은 산화법으로서 냄새나 맛을 유발하는 물질을 산화시킴으로써 제거한다. 염소만 사용하는 것보다 ClO$_2$를 병용하면 더욱 효과를 거둘 수 있다.

7.17 참고문헌

김가현(1999), 상하수도공학, 청운문화사, 178~241.

김대수 외 1인(2006), 나노 재료과학, 겸지사, 181~200.

곽종운(2009), 물리화학적 수처리원리와 응용, 지샘.

곽결호(1995), 상수도의 과제와 정책, 수질보전.

국립환경연구원(1995), 먹는 물 정수처리공정개선에 관한 연구, 수질검사과.

국윤환 외 3인(2003), 콜로이드와 계면활성제. 대광서림, 9~117.

류동일 외 2인(1998), 계면과학. 전남대학교, 13~115.

서명교 외 7인(1999), 상·하폐수처리, 동일출판사, 313~569.

신동천(1995), 건강위해성평가, 물2000, 연세대 환경공해연구소, 335.

안용근 외 1인(2005), 일반화학, 효일, 35~190.

유태종 외 2인(2002), 상수도공학, 동화기술, 97~145.

윤오섭(1998), 폐기물처리기술, 동화기술, 443~453.

이상화(1996), 한외여과를 이용한 인공섬유폐수로부터 PVA회수에 관한 연구,
    대한환경공학회.

이승원 외 1인(2007), 수질환경기사·산업기사, 성안당, 149~332.

장준영(1992), 수질환경기사 실기, 성안당, 5·3~5·333.

정규영(1979), 상수도 공학, 건설연구사.

정해상(2005), 탄소재료·탄소섬유, 겸지사, 21~152.

주혜령(2002), Photo-fenton 반응에 의한 염색폐수의 색도분해연구, 한양대학
    교 석사학위논문.

조영일 외 4인(2002), 산업폐수처리공학, 동화기술, 69~164. 437~508.

최의소 외 1인(1995), 환경공학, 청문각, 129~170.

최의소(2001), 상하수도공학, 청문각, 76~175.

환경부(1995), 폐수종말처리시설의 설계, 4 · 1~4 · 246.

환경부(2007), 수질관리 교육용교재, 107~366.

환경부(1997), 수질관리 법정교육교재, 77~245.

환경부(1997), 상수도 시설기준.

환경부(1997), 하수도 시설기준.

한국수자원공사(1999), 고도정수기술: 기존 정수장 효율향상기술, 환경부.

한정상(1983), 지하수학 개론, 신우문화사.

한정상 외 1인(1990), 국내 지하수자원의 산출특성과 지하수 수질관리 기술에
관한 연구, 국립환경연구원, 한국수질보전학회.

팽종인(1999), 수질관리, 신광문화사, 17~139.

Andrew Chadwick and John Morfett(1993), Hydraulics in Civil and Environmental
Engineering, E & FN SPON.

Arvin, E.(1985), "Biological Removal of Phosphorus from Wastewater", CRC
Critical *Rev*. J., Vol. 15; 25~64.

Arvin, E.(1983), *Water Sci. Technol.*, Vol. 15; 3~4.

A.W. Adamson,(1990), Physical Chemistry of Surfaces, 5th ed., John Wiley,
New York.

Berndt, C., and L. Polkowski(1977), "A Pilot Test of Nitrification with PAC",
50th Ann. Control States WPCA, Bin, Luo et al.(1998), *Toxicity Reduction:
Evaluation and Control*, Technomic Pub. Co., Lancater, Pa.

Clifford, D. et al.(1986), *J. Es T*, vol. 20. no. 11; 1072.

Crittenden, J. et al.(1991), J. *AWWA*, vol. 77; 87.

Crittenden, J. et al.(1987), J. Env. Eng. ASCE, vol. 113, no. 2; 243.

D. H. Everett(1988), Basic Principles of Colloid Science, The Royal Society of Chemistry, London.

D. H. Napper(1983), Polymeric Stabilization of Colloidal Dispersions, Academic Press, London.

D. J. Shaw(1992), Introduction to Colloid and Surface Chemistry, 4th ed., Butterworth Heinemann Ltd., Oxford.

D. Myers(1991), Surfaces, Interfaces, and Colloids, VCH Publishers, New York.

D. Myers(1988), Surfactance Science and Technology, VCH Publishers, New York.

Dorfner, K.(1973), *Ion Exchange Properties and Applications*, Ann Arbor Science Pub.

Ekema, G. A., et al.(1983), *Water Sci Technol.*, vol. 15, nos, 3~4.

Hong. S. N., et al.(1982), *EPA Workshop on Biological Phosphorus Removal, Annapolis*, Md., June.

Marais, G. V. R., et al.(1983), *Water Sci. Technol.*, vol 15, nos. 3~4.

M. R. Porter(1994), Handbook of Surfactants, 2nd ed., Chapmann & Hall, London.

P. H. Hiemenz(1986), Principles of Colloid and Surface Chemistry, 2nd ed., Marcel Dekker, Inc., New York.

R. J. Hunter(1989), Foundations of Colloid Science, Clarendon Press, Oxford.

R. J. Hunter(1981), Zeta Potential in Colloid Science, Academic Press, London.

Streeter V. L. and Wylie E. B.(1979), Fluid Mechanics, Mcgraw – Hill.

Tshobanoglous, G.(1970), *Proc. 12th Sanitary Eng. Conf.*, University of Illinois.

US EPA(1991). *Technologies for Upgrading Existing or Designing New Drinking Water Treatment Facilities*. Technomic. Pub. Co.

US Filter/Zimpro, Inc. Rothchild, Wisc.

Webber, W. J., and B. E. Jones(1983), EPA NTIS PB86 – 182425/AS.

WEF(1992). MOP & Design of Municipal Wastewater Treatment Plants.

White, M. C. et al(1997) Evaluating Criteria for Enhanced Coagulation Compliance. *AWWA*. 89, 5, 64.

Williams. G. D. and Carlson. R. E. (1989). *Reservoir Management for Water Quality and THM Precursor Control*. AWWA.

Williams. R. B. and Culp. G. L (1986) *Handbook of Public Water Systems*, NY, NY. Van Nostrand Reinhold Camp

WPCF(1977). MOP8, Design of Municipal Wastewater Treatment Plants.

Zoltek, J.(1976), *J. WPC*, vol. 48; 179.

7.18.1. 다음 용어의 정의를 설명하시오.

1) Stokes Raw

2) Reynolds Number

3) Dissolved air – flotation

4) Air/Solids

5) Solubility product

6) pOH

7) ORP(Oxidation Reduction Potential)

8) Fenton 반응

9) Photo – Fenton

10) Advanced Oxidation Process, AOP

11) Supercritical Water Oxidation, SCWO

12) Colloidal system

13) Brownian motion

14) Coagulation

15) Dialysis

16) Osmosis

17) Electrical double layer

18) Iso – electric point

19) Critical Micellar Concentration, CMC

20) DLVO

21) 헤테로 응집

22) 동전현상

23) 속도경사

24) Microstraining

25) Uniformity Coefficient, UC

26) 속도경사

27) 하부집수장치

28) 생물여과

29) 현탁물질 제거능

30) 여과유량조절 방법

31) Mud ball

32) Air binding

33) Micro floc

34) Adsorption isotherm

35) Empty Bed Contact Time, EBCT

36) Ionic exchange resin

37) Concentration
    polarization

38) MBR, Membrane Bio
    Reactor

39) CT, Concentration Time

40) DBPs, Disinfection by –
    Products

41) THFM, Formation
    Potential

42) NOM

43) After growth

44) Break point chlorination

45) Pre chlorination

46) 막 모듈

47) 후 염소 처리

48) 직접여과

49) 유리잔류염소

50) 침전부선법

7.18.2. 유량조정조는 24시간 수질을 균등하게 조정되게 하여 완전한 균등화를 꾀하는 것이 이상적이지만 이런 경우 조의 용량이 커지고 건설비도 늘어나 비경제적이다. 경제적인 유량조정조의 설계방법을 제시하라.

7.18.3. 침전은 물보다 비중이 큰 부유물(suspended solids), 즉 침전성 고형물(settleable solids)을 중력에 의해 가라앉혀 제거하는 것으로 정화(clarification) 또는 농축(thickening)이라고도 한다. 현재 운영되는 대부분의 침전지는 연속적인 흐름상태에서 제거의 특성에 따라 다음의 4가지 영역으로 분류된다. 그 4가지 영역에 대하여 설명하라.

7.18.4. 1차 침전지에서 적절한 표면부하율은 제거대상물질의 부유형태에 따라 결정된다. 1차 침전지에서의 표면부하율은 침전 가능한 고형물의 비율 및 농도 등에 따라서 결정되며 첨두유량에서도 침전지의 기능을 유지하

도록 낮게 설계하여야 한다. 침전지에서 제거되는 고형물의 제거율은 수
리학적 체류시간과 표면부하율을 근거로 정해진다. 이러한 근거를 이용
하여 침전지의 개량방법을 기술하라.

7.18.5. 용해도적(K_{sp})과 양성수산화물 Ion농도의 적 Kc 관계에서 금속은 알칼리
성에서 OH^-와 수산화물을 형성하여 불용성 물질로 된다. 이 불용성 수
산화물은 극히 소량이 물에 용해되어 용존이온농도로 존재하는데, 이 Ion
농도의 적을 K_{sp}라 하고 이 값이 적을수록 침전에 유리하다. 동(Cu^{++})
폐수를 가정하여 그 이유를 설명하라.

7.18.6. 시안은 전이원소 중 철과 강력한 결합상태로 훼로시안$[Fe(CN)_6]^{4-}$과 훼
리시안$[Fe(CN)_6]^{3-}$을 형성한다. 훼로시안은 전이원소(Cu, Ni, Cr, F
e……)와 결합하여 불용성 화합물을 생성한다. 그러나 훼리시안은 전이
원소와 결합하여 불용성 화합물을 생성하지 못한다. 철 시안 착화합물의
제거방법을 제시하라.

7.18.7. Fenton 산화반응에 의한 유기물이 산화 분해될 때 철이온은 Fe^{2+}와
Fe^{3+} 사이를 순환한다. 촉매기능을 지닌 Fe^{2+}는 과산화수소에 촉매작
용을 하여 과산화수소로부터 OH Radical을 발생시키고 Fe^{3+}로 산화된
다. 이때 발생된 OH Radical은 유기물을 분해하여 유기물Radical(R·)
을 만들며 이 유기물 Radical에 의해서 Fe^{3+}는 다시 Fe^{2+}로 환원되고
유기물 Radical은 결국 산화 분해된다. 반응원리를 기술하라.

7.18.8. 오존분해 반응은 Hydroxide Ion, UV Light, Hydrogen Peroxide, 금

속이온(Fe 등)에 의해 시작되며 반응과정에서 수산화기 OH, 오존이온 O_3^-, Superoxide Ion O_2^- 등이 중간물질로 생성된다. 오존의 생성과 분해반응의 분해 메커니즘, 유기물제거경로를 설명하라.

7.18.9. 전자빔에 의하여, 폐수에 조사된 고에너지 전자선은 물을 분해하여 매우 짧은 시간 동안에 반응성이 강한 라디칼들($OH\bullet$, $H\bullet$)을 생성하고, 이들이 폐수 중의 난분해성 물질들을 분해하거나 또는 분해 가능한 물질로 전환시킨다. 전환된 물질들은 침전되거나 쉽게 제거할 수 있다. 전자빔에 의한 폐수처리 원리를 설명하라.

7.18.10. 단백질 분자는 낮은 pH에서 양으로 그리고 높은 pH에서 음으로 하전된다. 이때 알짜전하가 0으로 되는 pH를 등전점(iso-electric point)이라고 하는데, 수처리 공정에서는 이 등전점에서 응결제에 의하여 응집을 한다. 응집원리를 설명하라.

7.18.11. 콜로이드계의 제조와 안정성은 콜로이드계 파괴를 억제하는 충분한 크기의 에너지 장벽과 밀접한 관련을 지닌다. 역으로 콜로이드 상태를 파괴하는 것은 에너지 장벽을 낮추거나 사라지게 함에 의해 가능하다. 콜로이드 분산에서 에너지 장벽을 극복하는 에너지는 입자의 브라운 운동으로부터 나온다. 에너지 장벽의 높이는 매질의 조성, 온도, 압력에 민감한 인자로 알려져 있다. 이 같은 한두 가지 인자를 변화시켜 에너지 장벽을 낮추면 불안정성이 발생하고 그 결과 응집이 일어나게 된다. 이 내용은 무엇을 설명하고 있는지 그림으로 도시하고 설명하라.

7.18.12. 고분자응집제는 오수처리 등에 많이 쓰이며, 높은 이온원자가 전해질과 공용하면 양자가 그의 효과를 서로 보강할 수 있다. 고분자액과 고체계 면에서는 일반적으로 흡착이 일어난다. 고분자는 분자 가운데 친수기와 소수기의 양자를 가지는 것이 많고, 어느 정도의 계면활성이 있으며 흡착성을 가진다. 고분자가 고체계 면에서 흡착하는 형태를 3가지만 제시하라.

7.18.13. 활성탄은 숯보다도 큰 표면적을 가지며 흡착력이 우수한 탄소재료이다. 활성탄의 표면은 반드시 탄소 방향족평면이 알몸상태로 노출되어 있는 것만은 아니다. $-OH$나 $-COOH$와 같은 산소함유 작용기라고 하는 원자단이 결합하고 있다. 이러한 작용기는 여러 가지 물질과 적극적으로 결합하는 성질을 가지고 있으므로 활성탄표면의 흡착성능은 더욱 향상된다. 활성탄의 흡착능에 대하여 기술하라.

7.18.14. 막 분리 공법의 경제성에 가장 심각한 위해요소는 막 투과량 감소(permeate flux decline)에 있으며 이는 막 폐색(membrane fouling), 막의 오염과 농도분극(concentration polarization) 그리고 분리막의 물리적 화학적 변형에 의해 초래된다. 막투과량 감소의 원인을 설명하라.

7.18.15. 수처리시 막 분리공법을 도입하기 위해서는 막 분리에 의해 제거할 오염물질의 크기를 파악하고 그에 알맞은 막의 공경을 선택하여야 할 것이다. 대체로 오염물의 크기가 작을수록 보다 작은 공경의 분리막을 선택하여야 하며 이는 그만큼 높은 압력을 적용하여야 함을 의미한다. 막의 공경에 따른 경제성을 평가하라.

7.18.16. 소독부산물인 THM은 주로 aromatic NOM이 Cl_2나 Br과 반응하여 형
성되는 것으로 알려지고 있는데, 반응식으로 요약 설명하라.

7.18.17. 최초의 염소주입에 의하여 분해 생성된 암모니아가 존재하고 있는 상
태에서 연속적으로 염소가 주입될 때 염소가 암모니아성 질소나 유기
성 질소화합물과 반응하여 존재하는 것을 결합잔류염소라 한다. 그 대
표적인 형태가 클로라민(chloramin)이다. 수중에서 암모니아의 반응식
을 쓰라.

미생물 반응속도론

8.1 환경미생물

본 장에서는 환경인으로 알아야 할 미생물에 대한 기초지식을 언급하였다. 미생물(Microorganism)은 육안으로 볼 수 없는 미세한 생물을 총칭한다. 미생물은 하나의 세포(단세포, Unicellular)로 존재하거나 여러 세포가 하나의 개체(Multicellular, 세포균)를 이루고 있다. 이와 같은 세포를 같은 종류 혹은 다른 종류의 타 세포와는 무관하게 독립적으로 증식, 에너지 생산, 생식과 같은 생명활동을 수행할 수 있다. 그런 의미에서 미생물을 세포(Cell)라고도 부른다.

세포의 특징은 외부로부터 영양분을 흡수하여 다른 형태로 변형하여 에너지를 얻어 증식하고 분열하여 새로운 세포를 만들고 노폐물은 세포 밖으로 배출한다.

반면, 식물과 동물은 많은 세포로 구성되어 있어 하나의 세포로는 독립적으로 살아갈 수 없으며, 개개의 세포는 서로 다른 세포에 의존한다. 즉 고등동식물의 경우 세포(Cell)가 모여 조직(Tissue)이 되고 조직은 다시 기관(organ)을 만들고 기관이 모여 하나의 생물체를 만든다.

미생물 세포는 진핵세포(Eucaryote, eucaryotic cell)와 원핵세포(Procaryote, procaryotic cell) 두 종류가 있으며 이 두 종류는 조직과 기능이 매우 다르다(그림 8.1).

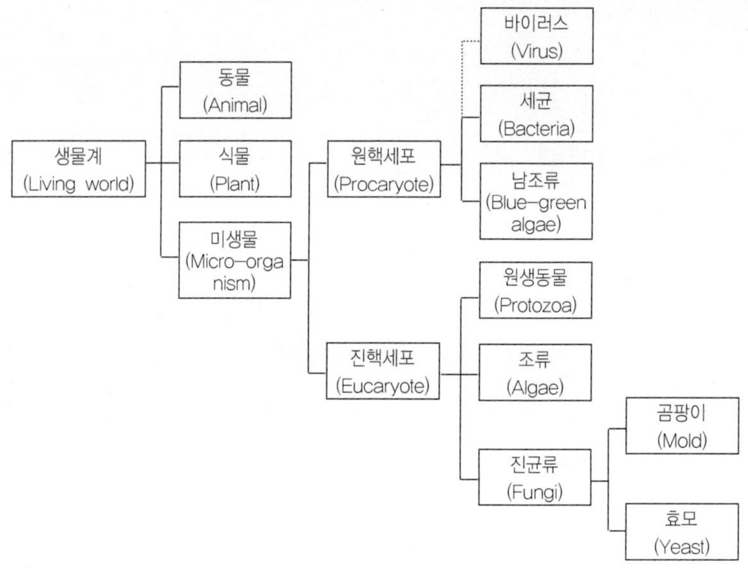

그림 8.1. 생물계의 분류와 미생물의 위치.

원핵세포(Procaryote, procaryotic cell)는 세포핵이 막으로 둘러싸여 있지 않으며 이분법(Binary fission)에 의하여 분열하는데, 이러한 분열은 원핵세포의 분열법으로 2개의 세포가 하나의 세포로부터 발생한다는 것을 표시하기 위하여 Binary라는 단어를 사용한다.

두 개의 자세포로 분열하기 전에 정상세포의 2개 크기는 성장하면서 DNA는 복제되고 중간에 격막이 형성되어 이 격막이 두 개의 자세포를 분리한다.

진핵세포(Eucaryote, eucaryotic cell)는 세포핵이 막(Membrane)으로 둘러싸여 있으므로 유사분열(Mitosis)을 한다.

즉 진핵세포의 분열법으로 세포가 분열하기 전에 염색체는 두 배로 증가한 후 양분되어 두 개의 세포가 되는 유사분열을 한다.

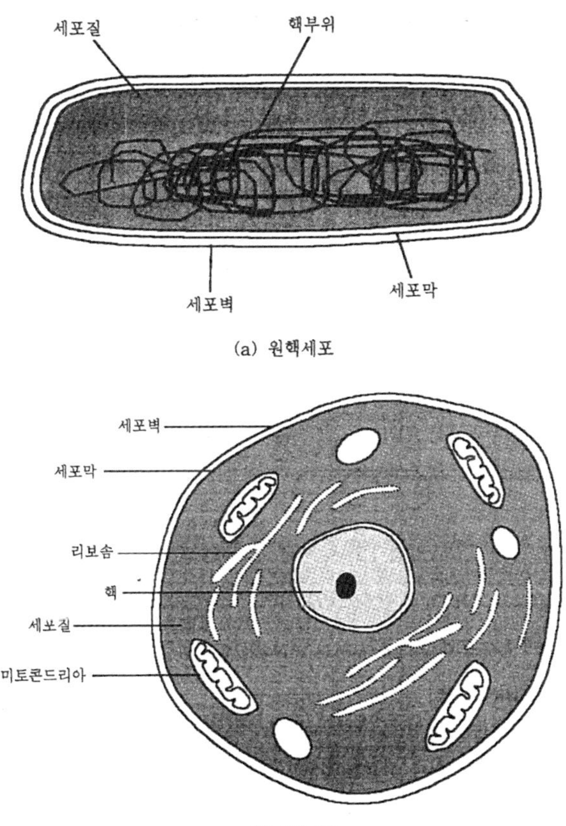

그림 8.2. 원핵세포와 진핵세포.

Bacteria(세균)는 가장 간단한 식물(광합성을 하는 엽록소가 없어 동물이라고 할 수 있으나 영양분 채취방법을 고려해서 식물이라고 한다)로서 용해된 유기물(Soluble organics)을 섭취한다. 크기는 대략 $0.8\sim5.0\mu$의 미세한 단세포생물로서 막대기 모양(Rod shape), 공모양(Spherical), 나선모양(Spiral) 등이 있다(그림 8.3).

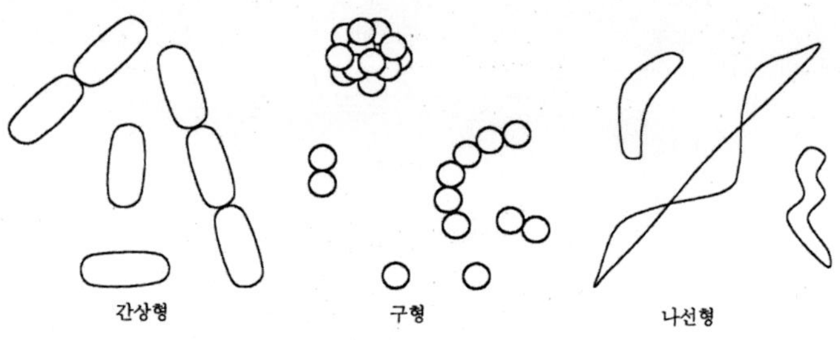

그림 8.3. 세균의 형태.

Bacteria는 폐수처리에 중요한 미생물로서 간상세균의 모식도를 보면(그림 8.4), 표면은 Slime(혹은 Capsule)층으로 싸여져 있으며 이 층은 화학적으로 매우 안정한 Poly saccharide 물질로 구성되어 있다. Mckinney는 bacteria의 일반적으로 화학조성식으로서 $C_5H_7O_2N$로 채택하였다.

미생물을 이용해서 폐수를 처리할 경우 Bacteria를 잘 성장하도록 하려면 그림 8.5의 구성물질의 존재가 충분해야 하고 부족할 경우에는 성장이 더디거나 다른 미생물이 번식하게 되어 큰 문제가 되기도 한다.

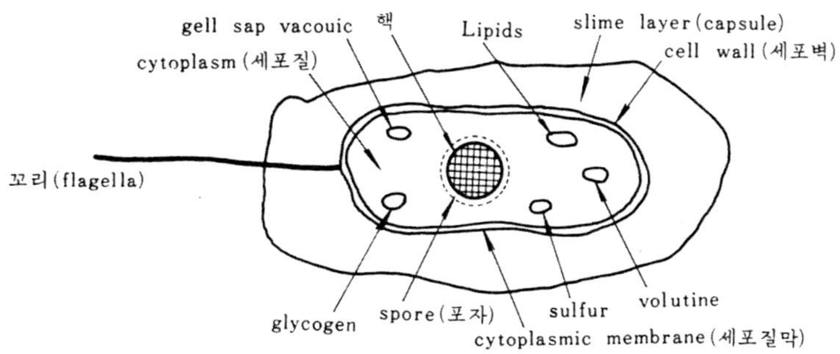

그림 8.4. Bacteria의 구조.

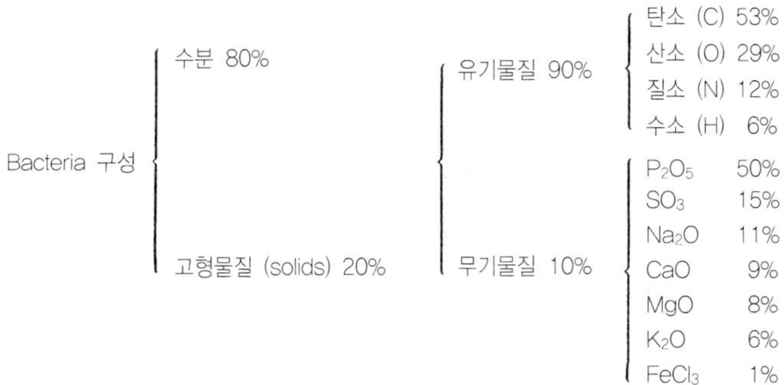

그림 8.5. Bacteria의 구성.

원생동물(Protozoa)은 녹조류가 진화과정에서 엽록소를 상실함으로써 생긴 것으로 추측할 수 있다. 대개 호기성이며 크기가 100μ 이내로서 세균보다 크고 먹이연쇄(Food chain)의 중요한 중간단계를 이룬다. 증식은 세포분열에 의하고 용해성 유기물 또는 세균 등을 섭취하며 경험적 화학조성식은 $C_7H_{14}O_3N$이다.

우리가 흔히 볼 수 있는 원생동물에는 Sarcodina(위족류), Mastigophora

(편모충류), Ciliate(섬모충류), Suctoria(흡관충류) 등이 있다.

- 위족류(Sarcodina): 세포벽을 가지고 있지 않으며 원형질이 일정한 모양을 유지하지 않고 유동하여 위족을 만들어 Ameba상 운동을 한다. 또 위족으로 식물입자를 둘러싸서 잡아먹는다. 어떤 것은 포낭(Cyst)을 형성하는 것도 있고 껍질(Shell) 속에 사는 것도 있다.

- 편모충류(Mastigophora, flagellate): 몸에 1개의 편모를 가지며 그것을 움직여 활발히 운동한다.

Zoomastigophora는 식도(Gullet)를 가지고 있어 고형물질을 먹을 수 있는 타가영양성이나 Phytomastigophora는 식도가 없어 용존성 유기물을 먹는 자가영양성이며 녹조류의 일종이라고 볼 수 있다.

- 섬모충류(Ciliophiora, ciliate): 몸 전체 또는 일부에 여러 개의 가는 털(섬모, Cilia)이 있어 그것으로 움직이거나 물을 빨아들여 먹이를 잡아먹는다. 자유유영형(Free swimming)과 나팔형이 있다.

즉 나팔형 줄기섬모(Stalked ciliate)는 나팔꽃 모양의 입에 물을 넣었다가 고형물만 걸러 먹고, 줄기가 있어 어떤 곳에 부착하고 있으며 대표적인 것은 Vorticella로서 양질의 활성오니에서 흔히 볼 수 있다. 자유유영형 섬모(Free swimming ciliate)의 대표적인 것은 짚신벌레(Paramecium)이다.

- 흡관충류(Suctoria): 유시에는 섬모를 가지고 있으나 성장하면 없어지고 인공위성 형상으로 안테나 같은 것이 달려 있으며 줄기섬모(Stalked ciliate)가 있어 어느 곳에 줄기를 통해 붙어 있다. 섬모충류로 분류하기도 한다.

- 후생동물(Metazoa): 원생동물에 대한 용어로서 원생동물 이외의 모든 다세포동물에 붙인 이름이다.

조류(Algae)는 흔히 Plankton이라고 불리는데 엽록소를 가지고 있는 단세포 혹은 다세포식물이며 우리가 중요시하는 조류의 성질은 탄소동화작용을 하며 무기물(무기탄소)을 섭취한다는 것과 갖가지 맛과 냄새를 물에 나타내며 또 색도를 유발한다는 것이다.

조류는 일반적으로 H_2O를 수소공여체(H donor)로 하고 CO_2를 탄소원으로 하며 O_2를 생산한다. 많은 남조류는 N_2를 고정할 수 있으며 광합성 반응은 다음과 같다.

$$CO_2 + H_2O \xrightarrow{\text{빛} energy} (CH_2O) + O_2\uparrow$$

$$\uparrow$$

$$\text{생성 } Algae$$

조류농도가 높을 때는 주간에 많은 CO_2를 흡수하여 pH값이 상당히 높아지고(pH9~10), $CaCO_3$의 침전에 의한 연수화 작용이 일어난다.

$$Ca(HCO_3)_2 \rightarrow CaCO_3 + H_2O + CO_2$$

색소에 의하여 흡수된 광선은 에너지원으로 이용되며 에너지를 이용하여 만들어진 저장물질은 야간에 이화작용으로 소비된다. 또한 조류가 죽으면 세포가 무기화되기 때문에 광합성에서 생산했던 정도의 산소를 소비한다.

$$CH_2O + O_2 \rightarrow CO_2 + H_2O$$

수중에서의 조류는 무기물로부터 유기물을 만들어 내고(생산자) 높은 영양계 생물(소비자)의 먹이로 이용된다. 조류의 합성은 광선의 투사관계로 수면부근으로 한정되어 있고, 소용돌이가 없는 조용한 수면에서 산소(O_2)의 포화는 200%에까지 이르는 과포화에 달할 때도 있다.

빛 이외에 조류성장의 제한요소가 되는 것은 무기성 질소와 인으로서 질소(N)나 인산염이 하천, 호소 등에 유입하면 조류가 크게 번성한다.

폐수 처리 시 산화지(Oxidation pond)에서 조류는 산소(O_2)원으로 이용되나 야간이나 햇빛이 없는 경우에는 반대로 물속의 용존산소(DO)를 소모하여 부작용이 생길 수 있다.

어떤 조류는 사람, 물고기 등에 유독한 물질(독소)을 생산하므로 조류의 번성은 부영양화(Eutrophication), 적조(Red tide)현상과 같은 심각한 문제를 일으킨다.

진균류에는 곰팡이(Mold)와 효모(Yeast)가 있는데, Fungi(곰팡이류, 균류)는 탄소동화작용(Photosynthesis)을 안 하는 식물로서 유기물질을 섭취하는 미생물이다. 특징은 폐수 내의 질소(N)와 용존산소(DO)가 부족한 경우에도 잘 성장하며, pH가 낮은 경우(pH4~5)에도 잘 성장한다는 점이다. Fungi는 폭이 약 $5~10\mu$으로서 현미경으로 쉽게 식별되며 대부분이 호기성이다. 구성물질의 75~80%가 물로서 $C_{10}H_{17}O_6N$을 화학조성식으로 사용한다.

Fungi가 폐수처리 과정에서 많이 발생하면 유출수로부터 잘 분리가 안 되는데, 이를 오니팽화(Sludge bulking)라 하고 이런 경우 Sludge의 침전성이 나빠진다.

효모는 수 백년 동안 포도주와 맥주를 만드는 데 사용된 단세포 균류이다. 효모는 비사상성, 단세포 균류로 출아법(Budding)에 의하여 분열하며 효모세포는 박테리아 세포보다 훨씬 크고 유성생식을 한다.

효모는 과일, 꽃, 나무껍질을 당(Sugar)이 있는 곳에서 번식한다. 오늘날 산업적으로 많이 이용되고 있는 *Saccharomyces* 속은 빵이나 양조용 효모로 빵을 부풀게 하거나 향긋한 냄새를 내게 한다. 술 만드는 효모보다는 빵 만드는 효모가 CO2를 훨씬 많이 발생시키는데, 발효 시 탄산가스, 알코올, 산, 열 등이 생성되고 향이 있다.

알코올 발효

$$C_6H_{12}O_6 \rightarrow 2CO_2 + 2C_2H_5OH + 27 \ \ calories + Energy$$

$$포도당(100) \rightarrow 탄산가스(47) + 알코올(49) + 산(4) + 열$$

효모는 다양한 종류의 기질과 온도, pH의 범위가 넓어 쉽게 성장하고
수계에서 높은 농도로 발견된다.

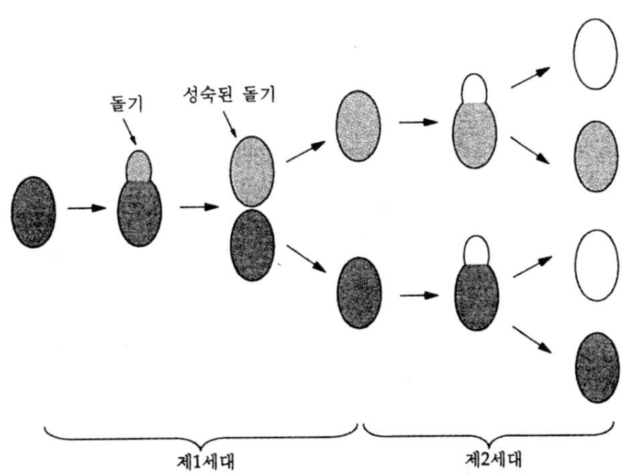

그림 8.6. 효모 *Saccharomyces cerevisiae*의 출아과정.

고등동물은 일반적으로 Rotifer(윤충)과 Crustacean(갑각류)가 수처리에 이
용되고 있다. Rotifer는 몸통을 자재로 움직일 수 있으며 위에 붙어 있는 두
입으로 먹이를 취하고, Crustacean은 거미모양으로 형태를 이루는데 Bacteria
나 원생동물로 구성되어 있는 Sludge를 먹이로 취한다.

이와 같이 원생동물과 Sludge 벌레들은 약육강식을 하며 폐수를 처리시

킨다. 하천과 같은 자연계에서도 같은 작용이 일어난다.

　일반적으로 미생물의 발생순서는 Bacteria → Protozoa → 고등동물의 순으로 이루어지며 후자로 진행될수록 오염에 약하고 DO에 민감한 경향이 있다(표 8.1).

표 8.1 미생물의 발생과정

발 생 순 서	먹 이 섭 취	종 　 류	비 　 고
①Bacteria (세균) ⇓	유기물을 먹이로 섭취		
② protozoa ⇓	유기물 또는 bacteria를 먹이로 섭취	• sarcodina • free swimming ciliate • stalked ciliate • mastigophora • suctoria	① 오염에 약하다. ② DO에 민감하다. ③ 깨끗한 하천에서 발견된다.
③ 고등동물	protozoa 및 bacteria를 먹이로 섭취	rotifer crustacea	

8.2　미생물의 물질대사

　물질대사(Metabolism)는 상호 관련된 이화 및 동화반응을 포함하는 생화학적 전환을 통칭한다. 이화반응(Catabolism)은 유기 및 무기화합물로부터 유래하는 에너지를 방출하는 에너지 생성반응이다. 생합성과 같은 동화반응(Anabolism)은 새로운 분자의 생합성, 세포유지, 생장을 위하여 이화반응에 의해 제공된 에너지와 화학적 중간대사 물질을 이용하는 에너지 흡수반응(Endergonic)이다. 박테리아 세포에서 일어나는 동화작용(생합성)과 이화작용(생분해) 사이의 관계는 그림 8.7과 같다.

이화반응에 의해 생성된 에너지는 에너지의 생성과 방출을 담당하는 아데노신삼인산(Adenosine triphosphate ATP) 같은 고에너지 화합물(Energy − rich compound)로 전달된다(그림 8.8).

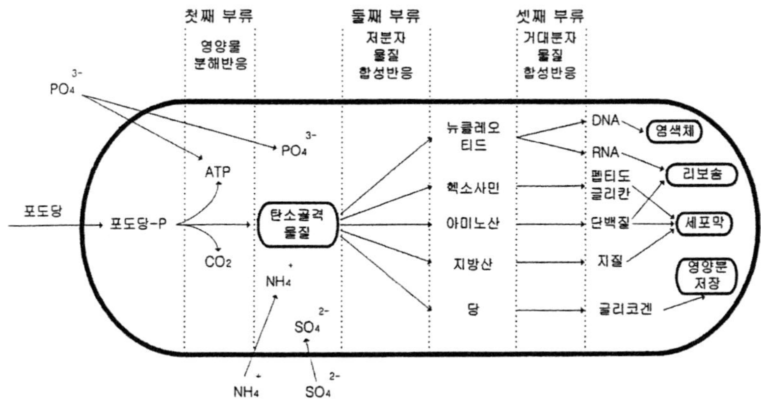

그림 8.7. 박테리아 세포에서의 동화작용과 이화작용 관계.

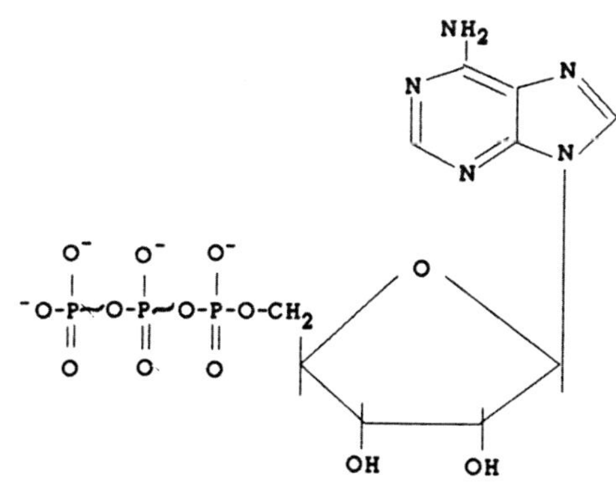

그림 8.8. ATP의 분자구조.

이 인산화된 화합물은 아데닌(Adenine), 리보오스(Ribose) 그리고 세 개의 인산으로 구성되는데 이는 아데노신 이인산(Adenosine diphosphate, ADP)으로 가수 분해될 때 화학에너지를 방출하는 두 개의 고에너지 결합을 가진다. 표준 조건하에서 가수분해로 각 ATP 분자는 대략 7,500칼로리를 방출하는 것으로 알려져 있다. 이 방출된 에너지는 생합성 반응, 능동수송 또는 운동에 사용되며 일부는 열로 발산된다.

포도당과 같은 유기물의 호기성 분해는 그림 8.9에서처럼 세 가지 단계로 생각할 수 있다. **첫째** 부류의 해당과정에서는 영양물질인 포도당이 세포 내부로 들어와 분해되어 피루브산 같은 탄소골격 물질을 만드는 반응이다. 이 반응은 포도당을 산화시켜 CO_2를 만들고, 이때 발생한 에너지인 ATP는 생합성 반응 시 사용되게 된다. **둘째** 부류인 TCA회로에서는 해당작용에서 생긴 피루브산이 탈탄산효소와 탈수소효소의 작용으로 이산화탄소와 수소로 분해되는 과정이다. **셋째** 부류인 전자전달체인에서는 전자들이 전자운반체들에 거쳐서 최종적으로 O_2로 옮겨질 때 물과 ATP를 생성시키는 호흡과정이다. 즉 포도당 1몰은 이산화탄소 6몰로 산화되며 이 과정에서 방출된 전자가 최종 전자수용체인 산소와 결합하여 물이 형성되면서 38몰의 ATP가 만들어지고 나머지의 자유에너지 변화량은 열로 방출된다.

$$C_6H_{12}O_6 + 6O_2 \rightarrow 6CO_2 + 6H_2O + 38ATP + \text{열에너지}$$

동화작용(생합성)은 모든 에너지 소비과정을 포함하며 그 결과로 새로운 세포를 형성한다. 100mg의 세포 건조중량을 만드는 데 $3,000\mu\text{mole}$의 ATP가 필요한 것으로 추산되며 이 에너지의 대부분은 단백질 합성에 이용된다.

세포는 생합성용 기본단위 물질을 만들고 거대분자를 형성하며 세포의 손상을 수리(Maintenance energy, 유지에너지)하고 그리고 세포막을 가로지르는 이동과 능동수송을 유지하는 데 에너지(ATP)를 사용한다. 분해반응에 의해 생성된 대부분의 ATP는 단백질, 지질, 다당류, 퓨린, 피리미닌 같은 생물학적 거대분자의 생합성에 이용된다.

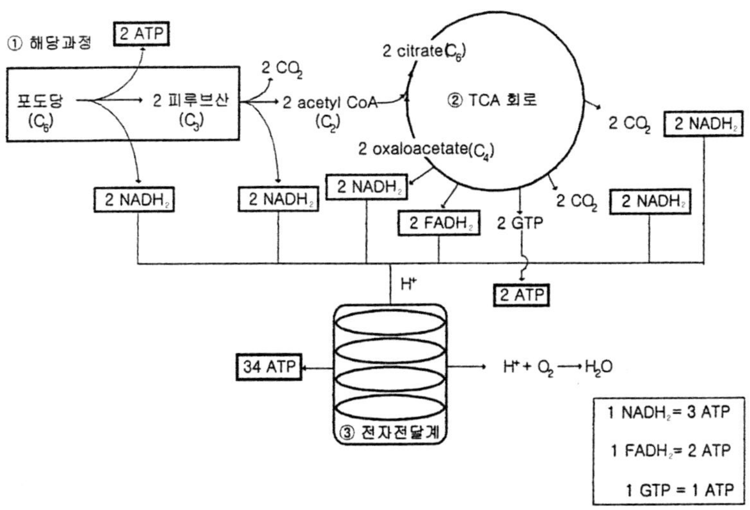

그림 8.9. 포도당대사 3단계와 ATP의 생성.

아미노산, 지방산, 단당류, 뉴클레오티드와 같은 이들 거대분자의 전구물질은 해당과정, 그렙스회로, 그리고 다른 대사회로(Entner – doudoroff/ pentose phosphate pathways) 동안 형성된 중간대사 물질로부터 유래한다. 이들 전구물질은 세포 생물중합체(Biopolymer)를 형성하기 위하여 단백질의 펩티드결합, 다당류의 배당결합, 핵산의 인산디에스테르 결합 등과 같은 특별한 결합에 의해 서로 연결되어 있다.

활성슬러지에 의한 유기물의 산화와 동화, 내생호흡반응을 요약하면 다음과 같다.

• 이화작용

$$C_xH_yO_z + \left(x + \frac{y}{4} - \frac{z}{2}\right)O_2 \rightarrow xCO_2 + \frac{y}{2}H_2O + energy$$

• 동화작용

$$nC_xH_yO_z + nNH_3 + n\left(x + \frac{y}{4} - \frac{z}{2} - 5\right)O_2 + energy$$

$$\rightarrow (C_5H_7NO_2)_n + n(x-5)CO_2 + \frac{n}{2}(y-4)H_2O$$

여기서, $C_xH_yO_z$: 하수중의 유기물

$(C_5H_7NO_2)_n$: 활성슬러지 미생물의 세포질

• 내생호흡

$$(C_5H_7NO_2)_n + 5nO_2 \rightarrow 5nCO_2 + 2nH_2O + nNH_3 + energy$$

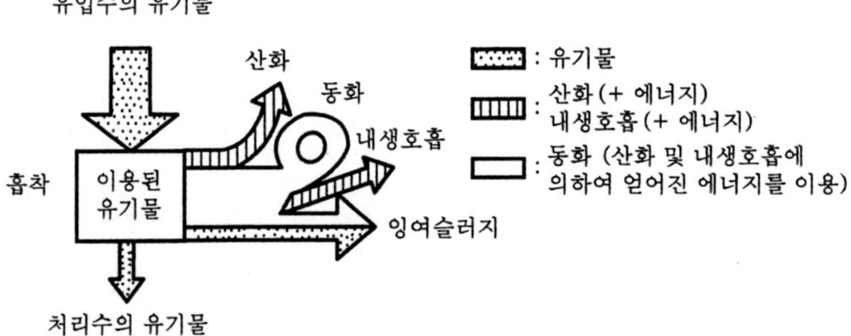

그림 8.10. 활성슬러지에 의한 호기성 처리에서의 물질수지.

8.3 미생물의 대사적 분류

미생물세포의 구성요소에 포함되는 주요 원소는 탄소, 산소, 질소, 수소, 인, 그리고 황이다. 세포의 생합성에 필요한 다른 영양소는 양이온(예: Mg^{2+}, Ca^{2+}, Na^+, K^+, Fe^{++}), 음이온(Cl^-, SO_4^{2-})과 미량원소(예: Co, Cu, Mn, Mo, Zn, Ni, Se)를 포함하는데, 이들은 몇 가지 효소의 성분이나 보조인자(cofactor)로서 비타민 같은(예, Riboflavin, thiamin, niacin, vgtamin B_{12}, folic acid biotin, vgtamin B_6) 생장요인(Growth factor)으로서 제공된다. 전형적인 E. *coli* 세포는 대략 70%의 물, 3%의 탄수화물, 3%의 아미노산, 뉴클레오티드, 지질, 22%의 거대분자(주로 단백질과 RNA, DNA), 그리고 1%의 무기이온을 포함한다.

미생물은 탄소원(CO_2 혹은 유기탄소)과 에너지원(빛 또는 무기·유기화합물의 산화로부터 유래하는 에너지)이 필요하다. 미생물의 대사적 분류는 에너지원과 탄소원의 두 가지 주요 기준에 근거를 둔다(표 8.2).

광영양체(Phototroph) 미생물은 에너지원으로 빛을 이용하는데, 영양관계에 따라 광독립영양체(Photoautotroph)와 광종속영양체(Photoheterotroph)로 구분된다.

광독립영양체(Photoautotroph) 미생물의 군은 조류, 시안세균 그리고 광영양(Phototrophic)세균이라고 부르는 광합성 세균을 포함한다. 광영양체는 탄소원으로 CO_2를 이용하고 전자공여체로 H_2O, H_2 또는 H_2S를 사용한다. 광합성 세균은 비산소발생형 광합성을 수행하며 그들 대부분은 혐기적 조건을 요구한다.

표 8.2 독립영양균과 종속영양균의 에너지원

영양 관계	독립 영양계(Autotrophic/Lithotrophic)	종속 영양계(Heterotrophic/Organotrophic)
에너지원	㉠ 탄소원: CO_2 ㉡ 조류, 색소체를 가지고 있는 편모충류, 질산균, 황세균 등	㉠ 탄소원: 유기물질/환원된 탄소 ㉡ 일반세균, 균류, 편모충류, 원생동물 등
광영 양계 (Phototroph)	〈광(무기) 영양계〉 ㉠ 이화작용의 에너지 → 태양광으로부터 얻음 ㉡ 수소(H) 공여체 → H_2O 또는 H_2S 　ⓐ H_2O (녹색식물, 조류, Cyanobacteria) 　ⓑ H_2S (홍색황세균, 녹색황세균, Cyanobacteria)	〈광(유기) 영양계〉 ㉠ 이화작용의 에너지 → 태양광으로부터 얻음 ㉡ 홍색비황세균
화확 영양계 (Chemotroph)	〈화확(무기) 영양계〉 ㉠ 이화작용의 에너지 → 산화·환원반응으로부터 얻음 ㉡ 이화작용시 수소(H) 공여체 → 무기물질 ㉢ 이화작용시 수소(H) 수용체 → 무기물질 　ⓐ 가능한 공여체(H_2, NH_3, HNO_2, Fe^{2+}, CO, H_2S, S) 　ⓑ 가능한 수용체(O_2, HNO_3, H_2SO_4	〈화학(유기) 영양계〉 ㉠ 이화작용의 에너지 → 산화·환원반응으로부터 얻음 ㉡ 수소(H) 공여체 → 유기물질 ㉢ 수소(H) 수용체 → 유기물질 * 활성 슬러지, 탈질산화, 생물막 등에 관여하는 많은 미생물군

산소는 광합성 색소인 박테리오클로로필(Bacteriochlorophyll)과 카로티노이드(Carotenoid)의 합성에 해롭다. 시안세균과 조류에서 전자공여체는 H_2O인데 광합성 세균에서 전자공여체는 H_2S이며 일부 시안세균은 전자공여체로 H_2S를 이용하여 환원된 황화합물(S^0)을 세포 밖에 축적시킨다.

광영양세균은 대략 60여 종이 있는데 크게 자색세균과 녹색세균으로 구분된다. 자색세균은 박테리오크롤로필 a (825~890nm에서 최대흡수)와 b(1,000nm에서 최대흡수)를 포함하지만 녹색세균은 박테리오크롤로필 a, d, e를 포함하여 705nm와 755nm 사이의 파장을 갖는 빛을 흡수한다. Chromatiaceae, chlorobiaceae 등의 광영양세균은 탄소원으로 CO_2를 사용하고 에너지원으로 빛을 그리고 전자공여체로 H_2S, S^0 같은 환원된 황화합물을 이용한다.

S^0는 녹색세균의 경우 세포 안쪽에 그리고 자색세균의 경우 바깥쪽에 각각 축적된다.

광종속영양세균(Photoheterotroph 또는 Photoorganotroph)은 빛으로부터 에너지를 얻거나, 탄소원과 전자공여체로서 유기화합물을 이용하는 모든 통성종속영양체(Facultative heterotrophs)를 포함한다. 자색비황산세균(Purple nonsulfur bacteria)인 rhodospirillaceae는 전자공여체로서 유기화합물을 이용한다.

화학영양체(Chemotroph) 미생물은 무기·유기화합물의 산화에 의해 에너지를 얻는데, 영양관계에 따라 무기영양체(Lithotrophs or Chemotrophs)와 종속영양체(Heterotrophs or organotrophs)로 세분된다.

무기영양체(Lithotrophs)는 탄소원으로 이산화탄소를 사용하며, 에너지원으로 NH_4, NO_2^-, H_2S, Fe^{2+} 또는 H_2 같은 무기화합물을 산화시켜 필요한 에너지(ATP)를 얻는다. 그들 대부분은 호기성이다.

질화세균(Nitrifying bacteria)은 토양, 물, 폐수에 널리 분포하며 암모늄을 질산염으로 산화한다.

$$NH_4^+ \xrightarrow{\textit{Nitrosomonas}} NO_2^- \xrightarrow{\textit{Nitrobacter}} NO_3^-$$

황산화세균(Sulfur − oxidizing bacteria)은 에너지원으로 황화수소(H_2S), 원소상의 황(S^0) 또는 티오황산염($S_2O_3^{2-}$)을 이용한다. 그들은 매우 낮은 산성조건(pH 2 또는 그 이하)에서 자랄 수 있다. 원소상의 황이 황산염으로 산화되는 과정은 다음과 같다.

$$S + 3O_2 + 2H_2O \xrightarrow{\textit{Thiobacillus thiooxidans}} 2H_2SO_4 + \text{에너지}$$

철세균(iron bacteria)은 호산성으로서 Fe^{2+}를 Fe^{3+}으로 산화시켜 에너지를 얻으며 황을 산화시킬 수 있는 세균(예: *Thiobacillus ferroxidans*)을 포함한다. 어떤 세균(예: *Sphaerotilus natans*, *Leptothrix ochracea*, *Crenothrix*, *Clonothrix*, *Gallionella ferruginea*)들은 중성 pH에서 Fe^{2+}을 산화한다.

수소세균(Hydrogen bacteria, 예: *Hydrogenomonas*)은 에너지원으로 H_2를 이용하고 탄소원으로 CO_2를 이용한다. 수소산화는 Hydrogenase 효소에 의해 촉매되는데, 이들 세균은 유기화합물의 존재하에서도 자랄 수 있기 때문에 통성 무기영양체(Facultative lithotroph)이다.

종속영양체(Heterotrophs or organotrophs)에는 세균, 진균, 원생동물을 포함하는 미생물들 가운데 가장 흔한 영양성군이다. 종속영양성 미생물은 유기물질의 산화로부터 에너지를 얻는다. 유기화합물은 에너지원과 탄소원으로 제공된다. 이 군은 환경에 존재하는 대다수의 세균, 진균과 원생동물을 포함한다.

이들 미생물은 환경인자인 용존산소(DO), 온도 등에 따라서도 분류하는데, 세포의 유지와 합성에 필요한 전구물질을 얻기 위하여 필요로 하는 산소의 유무에 따라 호기성 미생물(Aerobic microbes), 혐기성 미생물(Anaerobic microbes), 임의성 미생물(Facultative microbes)로 분류한다.

또한, 온도에 따라 고온성 미생물(Thermophilic microbes), 중온성 미생물(Mesophilic microbes), 저온성 미생물(Psychrophilic microbes)로 분류된다(그림 8.11).

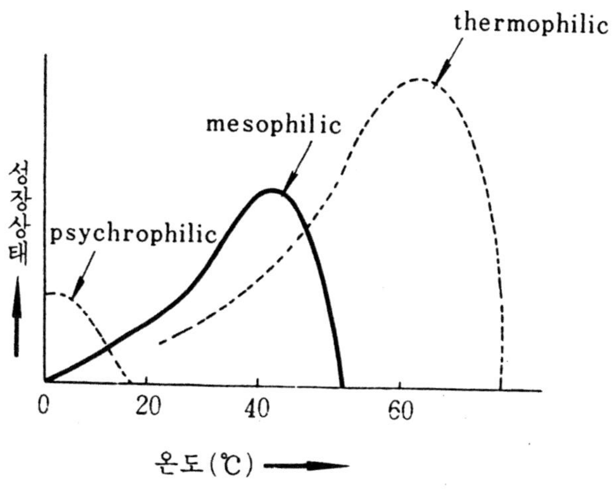

그림 8.11. 미생물 온도와의 관계.

8.4 효소반응 속도론

8.4.1. 생화학 반응

생체에서는 화학반응이 끊임없이 일어나고 있다. 이 화학반응은 생물체를 구성하고 있는 성분을 만드는 합성반응과 이들 생물체를 구성하고 있는 생체성분을 분해하는 분해반응으로 되어 있다. 생물의 이런 반응을 생화학 반응이라고 한다.

생체 구성성분을 합성하는 반응은 동화반응(Metabolism)이라고 한다. 대표적인 동화반응은 광합성 반응이다. 광합성 반응은 식물 잎에 빛이 쪼이면 잎 속의 엽록소가 빛 에너지를 받아서 이산화탄소와 물에서 당질을 만들고 산소를 활성화한다.

생체 구성성분을 분해하는 반응은 이화반응(Catabolism)이라고 한다. 대표적인 반응은 호흡이다. 호흡은 산소의 존재하에서 포도당이 이산화탄소와 물로 완전히 분해되는 반응이다. 호흡은 효소의 하나로 이루어지는 것이 아니고 많은 효소가 연속하여 이루어지는 복합적인 반응이다. 호흡은 호기적인 당대사과정이라고도 할 수 있다.

효소는 생명활동을 유지하는 데 필요한 여러 생화학반응을 빠르게 하는 촉매이다. 촉매라는 점에서는 다른 화학촉매와 같으며, 실험관 중에서도 작용할 수 있다. 그러나 효소가 존재하는 생체는 실험관과는 비교할 수 없이 복잡하며, 그런 환경에서도 생명활동을 촉매하면서 제어하기도 하는 사명을 어김없이 수행하고 있다.

생물이 이루는 생화학 반응, 합성반응, 분해반응은 공업화학 반응에 비해 훨씬 낮은 온도와 수소이온 농도에서 이루어진다. 생체촉매인 효소의 작용에 의하기 때문이다. 예로서, 콩과 식물이나 미생물이 공중질소를 고정화하는 반응은 상온, 상압하에서 효율이 높게 이루어지는 데 반해, 화학공업에서는 공중질소에서 암모니아를 만드는 데 촉매 존재하에 450℃, 200기압의 고온고압이 필요하다.

생물반응의 또 하나의 특징은 매우 복잡한 연속 반응에서도 질서 정연한 점이다. 그리고 생물체에서는 에너지 손실을 최소로 하기 위해 합성반응과 분해반응이 효과적으로 조합되어 있다.

생화학 반응의 촉매는 효소이다. 생화학반응은 대부분 가역반응으로 효소는 가역방향 양쪽을 촉매하는 것이 많다(그림 **8.12**). 촉매란 자신은 변하지 않고 화학반응의 속도를 빠르게 하는 물질이다. 효소는 생물이 살아가기 위해 음식을 먹고, 소화하고, 호흡하여 에너지를 만들어 내고, 에너지를 사용하여 운동하고, 심장을 박동시켜 혈액을 순환시키고, 성장하고, 신진대사를 하는 화학반응을 촉매한다.

생체에서는 수천 가지의 화학반응이 동시에 진행되고 있다. 효소가 촉매하는 화학반응은 화학공장이나 실험실에서의 반응과 다른 특징을 갖고 있다.

첫 번째는 온도이다. 생체의 화학반응은 37℃ 이하의 낮은 온도에서 이루어진다. 그러나 공장이나 실험실의 화학반응은 보일러나 히터로 수백 도, 수천 도로 가열하여야 하는 경우가 많다. 이같이 효소는 에너지적으로 매우 효율 높다.

두 번째는 중성 pH에서 반응이 진행된다는 점이다. 생체의 pH는 중성 가까이 유지되고 있다. 생체 내 화학반응은 대부분 중성부근에서 이루어진다. 그러나 공장이나 실험실의 화학반응은 강한 산이나 강한 알칼리 조건이 필요한 경우가 많다.

세 번째는 생체에서는 수천 종류의 화학반응이 서로 다른 반응에 영향을 주지 않으면서 질서 정연하게 동시에 진행되고 있다는 점이다. 이것은 효소가 복적 반응만을 촉매하며 다른 반응에는 관여하지 않기 때문이다. 그러나 화학반응에서는 화학촉매를 사용하여도 많은 반응을 동시에 각각 진행시킬 수 없다.

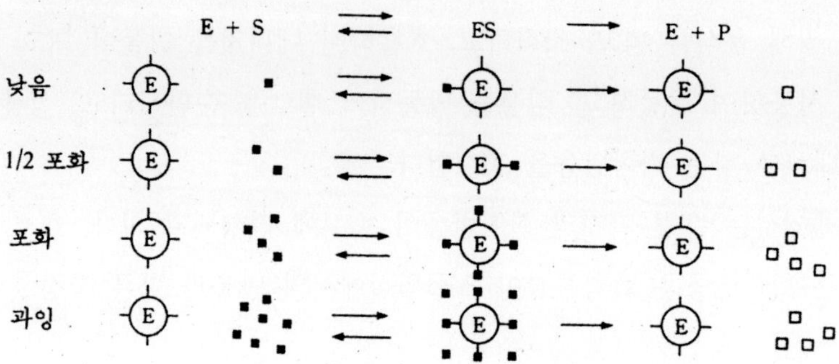

그림 8.12. 효소의 촉매부위와 기질농도.

효소의 반응속도는 효소농도, 기질농도에 따라 다르다.

기질농도를 일정하게 하면 반응속도는 효소농도에 비례한다. 효소농도가 일정할 때 기질농도를 점차 높이면 처음에는 반응속도가 기질농도에 비례하여 커지지만, 일정 값을 넘으면 포화되어 일정 값에 달한다. 기질저해가 있을 경우, 반응속도는 일정 기질농도에서 최대치를 나타내고 그 이상에서는 작아진다.

효소농도를 일정하게 하고 기질농도를 변화시켰을 때, 기질농도가 높으면 0차 반응이고 기질농도가 낮으면 1차 반응이다. 즉 반응속도는 기질농도에 비례한다(그림 8.13).

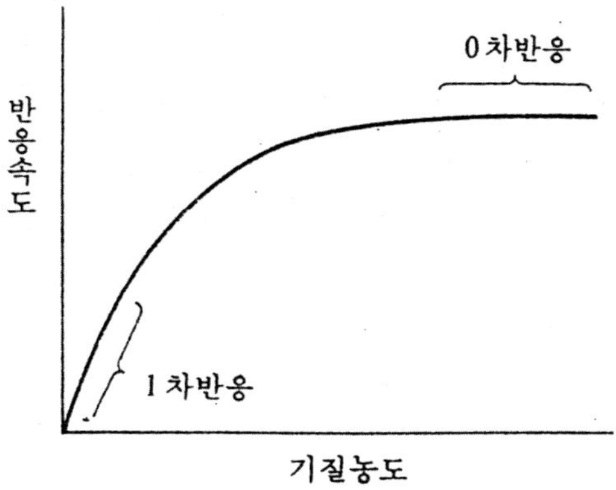

그림 8.13. 기질농도와 반응속도.

기질농도가 낮으면 효소의 촉매부위는 기질로 포화되지 않는다. 그래
서 기질농도가 높아질수록 효소기질 복합체 농도는 비례적으로 증가한다
(그림 8.14). 따라서 효소의 반응속도 v는 기질농도에 비례하게 된다. 따
라서 기질농도가 낮은 경우는 효소반응은 기질에 대해 1차 반응이 된다.

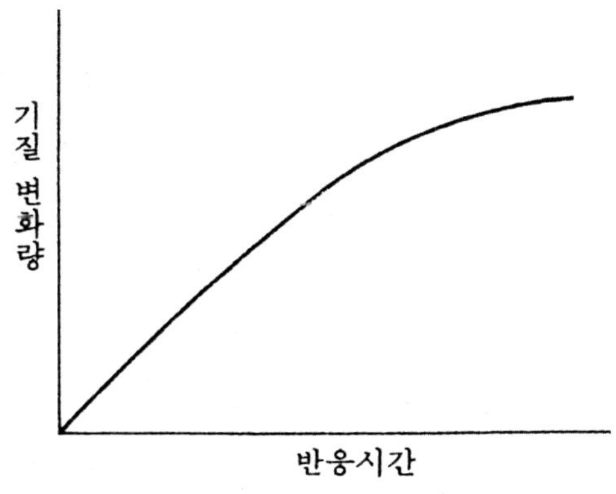

그림 8.14. 효소 반응과 시간.

다시 말해서 반응속도는 직선의 기울기에서 구할 수 있다. 직선에서 벗어나는 것은 기질이 소비되어 부족하게 되었거나, 효소가 변성하여 활성이 변하였거나, 생성물이 효소를 저해하기 때문이다. 기질이 충분하고 반응이 시간과 함께 직선적으로 진행되는 경우는 효소의 양을 두 배, 세 배……로 증가시켜 나가면 반응속도도 두 배, 세 배……가 된다. 즉 효소와 반응속도는 비례한다(그림 8.15). 활성은 이런 비례 조건에서 측정해야 한다.

기질이 충분한 조건에서는 기질의 농도를 증가시켜도 반응속도에는 변화가 없다. 즉 화학반응으로는 0차 반응이다.

효소의 활성측정 방법에는 검압법, 효소전극법, 분광학적 방법, pH 스타트법, 형광법, 효소적 사이클링법, 면역학적 방법, 자동분석법 등이 있다.

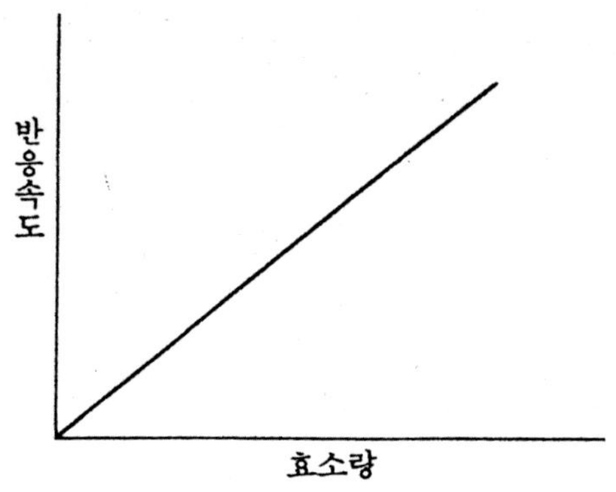

그림 8.15. 기질의 충분한 때의 효소량과 반응속도.

8.4.2. 효소의 반응속도

효소는 촉매작용을 하는 단백질 복합체이다. 일정농도의 효소(E)존재하에서 제한기질(S)의 농도에 따라 기질과 효소는 복합체(ES)를 형성하여 촉매작용을 한다.

효소의 반응속도는 제한기질의 농도에 비례하여 증가하나(1차 반응), 제한기질의 농도가 매우 높으면 효소는 기질에 포화되어 반응속도에는 변화가 없다(0차 반응). 따라서 효소의 활성은 이런 비례조건에서 측정한다.

다시 말해서, 반응속도의 결정단계는 전체 반응속도에서 가장 큰 영향을 미치는 반응 메커니즘의 가장 느린 단계인 1차 반응에서 0차 반응으로 진행되는 단계가 된다.

0차 반응단계에서는 반응 메커니즘의 정반응 속도와 역반응 속도(ES의 생성과 붕괴)가 같으며, 더 이상 반응물질과 생성물질의 농도가 변하지 않고 각각 일정하게 유지되는 평형상태가 된다. 왜냐하면 평형상태에 도달하기까지 반응물질은 점점 줄어드나 생성물질은 점점 많아지기 때문이다.

따라서 반응속도는 중간생성물(ES)의 정반응 속도와 역반응 속도가 일치하는 평형상태에서 결정한다(그림 8.16).

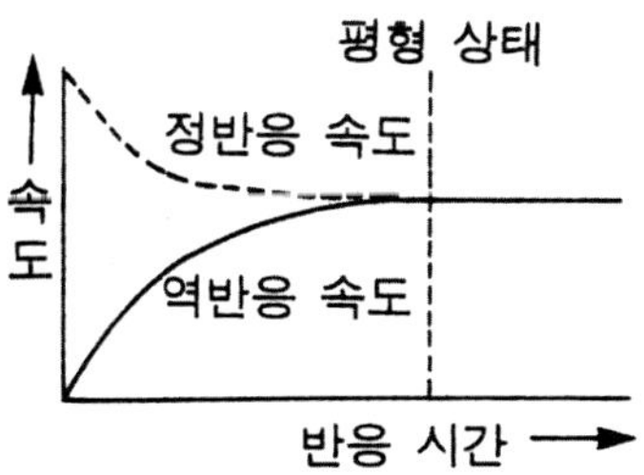

그림 8.16. 정−역반응 속도의 평형상태.

실제 효소반응에 있어서 일정 농도의 효소존재하에서 그 효소의 반응속도 v와 기질의 농도[S] 간의 관계를 그래프로 그려보면 그림 8.17과 같은 그림을 얻는다.

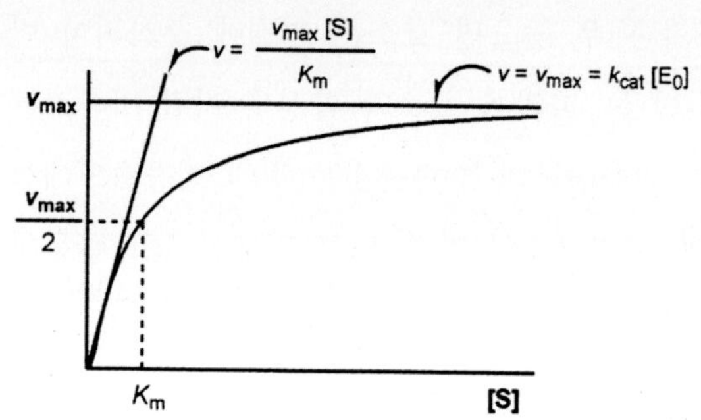

그림 8.17. Michaelis－Menten 속도식에 따라 진행되는 효소촉매반응
의 반응속도(v)와 기질의 농도[S] 간의 상관관계.

이 그림 8.17에서 볼 때 반응속도 v는 [S]가 적을 때는 [S]에 거의 직선적인 비례로 증가하나, [S]가 높아지면 이러한 관계는 깨어짐을 알 수 있다. 이러한 효소의 반응속도론적 특성을 설명하기 위하여 1913년에 Lenor Michaelis와 Maud Menten은 효소가 촉매작용을 발휘하기 위해서는 우선 촉매가 기질과 결합하여 복합체 ES를 형성해야 한다고 제의하고 이 관계를 다음과 같은 식으로 표현하였다.

$$E + S \underset{k_2}{\overset{k_1}{\rightleftharpoons}} ES \xrightarrow{k_3} E + P \tag{8.1}$$

이 식에서, 촉매속도는

$$v = k_3\,[ES] \tag{8.2}$$

복합체 ES의 생성속도

$$k_1 [E][S] \qquad (8.3)$$

복합체 ES의 붕괴속도는

$$k_2 [ES] + k_3 [ES]$$

$$\therefore \quad (k_2 + k_3)[ES] \qquad (8.4)$$

여기서 정류상태(steady state)에서의 촉매속도는 생각해 보자. 정류상태는 복합체의 생성속도와 붕괴속도가 같은 상태(S와 P의 농도는 변하나 ES의 농도는 일정한 상태)로서 이 상태, 즉 정반응과 역반응의 평형상태에서는 다음과 같다.

$$k_1 [E][S] = (k_2 + k_3)[ES] \qquad (8.5)$$

이 식을 재배열하면

$$[ES] = \frac{[E][S]}{(k_2 + k_3)/k_1} \qquad (8.6)$$

식 (8.6) 중에서

$$\frac{(k_2 + k_3)}{k_1} = K_m \qquad (8.7)$$

이라 하면

$$\frac{[E][S]}{K_m} = [ES] \qquad (8.8)$$

으로 표현되는데, 이때 K_m을 Michaelis 상수 또는 ES의 해리상수, 기질상수이다. 여기서 효소농도를 기질농도와 비교해서 훨씬 낮은 경우를 생각하여 보면 자유상태(비결합)의 기질농도[S]는 전체 기질농도와 거의 같다고 볼 수 있고, 결합하지 않은 효소농도[E]는 식 (8.9)로 표현된다.

$$[E] = [E_T] - [ES] = [총\ 효소농도] - [복합체] \qquad (8.9)$$

식 (8.9)에서 $[E_T]$는 총효소 농도(total enzyme concentration)이다.

식 (8.9)를 (8.8)에 대입하면

$$[ES] = \frac{([E_T] - [ES])\,[S]}{K_m} \tag{8.10}$$

(8.10)을 풀어서 정리하면

$$[ES]K_m = [E_T][S] - [ES][S]$$

$$([S] + K_m)[ES] = [E_T][S] \tag{8.11}$$

따라서

$$[ES] = [E_T]\,\frac{[S]}{[S] + K_m} \tag{8.12}$$

식 (8.12)를 (8.2)에 대입하면

$$v = k_3[ES]$$

$$v = k_3[E_T]\frac{[S]}{[S] + K_m} \tag{8.13}$$

여기서 최대속도 v_{max}는 효소의 작용처가 기질로 포화된 상태하에서의 속도로서 $[S]$가 K_m보다 훨씬 커서 $[S]/([S] + K_m)$이 1에 접근하는 때의 속도이다. 즉 v_{max}에 접근하는 때의 속도이다.

따라서

$$v_{max} = k_3[E_T] \tag{8.14}$$

식 (8.14)를 (8.13)에 대입하면 식 (8.15)를 얻는다.

$$v = v_{max}\frac{[S]}{[S] + K_m} \tag{8.15}$$

식 (8.15)를 Michaelis – Menten 식이라 부르는데, 이 식은 그림 **8.17**의 키네틱 데이터를 표현하는 식으로서, 효소반응에 있어서 기질농도 간의 관계를 보여주는 효소반응 속도론의 기본식이다.

만약 기질농도[S]가 K_m보다 훨씬 낮으면, 즉 $[S] \ll K_m$이면 식 (8.15)는

$$v = [S]\, \frac{V_{max}}{K_m} \tag{8.16}$$

로 되는데, 이것은 기질농도가 낮을 때 촉매속도는 기질농도[S]에 정비례 관계에 있다는 것을 의미한다.

반대로 기질농도[S]가 K_m보다 훨씬 클 때, 즉 $[S] \gg K_m$의 경우

$$v = V_{max} \tag{8.17}$$

로서 효소반응에서 기질농도가 높을 때에는 기질농도에 무관하게 반응속도는 자연적으로 최대속도가 된다.

또, $[S] = K_m$이면 $v = 1/2V_{max}$가 된다.

따라서 Michaelis 상수 K_m은 한 효소반응에서 반응속도가 그 효소반응의 최대반응속도 절반(1/2)일 때 기질의 농도를 의미한다. 이것은 K_m가 전체 효소활성부위의 반(1/2)이 기질과 결합했을 때의 기질농도라고 볼 수 있는 것으로 보통 $10^{-2} \sim 10^{-5}$ M의 값을 갖는다. 따라서 K_m을 알면 어떤 기질의 일정 농도하에서의 활성부위 점유율 f_{ES}를 다음 식으로부터 용이하게 계산할 수 있다.

$$f_{ES} = \frac{V}{V_{max}} = \frac{[S]}{[S] + K_m} \tag{8.18}$$

따라서 K_m은 pK_a와 같이 외견상의 값으로서 효소의 속도론에서 매우 중요한 상수이다. 효소반응에서 K_m의 값이 크다는 것은 효소를 절반 포화시키기 위해 높은 기질농도가 요구됨을 뜻하는 것으로 효소가 그 기질에 대하여 큰 친화력을 가지고 있지 않음을 의미한다. 반대로 Michaelis

상수의 값이 작다 함은 기질이 효소와 용이하게 결합함을 의미한다.

Michaelis 상수는 비교적 간단히 실험적으로 구할 수 있다. 앞의 Michaelis –
Menten 식(8.15)의 양변을 역수로 취하고 정리하면 직선관계 방정식인
(8.19)로 된다.

$$v = v_{max} \frac{[S]}{[S] + K_m}$$

$$\frac{1}{v} = \frac{K_m + [S]}{v_{max}[S]}$$

$$\frac{1}{v} = \frac{K_m/ + [S] + 1}{v_{max}}$$

$$\frac{1}{v} = \frac{K_m}{v_{max}[S]} + \frac{1}{v_{max}} \tag{8.19}$$

위의 식 (8.19)는

y = 1/b,

a = K_m/V_{max}

b = $1/v_{max}$에 해당하는 y = ax + b형의 직선방정식으로 볼 수 있고 그림
8.18과 같이 표시되는데, 이를 Lineweaver – Burk plot이라 부른다. 식
(8.19)는 실험적으로 K_m과 v_{max}를 산출하는 데 널리 이용되는 중요한 수
식이다.

Lineweaver – Burk plot은 또한 효소억제제의 억제 양식을 규명하는 데
에도 이용된다.

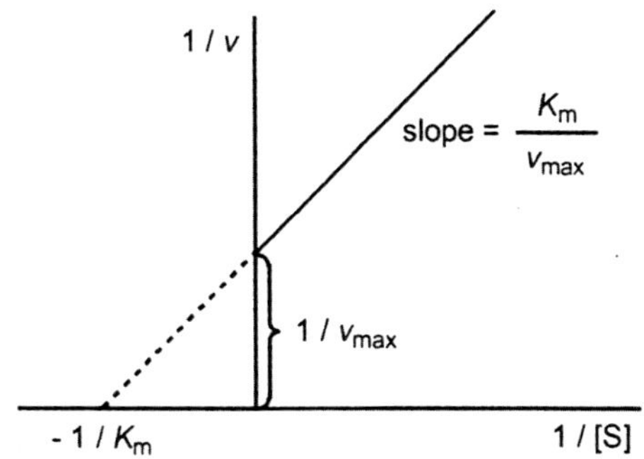

그림 8.18. K_m과 v_{max} 산출에 이용되는 Lineweaver – Burk plot.

8.4.3. 효소반응 억제제

효소반응에서 저해물질이 있는 경우 억제작용은 가역적인 작용과 비가역적인 작용의 두 종류로 대별할 수 있다.

비가역적(Irreversible) 억제작용이란 억제제가 효소와 공유결합과 같은 매우 견고한 결합을 형성하고 효소작용을 영구적으로 소멸시키는 것을 말한다.

가역적(Reversible) 억제작용에서는 효소와 억제제 간에 신속한 평형(Equilibrium)이 형성된다. 다시 가역적 억제제는 결합부위 및 방법에 따라 경쟁적(Competitive), 비경쟁적(Noncompetitive), 무경쟁적(Uncompetitive) 억제제로 분류된다(그림 8.19).

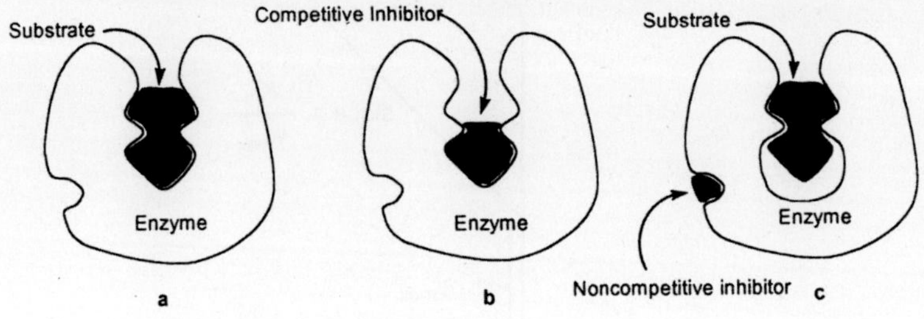

그림 8.19. 경쟁적 억제제와 비경쟁적 억제제의 차이.

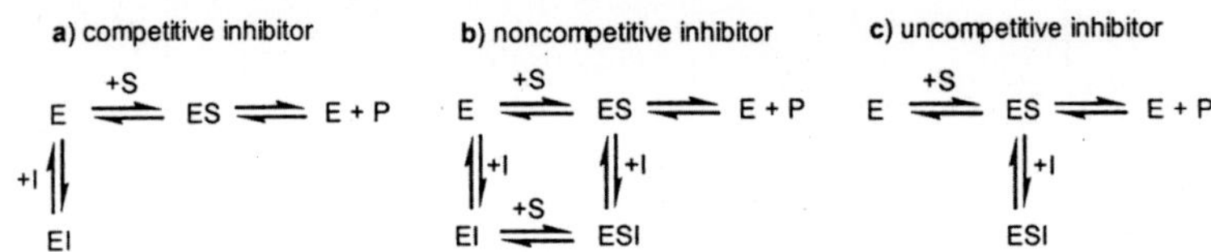

그림 8.20. 억제제와 기질, 효소의 작용양식.

경쟁적 억제제(Competitive inhibitor)는 보통 기질과 유사한 분자구조의 물질로서 기질과 경쟁적으로 효소활성부위에 결합하여 기질이 효소와 작용할 수 있는 기회를 감소시킴으로써 효소의 촉매반응속도(v)를 저하시킨다(그림 8.19b, 8.20a).

그러나 이 경우 기질농도를 증가시키면 효소반응 속도는 처음과 같이 회복될 수 있다. 즉 경쟁적 억제제는 표면적으로 기질의 K_m을 증가시키지만 효소반응의 v_{max}에는 영향을 주지 못함으로써 그림 8.21과 같은 Lineweaver Burk plot을 보인다. 이 같은 현상은 억제제와 기질이 경쟁적으로 효소활성 부위에 결합하므로 효소억제제가 없을 때와 같은 정도의 복합체 농도[ES]를 유지하기 위해서는 더 높은 기질농도[S]가 요구됨을 의미한다.

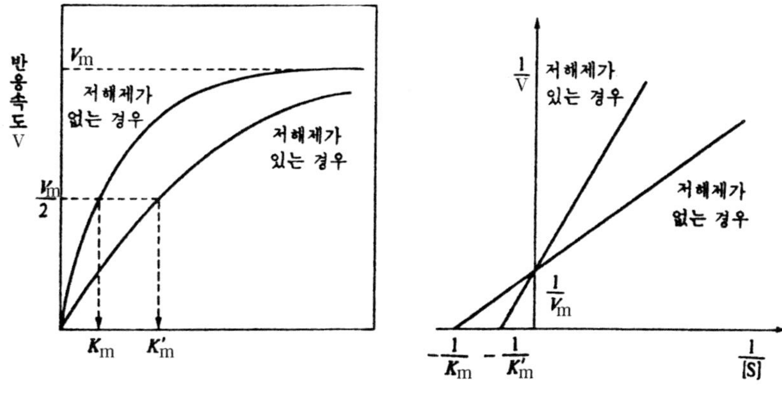

그림 8.21. 경쟁적 저해의 역수 플롯.

비경쟁적 억제제(Noncompetitive inhibitor)와 무경쟁적 억제제(Uncompetitive inhibitor)는 기질과 다른 부위에 결합하여 효소활동을 저해한다(그림 8.19c). 비경쟁적 억제작용 및 무경쟁적 억제작용 역시 가역적이기는 하나, 이 경우에 있어서는 억제제의 결합부위가 기질의 결합부위와 다르므로 억제제와 기질이 한 효소분자에 동시에 결합할 수 있다(그림 8.19c). 따라서 이들 억제제가 존재할 경우 아무리 높은 농도의 기질로도 억제제의 작용은 극복될 수 없고, 결과적으로 효소반응의 V_{max}가 저하된다. 기질-효소 복합체나 자유효소에 다같이 결합하여 억제효과를 나타내는 것을 비경쟁적 억제제라고 하며(그림 8.20b), 이 경우 V_{max}를 저하시키고 K_m에는 영향을 주지 않는다(그림 8.22).

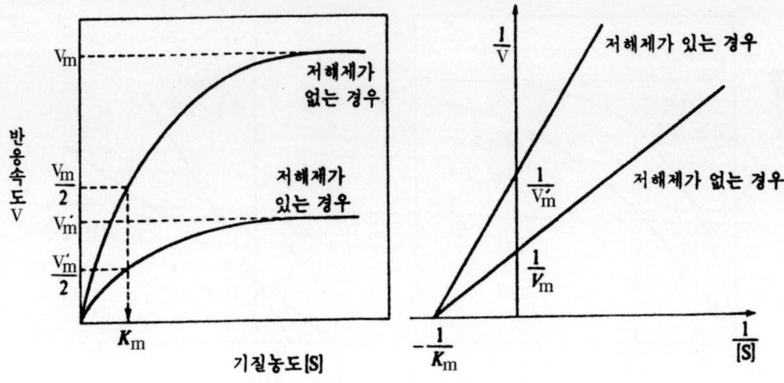

그림 8.22. 비경쟁적 저해의 역수 플롯.

한편 기질－효소 복합체에만 작용하여 효소－기질－억제제 복합체를 형성함으로써 그 억제효과를 나타내는 것을 무경쟁적 억제제라고 하며(그림 8.20c), 무경쟁적 억제제의 첨가는 효소반응의 V_{max}를 저하시키고 외형상으로 기질의 K_m을 증가시킨다(그림 8.23).

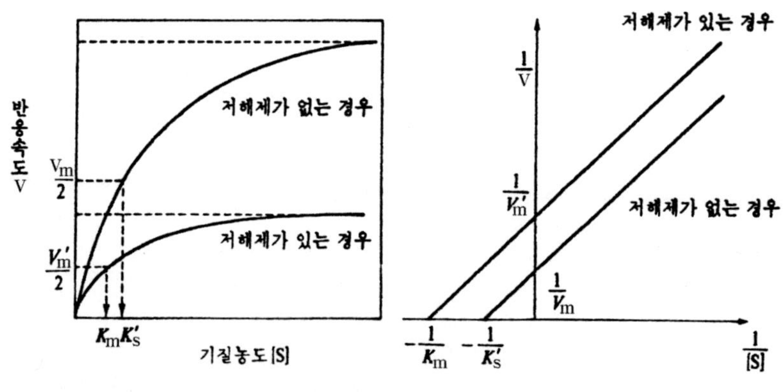

그림 8.23. 무경쟁적 저해의 역수플롯.

 미생물의 생장속도론

8.5.1. 미생물의 생장

미생물의 생장(Growth)은 미생물 수의 증가로 정의한다. 미생물의 생장 중에서도 대부분이 세균의 생장에 관한 것이기 때문에 여기서는 세균의 생장에 대하여 다루기로 한다.

세균 같은 원핵세포는 주로 이분법(Binary fission)에 의해서 증식한다. 2개의 세포가 하나의 세포에서 발생한다는 것을 나타내기 위하여 이분(Binary)이라는 단어를 사용한다.

한 세대 생장주기의 시간[즉, 세대시간(Generation time) 혹은 배가시간(Doubling time)]은 세균에 따라 다르다. *E. coli*의 경우 적절한 조건에서 세대시간은 20분이고 하루 만에 한 마리의 대장균은 109마리가 된다. 대부분 미생물의 세대시간은 20분에서 수시간에 이른다.

미생물 집단의 생장은 세포의 수적인 증가로 정의하며, 세포질량의 증가로도 측정할 수 있다. 생장률(Growth rate)은 단위시간(Unit time)당 세포 수나 질량의 승가를 의미한다.

8.5.2. 회분식 배양(Batch culture)

(1) 유도기(Lag phase)

미생물을 새로운 배지에 접종하면 생장이 즉시 일어나지 않고 일정한 시간이 지난 후에 생장이 시작된다. 이 기간을 유도기 혹은 지연기라 하며, 유도기는 새로운 환경에 세포가 적응하는 기간이다. 이때 세포 내에서 생화학물질을 생성하고 크게 불어난다.

대수기에 있는 미생물을 동일한 조성의 배지에 접종하면 유도기 없이 새로운 배지에서도 대수기가 유지된다. 그러나 장시간 보관한 미생물(정지기의 미생물), 즉 손상된 미생물은 조효소나 왕성한 생장에 필요한 물질을 만들기 위하여 유도기가 필요하다. 유도기에 미생물의 숫자는 증가하지 않으나 미생물의 내부에서는 활발한 생화학반응이 일어나 세포의 분열을 준비하는 단계이다.

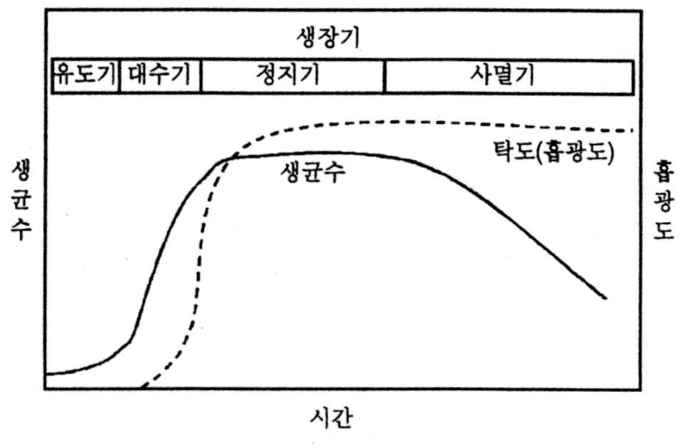

그림 8.24. 미생물의 성장곡선.

(2) 대수기(Log phase)

대수기[대수생장기(Log phase), 지수생장기(Exponential phase)] 동안 미생물의 수는 대수적(즉 기하급수적으로 늘어난다)으로 증가한다. 이 기간 동안 대수 생장률은 미생물의 종류와 온도나 배지조정과 같은 생장조건에 따라 다르다.

좋은 조건에서 *E. coll* 같은 세균의 수는 매 20분마다 2배가 된다.

비생장속도(μ, Specific growth rate)는 다음과 같이 정의한다. 미생물 단위무게당(단위 농도 혹은 미생물 단위 수) 시간의 변화에 따라서 미생물의 무게가 어떻게 증가하는가를 의미한다.

$$\frac{dX}{dt} = \mu X \tag{8.20}$$

$$\mu = \frac{1}{X} \; \frac{dX}{dt} \;\; \text{혹은} \;\; \mu = \frac{1}{N} \; \frac{dN}{dt}$$

이 식을 이용하기 위하여 자연대수(Natural Logarithms)를 사용하여 적분하면 식 (8.21)이 된다.

$$\frac{dX}{dt} = \mu X$$

$$\frac{dX}{X} = \mu \, dt$$

$t = 0$일 때 $X = X_o$이므로

$$\int_{Xo}^{Xt} \frac{dX}{X} = \mu \int_{o}^{t} dt$$

$$[\ln X]_{X_o}^{X_t} = \mu \, [t]_o^t$$

$$\ln X_o + \ln X_t = \mu t$$

$$X_t = X_o\, e^{\mu t} \tag{8.21}$$

여기서, μ: 비생장속도(hr^{-1})

    X_t: 시간 t이후 세포농도($t = t$)

    X_o: 초기 세포농도($t = 0$)

    N: 세포 수

또한 식 (8.21) 중에서 μ를 다음과 같이 나타낼 수 있다.

$$\ln X_t = \ln X_o + \mu\, t \;\Rightarrow\; \mu = \frac{\ln X_t - \ln X_o}{t}$$

$$\mu = \frac{\ln \dfrac{X_t}{X_o}}{t} \tag{8.22}$$

시간 t대신에 평균세대시간(Generation time) t_d를 사용하면 $X_t = 2X_o$ 이므로 μ는 식 (8.23)과 같이 나타낼 수 있으며, μ는 평균세대시간 t_d와 관련이 있다.

$$\mu = \frac{\ln 2}{t_d} = \frac{0.693}{t_d} \tag{8.23}$$

대수기의 세포는 다른 증식기에서의 세포보다 물리적, 화학적 요인에 더욱 민감하다. 대수기에서 비생장속도 μ는 일정하며, 일반적으로 제한기질 농도, 최대생장속도, 기질특이상수에 따라서 달라진다.

$$\mu = \frac{1}{X}\frac{dX}{dt} \;\text{혹은}\; \mu = \frac{1}{N}\frac{dX}{dt} = \text{const.} \tag{8.24}$$

미생물이 생장하기 위해서는 필요한 영양분을 공급해야 하며, 다른 영양분을 공급하더라도 그중 한 성분만 부족하면 그로 인하여 생장에 제한을 받는다. 이 영양분을 제한기질(Limiting substrate)이라 한다. 즉 미생물의 생장속도는 제한기질의 농도에 좌우된다. 이를 그림 **8.25**에 나타내었다.

그림에서 보는 바와 같이 비생장속도와 제한기질 농도와의 관계는 전형적인 포물선이며, 이는 Langmuir 흡착등온식(1918년), Michaelis와 Menten(1913년)이 수학적으로 유도한 효소－기질반응의 Michaelis－Menten 식과 같은 유형이다. 따라서 1942년 Monod는 미생물의 생장속도와 제한기질 농도와의 관계를 다음과 같이 제안하였다.

Monod 식

$$\mu = \frac{\mu_{max} S}{K_s + S} \tag{8.25}$$

여기서, μ_{max}: 최대비생장속도(hr^{-1})

S: 제한기질농도(mg/ℓ)

K_s: Monod 상수(반포화 상수, $\mu_{max}/2$일 때의 S값)

식(8.25)의 Michaelis－Menten식은 이론적으로 유도된 식이나 Monod식은 실험적으로 만들어진 식이다.

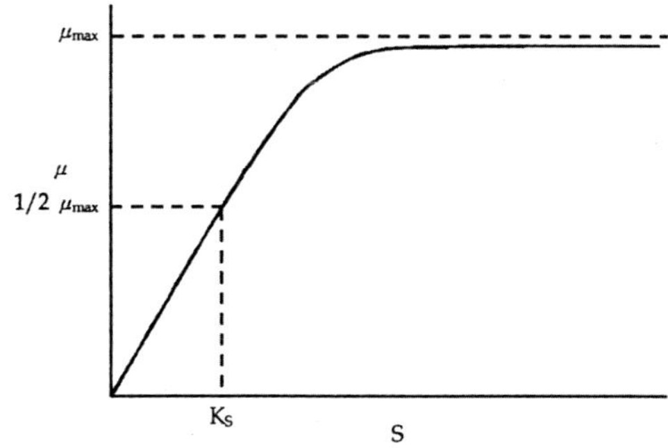

그림 8.25. 비생장속도와 제한기질 농도와의 관계.

효소 – 기질반응과 마찬가지로 제한기질이 저농도일 때 비생장속도 μ는 기질농도에 비례한다(1차 반응속도). 반면 제한기질이 고농도일 때 μ는 μ_{max}에 도달하며 기질의 농도변화와 관계없다(0차 반응속도).

μ_{max}, K_s는 온도, 탄소원의 종류 및 다른 요소들에 의하여 정해지는 상수로 Michaelis – Menten 식의 상수 V_{max}, K_m을 구한 것과 같이 식 (8.25)의 역수를 취하여 Lineweave – Burk plot에서 구할 수 있다.

$$\frac{1}{\mu} = \frac{K_S}{\mu_{max}} \frac{1}{S} + \frac{1}{\mu_{max}} \tag{8.26}$$

$1/\mu$ 대 $1/S$의 그림을 그리면 직선이 되고 기울기 $a = K_s/\mu_{max}$, y축의 절편 $b = 1/\mu_{max}$에서 μ_{max}와 K_s를 직접 얻을 수 있다(그림 **8.26**). 여기서, a, b 값은 최소자승법에 의하여 구할 수가 있다.

폐수에서 발견되는 각 화합물의 K_s값은 보편적으로 $0.1 \sim 1.0 \mathrm{mg}/\ell$ 이다.

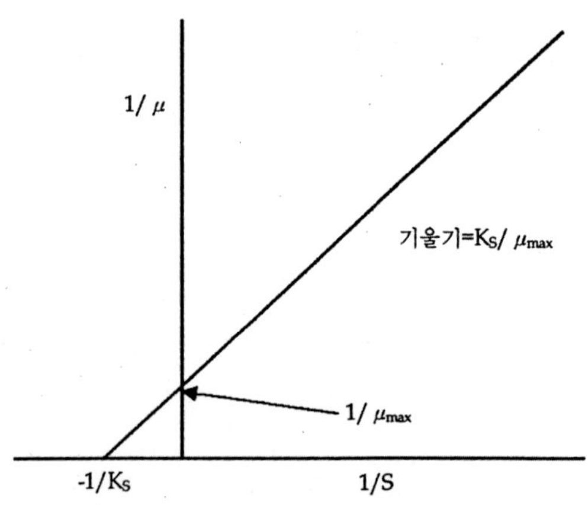

그림 8.26. Monod식의 Lineweave – Burk plot.

(3) 정지기(Stationary phase)

대수기가 지나면 세포는 생장속도가 감소하는 단계, 즉 전이기(Transition phase)를 지나게 된다. 다시 세포는 영양소와 전자수용체의 부족, pH의 변화, 독성 대사물질의 생산과 축적으로 인하여 세포는 무한정 자랄 수 없고 정지기 혹은 정상기(Stationary phase)에 도달한다. 이 정상기에서 효소와 항생물질 등의 2차 대사물질(Secondary metabolites)이 생성되며, 내생포자를 형성하는 세포는 포자를 형성한다. 세포외 효소(Extracellular enzyme)는 대수기 말부터 정지기에 걸쳐 나타난다. 회분식 배양에서 세포 수는 최대이며 세포생장과 사멸로 생균수는 일정하나 전체 균수는 증가한다.

(4) 사멸기(Death phase)

사멸기에서 미생물 집단의 사멸율은 생장비율보다 더 높다. 따라서 사멸세포 수가 증가하고 세포의 사멸도 대수적으로 진행되기 때문에 반 대수 그래프에서는 시간의 경과에 따라서 직선적으로 감소한다.

사멸의 원인은 복잡하며, 사멸의 원인과 속도는 균의 종류와 배양조건에 따라 다르다.

8.5.3. 미생물의 연속배양(Continuous culture)

회분식배양(Batch culture)은 배양기에 새로운 영양분의 공급 없이 폐쇄적으로 한 번 배양하는 것이다.

반면 연속배양(Continuous culture)은 장기간 미생물을 대수기에서 배양하기 위해서 배양기에 연속적으로 살균된 배지를 공급하고 동시에 같은 양의 배양액을 배출시키는 것이다. 이와 같은 배양은 산업적으로 많이 사용되고 있다.

(1) 미생물(X)에 대한 물질수지

$$[\text{미생물 유입속도}] + [\text{미생물 생성속도}] - [\text{미생물 유출속도}]$$
$$= [\text{반응기에서 미생물의 변화속도}] \qquad (8.27)$$

여기서, 미생물 유입속도: 0(유입수에는 미생물이 없다)

미생물 생성속도: μXV(mg/hr)

미생물 유출속도: QX(mg/hr)

반응기에서 미생물의 변화속도: $V(dX/dt)$(mg/hr)

따라서

$$\mu XV - QX = V(dX/dt) \qquad (8.28)$$

정상상태이면 $dX/dt = 0$

$$\mu XV - QX = 0 \ \Rightarrow \ \mu = Q/V = D \ = 1/\theta_c \qquad (8.29)$$

또한 Monod식 식 (8.25)에서

$$\mu = D \ = \frac{\mu_{\max} S}{K_S + S} \qquad (8.\,30)$$

Monod 식을 S에 대하여 풀면 다음과 같다.

$$D(K_s + S) = \mu_{\max} S \ \Rightarrow \ DK_s + DS = \mu_{\max} S \qquad (8.\,31)$$

$$S = \frac{K_S \, D}{\mu_{\max} - D}$$

여기서, μ: 비생장속도(1/hr)

        X: 반응기 내의 미생물농도(mg/ℓ)

        V: 반응기 부피(ℓ)

        Q: 유량(m^3/hr)

        D: 희석률(1/hr)＝수리학적 체류시간의 역수

        θ_c: 미생물의 평균체류시간(hr)

미생물 배양장치에서 생장수율(Growth yield, Y)은 다음과 같다. 생장수율은 제거된 기질의 단위량당 형성된 미생물량이다.

$$Y = \frac{dX/dt}{dS/dt} = \frac{dX}{dS} = \frac{X}{S_i - S} \tag{8.32}$$

$$X = Y(S_i - S) \tag{8.33}$$

여기서, Y: 기질 mg당 생성된 미생물의 mg(생장수율)

        dX/dt: 미생물 농도 증가율($mg/\ell/hr$)

        dS/dt: 기질 제거율($mg/\ell/hr$)

        S_i: 유입 기질농도(mg/ℓ)

        S: 유출 기질농도(mg/ℓ)

생장수율 Y에 영향을 미치는 인자는 미생물의 종류, 배지, 기질농도, 최종 전자수용체, pH, 배양온도 등이 있으며, 몇 가지 세균들의 수율계수는 0.4~0.6 범위에 있다.

따라서 식 (8.31)과 (8.33)에서 다음과 같이 나타낼 수 있다.

$$X = Y\left(S_i - \frac{K_s D}{\mu_{\max} - D}\right) \tag{8.34}$$

식 (8.31)과 (8.34)에서 S와 X는 D의 함수임을 알 수 있다.

D, 즉 μ가 $\mu_{\max}$에 접근하면 S, X값이 갑자기 변하며, $\mu_{\max}$ 근처에서 X

$\rightarrow 0$, $S \rightarrow S_i$로 되고 이 현상을 'washout'이라 한다. 이때는 미생물의 반응기에서 완전히 씻겨 나간다.

여기서 DX는 미생물 생산속도를 나타내며 식 (8.34)에서 최대의 미생물 생산성을 나타내는 DX곡선의 최대점은 d(DX)/dD = 0일 때이다.

$$D_{max(output)} = \mu_{max} \left(1 - \sqrt{\frac{K_s}{K_s + S_i}} \right) \tag{8.35}$$

(2) 기질(S)에 대한 물질수지

식 (8.27)과 같이 기질(S)에 대한 물질수지를 취하면

[유기물 유입속도] − [유기물 유출속도] − [반응기에서 유기물의 제거속도]

$$= [반응기에서 유기물의 변화속도] \tag{8.36}$$

여기서, 유기물 유입속도: QS_i(mg/hr)

유기물 유출속도: QS(mg/hr)

반응기에서 유기물의 제거속도: $\left(\dfrac{dS}{dt} \right) V$(mg/hr)

반응기에서 유기물의 변화속도: 0(정상상태)

$$\left(\frac{dS}{dt} \right) V = 0 \tag{8.37}$$

$$\frac{dS}{dt} = \frac{Q(S_i - S)}{V} \tag{8.38}$$

또한 식 (8. 20)과 식 (8. 25)에서 다음과 같이 된다.

$$\frac{dX}{dt} = \mu X$$

$$= \frac{\mu_m SX}{K_s + S} \tag{8.39}$$

식 (8. 32)의 생장수율(Y)을 사용하면 식 (8.40)과 같이 된다.

$$\frac{dS}{dt} = \frac{1}{Y} \frac{dX}{dt}$$

$$= \frac{\mu_m}{Y} \frac{SX}{K_s + S} \tag{8.40}$$

$$= \frac{kSX}{K_s + S}$$

여기서, K_s: 반속도상수(mg/ℓ)

k: μm/Y: 최대비기질제거속도(1/hr)

비기질제거속도(Specific substrate uptake rate, q)는 미생물 단위 무게당 (혹은 단위농도) 시간의 변화에 따른 기질이 어떻게 감소하는가를 의미한다. 다음과 같이 정의할 수 있다.

$$q = \frac{1}{X} \left(\frac{dS}{dt} \right) \text{ (1/hr)} \tag{8.41}$$

따라서 식 (8.38)과 (8.40)

$$q = \frac{1}{X} \frac{Q(S_i - S)}{V} \tag{8.42}$$

$$= \frac{S_i - S}{Xt} = \frac{(유기물제거농도)}{(미생물농도)(시간)} = \frac{KS}{Ks + S} \tag{8.43}$$

여기서 $\qquad t = \frac{V}{Q} \text{ (HRT)}$

(3) 미생물의 내생호흡

폐수처리의 미생물은 모두 대수기에 있는 것은 아니며, 세포 유지를 위해 에너지를 고려하는 것이 바람직하다. 특히 폐수처리장의 포기조는 정지기 또는 감소기(Declining phase)에 있다. 이같이 생상수율 Y는 생장의 감소기 동안 일어나는 세포 소실(Cell decay) 양을 위해 보정한다.

따라서 식 (8.27)에서 내생감소(Endogenous decay)항을 첨가한다.

Endogenous decay: $K_d XV$

K_d: 내생호흡 속도상수(ℓ /hr)

따라서 식 (8.27)은 식 (8.44)와 같이 된다.

$$\mu XV - QX - K_d XV = V(dX/dt) \tag{8.44}$$

정상상태에서

$$\mu XV - QX - KdXV = 0$$

$$\frac{Q}{V} = \frac{1}{t} = \mu - K_d \tag{8.45}$$

여기서 t는 수리학적 체류시간(V/Q)이다. 또한 1/t항은 미생물의 순 비성장율(Ture specific growth rate)을 의미한다.

미생물 평균체류시간(Mean cell residence time, θ_c)을 폐수처리에서는 반응기 내의 미생물의 양을 매일 반응기에서 제거되는 미생물의 양으로 나눈 값으로 정의한다. 따라서 다음과 같이 수리학적 체류시간(t)은 미생물 평균체류시간(θ_c)에 대응한다.

$$\theta_c = \frac{V}{Q} = \frac{VX}{QX} \tag{8.46}$$

또한 $\mu = Yq$이므로 식 (8.45)는 식(8.47)이 된다.

$$\frac{1}{\theta_c} = Yq - K_d \tag{8.47}$$

8.6 생물반응조의 설계

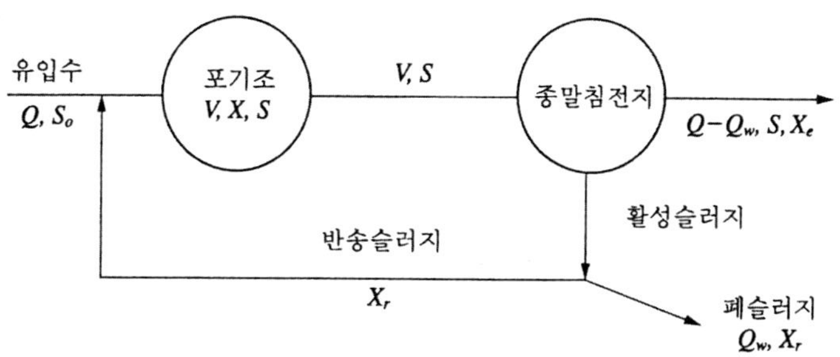

그림 8.27. 활성슬러지법의 계통도.

포기조에서 미생물성장은 유기물의 섭취분해결과 생긴 미생물의 양에서 내생호흡결과 감소된 부분은 제하여야 하며 식 (8.48)과 같이 표현된다.

$$\frac{dX}{dt} = Y\frac{dS}{dt} - K_d X \tag{8.48}$$

여기서, $\dfrac{dX}{dt}$: 포기조 내에서의 미생물증가율(mg/ ℓ /d)

$\quad$ Y: 미생물생성계수(yield coefficient)

$\quad \dfrac{dS}{dt}$: 미생물에 의한 유기물제거율(mg/ ℓ /d)

$\quad X$: 미생물의 농도(mg/ ℓ)

$$K_d: \text{미생물의 내생호흡률(/d)}$$

식 (8.48)을 미생물 X로 나누면,

$$\frac{\dfrac{dX}{dt}}{X} = Y\frac{\dfrac{dS}{dt}}{X} - K_d$$

이며, 이는

$$\frac{1}{SRT} = \mu = Yq - K_d \tag{8.49}$$

로도 표시된다.

여기서, μ: 미생물 증식계수(Specific growth rate)(mg/mg/d)

q: 먹이섭취계수(Specific substrate utilization rate)(mg/mg/d)

SRT: 고형물 체류시간(Solid retention time)(day)으로 불린다.

또한 Monod 식(Metcalf and Eddy, Inc, 1991)은 다음과 같이

정의되며, μ와 q의 상관관계는 그림 **8.28과** 같다.

$$\mu = \mu_{max}\frac{S}{K_s + S} \tag{8.50}$$

$$q = q_{max}\frac{S}{K_s + S} \tag{8.51}$$

$$q_{max} = \frac{\mu_{max}}{Y} \tag{8.52}$$

여기서, S: 미제거된 먹이농도(mg/ℓ)

μ_{max}: max specific growth rate(mg/mg/d)

K_s: μmax가 1/2일 때 미제거된 먹이(mg/ℓ)

q_{max}: max specific substrate utilization rate(mg/mg/d)이다.

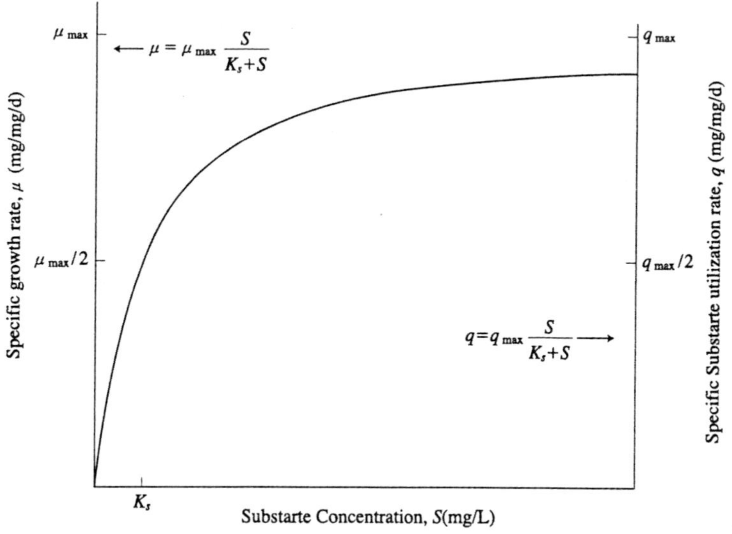

그림 8.28. Monod 식의 미생물 증식계수와 먹이섭취계수의 관계.

한편, 그림 8.27에서 미생물, 즉 슬러지가 시스템 내에 머무는 기간인 SRT를 사용하여 미생물의 특성인자로 표현해 보면 포기조 내에서의 미생물량에 대한 평형방정식은 다음과 같다.

$$\begin{matrix} \text{포기조 내에서의} \\ \text{미생물농도의 변화} \end{matrix} = \begin{matrix} \text{포가조 내에서의} \\ \text{미생물의 순 증가율} \end{matrix} - \begin{matrix} \text{반응조로부터의} \\ \text{미생물의 유실} \end{matrix}$$

$$V\frac{dX}{dt} = \left(Y\frac{dS}{dt} - K_d X \right) V - [Q_w X_r + (Q - Q_w)X_e] \tag{8.53}$$

$$(Q - Q_w)X_e \fallingdotseq 0$$

식 (8.53)에서 X와 X_e는 각각 포기조와 유출수의 미생물농도를 뜻하며, V는 포기조의 부피, Q는 유량, Q_w와 X_r는 각각 폐슬러지의 양과 농도이다. 평형상태(Steady state)에서 Xe는 무시할 정도로 낮고 $dX/dt = 0$이므로 식 (8.53)은 식 (8.54)과 같이 요약된다.

$$Y \frac{dS}{dt} - K_d X = \frac{Q_w X_r}{V} \tag{8.54}$$

한편, 포기조 내에서의 미생물 평균체류시간 SRT는

$$SRT = \frac{VX}{Q_w X_r} \tag{8.55}$$

이므로, 이를 식 (8.54)에 대입시키면 다음과 같이 된다.

$$Y \frac{dS}{dt} - K_d X = \frac{X}{SRT}$$

$$\frac{1}{SRT} = Y \frac{(S_0 - S)}{X \cdot HRT} - K_d \tag{8.56}$$

식 (8.56)은 식 (8.49)와 같은 형태이며 먹이와 미생물농도를 각각 F와 M으로 표시하면 우리가 흔히 사용하는 F/M비 형태로 표시할 수 있다.

$$\frac{1}{SRT} = \mu = Y(F/M) - K_d \tag{8.57}$$

여기서, F/M = kg BOD 제거/kg MLVSS/d

또한, 식 (8.56)은 다음과 같이 쓸 수 있다.

$$X = \frac{Y(S_0 - S) \cdot SRT/HRT}{1 + K_d \cdot SRT} \tag{8.58}$$

한편, 식 (8.51)을 식 (8.49)에 대입시키면 포기조의 유출수의 농도 S는 다음 식으로 표현된다.

$$S = \frac{K_s(1 + K_d \cdot SRT)}{SRT(Y q_{max} - K_d) - 1}) \tag{8.59}$$

또한, 슬러지생산량 $(\Delta X)_{mass} = (X)_{mass}/SRT$ 이므로 다음 식으로 표시된다.

$$(\Delta X)_{mass} = \frac{X \cdot V}{SRT} = \frac{QY(S_0 - S)}{1 + K_d \cdot SRT}$$

또는,

$$\triangle(\mathrm{X_a} + \mathrm{X_e})_{\text{mass}} = \frac{QY(S_0 - S)\cdot(1 + 0.2K_d \cdot SRT)}{1 + K_d \cdot SRT} \tag{8.60}$$

또한, $\mathrm{SRT}_{\text{min}}$은 다음과 같다.

$$\mathrm{SRT}_{\text{min}} = \frac{1}{Y \cdot q_{\max} - K_d} \tag{8.61}$$

8.7 반응속도(Reaction rate)

반응속도의 정의는 다음과 같이 요약된다.

반응속도 = 반응물이나 생성물의 농도변화/단위시간

$$V = \frac{dC}{dt} = -KC^m$$

반응 차수(m)의 결정에서 반응 차수(Order of reaction)는 반드시 실험에 의해 정해지며 분수 또는 음의 값을 가질 수도 있다.

반응 차수는 일반적으로 0차 반응, 1차 반응, 2차 반응으로 구분된다.

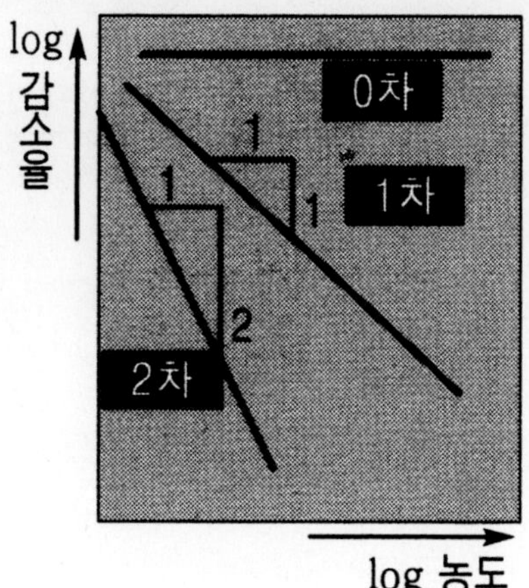

그림 8.29. log 농도에 따른 반응차수.

0차 반응에서는 반응속도가 농도에 의하여 영향을 받지 않는 반응이다. 예를 들면 표면반응에서의 확산속도, 광화학반응에 있어서의 광의 흡수와 같은 반응이다. 이와 같은 반응에서 반응속도는 반응물 A의 농도에 무관하므로 반응속도 방정식은 다음과 같다.

$$\frac{-d[A]}{dt} = K$$

또는 $[A] = -K \cdot t + const$

t 시간 후의 A의 농도를 C_t, 0차 반응 속도정수를 k라 하면

$$K = \frac{C_t}{t}$$

정리하면, 0차 반응 속도는 $\dfrac{dC}{dt} = -K \cdot (C)^0$

$$\Rightarrow dC = -K \cdot dt$$

$t = 0$일 때 $C = C_0$

t일 때 $C = C_t$의 조건을 주어

적분하면

$$\int_{C_o}^{C_t} dC = -K \int_o^t dt$$

$$[C]_{C_o}^{C_t} = -K[t]_o^t$$

$$C_t - C_o = -K \times t$$

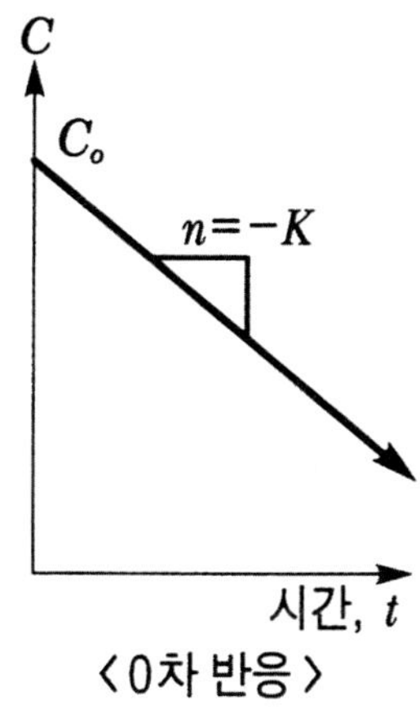

그림 8.30. 0차 반응속도.

1차 반응은 단일반응물질의 농도에 직접 비례하는 속도를 나타낸다. 대표적인 식은

$$-dC/dt = KC$$

이며, 즉 물질 A가 일정속도로 감소해 가는 경우 또는 A→B + C와 같이 다른 물질로 전환되어 가는 경우 등이 해당된다. 전자의 경우 BOD

시험에서 산소요구량의 시간적 변화나 방사성물질의 자연붕괴 등이 있으며 후자의 경우 5산화질소의 분해 $2N_2O_5 \rightarrow 4NO_2 + O_2$ 등이 있다.

1차 반응 형식: A→B+C(반응속도가 한 가지 물질에 비례)

반응속도 $V = K[A] \rightarrow V = KC \rightarrow V = KC$

$$V = -\frac{dC}{dt} \text{(반응물질이 감소하므로 } - \text{로 표시)}$$

$$-\frac{dC}{dt} = kC$$

정리하면, 1차 반응속도는 $\dfrac{dC}{dt} = -K \cdot (C)^1$

$$\Rightarrow \frac{dC}{C} = -K \cdot dt$$

$$\int_{C_o}^{C_t} \frac{1}{C}\, dC = -K \int_o^t dt$$

$$\ln\,[C]\,_{C_o}^{C_t} = -K[t]\,_o^t$$

$$\ln C_t - \ln C_o = -K(t-0)$$

$$\ln \frac{C_t}{C_o} = -K \times t$$

$$C = C_o e^{-Kt}$$

반응속도는 반응물질의 변화량(생성량) C_t에 의하여 나타낼 수도 있다. 초기농도를 C_o, t시간 후의 변화량을 C_t라 하면 $C = C_o - C_t$가 된다. 따라서

$$-\frac{d(C_o - C_t)}{dt} = K(C_o - C_t)$$

C_o는 정수이므로 $-d(C_o - C_t) = dC_t$이다.

$$\frac{dC_t}{dt} = K(C_o - C_t)$$

변수를 분리하고 적분하면

$$\int_{C_o}^{C_t} \frac{dC_t}{C_o - C_t} = K\int_o^t dt$$

$t = 0$일 때 $x = 0$이다. 따라서

$$\ln \frac{C_o}{(C_o - C_t)^1} = Kt$$

또는 $C_t = C_o(1 - e^{-Kt})$

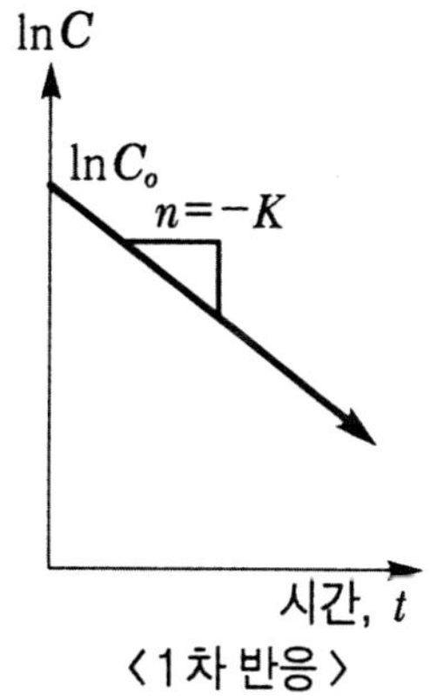

그림 8.31. 1차 반응속도.

(예제 1) 어떤 배수를 활성오니법으로 처리하기 위한 실험을 하여 BOD 90%를 제거하는 데 6시간의 에어레이션(Aeration)이 필요하였

다. 동일한 조건으로 BOD 95%를 제거하기 위하여 필요한 포
기 시간을 구하시오(단, BOD 제거 반응은 1차 반응 속도식에
따른다).

1차 반응식을 이용한다.

$$\log\frac{C_t}{C_o} = -K_1 t \text{에서 } C_t = C_o \times 10^{-K_1 t}$$

$(100-90) = 100 \times 10^{-K_1 \times 6} \text{에서 } K_1 = \dfrac{\log(1-0.9)}{-6}$

$= 0.1667(\text{hr}^{-1})$

$(100-95) = 100 \times 10^{-0.1667 \times t}$

$$\therefore \; t = \frac{\log(1-0.95)}{-0.1667} = 7.81(\text{hr})$$

(예제 2) 유량이 100㎥/hr이고 용적이 1,000㎥인 수조가 이상적 완전혼
합반응기라고 가정할 때 수조 내의 BOD농도가 400mg/l에서 4
mg/l로 될 때까지의 소요시간(hr)을 산출하시오.

$$\frac{C_t}{C_o} = e^{-Kt}$$

$$K = \frac{1}{t} = \frac{1}{V/Q} = \frac{Q}{V} = \frac{100\,㎥/hr}{1,000\,㎥} = 0.1\,hr^{-1}$$

$$\frac{4}{400} = e^{-0.1 \times t}$$

$$\ln\frac{4}{400} = -0.1\,t$$

$$\therefore \ t = 46.05hr$$

2차 반응은

$$A + A \rightarrow 생성물$$

$$A + B \rightarrow 생성물$$

의 두 가지 형태가 있으며 각 형의 식은 다음과 같다.

$$-dC/dt = KC^2$$

$$-dC_A/dt = KC_A \cdot C_B$$

여기서, 반응물질 A 또는 B에 대한 1차식이라고도 할 수 있다 ($KC_A \cdot C_B$에서).

2차 반응 형식 A+A→생성물질일 경우

2차 반응은 $\dfrac{dC}{dt} = -K \cdot (C)^2$

$$\Rightarrow \frac{dC}{C^2} = -K \cdot dt$$

$$\int_{C_o}^{C_t} \frac{1}{C^2}\, dC = -K \int_o^t dt$$

$$-\left[\frac{1}{C}\right]_{C_o}^{C_t} - -K[t]_o^t$$

$$-\frac{1}{C_t} - \left(-\frac{1}{C_o}\right) = -K(t-0)$$

$$\frac{1}{C_t} - \frac{1}{C_o} = K \times t$$

2차 반응 형식 A+B→C+D일 경우

2차 반응 속도식은

$$\frac{-dC_A}{dt} = KC_A \cdot C_B$$

$C_A \neq C_B$일 경우

t=0일 때 A의 최초농도를 a mole/ℓ, B의 최초농도를 b mole/ℓ 라 하고 시간 t후에 A의 x mole/ℓ B의 x mole/ℓ 가 반응하였다고 하면 C, D 는 각각 x mole/ℓ 씩 생기게 된다. 그러므로 x의 변화율은 다음과 같이 표현할 수 있다.

$$\frac{dx}{dt} = k(a-x)(b-x)$$

이 식을 변수분리에 따라 적분하고 $t=0$에서 $x=0$의 초기조건을 넣으면

$$\frac{1}{a-b} \ln \frac{b(a-x)}{a(b-x)} = K \cdot t = k \cdot t$$

이 식을 고쳐 쓰면

$$k = \frac{1}{t(a-b)} \ln \frac{b(a-x)}{a(b-x)}$$

$C_A = C_B$ 일 경우

$$\frac{dx}{dt} = K(a-x)^2$$

변수를 분리하고 적분하면

$$\frac{x}{a(a-x)} = K \cdot t$$

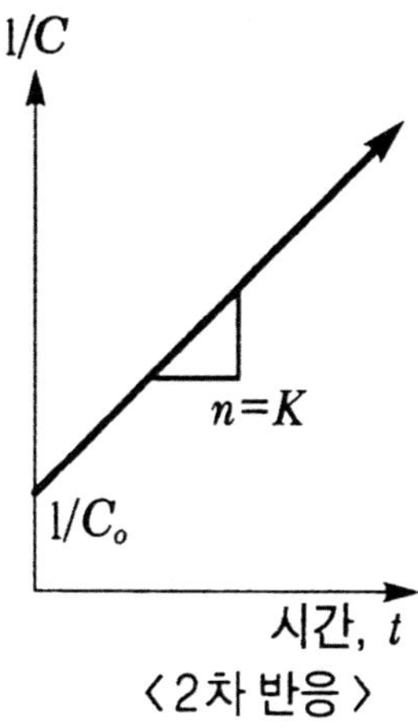

그림 8.32. 2차 반응속도.

(예제) 어느 A물질의 분해 반응은 A → B + C이고, 분해 속도는 실험적으로 2차 반응일 때 어떤 온도에서 A물질의 농도가 0.10mol/L, 반응속도는 0.18mol/L·sec이었다. A물질의 농도가 0.2mol/L일 때의 반응속도 mol/L·sec를 구하시오.

반응 속도식을 이용한다.

$$반응속도(V) = \frac{dC}{dt} = -K \cdot (C)^m$$

제시된 조건을 공식에 대입하여 관계식을 만들면

$$0.18 \left(\frac{mol}{L \cdot sec} \right) = K \times (0.1)^2 이므로 \Rightarrow K = 18 \left(\frac{L}{mol \cdot sec} \right)$$

$$\therefore \quad V = 18 \times (0.2)^2 = 0.72 mol/\ell \cdot sec$$

흔들림이 없는 고요한 물에 물감을 한 방울 떨어뜨리면 시간이 경과함에 따라 물감이 퍼져 나가 점점 색깔을 띠게 된다. 이를 분자의 확산(Molecular diffusion)이라고 한다. 다시 물을 조용히 흔들어 주면 확산의 정도가 커지는데 이를 분산(Dispersion)이라고 하며 흔들어 주는 동작을 혼합(Mixing)이라 한다. 그리고 분산이 순간적으로 이루어졌을 때의 혼합 상태를 이상적인 완전혼합(Ideal complete mixing)이라 한다.

정수나 폐수처리에서 혼합작용은 반응조 설계에 매우 중요한 인자로서, 응집(Coagulation) 처리에서 급속혼합(Flash mixing)이라 함은 단시간 내에 응집제(Coagulant)와 처리시킬 물이 혼합됨을 말하며 분산이나 확산을 뜻하는 것은 아니다.

표 8.3 폐수처리에 이용되는 반응조의 기본형태

반응조 형태	그 림	특 성
a. batch		(1) 유체의 입·출 없다. (2) 반응조는 완전혼합 (3) BOD 실험병이 그 예
b. plug – flow (tubular flow)		(1) tank 속을 통과하는 유체의 입자들을 같은 양으로 입·출 (2) tank 속에서 머무는 시간은 이론적으로 동일 (3) 이런 형태는 tank가 옆으로 길고 상하의 혼합은 있으나 좌우 혼합은 없다.
c. CFST continuous – flow stirred tank (complete mix)		(1) 입자가 반응조 속에 들어가자마자 즉시 완전혼합된다. (2) 반응조를 삐져나오는 통계학적인 농도로 유출된다.
d. arbitrary – flow		plug – flow와 complete – mixing의 중간 형태

혼합과 난류상태(Turbulence)는 밀접한 관계가 있는데 난류상태는 혼합을 초래한다. 처리조의 설계에 있어서 두 가지의 이상적 수리 모델이 있는데 이상적 Plug flow와 이상적 완전혼합이다.

예를 들어 연속적으로 일정한 유량이 통과하는 반응조의 유입구에 매우 조용히 순간적으로 물감을 넣었을 때 물감이 반응조를 통과하는 데 걸리는 시간은 다음과 같이 표시된다.

$$t_d = C/Q = \ell /v$$

t_d: 평균 체류시간(hr)

C: 반응조의 용량(m^3)

Q: 유량(m^3/hr)

ℓ : 반응조의 길이 또는 깊이 단위 용적당 용량(m^3/m^2)

v: 유속(m/hr)

8.8.1. 회분식(Batch reactor)

반응시키고자 하는 양이 적을 때 일정한 반응기에 넣어 일정시간 동안 반응시킨 후 내보내는 반응기로서, 회분식 반응조의 1차 반응과 2차 반응은 다음과 같다.

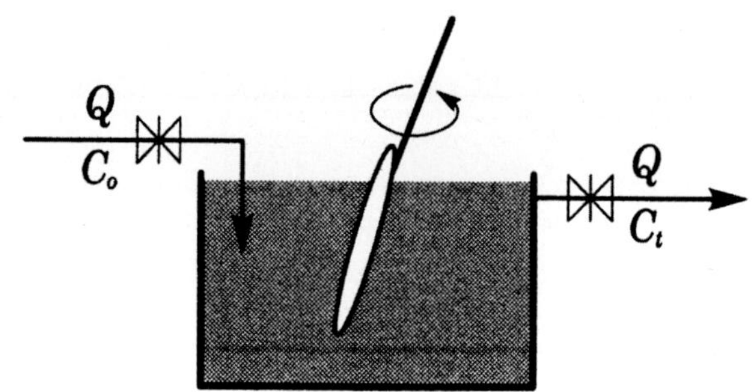

그림 8.33. 회분식 반응조.

- 회분식 반응조의 1차 반응

$$\frac{dC}{dt} = -K \cdot C$$

$$\Downarrow$$

$$\frac{1}{C}dC = -Kdt$$

$$\int_{C_o}^{C_t} \frac{1}{C} \, dC = -K \int_o^t dt$$

$$\ln \, [C] \, {}_{C_o}^{C_t} = -K[t] \, {}_o^t$$

$$\ln C_t - \ln C_o = -K(t-0)$$

$$\ln \frac{C_t}{C_o} = -Kt$$

- 회분식 반응조의 2차 반응

$$\frac{dC}{dt} = -K \cdot C^2$$

$$\Downarrow$$

$$\frac{1}{C^2} dC = -K dt$$

$$\int_{C_o}^{C_t} \frac{1}{C^2} \, dC = -K \int_o^t dt$$

$$\left[-\frac{1}{C} \right]_{C_o}^{C_t} = -K[t] \, {}_o^t$$

$$-\frac{1}{C_t} - \left(-\frac{1}{C_o} \right) = -K(t-0)$$

$$\therefore \quad \frac{1}{C_t} - \frac{1}{C_o} = Kt$$

8.8.2. 압출유형(Plug flow reactor)

관형 반응기라고도 하며 유입구에서 반응물이 유입되어 흘러가면서 점차 반응이 일어나며 유출구에서 반응이 종결되는 이상적 흐름이며 모든 물질이 체류시간 동안 반응이 일어나게 된다.

반응조의 대상부피는 그림 8.34에 묘사된 것처럼 반응조에서 흐름방향에 따른 길이의 증가 부분이다.

그림 8.34는 플러그 흐름 반응조(PFR)를 나타내며 1차 반응, 2차 반응은 다음과 같이 표현된다.

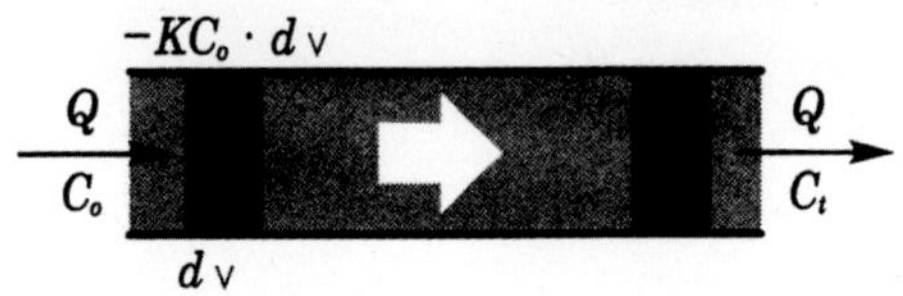

그림 8.34. PFR 흐름 반응조.

- PFR 반응조의 1차 반응

$$d_V \frac{dC}{dt} = QC_o - Q(C_o - dC_o) - \gamma_{sv} d_V$$

정상상태에서 $dC/dt = 0$

$$QC_0 = Q(C_o - dC_o) + \gamma_{sv} d_V$$

$$QdC_o = \gamma_{sv} d_V$$

$$QdC_o = KC_o d_V$$

반응조의 대상부피는 길이의 증가부분이므로,

$x = 0$에서 $C_o = C_o$, $x = L$ 에서

$$C_o = C_t - - - 적분하면$$

$$\int_{C_o}^{C_t} \frac{dC_o}{C_o} = -\frac{K}{Q} \int_o^V d_V$$

$$\ln\left[C\right]_{C_o}^{C_t} = -\frac{K}{Q}\left[V\right]_o^V$$

$$\therefore \ \ln \frac{C_t}{C_o} = -K\left(\frac{V}{Q}\right)$$

- PFR 반응조의 2차 반응

$$d_V \frac{dC}{dt} = QC_o - Q(C_o - dC_o) - \gamma_{sv} d_V$$

정상상태에서는 $dC/dt = 0$

$$QC_o = Q(C_o - dC_o) - \gamma_{sv} d_V$$

$$QdC_o = \gamma_{sv} d_V$$

$$QdC_o = KC_o^2 d_V$$

$x = 0$ 에서 $C_o = C_o$, $x = L$ 에서

$$C_o = C_t \, - - - \, \text{적분하면}$$

$$\int_{C_o}^{C_t} \frac{dC_o}{C_o^2} \, dC = -\frac{K}{Q} \int_o^V d_V$$

$$\left[-\frac{1}{C}\right]_{C_o}^{C_t} - -\frac{K}{Q}\left[V\right]_o^V$$

$$-\frac{1}{C_t} - \left(-\frac{1}{C_o}\right) = -\frac{K}{Q}(V - 0)$$

$$\therefore \ \frac{1}{C_t} - \frac{1}{C_o} = \frac{K}{Q}V$$

8.8.3. 완전혼합형(CFSTR)

　연속교반류 반응조(Continous flow stirred tank reactor)로서 연속적인 교반으로 반응물을 넣는 순간 일부는 유출하게 되고 완전한 유출이 일어나기 위해서는 장시간을 요하게 된다. 연속적으로 반응물을 주입시키는 가운데 유출수의 질은 균일해지고 충격부하(Shock load)에 비교적 잘 견딘다. 그러나 반응물이 혼합되지 않고 순간적으로 밖으로 유출되는 단로흐름(Short curcuiting)을 일으킬 수 있다.

　그림 8.35 완전혼합 반응조(CFSTR)의 형태이며 1차 반응과 2차 반응은 다음과 같다.

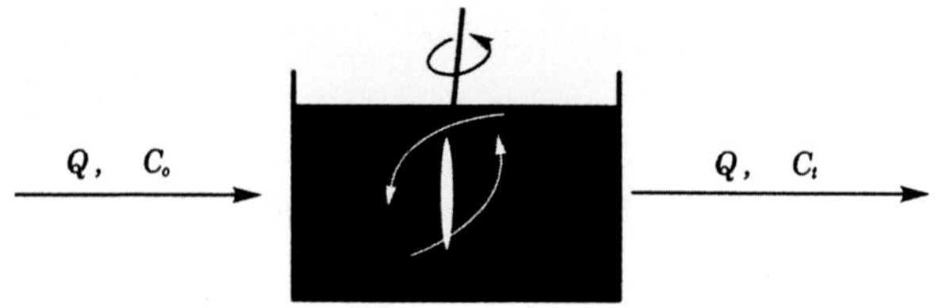

그림 8.35. CFSTR 흐름.

- CFSTR의 1차 반응

$$V \cdot \frac{dC}{dt} = QC_o - QC_t - (KC_t V)$$

정상상태에서는 $dC/dt = 0$

$$0 = QC_o - QC_t - (KC_t V)$$

$$\therefore \ V = \frac{Q(C_o - C_t)}{KC_t}$$

$$\therefore \ t = \frac{V}{Q} = \frac{(C_o - C_t)}{KC_t}$$

- CFSTR의 2차 반응

$$V \cdot \frac{dC}{dt} = QC_o - QC_t - \left(KC_t^2 V\right)$$

정상상태에서 $dC/dt = 0$

$$\therefore \ V = \frac{Q(C_o - C_t)}{KC_t^2}$$

$$\therefore \ t = \frac{V}{Q} = \frac{(C_o - C_t)}{KC_t^2}$$

(예제 1) 저수량 30,000㎥의 저수지에 유해물 누출사고로 인해 호수 내 유해물 농도가 50㎎/L로 되었다. 다음 조건하에서 이 유해한 농도가 1㎎/L로 저하할 때까지 소요되는 시간(year)을 추산하시오.

<조건> 1. 유해물질 유입 전에는 저수지 내 유해물질이 0이었다.

2. 저수지는 CFSTR로 가정한다.

3. 유해물질은 다른 물질과 반응성이 없다.

4. 저수지의 유역면적: 1.2ha

5. 유역의 연평균 강우량: 1200㎜/year

6. 유역의 유입, 유출량은 강우량에만 의존한다.

저수지의 유입, 유출량은 강우에만 의존하므로

유입, 유출유량(Q) $= 1200\,\mathrm{mm/year} \times 10^{-3}\,\mathrm{m/mm} \times 1.2\,\mathrm{ha} \times 10^{4}\,\mathrm{m^2/ha} = 14,400\,\mathrm{m^3/year}$

저수지를 CFSTR라고 할 때 물질수지식을 세우면

$$V \cdot \frac{dC}{dt} = Q \cdot C_i - QC$$

조건에서 $C_i = 0$이므로

$$V \cdot \frac{dC}{dt} = - Q \cdot C$$

적분하면

$$\int_{c_o}^{c} \frac{dC}{C} = - \frac{Q}{V} \int_{o}^{t} dt$$

$$\ln \frac{C}{C_o} = - \frac{Q}{V} \cdot t$$

$$t = \frac{V}{Q} \ln \frac{C_o}{C}$$

$$\therefore \; t = \frac{30,000\,\mathrm{m^3}}{14,400\,\mathrm{m^3}/year} \cdot \ln \frac{50}{1} = 8.15\,\mathrm{year}$$

(예제 2) 폐수유량이 $3\mathrm{m^3/hr}$, 유입수의 오염물질 농도가 $300\,\mathrm{mg}/l$, 처리
수의 농도 $30\,\mathrm{mg}/l$로 처리하고자 한다. 오염물의 분해가 1차 반
응이고, 반응속도상수 $K = 0.05\mathrm{hr}^{-1}$일 때 정상상태에서 다음
반응조 형식에 따라 용적을 산출하시오.

가. 압출유형 반응조(Plug flow reactor)의 용적(V_p).

나. 연속류 완전혼합형 반응조(Continous flow stirred tank reactor)의 용적(V_c).

가. 압출유형 반응조의 용적

$$\ln \frac{C}{C_o} = -\mathrm{K} t$$

$$t = \frac{1}{K} \ln \frac{C_o}{C}$$

$$V_\mathrm{P} = \mathrm{Q} \cdot t = \frac{Q}{K} \ln \frac{C_o}{C}$$

$$\therefore \ V_\mathrm{P} = \frac{3}{0.05} \ln \frac{300}{30} = 138 \, \mathrm{m}^3$$

$$\frac{C}{C_o} = \frac{1}{1 + t \cdot K}$$

$$t = \frac{1}{k}\left(\frac{C_o}{C} - 1\right)$$

$$\therefore \ V_\mathrm{C} = \frac{3}{0.05}\left(\frac{300}{30} - 1\right) = 540 \, \mathrm{m}^3$$

나. 연속류 완전혼합형 반응조의 용적

CFSTR에서의 물질수지

$$\mathrm{V} \cdot \frac{dC}{dt} = \mathrm{Q} \cdot \mathrm{C}_o - \mathrm{Q} \cdot \mathrm{C} - \mathrm{V} \cdot \mathrm{KC}$$

정상상태에서는 $\dfrac{dC}{dt} = 0$ 이므로

$$0 = \mathrm{Q} \cdot \mathrm{C}_o - \mathrm{Q} \cdot \mathrm{C} - \mathrm{V} \cdot \mathrm{KC}$$

$$\mathrm{Q} \cdot \mathrm{C} + \mathrm{V} \cdot \mathrm{KC} = \mathrm{Q} \cdot \mathrm{C}_o$$

$$\mathrm{C}(\mathrm{Q} + \mathrm{V} \cdot \mathrm{K}) = \mathrm{Q} \cdot \mathrm{C}_o$$

$$\frac{C}{C_o} = \frac{Q}{Q + V \cdot K} = \frac{1}{1 + K(V/Q)}$$

$$\therefore \frac{C}{C_o} = \frac{1}{1 + K \cdot t}$$

(예제 3) 활성슬러지법에서의 포기조는 완전혼합 반응조와 plug flow 반응조가 이용된다. 지금 폐수 중의 유기물 제거가 2차 반응식 $(dc/dt = -KC^2)$이 적용된다고 할 때 완전혼합 반응조와 plug flow 반응조와의 용적을 비교하라.

(단, 유기물의 유입농도 $C_o = 1$, 유출농도 $C_o = 0.1$ 및 유량(流量) $Q = 1$로 한다).

① Plug flow 반응조 용적

$$\frac{dC}{dt} = -KC^2$$

$$\int_{c_o}^{c_e} \frac{dC}{C^2} = -K \int_o^t dt$$

$$\frac{1}{C_o} - \frac{1}{C_e} = -Kt$$

$$\frac{1}{C_e} - \frac{1}{C_o} = Kt$$

$$t = \frac{V}{Q}$$

$$\frac{1}{C_e} - \frac{1}{C_o} = K \cdot \frac{V}{Q}$$

$$V = \frac{Q}{K}\left(\frac{1}{C_e} - \frac{1}{C_o}\right) = \frac{9}{K}$$

② 완전혼합형 반응조

$$V \cdot \frac{dc}{dt} = Q \cdot C_o - QC_e - V \cdot KC^2$$

정상상태에서 $\dfrac{dc}{dt} = 0$ 이고 $C = C_e$ 이므로

$$Q \cdot C_o - QC_e = V \cdot KC_e^2$$

$$V = \frac{Q}{K} \times \frac{C_o - C_e}{C_e^2} = \frac{90}{K}$$

$$\frac{완전혼합\ 반응조\ 용적}{plug\ flow\ 반응조\ 용적} = \frac{90/K}{9/K} = 10$$

∴ 완전혼합형이 10배 더 크다.

김동환 외 1인(1999), 창약화학, 동일출판사, 217~229.

김성기 외 1인(1999), 환경미생물학, 한국방송통신대학교, 267~287.

김정목 외 1인(2001), 환경미생물학실험, 도서출판 동화기술, 17~84.

박혜경(1999), 생물산업, 한국산업미생물학회, 11.

박창호(2003), 생명공학기술, 청문각, 143~164.

배우근 외 2인(2002), 생물환경공학, 한국맥그로힐, 171~321.

서명교 외 7인(1999), 상·하폐수처리, 동이출판사, 159~295.

오계헌 외 5인(2004), 폐수미생물, 도서출판 동화기술, 16~89.

안용근(2001), 효소화학, 청문각, 285~308.

이승원 외 1인(2007), 수질환경기사·산업기사, 성안당, 91~102.

장준영(1992), 수질환경기사 실기, 성안당, 2·3~2·30, 5·159~5·300.

조영일 외 4인(2002), 산업폐수처리공학, 동화기술, 329~424.

최의소(2001), 상하수도공학, 청문각, 239~245.

환경부(1995), 폐수종말처리시설의 설계.

환경부(2008), 수질관리 교육용 교재.

환경부(2008), 수질관리 법정교육교재.

Atlas, R. M. (1986). *Basic and Practical Microbiology*. Macmillian, New York.

Baiely and Ollis., (1991), Biochemcal Engineering Funda – mentals.

Barnes, D., and P. J. Bliss. (1983). *Biological Control of Nitrogen in Wastewater Treatment*. E & F. N. Spon, London.

Bitton, G. (1980). *Introduction to Environmental Virology*. John Wiley & Sons, New York, 326.

Bitton, G., and B. Koopman. (1986). Biochemical tests for toxicity screening. 27 − 57 In: *Toxicity Testing Using Microorganisms*, G. Bitton and B. Dutka, Eds. CRC Press, Boca Raton, FL.

Boyd, R. F. (1988). *General Microbiology*, 2nd ed. Times Mirror/C. V. Mosby., St. Louis, MO.

Boyd, R. F. (1988). *General Microbiology*, 2nd Ed. Times Mirror/Mosby, St. Louis, MO.

Boyd, R. F. (1988). *General Microbiology*, 2nd ed. Times Mirror/C. V. Mosby., St. Louis, MO.

Brock, T. D., and M. T. Madigan. (1991). *Biology of Microorganisms*, 6th ed. Prentice − Hall, Englewood Cliffs, N. J.

Brock, T. D., and M. T. M. T. Madigan. (1991). *Biology of Microorganisms*, 6th Ed. Pre − ntice − Hall, Englewood cliffs, NJ.

Brock, T. D., and M. T. Madigan.(1991), *Biology of Microorganisms,* 6th ed. Prentice − Hall, Englewood Cliffs, N. J.

Chet, I., and R. Mitchell. (1976). Ecological aspects of microbial chemostatic behavir. Annu. Rev. Microbiol. 30:221 − 239.

Gaudy, A. F., Jr., and E. T. Gaudy. (1988). Elements of *Bioenvironmental Engineering Engineering Press*, San Jose, CA. p.592.

Goyal, S. M., C. P. Gerba, and G. Bitton(Eds). (1987). Phage Ecology. John Wiley & Sons, New York.

Grady, C. P. L., Jr., and H. C. Lim.(1980), *Biological Wastewater treatment*: Theory and Applications. Marcel Dekker, New York, 963.

Jeong-Mog Kim, Moo-Hwan Cho, Youl-Lae Jo, Seon-Yong Jeong, (1991), "Growth Characteristics and Optimal Culture Conditions of PVA-Degrading Strains", *Korean J. Biotechnol. Bioeng.*, 6(4), 363.

Norton, C. F. (1986). Microbiology. 2nd Ed. Addison-Wesley, Reading, MA.

Madigan, M. T. Microbiology, physiology and of phototrophic bacteria. 39-111(1988). In: *Biology of Anaerobic Microorganisms*. A. J. B. Zehnder, Ed. John-Wiley sons, New York.

Marison, L. W. (1988a). Growth kinetics, in: Biotechnology for Engineers: Biological Systems in Technological processes, A. Scragg, Ed. Ellis Horwood, Chichester, U. K. 184-217.

Metcalf and Eddy, (1983). Wastewater Engineering: Treatment Disposal, and Reuse, Megraw Hill, 3rd edition.

Scragg, A., Ed. (1989), *Biotechnology for Engineers: Biological Systems in Technological Processes*. Ellis Horwood, Chichester, U. K. 390.

Tortora, G. J., B. R. Funke, and C. L. Case. (1989). *Microbiology: An Introduction*. W. A. Benja-min/Cummings, Redwood City, CA. 810.

Van Etten, J. L., L. C. Lane, and R. H. Meints. (1991). Viruses and viruslike particles of eucaryotic algae. Microbiol. Rev. 55:586-620.

8.10.1. 다음 용어의 정의를 설명하시오.

1) Algae
2) Catabolism
3) Anabolism
4) Photoautotroph
5) Photoheterotroph
6) Competitive inhibitor
7) Log phase
8) Specific growth rate
9) Monod
10) Growth yield
11) Endogenous decay
12) PFR
13) CFSTR
14) Diffusion

8.10.2. 조류농도가 높을 때는 주간에 많은 CO_2를 흡수하여 pH값이 상당히 높아지고(pH9~10), $CaCO_3$의 침전에 의한 연수화 작용이 일어난다. 색소에 의하여 흡수된 광선은 energy원으로 이용되며 energy를 사용하여 만들어진 저장물질은 그 일부분이 밤에 호흡으로 이화되어 소비된다. 또한 조류가 죽으면 그 세포의 완전 무기화를 위하여 그가 광합성에서 생산했던 정도의 산소를 소비한다. 조류의 광합성 반응을 설명하라.

8.10.3. 원생동물과 Sludge 벌레들은 약육강식을 하며 폐수를 처리시킨다. 하천과 같은 자연계에서도 같은 작용이 일어난다.

일반적으로 미생물의 발생순서는 Bacteria → protozoa → 고등동물의 순으로 이루어지며 후자로 진행될수록 오염에 약하고 DO에 민감한 경향이 있다. 하수처리장에서 미생물의 발생과정을 설명하라.

8.10.4. 활성슬러지에 의한 유기물의 산화와 동화, 내생호흡반응을 요약하여 기술하라.

8.10.5. 효소는 촉매작용을 하는 단백질 복합체이다. 일정농도의 효소(E) 존재하에서 제한기질(S)의 농도에 따라 기질과 효소는 복합체(ES)를 형성하여 촉매작용을 한다. 효소의 반응속도는 제한기질의 농도에 비례하여 증가하나, 제한기질의 농도가 매우 높으며 효소의 반응속도는 최대의 상태가 된다. 효소의 반응속도 결정단계에 대하여 기술하라.

8.10.6. 회분배양(Batch culture)은 배양기에 새로운 영양분의 공급이 없이 폐쇄적으로 한 번 배양하는 것이다. 반면 연속배양은 장기간 미생물을 대수기에서 배양하기 위해서 배양기에 연속적으로 살균된 배지를 공급하고 동시에 같은 양의 배양액을 배출시키는 것이다. 미생물에 대한 물질수지를 설명하라.

8.10.7. 반응속도의 정의는 다음과 같이 요약된다.

반응속도＝반응물이나 생성물의 농도변화/단위시간

$$V = \frac{dC}{dt} = - KC^m$$

반응 차수(m)의 결정에서 반응 차수(Order of Reaction)는 반드시 실험에 의해 정해지며 분수 또는 음의 값을 가질 수도 있다.
1차 반응을 가정하여 음의 값을 가지는 이유를 제시하라.

8.10.8. 연속교반유반응조(continous flow stirred tank reactor)로서 연속적인

교반으로 반응물을 넣는 순간 일부는 유출하게 되고 완전한 유출이 일어나기 위해서는 장시간을 요하게 된다. 연속적으로 반응물을 주입시키는 가운데 유출수의 질은 균일해지고 충격부하(shock load)에 비교적 잘 견딘다. 물질수지 측면에서 1차, 2차 반응식을 완성하라.

PART

9

호기성 부유성장식
생물학적 처리

9.1.1. 처리개요

활성슬러지공법은 1차 처리된 폐수의 2차 처리를 위해서 혹은 1차 처리를 거치지 않는 폐수를 호기성으로 완전 처리하기 위하여 채택되며, 공정은 폭기조, 침전조, 슬러지 반송설비로 구성된다.

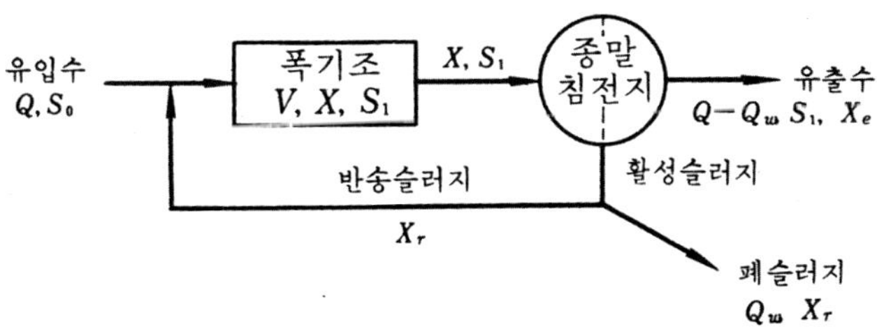

그림 9.1. 활성슬러지공법의 계통도.

일반적으로 폐수는 최초침전지에서 현탁고형물이 제거된 후 포기조로 유입되어 용존유기물질은 미생물에 의하여 섭취 분해된다. 포기조에서 성장한 미생물은 최종침전지에서 침전되어 일부는 활성슬러지(Activated sludge) 반응조인 포기조로 반송되고 일부는 폐슬러지가 되며, 최종침전지의 상등액은 처리장의 유출수가 된다. 포기조에는 산기관(Diffuser)이나 폭기기(Aerator)에 의하여 활성오니에 산소를 공급한다.

방류수는 필요에 따라서 염소처리되며 잉여슬러지는 별도로 농축, 소화, 탈수, 소각 등의 방법에 의하여 처리된 후 최종처분 된다.

활성슬러지에 의한 유기물의 제거는 다음 3단계로 구분된다.

첫 단계는 폐수 중 용존유기물질이 세포와 접촉하여 그 계면에 흡착 또는 흡수됨으로써 시작된다. 포기조에서 미생물 세포는 살수여상의 점막(Film) 또는 활성슬러지 플럭(Floc) 등의 형태로 존재하는데 물과의 계면이 클수록, 영양물질의 농도 차가 클수록 유기물질의 제거효율이 커진다.

둘째 단계는 물질대사(物質代謝)이다. 점막(粘膜) 또는 플럭 표면에 흡착된 영양물질은 효소(Enzyme)에 의하여 분해된 후 일부는 세포로 합성되며 남은 부분은 산화된 무기물질의 형태로 다시 수중에 배출된다. 이러한 물질대사의 연속성으로 점막과 플럭, 폐수 간의 계면에는 일정의 접촉반응이 지속적으로 유지된다.

셋째 단계는 세포물질을 침강성이 좋은 고형물질로 만드는 일이다. 이것은 반응조의 유기물질 부하율, 폭기, 운전상태에 따라 크게 달라진다. 일반적으로 박테리아는 감소성장기에서 내호흡기로 진행됨에 따라 플럭 형성이 잘되고 따라서 침강성도 향상되는 것으로 알려져 있다.

활성슬러지를 구성하는 주미생물은 여러 종의 종속영양계 박테리아

(Heterotrophic bacteria)인데 이것은 점착성 집단으로 뭉쳐져 Zooglea remigera
를 형성한다. Zooglea ramigera와 기타 미생물, 용존미립자 등은 계면현상
에 의하여 서로 모여서 이른바 활성슬러지 플럭이 형성된다.

이 플럭의 고액계면(固液界面)에 용존유기물질, 유기물 콜로이드 및 현
탁입자 등이 흡착되는데, 활성슬러지 플럭의 흡착력은 매우 강해서 대개
접촉 후 20분 이내에 흡착이 끝나며 30~60분 사이에 평형상태에 도달하
게 된다. 플럭 계면에 흡착된 유기물질은 호기성 미생물의 이화작용(異化
作用)과 동화작용(同化作用)에 의하여 새로운 세포로 합성된다.

호기성 분해

$$유기물 + O_2 \longrightarrow 세포물질형성 + CO_2 + H_2O + energy$$
$$유기물 + O_2 \longrightarrow CO_2 + H_2O + energy$$
$$세포물질 + O_2 \longrightarrow CO_2 + H_2O + energy$$

혐기성 분해

$$유기물질 \xrightarrow[\text{(유기산균)}]{\text{미생물}} \begin{cases} 세포 \\ 유기산 \\ 알코올 \\ CO_2 \\ H_2 \\ NH_3 \end{cases} \xrightarrow[\text{(메탄균)}]{\text{미생물}} \begin{cases} 세포 \\ CH_4 \\ CO_2 \\ H_2S \\ NH_3 \\ H_2O \end{cases}$$

$$유기물\ 구성성분 \begin{cases} 주성분 : C, H, O \\ 부성분 : N, S, P,\ 할로겐,\ 기타 \end{cases}$$

생물학적 폐수처리에 관여하는 미생물을 개략적으로 분류해 보면 어떠
한 종류의 영양분을 요구하느냐에 따라 Bacteria는 크게 Heterotrophic bacteria
와 Autotrophic bacteria로 구분된다. Heterotrophic bacteria는 에너지와 세

포합성을 위한 탄소원으로 유기물을 이용하는데, Autotrophic Bacteria는 탄소원으로 무기탄소를 이용하고 에너지원으로는 무기물을 산화시킨다.

　Heterotrophic bacteria는 산소 이용의 유·무에 따라 호기성, 혐기성 그리고 임의성으로 구분된다. 호기성 Bacteria는 활성오니나 살수여상법에서와 같이 BOD가 낮은 폐수를 호기성 처리하는 데 이용하고, 반면 혐기성 Bacteria는 슬러지나 특수한 공장폐수와 같이 BOD가 높은 폐수를 혐기성 처리하는 데 이용된다.

　하·폐수 처리장에 많이 출현하는 박테리아, 균류, 조류 박테리아, 원생동물, 고등동물의 화학적 조성식과 성분구성은 다음과 같다.

- **박테리아**
    - ㉠ 폐수처리에서 핵심적인 역할을 하며 크기는 $0.8 \sim 5.0\mu$ 정도이다.
    - ㉡ 화학적 분자식(조성식): 호기성 박테리아: $C_5H_7O_2N$

        혐기성 박테리아: $C_5H_9O_3N$

        인을 포함할 때: $C_{60}H_{87}O_{23}N_{12}P$
    - ㉢ 성분구성: 물 80%

        고형물: 유기물 90%(C:53, O:29%, N:12%, H:6%)

        무기물 10%(P_2O_5:50%, K_2O:6%, Na_2O: 11%, MgO:8%,

        CaO:9%, SO_3:15%, $FeCl_3$:1%)

- **균류(Fungi)**
    - ㉠ Fungi는 yeast, 곰팡이, Bacteria 등 탄소동화작용을 하지 않는 미생물을 총칭한다.
    - ㉡ 화학적 분자식(조성식): $C_{10}H_{17}O_6N$(75~80%가 물이고 나머지는 고형물로 구성) 분자식을 가진 사상균(絲狀菌)으로서 낮은 pH

(2~5)에서도 잘 생장하며, 활성슬러지법에서 잘 침전하지 않고 sludge bulking을 일으킨다.

- **조류(Algae)**
  - ㉠ 엽록소를 가지고 있는 단세포 혹은 다세포식물이며 광합성(탄소동화작용)을 한다.
  - ㉡ 조류는 탄소원으로 이산화탄소(CO_2)나 수중의 HCO_3^- 이온을 이용하므로 Autotrophic이다.
  - ㉢ 갖가지 맛과 냄새를 준다.
  - ㉣ 산화지 처리에 산소원으로 이용된다.
  - ㉤ 화학적 분자식(조성식): $C_5H_8O_2N$
- **원생동물(Protozoa)**
  - ㉠ 화학적 분자식(조성식): $C_7H_{14}O_3N$
  - ㉡ 종류: Sarcodina, Mastigophora, Sporozoa, Ciliate, Suctoria 등
- **고등동물(高等動物)**
  하·폐수 처리에 이용되는 고등동물에는 Roticer(윤충), Crusta – ceans(갑각류) 등이 대표적이다.

하·폐수 처리장에 BOD 유입 시 활성슬러지 미생물상의 변화과정을 보면 다음과 같다.

BOD 유입(하·폐수처리장)

⇨ 많은 분산세균이 증식(108cells/㎖)

⇨ 먹이세균이 과다하므로 편모충류, 아메바가 증식

⇨ 먹이세균이 감소하면서 편모충류, 아메바가 크게 감소하고 유영형

섬모충류가 출현하기 시작

⇨ 슬러지량이 증가하면서 F/M비가 저하, 먹이가 감소

⇨ 유영형 섬모충류가 감소한다.

⇨ 수리학적 체류시간보다 배가시간이 더 긴 미생물종은 포기조에서 씻겨 나가고 씻겨 나가지 않는 종이 포기조에 생존하여 우점종이 된다.

⇨ 고착형 섬모충류, 포복형 섬모충류가 출현 따라서 낮은 F/M비에서 이들 종들이 우점한다.

⇨ 슬러지일령이 길어지면 유각육질충류, 후생동물이 출현, 질산화가 진행되고, 분산 세균수가 106cells/㎖ 이하로 된다.

폐수처리장에서 폐수(BOD)가 유입되면 제일 먼저 유기영양세균(Heterotrophic bacteria)이 증식하게 되는데 이때는 슬러지가 형성되어 있지 않은 상태이므로 F/M비가 극히 높은 상태이다. 따라서 높은 F/M비에서 세균은 분산증식(Dispersed growth)을 하게 된다. 이 기간에는 원생동물이 없으므로 폭기조액 ㎖당 10^6의 분산세균(Free-living bacteria)이 존재한다. 이처럼 많은 양의 세균이 존재하는 기간에는 먹이 섭취 특성상 편모충류, 아메바가 대량으로 증식하여 우점하게 된다.

그러나 이 상태도 오래가지 못한다. 편모충류와 아메바의 수가 많아지면서 먹이가 되는 세균의 수는 급격히 감소하게 되고, 먹이가 감소하면 포식자의 수도 감소하게 되는 것이 생태계의 이치다. 그리하여 편모충류와 아메바의 수는 감소하고 대신 먹이세균의 수가 다소 적을 때 잘 증식하는 유영형 섬모충류가 출현되기 시작한다. 그런데 유영형 섬모충류가 출현될 때쯤이면 폭기조 내에 슬러지의 양도 약간 증가하게 된다. 따라서 F/M비는 점점 감소하게 되고 아울러 분산세균의 수도 감소한다. 이런 환

경에서 유영형 섬모충류는 더 이상 증식 최적조건이 되지 못한다. 결국 증식속도가 느린(수리학적 체류시간보다 배가시간이 더 긴) 미생물은 폭기조 내에서 살아남지 못하고 폭기조에서 씻겨 나간다.

따라서 씻겨 나가기 어려운 미생물종이 폭기조에 남게 되는데 고착형 섬모충류나 포복형 섬모충류가 폭기조에 살아남아 대표적인 종으로 된다. 물론 낮은 F/M비에서는 먹이섭식특성상 고착형 섬모충류가 우점하게 되는 원생동물들이며 슬러지의 성숙이 거의 완성되는 단계에서 주종을 이루는 원생동물들이다.

폐수처리는 연속공정이므로 고착형 섬모충류나 포복형 섬모충류로 우점된 상태에서 적정 F/M비로 운전이 되면 이들 종들이 그대로 유지가 되겠지만 F/M비가 매우 낮게 운전되는 처리장에서는 슬러지의 일령이 점점 길어지게 된다(잉여슬러지 폐기량이 매우 적을 때). 슬러지일령이 길어지게 되면 후생동물이 출현되기 시작하며 생화학적으로는 질산화가 일어나는 단계가 된다. 이때의 분산세균수는 10^6cells/㎖ 정도가 된다. 슬러지일령이 매우 길게 되면 슬러지는 Rotaria, Lecane, Monostyla와 같은 후생동물로 우점한다.

9.1.2. 영향인자 및 운전인자 비교

생물학적 처리법은 미생물을 이용하여 폐수 중의 용존유기물을 산화 분해시키는 것으로 미생물이 충분히 잘 자랄 수 있는 영향인자와 운전조건(표 9.1)이 유지되어야 한다.

- 영양소: 미생물은 C, H, O, N, P, 기타 각종 물질(Ca, Mg, K, Na 등)로 구성되어 있어 수중에 이와 같은 물질들이 있어야 한다.

가정하수에는 충분히 함유되어 있으나 공장폐수에는 C, H, O 이외에는 부족하기 쉬우므로 영양분의 보충이 필요하다. 일반적으로 포기조 유입수의 BOD:N:P = 100:5:1의 분포가 미생물의 대사 및 처리에 최적인 것으로 알려져 있다.

- 용존산소(DO): 호기성 반응에서는 용존산소를 산화제로 사용하므로 그 농도를 최저 $0.5\,\text{mg}/\ell$ 이상 유지해야 하고 안전을 고려하여 통상 $2.0\,\text{mg}/\ell$ 이상 유지함이 적당하다.
- 온도: 미생물 처리는 중온성 미생물에 의한 처리가 대부분이므로 $10\sim40\,℃$ 정도가 유지되어야 한다(표 **9.2**).
- pH: $6\sim8$ 정도의 pH 범위가 적당하다.
- 기타 독성물질: 독성물질은 미생물의 활동이나 성장에 방해를 주어 처리에 장해를 일으킨다. 따라서 사전에 영향을 받지 않는 농도까지 낮추거나 함유하지 않도록 해야 한다.

표 9.1 활성슬러지법의 특징과 운전인자의 비교

처리방식	특 징	MLSS 농도 (mg/ℓ)	F/M비 (kgBOD/kgSS일)	HRT (시간)	SRT (일)
표준 활성 슬러지법	MLSS 농도: 1,500~3,000(mg/ℓ) HRT: 6~8시간	1,500~3,000	0.2~0.4	6~8	3~6
Step aeration법	유입수를 반응조에 분할 유입시키므로 표준활성 슬러지법과 동일한 F/M비에도 MLSS 농도를 높게 유지하여 반응조의 용량을 작게 한 방법	1,000~1,500 (최종수로)	표준활성슬러지법과 동일	4~6	3~6
순 산소 활성 슬러지법	높은 유기물 부하와 높은 MLSS 농도를 가능하게 하기 위하여 산소에 의한 포기를 채용한 방법	3,000~4,000	0.3~0.6	1.5~3	1.5~4
장기 포기법	1차 침전지 생략하고, 유기물 부하를 낮게 하여 잉여 슬러지의 발생을 제한하는 방법	3,000~400	0.03~0.05	16~24	13~50
산화구법	1차 침전지를 생략하고, 유기물 부하를 낮게 하며, 기계식 교반기를 채용하여 운전관리를 용이하게 한 방법	3,000~4,000	0.03~0.05	24~48	8~50
연속 회분식 활성슬러지법	한 개의 반응조로 유입, 반응, 침전, 배출의 각 기능을 행하는 활성 슬러지법의 총칭	고부하에서 낮고, 저부하에서 높음	고부하와 저부하가 있음	변화폭이 큼	변화폭이 큼
순환식 질산화 탈질법	반응조의 전단에 무산소 반응조, 후단에 호기 반응조를 설치하여 후단의 질산화액을 전단에 순환시켜 생물학적 탈질을 행하는 방법	2,000~3,000	표준 활성슬러지법 보다 작음	12~16	8~12
혐기 – 호기 활성 슬러지법	반응조의 전단부분을 혐기적으로 교반할 수 있도록 하여 생물학적 탈인을 행하는 방법	1,500~2,000	표준 활성 슬러지법과 동일함	6~8	4~6
초심층 포기법	초심층 반응조를 채용하여 공기에 의한 산소용해 효율을 높여, 높은 유기물 부하와 높은 MLSS 농도를 가능하게 한 방법	2,000~4,000	1.0 이하	1.2 이상	

표 9.2 미생물의 증식에 미치는 온도의 영향

미생물의 종류	최적온도	증식범위($^{\circ}C$)	증식에 대한 활성에너지 (ΔE, cal/mole)
Vorticella	25	3~33	18,300
Aspidisca	30	5~33	13,800
Paramecium	25	3~33	20,500
Philodina	35	5~38	8,800

9.1.3. 반응조 계획

반응조 계획의 착안은 각 처리방법별로 BOD제거율, 필요부지면적, 운전경비, 운전의 난이도 등을 비교하고, 각 처리방법의 특성을 고려하여 처리장의 환경조건에 적합한 방법을 선정한다.

그림 9.2는 Aeration tank의 설계순서를 도식화하였다. 포기조는 2지(池) 이상으로 계획한다. 가급적 각각의 Aeration tank와 그 계열의 최종 침전지 및 오니반송 설비가 서로 타 계열과 독립해서 운전할 수 있도록 계획하여 운전조작에 신축성이 있고 최선의 조작방법을 실제 시운전도 가능하게 한다.

처리방식이 결정되면 유입폐수량, 유입 BOD 및 SS, 반송수량 등을 고려해 포기조를 설계하게 되는데, 일반적으로 포기조의 용량은 BOD-SS 부하 또는 BOD 용적 부하, 포기시간 등을 고려하여 산정하게 된다(그림 9.3).

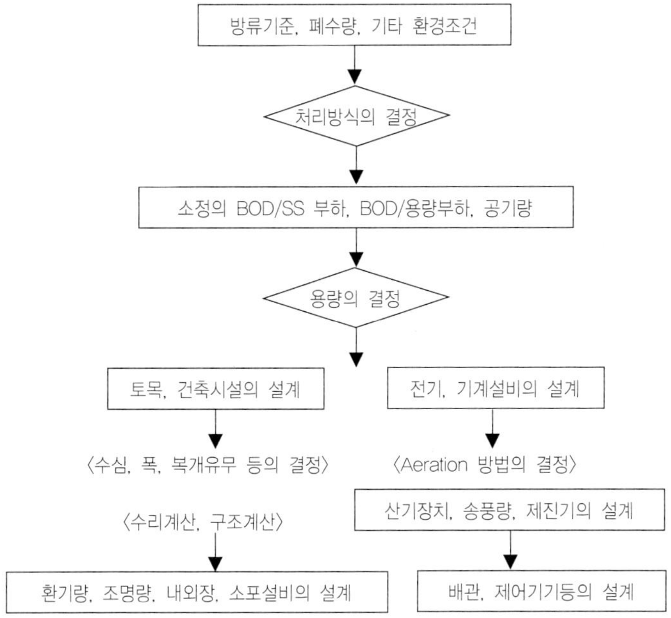

그림 9.2. Aeration tank의 설계 수순.

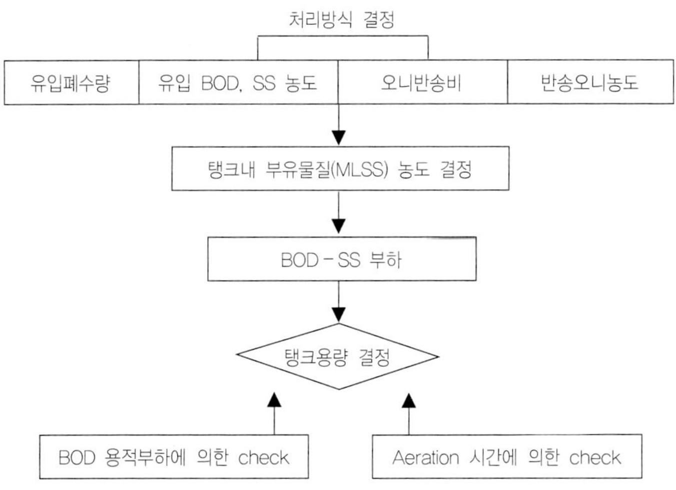

그림 9.3. 처리방식 결정.

9.1.4. 반응조 형태

 일반적으로 반응조의 형태는 그림 **9.4**와 같이 다양하게 설계되고 있으
나 무엇보다도 경제적, 기술적, 환경적 측면을 충분히 고려한 설계가 되
어야 할 것이다.

 여기서는 이와 관련된 Plug flow형 포기조, 이의 단점을 보완한 단계식
포기(Step aeration)형 그리고 완전혼합(Complete mix)형 포기조의 3가지로
나누어 다뤄보기로 한다.

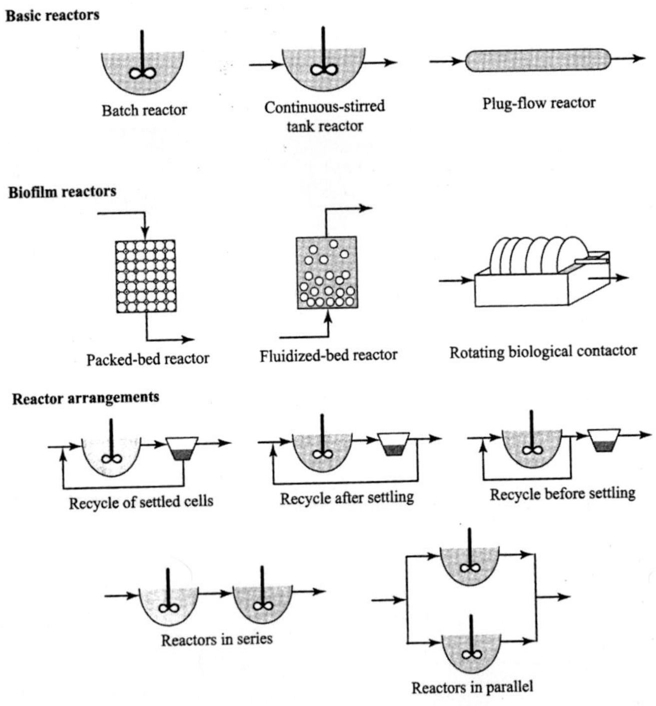

그림 **9.4.** 반응조의 형태.

(1) Plug flow형

재래식 활성슬러지법에서 채택됐던 형식이며 유입수가 반응조 내 일직선으로 흐르면서 반응조의 출구 직전에 반응이 종결되는데, 반응조 유입부에는 BOD 부하가 높아서 산소소모량이 크므로 산소부족현상이 일어나며 반응조 끝부분에는 오히려 BOD 부하는 적고 산소량은 남게 된다. 이러한 포기조에서는 Sludge bulking 현상이 잦으며 처리의 균등성을 기하기 어렵다. 이러한 문제를 해결하기 위해 반응조 입구에서는 많은 공기를 유출구에서는 적은 공기를 유입하는 소위 점감식(경사식) 내지는 단계식 부하법(Step aeration)이 고안되었다(그림 9.5).

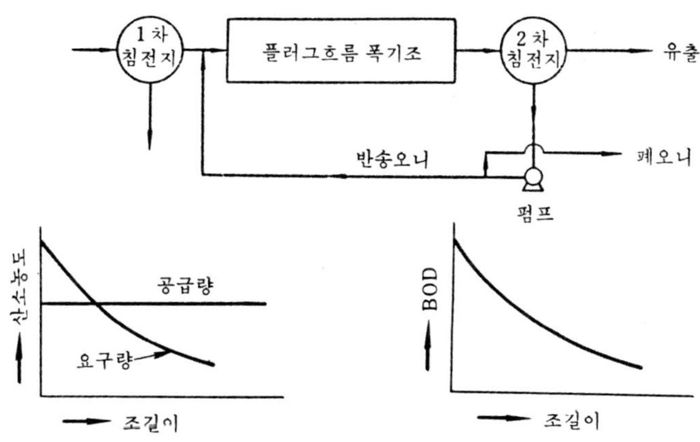

그림 9.5. 플러그흐름 반응기로 된 표준활성오니 공정.

(2) Step aeration형

재래식 활성슬러지공법의 개량형으로 점감식(Tapered) 방법에서는 BOD

부하량에 맞추어 공기주입량을 조절하는 방식이나, 그림 9.6과 같은 계단식 Plug flow형 반응조는 길이에 따라 몇 개 지점에 유입폐수를 분활 도입시켜 BOD 부하의 균등성을 유지해 주므로 반응의 효과를 높이고 입구의 과부하로 인한 문제점을 해결하고자 한 것이다. 이러한 배열로 조의 길이에 따라 F/M비가 거의 균일하게 된다.

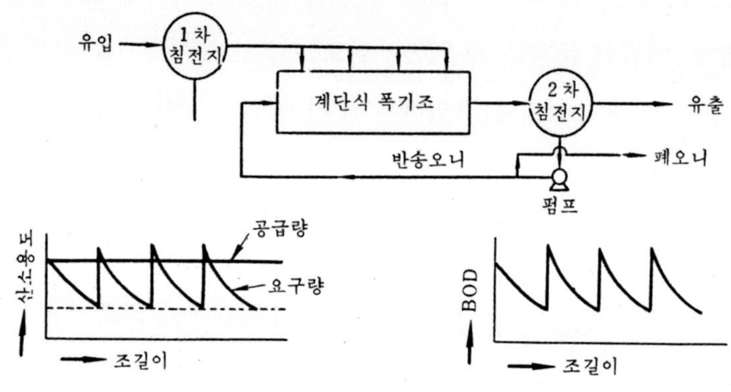

그림 9.6. 계단 포기공정.

(3) Complete mix형

완전혼합형은 CFSTR로 지칭되기도 하는데 포기조에 유입되는 폐수는 즉시 포기기나 산기장치에 의해 교반된다. 이 교반작용이 이상적일 때 유입폐수의 여러 물질과 미생물 세포는 순식간에 완전 혼합되어 MLSS 농도가 탱크 전체에 있어서 균일하여진다. 또한 용존산소 농도도 균일하며 유출수의 농도는 반응조 내와 같다. 이러한 특성 때문에 유입폐수의 성분이 반응조 전체에 신속히 확산되고 희석되며 미생물의 환경조건이 반응조 내 어디서나 같다. 이러한 관계로 독성물질이나 충격부하에 잘 적응하게 되는데, 특히 순간적으로 유독물질이 포기조내에 유입되더라도 미생물에 영향을 미치는 농도 이하로 유독성 물질을 분산시키므로 미생물에 영향을 적게 미친다.

그림 9.7은 완전혼합형 포기조의 형태인데 유입폐수와 반송오니가 합하여 중앙으로부터 포기조내로 유입되고 포기처리된 액은 포기조의 양측에 있는 유출구로부터 반응조 밖으로 유출된다.

산소공급 및 요구량은 조 길이에 따라 균일하다. 표준활성슬러지법에 의한 각종 수학적 표현은 대부분 완전혼합을 가정한 것이다.

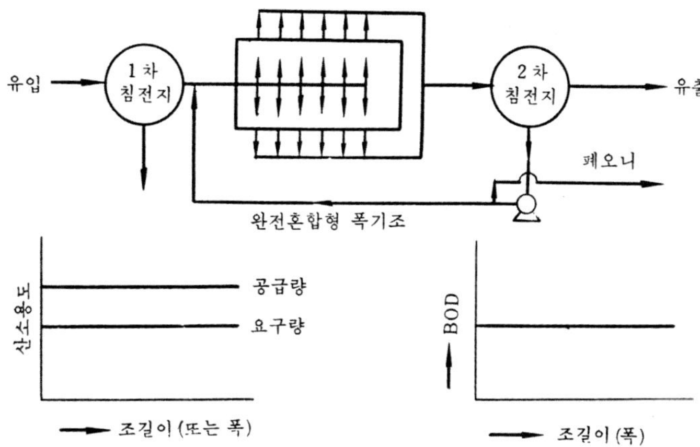

그림 9.7. 완전혼합 활성오니공정.

9.1.5. 포기 및 용존산소

(1) 이중 경막이론(Two - film theory)

이중 경막(二重硬膜)이론은 그림 9.8에 나타낸 것과 같이 기체 - 액체 계면에 두 경막이 존재한다는 물리적 모델에 바탕을 둔 것이다. 액체와 기체 양쪽에 하나씩 있는 두 경막은 기체분자가 기체 본체상과 액체 본체상을 통과할 때의 저항이 되는 것이다. 기체분자가 기상(氣相)에서 액상(液相)으로 전달되는 경우 잘 용해되지 않는 기체는 액체경막에서 전달될 때 주로 저항을 받게 된다. 용해도가 중간 정도인 기체는 두 경막 모두에서 상당한 저항을 받게 된다.

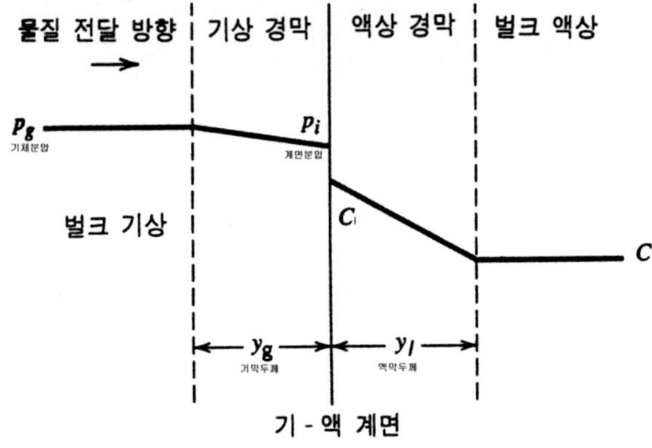

그림 9.8. 기체전달의 이중 경막이론.

폐수처리 분야에서 사용되는 시스템에서 기체전달 속도는 일반적으로 용액 내 기체의 기존 농도와 포화농도의 차에 비례한다. 이 관계를 식으로 나타내면 다음과 같다.

$$\frac{d_w}{dt} = k_g \, A \, (C_s - C) \qquad (9.1)$$

여기서, $\dfrac{d_w}{dt}$: 물질전달속도

k_g: 기체확산계수

A: 기체가 이를 통하여 확산되는 면적

C_s: 용액 중 기체의 포화농도

C: 용액 중 기체의 농도

$\dfrac{d_w}{dt} = V\dfrac{dC}{dt}$ 이므로 이를 식(9.1)에 대입하면

$$\frac{dC}{dt} = k_g \frac{A}{V}(C_s - C) \qquad (9.2)$$

실제에 있어서는 $k_g\left(\dfrac{A}{V}\right)$를 기준 노출상태와 관련되는 비례인자로 대치한다. 이 인자를 문헌에서는 K_{La}로 나타내는데, 이를 사용하여 식 (9.2)를 다시 쓰면,

$$\frac{dC}{dt} = K_{La}(C_s - C) \qquad (9.3)$$

여기서, $\dfrac{dC}{dt}$: 농도의 변화$(mg/\ell \cdot s)$

K_{La}: 총괄물질 전달계수(s^{-1})

C_s: 용액 중의 기체의 포화농도(mg/ℓ)

C: 용액 중의 기체의 농도(mg/ℓ)

식 (9.3)을 변수 분리하여 적분하면 다음과 같다.

$$\int_{C_o}^{C} \frac{dC}{C_s - C} = K_L a \int_o^t dt \tag{9.4}$$

이것의 해를 구하면,

$$C - C_o = (C_s - C_o)(1 - e^{-K_L at}) \tag{9.5}$$

식 (9.3)에서 $K_L a$는 두 격막의 저항을 포함한 것인 동시에 유체 단위부피 중 기체-액체계면 면적의 함수이다. 액체 시스템에 공기를 주입할 때 기체가 전달될 수 있는 유효표면은 기포가 작아질수록 증가한다. 따라서 일반적으로 기포가 작아지면 A/V가 증가하므로 $K_L a$값이 증가한다.

그러나 이와 같은 원리의 적용에는 한계가 있다. 효과적인 기체전달은 폐수의 교반에 따라서도 달라진다. 난류에 의하여 기-액경막의 두께가 감소되면 전달저항이 감소되며 일단 전달된 용존기체의 분산저항도 감소한다. 공기기포를 사용하면 점성항력으로부터 기포의 상승효과로 인하여 액체의 난류와 순환을 촉진하게 된다. $K_L a$의 값은 온도에 따라서도 증가되는데 그 영향은 대략 다음과 같이 나타낸다.

$$(K_L a)_T = (K_L a)_{20} \times 1.024^{(T-20)} \tag{9.6}$$

여기서, $(K_L a)_T$: 임의의 온도에서의 물질전달계수

  $(K_L a)_{20}$: 20℃에서의 물질전달계수

  T: 섭씨온도

물질전달계수는 여러 가지 변수가 포함되므로 맑은 물에 대한 값을 먼저 구하고 폐수에 대하여 보정하는 방법이 자주 이용된다.

(2) 포기조의 산소 이전(전달)계수

활성슬러지법에서는 유기물의 분해에 관여하는 미생물에 충분한 산소를 공급하지 않으면 안 된다. 이 때문에 공기를 공급하는 산기장치 등 포기장치의 기능을 평가할 필요가 있는데 이 평가지표가 총괄산소이전계수이다. 활성슬러지가 존재하는 포기조 내 혼합액 중 DO농도의 시간적 변화는 다음과 같이 나타낼 수 있다.

[용존산소농도의 시간적 변화]

= [폭기장치에 의한 산소의 공급속도] − [활성슬러지에 의한 산소의 소비속도]

$$\frac{dC_L}{dt} = K_La(C_s - C_L) - R_r$$

여기서, C_s: 포기조 내 혼합액의 포화 DO 농도(mg/ℓ)

C_L: 포기조 내 혼합액의 DO 농도(mg/ℓ)

K_La: 총괄산소이전(전달)계수(hr^{-1})

R_r: 활성슬러지의 산소이용속도(mgO$_2$/ℓ · hr)

K_La는 수온, 폐수 중의 유기물이나 무기물농도, 포기장치의 형상, 수심 및 포기조의 형상에 따라서 변화하기 때문에 가능한 한 실제시설의 포기조에 K_La를 측정하는 것이 바람직하다. 그렇시 못할 경우는 실험조를 사용하여 구하여야 한다. 실험방법에는 비정상법과 정상법이 있다.

비정상법은 산기장치의 성능을 실험실 내에서 비교 평가하는 방법으로 실험조 내에 물을 넣고 일정공기량으로 포기하여 저(低)용존산소농도에서 포화용존산소농도까지의 농도변화를 측정하고 총괄산소이전계수를 구한다.

포기조 내 활성슬러지가 존재하지 않으면 위의 식에서 R_r를 제외한다.

$$\frac{dC_L}{dt} = K_{La}(C_s - C_L)$$

적분하면,

$$K_{La} = \frac{2,303}{t_2 - t_1} \log\left(\frac{C_s - C_1}{C_s - C_2}\right)$$

여기서, C_s: 포화용존산소농도(mg/ℓ)

C_1: 시간 t_1에 있어서는 DO농도(mg/ℓ)

C_2: 시간 t_2에 있어서의 DO농도(mg/ℓ)

위 식에서 총괄산소이전계수(K_{La})는 포기시간에 대한 포화용존산소농도로부터 산소부족량($C_s - C$)을 편대수 그래프용지에 plot하여 얻은 직선의 기울기이다. 표 9.3과 그림 9.9는 실험결과에 따른 총괄산소이전계수(K_{La})를 구하기 위한 직선의 기울기를 예시하였다.

표 9.3 K_{La} 측정 실험결과 예시

폭기시간	5분	10분	20분	30분	40분	50분	60분
DO(mg/ℓ)	1.5	2.8	5.0	6.4	7.4	8.0	8.5
DO 부족량(mg/ℓ)	8.5	7.2	5.0	3.6	2.6	2.0	1.5

(실험조건: 수온 14℃, DO포화농도 10.0mg/ℓ)

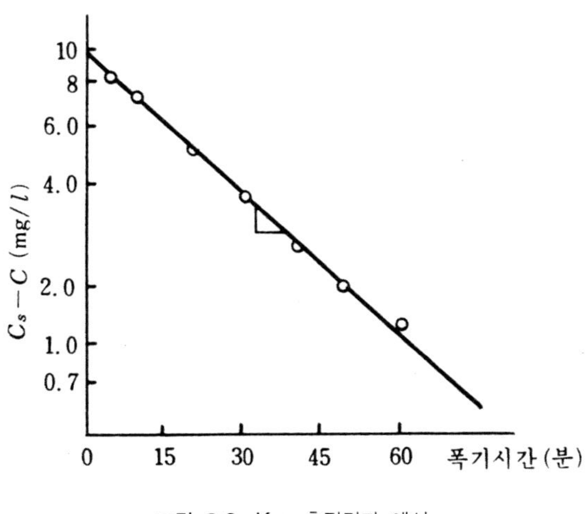

그림 9.9. K$_L$a 측정결과 예시.

정상법은 현장시설의 포기조에서 K$_L$a를 수시로 측정하고 산기장치의 성능을 확인하는 것이 된다.

$$\frac{dC}{dt} = K_{La}(C_s - C) - R_r \text{에서}$$

포기조 내 용존산소농도의 변화가 없는, 즉 정상상태에서는 $\frac{dC}{dt} = 0$이므로

$$R_r = K_{L}a(C_s - C)$$

$$C = C_s - \frac{R_r}{K_L a}$$

이와 같은 상태는 산기장치서 공급되는 산소의 용해속도와 활성슬러지가 산소를 이용하는 속도가 같기 때문에, 폭기조의 DO 농도와 활성슬러지 혼합액의 산소이용속도를 측정하여 총괄산소이전계수를 구하는 것이다.

(3) 산소의 필요량

활성슬러지 생물이 소비하는 산소량은 제거되는 BOD 성분 중에서 에
너지 획득을 위하여 산화 분해하는 부분에 대응한다.

즉 산소는 BOD의 산화와 세포물질 자체의 산화에 소비된다.

$$O_2 = a \cdot L_r + b \cdot S$$

여기서,

O$_2$: BOD 산화와 세포물질 자체산화에 소비되는 산소의 양(kg/d)

L$_r$: BOD 제거량 $= (L_o - L_t)Q(kg/d)$

a: L$_r$ 중 산화 분해되는 비율(0.35~0.55, 보통 0.5)

S: 활성슬러지량(kg)

b: 슬러지의 자기산화(내생호흡) 속도계수(d$^-$)(0.05~0.20, 보통 0.08)

$$\text{공기요구량} = (a \cdot L_r + b \cdot S) \times \frac{22.4\,\text{m}^3}{32\text{kg}} \times \frac{100}{21} \times \frac{100}{10}$$

$$O_2\,kg/d = \frac{Q(S_o - S_1) \times 10^{-3}}{f} - 1.42P_x$$

여기서,

Q: 유량(m³/d)

S_o: 유입수 BOD(mg/ℓ)

S_1: 유출수 BOD(mg/ℓ)

$$f = \frac{BOD_5}{BOD_\mu} \fallingdotseq 0.68$$

$$P_x = \left[\frac{Y \cdot Q(S_o - S_1)}{1 + K_d \cdot SRT} \right] \times 10^{-3}$$

여기서, P_x: 잉여슬러지량(kg/d)

Y: BOD가 미생물로 전환되는 율

K_d: 내생호흡계수(d^{-1})

9.1.6. BOD부하와 포기시간

포기조의 BOD 부하는 단지 유입수 내의 BOD만 고려하고 반송슬러지 내의 BOD는 무시한다. BOD 부하는 다음의 2가지 형식으로 나타내는데, BOD 용적부하($kg BOD/㎥ \cdot day$)는 폭기조 부피 1㎥당 하루에 가해지는 BOD 무게(kg)를 나타낸다.

BOD 용적 부하($kg BOD/㎥ \cdot day$)

$$= \frac{1일\ BOD 유입량\,(kg\,BOD/day)}{폭기조용적\,(㎥)}$$

$$= \frac{BOD농도\,(kg/㎥) \times 유입수량\,(㎥/day)}{폭기조용적\,(㎥)}$$

$$= \frac{BOD \cdot Q}{V} = \frac{BOD \cdot Q}{Qt} = \frac{BOD}{t}$$

BOD 슬러지부하($kg BOD/kg MLSS \cdot day$)는 폭기조 내 sludge(MLSS) 단위무게당 하루에 가해지는 BOD 무게로서 F/M비로 나타내기도 한다.

BOD 슬러지부하($kg BOD/kg MLSS \cdot day$)

$$= \frac{1일\ BOD 유입량\,(kg\,BOD/day)}{MLSS량\,(kg)}$$

$$= \frac{BOD농도\,(kg/l) \times 유입수량\,(㎥/day)}{MLSS농도\,(mg/l) \times 폭기조용적\,(㎥)}$$

$$= \frac{BOD \cdot Q}{MLSS \cdot V} = \frac{BOD \cdot Q}{MLSS \cdot Q \cdot t} = \frac{BOD}{MLSS \cdot t}$$

F/M비는 혼합액 부유고형물(Mixed Liquor Suspended Solids, MLSS)의 단위무게당 하루에 가해지는 BOD 무게로 정의된다. F/M비와 BOD 슬러지부하(kgBOD/kgMKSS · day)는 단위가 같으나 MLSS 대신에 MLVSS(혼합액 휘발성 부유고형물)를 사용하여 kgBOD/kgMLVSS · day의 단위로 나타내기도 한다.

$$F/M비 = \frac{BOD \cdot Q}{MLVSS \cdot V}$$

포기시간(Aeration time)과 체류시간(Retention time)에서 포기시간은 원폐수가 포기조 내에 머무는 시간을 뜻하며 BOD 용적 부하나 슬러지부하에서 적용되듯이 원폐수량만을 고려하고 반송슬러지량은 고려하지 않는다. 반송슬러지율은 원폐수에 대한 반송슬러지의 비를 뜻한다.

$$t = \frac{V}{Q} \times 24$$

여기서, t: 포기시간(hr)

V: 포기조용적(㎥)

Q: 유입수량(㎥/day)

반송률을 고려한 체류시간은 다음과 같이 정의된다.

$$t' = \frac{V}{Q(1+r)} = \frac{t}{1+r}$$

여기서, t′: 체류시간(hr)

r: 반송비 $= \dfrac{R}{Q}$

9.1.7. Sludge age와 SRT(고형물 체류시간)

그림 **9.10**에서와 같이 최종침전지에서 분리된 고형물의 일부는 폐기되고 일부는 다시 반송되어 슬러지는 포기시간보다 긴시간 동안 조내에 체류하게 된다. 이를 슬러지 일령(sludge age) 또는 고형물 체류시간(Solids Retention Time, SRT)으로 표시된다.

sludge age는 포기조 내의 MLSS량을 유입수 내의 SS량으로 나눈 값으로 정의된다.

$$\text{Sludge age} = \frac{V \cdot X}{SS \cdot Q} = \frac{X \cdot t}{SS}$$

여기서, X: 포기조내의 부유물(MLSS)농도(mg/ℓ)

V: 포기조의 부피(m^3)

SS: 유입수의 부유물질농도(mg/ℓ)

Q: 유입수의 유량(m^3/day)

t: 포기시간(day) $= \dfrac{V}{Q}$

최근에는 슬러지 일령을 미생물(세포) 평균체류시간 또는 고형물 체류시간(SRT)으로 운전하게 되는데, 일반적인 운선소건에서 반응조 내 MLSS는 재래식 활성슬러지 공법에서 1,500~3,000mg/ℓ, 고율 활성슬러지공법에서 4,000~5,000mg/ℓ 정도 유지시킨다.

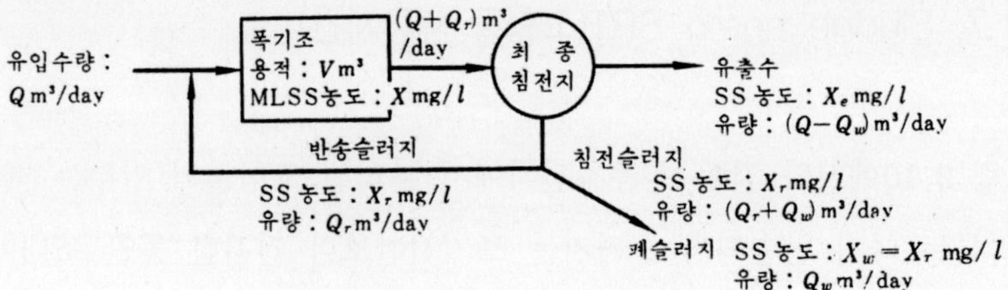

그림 9.10. 활성슬러지법의 주요 계통도.

$$\text{SRT} = \frac{V \cdot X}{X_r \cdot Q_w + (Q - Q_w) \cdot X_e} \fallingdotseq \frac{V \cdot X}{X_r \cdot Q_w}$$

식에서, V: 포기조용적(m^3)

X: MLSS 농도(mg/ℓ)

X_{rr}: 반송슬러지 SS농도(mg/ℓ)

Q_w: 폐슬러지 유량(m^3/day)

Q: 원폐수의 유량(m^3/day)

X_e: 유출수 내의 SS농도(m^3/day)

통상 X_e값은 대단히 낮으므로 무시될 수 있다.

고형물 체류시간(SRT) 측면에서 미생물세포를 고려한 체류시간 MCRT(Mean Cell Residance Time)는 다음과 같이 정의된다.

$$\text{MCRT} = \frac{(V + V_s) \cdot X}{X_r \cdot Q_w + (Q - Q_w) \cdot X_e}$$

9.1.8. 슬러지 지표(Sludge indicator)

(1) 슬러지 용량지표(Sludge Volume Index, SVI)

SVI란 슬러지의 침강농축성을 나타내는 지표로서 포기조 혼합액 $1\,\ell$를 30분 침전시킨 후 1g의 MLSS가 슬러지로 형성시 차지하는 부피($m\ell$)를 말한다.

$$
\text{SVI} = \frac{30분\ 침강후\ 슬러지부피\,(ml/l)}{MLSS\,농도\,(mg/l)} \times \frac{SV_{30}\,(ml/l) \times 1,000}{MLSS\,(mg/l)}
$$

$$
= \frac{SV_{30}\,(\%) \times 10,000}{MLSS\,(mg/l)} = \frac{SV_{30}\,(\%)}{MLSS\,(\%)}
$$

SVI는 활성슬러지의 침전 가능성을 나타내는 값으로 슬러지의 팽화(Sludge bulking) 여부를 확인하는 지표이다.

통상 SVI가 50~150(80~120)일 때 침전성은 양호하며 200 이상이면 sludge bulking이 일어난다. 슬러지 팽화는 폭기조 내의 용존산소농도, pH, BOD 부하율, 영양분, 온도 등이 정상적인 미생물 성장에 부적합해서 실모양(filamentous)의 미생물이 많이 번식하든지 혹은 미생물이 분산성장(分散成長) 단계에 있기 때문에 침전지에서 쉽게 침전하지 않는 것을 말한다.

다시 말하면 SVI가 100 이하일 때는 침강성이 좋지만 200 이상이 되면 침강성이 나빠진다고 볼 수 있는데 이와 같은 개념은 침전슬러지의 함수율과 고형물함유율의 개념과 관계되는 것이며 가령 SVI = 100인 고형물은 1이고 함수율은 99%에 상당하여 슬러지 비중이 1에 가깝게 된다.

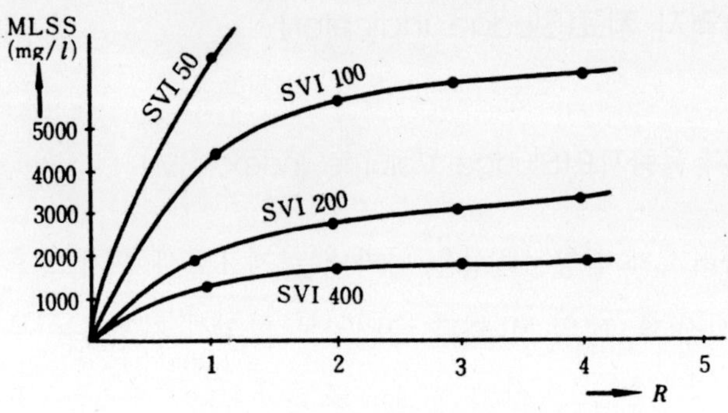

그림 9.11. SVI와 MLSS 및 R 관계.

(2) 슬러지 밀도지표(Sludge Density Index, SDI)

슬러지 반송률 결정과 침강성 판단에 이용되는 또 하나의 지표는 슬러지 밀도지표이다.

일반적으로 침전성이 좋은 슬러지는 SDI≧0.7이며, 다음과 같이 정의된다.

$$\text{SDI} = \frac{100}{SVI}$$

$$\text{SDI} = \frac{MLSS \text{농도} (\text{mg}/l)}{SV_{30}(\text{ml}/l) \times 10} = \frac{MLSS(\text{mg}/l)}{SV_{30}(\%) \times 100}$$

$$= \frac{MLSS(\%) \times 100}{SV_{30}(\%)}$$

9.1.9. 슬러지 반송

활성슬러지법의 운영관리에 있어서 포기조 내 미생물, 즉 MLSS의 적정

유지는 처리의 효율 측면에서 상당히 중요하다. 이는 앞서 F/M비에서 설명된 바 있으나 포기조 내에 유입되는 유기물질과 이를 섭취 분해 제거하는 미생물 간에는 서로 균형이 유지되어야 처리의 효과를 높일 수 있기 때문이다.

포기조의 MLSS 농도를 일정하게 유지하기 위해서는 그림 **9.12**에서와 같이 침강슬러지의 일부를 순환시켜서 다시 포기조에 보급함으로써 조절하는데 이를 슬러지 반송이라 한다.

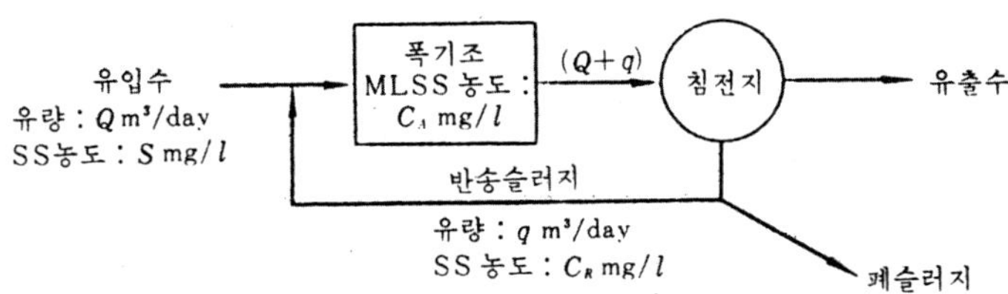

그림 9.12. 슬러지 수리 계통도.

(1) 유입수의 SS를 무시하는 경우

$$C_A(Q+q)= C_R \cdot q \tag{9.7}$$

양변을 Q로 나누고 반송률 $r = \dfrac{q}{Q}$를 적용하면

$$C_A(1+r)= C_R \cdot r \tag{9.8}$$

r에 대해 풀면

$$r = \frac{C_A}{C_R - C_A} \tag{9.9}$$

$$C_R \fallingdotseq \frac{1}{SVI} \times 10^6 (\mathrm{mg}/\ell) \tag{9.10}$$

(9.10)을 (9.9)에 대입하면 다음과 같다.

$$r = \frac{C_A}{\dfrac{10^6}{SVI} - C_A} \tag{9.11}$$

상기 식(9.10)에서 C_R는 실제 침전지에서 약 2시간 침강시킨 농도이고 SVI는 약 30분간 정치시킨 수치이므로 다소 차이가 있다.

(2) 유입수의 SS를 고려하는 경우

$$C_A(Q+q) = C_R \cdot q + Q \cdot S \tag{9.12}$$

양변을 Q로 나누고 반송률 $r = \dfrac{q}{Q}$를 적용하면

$$C_A(1+r) = C_R \cdot r + S \tag{9.13}$$

r에 대해 풀면

$$r = \frac{C_A - S}{C_R - C_A} \tag{9.14}$$

$$C_R \fallingdotseq \frac{1}{SVI} \times 10^6 (\mathrm{mg}/\ell) \tag{9.15}$$

(9.15)를 (9.14)에 대입하면

$$r = \frac{C_A - S}{\dfrac{10^6}{SVI} - C_A} \tag{9.16}$$

(3) 슬러지 침강률에서 슬러지 반송률 추산

$$r = \frac{100 \times SV_{30}(\%)}{100 - SV_{30}(\%)}$$

여기서, r: 슬러지 반송률(%)

SV_{30}: 포기조 혼합액 슬러지 30분 침강률(%)

9.1.10. 슬러지의 증식(增殖)

포기조에서 제거되는 BOD는 전부 분해되는 것이 아니고 일부는 균체 성분의 합성에 이용되어 균체의 양이 증가하게 된다. 이 비율은 표준활성 슬러지법의 경우 처리되는 BOD의 약 50% 정도가 된다.

슬러지 증가량은 다음 식으로 나타낼 수 있다.

$$\triangle S = a' \, L_r - bS + I$$

여기서, $\triangle S$: 슬러지 증가량(잉여슬러지량)(kg/d)

L_r: 제거되는 BOD 성분(kg/d)

a': L_r 중 균체합성에 이용되는 비율

S: 폭기탱크 안의 슬러지의 양(kg)

b: 슬러지의 자기산화 속도계수(d^{-1})

I: 폐수 중에 도입되는 SS(kg/d)

9.1.11. 포기조의 유지관리

생물학적 처리법은 미생물을 이용하여 폐수 중의 유기물을 산화분해시키는 것으로 미생물이 충분히 잘 자랄 수 있는 운전조건이 유지되어야 한다. 이러한 미생물의 운전조건이 맞지 않으면 슬러지팽화, 플럭해체, 슬러지 부상, pin floc 등의 현상이 발생하게 되는데 그 원인과 대책을 요약하면 다음과 같다.

(1) 포기조 혼합액의 색상

혼합액의 색상이 진한 흑색으로 나타나고 더욱이 냄새가 날 때에는 혐기성 상태일 가능성이 많다.

따라서 DO 농도를 확인하고 폭기강도를 높여야 한다.

(2) 이상난류

산기식 포기조에서 수면의 난류가 고르지 못하거나 물이 부분적으로 솟아오를 때에는 산기장치의 일부가 막혔을 가능성이 크다. 이때는 산기장치의 청소를 한다.

(3) 과도한 흰 거품

포기조 표면에 흰 거품이 넘칠 때가 있는데 그 원인은 SRT가 너무 짧거나 경성세제(ABS)가 포화되어 있음을 뜻한다. 이때는 SRT를 증가시키는데 이는 잉여슬러지 토출을 매일 조금씩 감소시키는 방법으로 서서히 시도하여야 한다. 경우에 따라서는 거품제거제(소포제)를 뿌리는 경우도 있다.

(4) 두꺼운 갈색거품

포기조 표면에 황갈색 내지는 흑갈색 거품이 짙게 나타나는 것은 대개 너무 긴 SRT에 원인이 있다. 즉 세포가 과도하게 산화되었음을 나타내는데 이는 매일 조금씩 SRT를 감소시켜 해소한다.

(5) 슬러지 팽화(sludge bulking)

포기조 내의 용존산소(DO), BOD, pH, 영양분 등의 불균형을 이루어 실모양(絲形) 미생물이 번식하거나 미생물이 분산성장 상태에 있어 최종 침전지에서 미생물이 쉽게 침전하지 않는 것을 말한다.

슬러지의 침전성은 통상 SVI가 50~150(80~120)일 때 침강성이 양호한데 팽화 시 SVI는 200 이상으로 매우 높다.

원인으로는 잘못 설계된 침전조에 기인하는 수도 있지만 일반적으로 운영상 사형(絲形) 미생물의 과도한 번식이 원인으로 지적되고 있다. 즉 균류(fungi)외 *Sphaerotilus natans*, *Beggiatoa alba*, *Escherchia coli* 등의 미생물 번식이 원인이 되고 있다.

이러한 사상균(絲狀菌)의 이상번식의 원인과 대책을 요약하면 다음과 같다.
① 원인
- 충격부하(Shock load): 유기물질의 과도한 부하(F/M비의 과대)
- 용존산소(DO) 부족: 포기조의 적정 DO는 $2.0\,\text{mg}/\ell$ 이상이고 최

소한 0.5mg/ℓ 이상이나 이보다 낮게 유지되는 경우

- 영양물질의 불균형: 탄소화합물에 비해 N나 P의 과부족(영양물질의 적정비율 BOD:N:P = 100:5:1)
- 낮은 pH: 포기조의 적정 pH는 6~8인데 이보다 낮게 유지될 경우
- 낮은 SRT: 세포체류시간이 짧을 때
- 운전미숙: 운전조건의 불균형

② 대책

- 초기에는 반송슬러지에 염소(10~20mg/ℓ), 오존(O_3), 과산화수소(H_2O_2) 등의 살균제를 주입시킨다.
- MLSS 농도를 증가시켜 F/M비를 낮춘다(SRT 증가효과도 있음).
- 소화슬러지 또는 침전슬러지를 폭기조에 주입, SVI를 감소시킨다.
- 철염, 알루미늄염 등의 응집제를 첨가하거나 규조토, $CaCO_3$ 등을 폭기조에 주입하여 침전성을 증가시킨다.
- 반송오니를 재폭기시켜 산소공급을 증가시킨다.
- 기타 N, P 등의 증대와 더불어 운전조건을 향상시킨다.
- 심할 경우 최종적으로 기존슬러지를 버리고 새로 시작한다.

(6) Floc 해체현상

활성슬러지 플럭이 침전조에서 미세하게 분산되면서 잘 침강하지 않고 상등수와 함께 유실되는 현상을 말하는데, 그 원인은 독성물질 유입, 혐기성 상태, 포기조의 과부하, 질소나 인 등의 부족, 과도한 난류의 전단력 등이 있는데 대개는 이러한 원인제거에 의하여 쉽게 교정된다.

(7) 슬러지 부상(sludge rising)

유입폐수 내 질소성분이 포기에 의해 질산화되고 종말침전조에서 용존 산소가 부족하여 탈질산화(Denitrification) 현상이 일어나면서 이때 발생하는 질소(N_2) 기포가 고형물인 sludge를 부상시킨다. 침전조 내가 혐기성이 되면 바닥에 쌓인 슬러지가 혐기성 분해를 일으키고 그때 생기는 기포와 함께 덩어리로 부상되기도 한다. 후자의 경우는 침전조가 잘못 설계되어 바닥에 쌓인 슬러지가 신속히 재순환되지 않을 때 부패되어 일어나는 경우도 있다.

그 대책을 정리하면 다음과 같다.

- 포기조 체류시간 단축 또는 폭기량을 줄여 질산화 정도를 줄인다.
- 탈질산화 방지를 위해 침전조의 체류시간을 단축시킨다.
- 반송슬러지의 양을 증가시키고 슬러지 제거속도를 증가시켜 침전조로부터 슬러지를 빨리 제거시킨다.

(8) Pin floc 형성

SRT가 너무 길면 세포가 과도하게 산화되어 휘발성 성분이 적어지고 활성을 잃게 되어 플럭 형성능력이 저하된다. 이런 경우 흔히 1mm보다 훨씬 작은 플럭이 현탁상태로 분산하면서 잘 침강하지 않는 상태가 된다. 이러한 경우에는 SRT를 감소시키는 등의 조치가 요구된다.

재래식 공법을 수정한 것으로 재래식 압출유형(PER) 포기조에서 폐수가 반응조 입구에서만 유입되어 그 부분의 부하율이 유난히 높은 결함을 없애기 위해 그림처럼 폐수를 포기조 입구에 주입하는 대신 포기조 길이에 걸쳐 골고루 분할 주입시킴으로써 산소 요구량을 균등하게 하고 처리의 균등성을 기하게 된다. 따라서 이 방법의 근본 취지는 점감식 포기법과 같다고 할 수 있다.

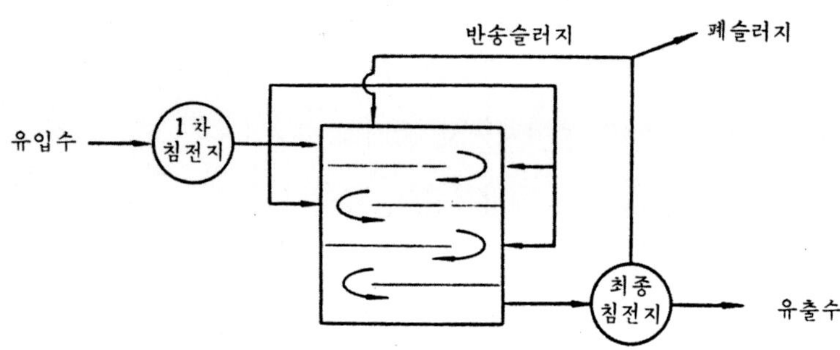

그림 9.13. 계단식 포기 활성슬러지법 계통도.

본 법의 특징은 다음과 같이 요약된다.

- 동일 폐수의 BOD를 제거하는 데 포기조 용량을 표준활성오니법에 비해 작게 할 수 있다. 다시 말해서 표준법과 동일수량의 반송슬러지로 포기시간을 $\frac{2}{3}$ 정도 할 수 있으므로 조용량도 $\frac{2}{3}$ 정도로 감소시킬 수 있다. 이것은 활성슬러지법에 의한 BOD 제거율은 BOD/MLSS

부하에 따라 정해지고 aeration 시간에는 별 영향을 받지 않기 때문이다.

- 표준활성오니법에 준한 처리수질이 기대되나 처리의 안정성은 표준활성오니법에 비해 떨어진다.
- 본 법의 착안은 SVI의 증가 또는 감소, 침전성 증대, 용존산소 공급량의 절감, 과부하 등을 방지하는 데 있다.

9.3 장기포기법(Extended aeration)

포기조에서 활성슬러지가 자기세포질을 대폭적으로 산화 감소시키는 세포의 내호흡기에서 유기물질이 제거되도록 설계된다.

운전조건은 SRT 15일 이상, F/M 0.05 이하, MLSS 4,000㎎/ℓ, 반송률 50~150%로 운전된다. 포기시간이 24시간 전후로서 배출되는 잉여슬러지량을 최대한 감소시키는 것을 목적으로 한 처리법이다.

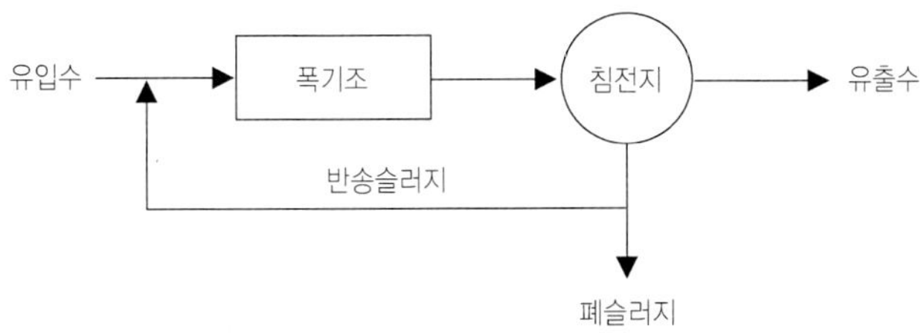

그림 9.14. 1차 침전지 없는 장기폭기법.

본 법의 특징은 다음과 같다.

- 탁월한 유출수와 안정된 슬러지를 얻을 수 있다.

  이론적으로 SRT를 충분히 길게 함으로써 생산된 잉여슬러지를 다량 산화시킬 수 있지만 실제적으로는 운전상의 제한 때문에 그렇지 않고 소량의 잉여슬러지가 생산된다.

- 유기물질의 제거율이 높은 것 이외에 슬러지 처리비용이 경감된다는 장점이 있다.

- 포기조의 규모가 커지고 에너지비가 과대해지므로 보다 소규모 처리장에 적합하다.

- 장시간의 Aeration 때문에 활성오니가 파괴 또는 세분화되어서 침전지에서 침전되지 않고 월류되면 의외로 처리효과가 악화되는 수도 있다.

9.4 접촉안정법(Contact stabilization)

이 방법은 활성슬러지 플럭흡착과 흡착된 플럭의 산화 또는 안정화를 별개의 포기조에서 각각 분리하여 진행시킨다.

즉 포기조를 2개로 나뉘어서 폐수를 접촉조(Contact tank)라 불리는 포기조에서는 약 30~60분간 폐수와 활성슬러지의 흡착, 응집에 의한 처리를 하고 안정조(Stabilization tank)에서는 오랫동안 재포기시켜 반송오니의 안정화 및 흡착, 응집력의 회복을 하는 데 특징이 있다.

Biosorption(생흡착)은 유기질 colloid와 미세한 현탁물질의 초기흡착이 강조될 때 사용되는 말이며 때로는 최초에 침전되지 않은 폐수를 처리한다. 본 법의 특징을 요약하면

- 생흡착(Biosorption)을 이용한 것으로 대량의 폐수를 포기하는 대신에 소량의 반송슬러지를 포기시킴으로써 유기물 용적 부하율이 증가되고 포기조의 전체 용량이 절약될 수 있다.
- 용존성 유기물질이 많은 폐수가 유입되는 경우 활성슬러지에 의한 흡착에 많은 시간이 소요되고, 접촉조에서 완료되지 못하므로 처리수질이 악화되는 경우가 있다.

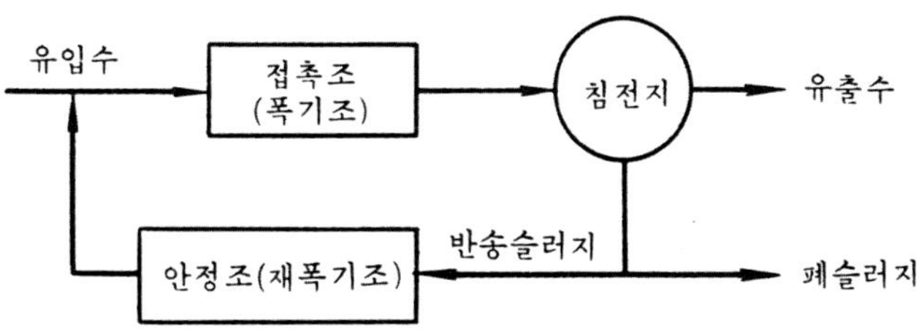

그림 9.15. 1차 침전지 없는 접촉안정법.

9.5 고율 및 수정식 포기법

수정식 포기법(Modified aeration process)은 미생물의 대수성장 단계에서 폐수를 처리하는 것이다. 포기조 내에는 미생물에 비해 유기물이 과량이므로 BOD부하가 높게 운전되며 유기물질 제거율과 산소이용률은 세포성

장률에 비례한다.

본 법의 특징은

- 반송슬러지의 F/M비가 매우 높고 세포체류시간(SRT)과 포기시간이 짧다.
- BOD 부하율은 높고 MLSS 농도는 낮은데, MLSS 농도를 높게 하려면 슬러지 반송률을 크게 증대시켜야 한다.
- BOD 제거율이 낮다(50∼70% 정도).
- 포기조 용적과 포기를 위한 에너지 비가 크게 절약된다.

9.6 고속 포기침전법(Aero accelator)

포기조와 최종침전지를 한 지 내에서 격벽을 두고 배치하여 유입수와 활성슬러지를 혼합, 포기하며 잉여슬러지는 일정간격으로 인출한다.

포기조로부터 침전지로 혼합액이 흐르는 곳에 유량조절장치를 설치하여 순환유량과 함께 슬러지 반송률도 조절함으로써 포기조의 MLSS 농도를 적절하게 유지한다. 표준활성오니법에 비해 포기시간도 짧고 Compact화되어 있으나 처리의 안정성이 떨어지며 소규모 처리에 이용된다.

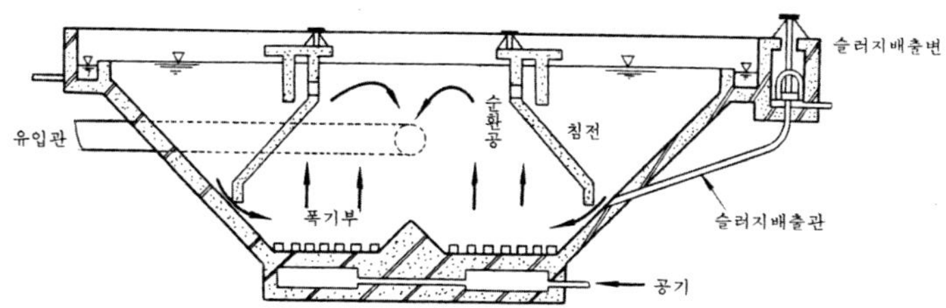

그림 9.16. 고속포기침전지의 유형.

9.7 산화구법(Oxidation ditch process)

장기포기법의 일종으로 Pasveer에 의해 개발된 공법이다.

생폐수를 직접 도입시켜 산화구가 최초침전, 포기, 최종침전, 슬러지의 호기성 소화 등의 기능을 한다. 처리방법은 수심이 얕은(1m 전후) 환류수로(還流水路)를 설치하고 혼합기(Rotor)에 의해 하수와 활성오니를 혼합해서 포기(Aeration)한다. 소규모 시설에서는 최종침전지를 생략하며 혼합기의 운전을 정지해서 잉여슬러지를 인출한다. 포기시간이 매우 길며(24시간 이상) 처리수질은 표준활성오니법과 같은 정도로 우수하다. 부지를 넓게 얻을 수 있는 곳이나 슬러지를 비료로 이용할 수 있는 농촌지역에서 적용할 수 있다.

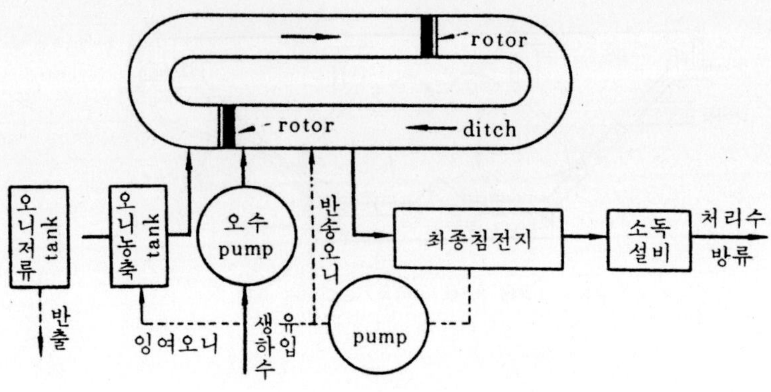

그림 9.17. Oxidation ditch 법의 흐름도.

9.8 Kraus 공법

이 공법은 활성슬러지의 침강성을 강화하기 위하여 개발된 방법이다. 즉 슬러지 팽화를 방지하고 그 용량지표(SVI)를 감소시키는 것이 주목적이다.

그림 9.18에서와 같이 제2 포기조에서 10~15%의 반송슬러지와 혐기성 소화조의 상징수 및 슬러지 혼합액을 함께 산화시킨 후 제1 포기조로 이송한다. 제2 포기조에서 혼합액은 고도로 질산화되며 고형물은 탁월한 침강성을 갖게 되므로 이것이 궁극적으로 최종침전지의 침강성을 증가시켜 준다. 한편 질산화 혼합액은 제1 포기조에서 강한 유기물질이 유입될 경우 과부하를 방지하고 호기성 상태를 유지할 수 있도록 도움을 준다.

따라서 이 방법은 유기질 농도가 높은 공장폐수 등을 처리할 때 적용될 수 있는 방법이다.

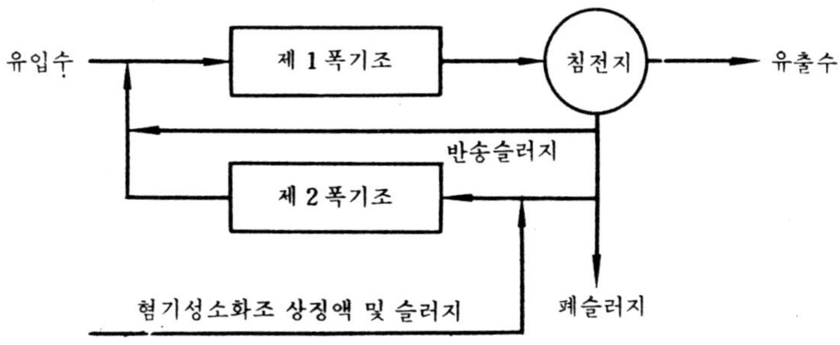

그림 9.18. Kraus 활성슬러지 공법.

9.9 호기성 소화

잉여슬러지를 장시간 포기시킴으로써 최종 처분해야 할 슬러지를 양적으로 감소시키고 질적으로 안정화시킬 뿐 아니라 탈수성을 향상시키는 것이 목적이다. 먹이 없이 잉여슬러지를 장시간 포기시킴으로써 세포가 내생호흡 및 자기 분해(자기산화)되도록 한다. 슬러지의 재순환이 없으므로 수리학적 체류시간(HRT)과 세포체류시간(SRT로)이 같다. 흔히 적용되는 체류시간은 15~25일이다. 혐기성 소화조의 상징수는 고도로 질산화된 상태이며 슬러지 감소율은 약 50%(부피) 정도이다. 이 방법은 에너지 소요가 크므로 통상 소규모의 폐수처리장에 이용된다.

 # 점감식 포기법(Tapered aeration)

    표준활성슬러지공법의 단점인 유입부 부근에서의 산소부족현상을 보완하기 위하여 산소 요구량의 변화에 따라 포기조 길이 방향으로 공급하는 공기량을 달리하는 방식이다.

    유입부에 많은 산기기를 설치하고 포기조의 말단부에는 적은 수의 산기기를 설치하며, 일반적으로 최소 소요 혼합강도는 최소 산소요구량보다 크다.

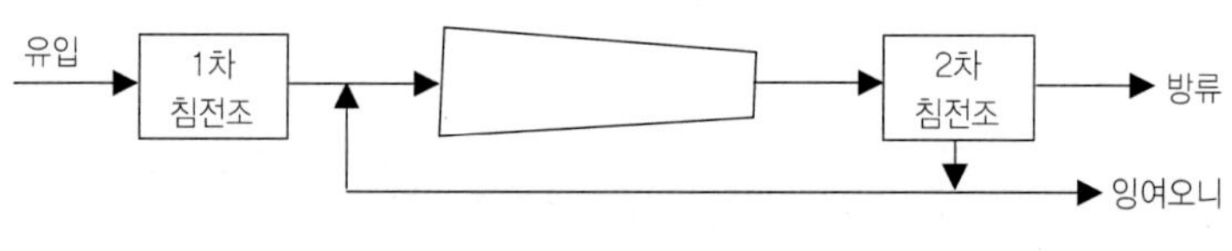

그림 9.19. 점감식 포기법.

본 처리 방식은 특징은

- 송풍기의 용량과 운전비용을 줄일 수 있다.
- 운전제어를 하기 쉽다.
- 설계상에서 질산화를 제어할 수 있다.

Pure oxygen aeration법은 공기 대신에 산소를 직접 포기조에 공급하는 방법으로, DO와 MLSS를 높게 유지할 수 있어 포기조 용량을 작게 할 수 있다.

표 9.4 공기와 순 산소에 의한 포기의 DO, MLSS 비교

비　교	공기에 의한 포기방법	순 산소 활성 슬러지법
DO	$1 \sim 2 (\mathrm{mg}/\ell)$	$6 \sim 10 (\mathrm{mg}/\ell)$
MLSS	$1,500 \sim 3,000 (\mathrm{mg}/\ell)$	$6,000 \sim 8,000 (\mathrm{mg}/\ell)$

고농도의 하수에 적용성이 높으며 처리효율도 높다.

형식은 포기조를 복개하는 밀폐형과 포기조의 수심을 깊게(10m 이상)하여 산소 전달효율을 높이는 개방형이 있다.

본 처리 방식의 특징을 요약하면

- 표준활성슬러지법의 $\frac{1}{2}$ 정도의 포기시간으로도 처리수의 BOD, SS, COD 및 투시도 등의 처리효율을 비슷하게 얻을 수 있다.
- MLSS 농도는 표준활성슬러지법의 2배 이상으로 유지 가능하므로 BOD용적 부하와 F/M비를 높게 하여 운전할 수 있다.
- 포기조 내 SVI는 보통 100 이하로 유지되고 슬러지의 침강성은 양호하다.
- 2차 침전지에서 스컴이 발생하는 경우가 많다.
- 소요부지면적을 적게 할 수 있다.

 심층포기식 활성슬러지법

심층포기식 활성슬러지법(Deep – shaft activated sludge process)은 F/M비(BOD기준) $1\sim2d^-$, MLSS는 $8,000\sim12,000\,\mathrm{mg}/\ell$ 로 운전하며 샤프트(Shaft) 깊이는 $150\sim400\mathrm{ft}$ 정도로 한다. 샤프트 깊이가 증가하면 포화농도가 증가하여 혼합액 용존산소 농도는 $10\sim20\,\mathrm{mg}/\ell$ 로 증가한다.

MLSS가 고농도($10,000\,\mathrm{mg}/\ell$ 이상)일 때는 용존공기부상분리법으로 고－액분리하고 MLSS 농도가 낮을 때는 진공탈기(Degasification) 및 재래식 중력 침강법으로 분리한다.

심층포기식 활성슬러지법의 블록선도는 그림 **9.20**과 같다.

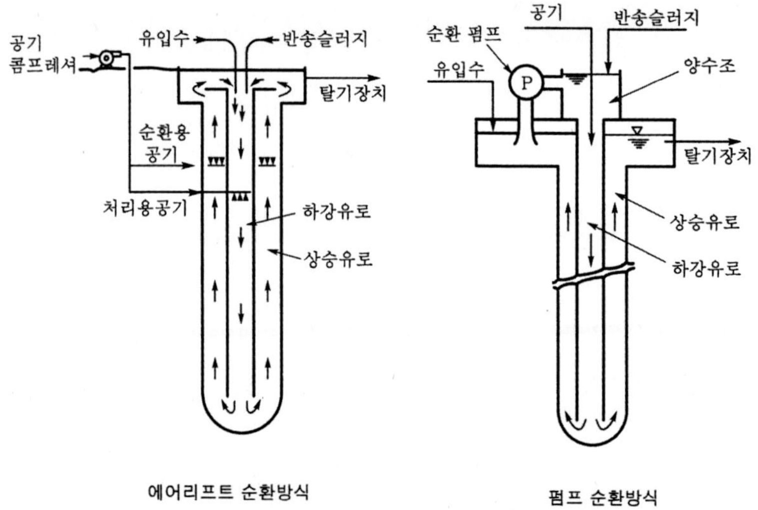

그림 9.20. 심층포기식 활성슬러지법.

본 처리 방식의 특징을 요약하면

- 반응조의 수심에 비례하여 용지 이용률을 높일 수 있다.
- 산기수심을 깊게 할수록 단위 송기량당 압축동력은 증대하지만, 산소 용해도가 높은 만큼 송기량이 감소하기 때문에 소비동력은 증가하지 않는다.
- 산기 수심 5m이상일 때는 용존질소농도가 증가하여 2차 침전지에서 과포화분의 질소가 재기포화되는 경우가 있어 활성슬러지가 부상하는 경향이 있다. 따라서 용존질소의 재기포화에 따른 대책으로, 산기장치는 5m를 한계로 하고 반응조의 밑바닥에서 중간부분의 높이에 설치한다.

산기장치를 밑바닥에 설치하는 경우에는 2차 침전지에 혼합액이 도달하기 전에 재포기를 행하여 질소가스를 탈기시킨다.

9.13 초심층 포기법

수심 150m의 대심도 반응조와 고액 분리시설로 구성된 활성슬러지법으로서, 초심층 포기조는 하강유로(下降流路)와 상승유로로 구성된 샤프트부와 정부(頂部)의 헤드탱크로 구성된다.

탱크 내 혼합액은 에어 리프트 방식 또는 펌프방식에 의하여 헤드탱크부와 샤프트 저부(低部) 간을 하강유로와 상승유로를 통하여 순환된다.

순환류에 동반하는 기포는 하강유로와 상승유로의 긴 수로를 통과하기 때문에 기체–액체 접촉시간이 길어 높은 산소 용해도를 얻을 수 있다.

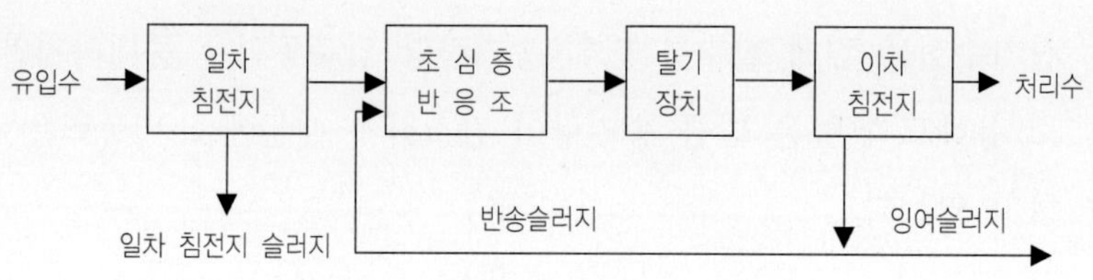

그림 9.21. 초심층 포기법의 처리 계통.

본 처리방식의 특징을 요약하면

① 특징

- 고부하 운전이 가능하다.
- 포기조 내 MLSS 농도를 높게 유지할 수 있다.
- 시설 소요면적이 작다.
- 송풍량이 작고 악취대책이 쉽다.
- 송기(送氣)동력이 작고 에너지를 절약할 수 있다.
- 탈기(脫氣)시설이 필요하다.
- 지질조건(암반 깊이 등) 따라 제약을 받는 경우가 있다.

② 설계 시 유의사항

- 축 형상은 원형(圓形)을 기본으로 한다.
- 수심은 50~150m로 한다.
- F/M비는 1.0 kgBOD/kgSS · 일 이하로 한다.
- MLSS 농도는 2,000~4,000 mg/ℓ 정도로 한다.
- HRT는 1.2시간 이상으로 한다.

③ 고액분리 방법

- 초심층 포기법 → 진공 탈기탑 → 2차 침전지
- 초심층 포기조 → 기계적 탈기조 → 2차 침전지
- 초심층 포기조 → 재포기조 → 2차 침전지
- 초심층 포기조 → 부상조

9.14 Biohoch법

Biohoch® 반응기(그림 9.22)는 포기영역과 침강영역으로 되어 있는데 포기영역은 다공판에 의해 상층부와 하층부로 나뉘고 침강영역은 원뿔 모양으로 포기영역을 둘러싸고 있다. 공기는 반응기 바닥에 설치한 방사방향 제트(Radial flow jet)에 의해 반응기로 도입된다.

미처리 폐수는 방사방향 제트나 별도의 관을 통해 반응기로 도입된다. 이때의 난류만으로도 포기영역 하층부의 완전혼합 상태를 유지하는 데 충분하다. 상층부에서는 안정화 및 탈기가 진행되며, 활성슬러지에 부착된 기포를 제거함으로써 침강영역에서 침강을 방해하지 않도록 한다.

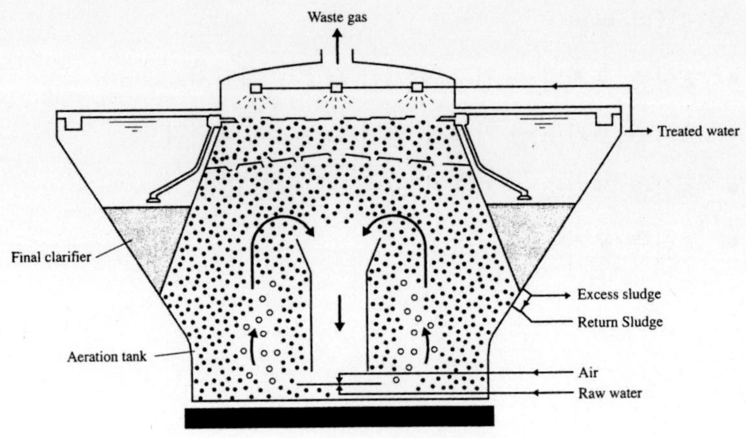

그림 9.22. Biohoch 반응기.

9.15 **포기식 라군법**

포기식 라군은 깊이가 2.4~4.9m(8~16ft) 정도이며, 기계식 또는 산기식 포기장치와 표면포기로 산소를 공급한다.

포기식 라군에는 다음과 같은 두 가지의 공법이 있다.

- 호기성 라군: 라군 전체에서 용존산소와 부유물질이 균일하게 유지되도록 한다.
- 호기성 – 혐기성 라군(통기성 라군): 상층은 호기성으로 유지하며 부유물질의 일부만 현탁시킨다.

그림 9.23은 포기식 라군의 처리공정을 나타낸다.

호기성 라군에서는 고형물을 전부 현탁상태로 유지하므로 슬러지를 반송하지 않는 "통과 흐름식" 활성슬러지법이라 할 수 있으며, 처리수 부유물질 농도는 포기식 라군 내의 고형물농도와 같다고 할 수 있다.

통기성 라군에서는 부유물질의 일부가 바닥에 침강하여 혐기적으로 분해되고 혐기성 분해부산물은 호기성 상층에서 계속 산화된다. 통기성 라군을 개량하여 후침강지(postsettling pond)나 방해판을 설치한 침강실을 부설하면 처리수 수질을 더욱 개선할 수 있다.

호기성 라군과 통기성 라군은 기본적으로 혼합용 동력수준에 따라 구분된다. 호기성 라군에서는 충분한 동력을 사용하여 고형물을 전부 현탁 상태로 유지한다. 유입 폐수 중 부유물질의 성질에 따라 다르지만 $2.8 \sim 3.9\text{W}/\text{m}^3$(라군 부피: $14 \sim 20\text{hp}/10^6\text{gal}$) 정도이면 충분하며 생활하수 처리에서는 $3.9\text{W}/\text{m}^3(20\text{hp}/10^6\text{gal})$가 필요하다.

통기성 라군에서의 동력수준은 용존산소를 분산 혼합하는 정도이면 충분하다. 펄프 – 종이폐수의 경우 저속 기계식 표면포기장치를 사용할 때의 최소 동력은 $0.79\text{W}/\text{m}^3(4\text{hp}/10^6\text{gal})$이다.

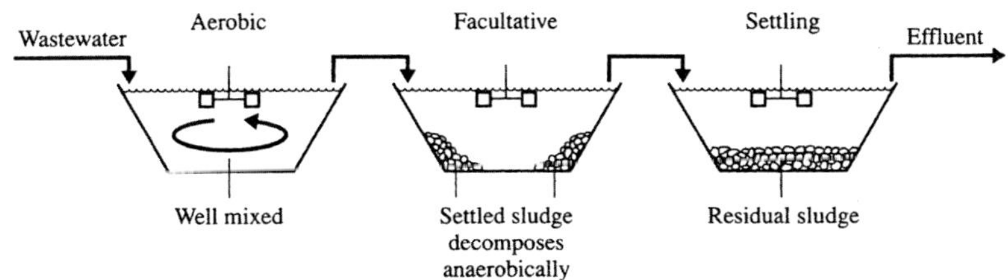

그림 9.23. 포기식 라군.

9.16 간헐식 포기 – 배수법

간헐식 포기 – 배수법(Intermittently aerated and decanted system)은 하나의 반응조를 사용하여 재래식 활성슬러지법의 모든 단위 프로세스와 조작을 수행한다. 즉 단일조에서 1차 침강, 생물산화, 2차 침강, 슬러지 소화는 물론 질산화와 탈질까지 수행한다. 단일 반응조에서 이러한 공정을 순차적으로 진행시키면 된다. 그림 **9.24**의 순차(연속)회분식 반응기(Sequencing batch reactor, SBR)에서 조작 사이클(Timed cycle)에 따라 유입, 반응, 침전, 배출 조작이 이루어지도록 한다. 분해성이 좋은 폐수의 경우 사상팽화를 방지하려 할 때는 도입유량을 회분식으로 조정할 수 있다.

본 처리 방식의 특징은

- 부하변동의 규칙성을 갖는 폐수의 경우 비교적 안정된 처리를 행할 수 있다.
- 오수의 양과 질에 따라 포기시간과 침전시간을 자유롭게 설정할 수 있다.
- 이상적 침전에 의한 고액분리가 원활하다.
- 1주기(cycle) 중에 호기 – 무산소 – 혐기의 조건을 설정하여 질산화 및 탈질반응을 도모할 수 있다.
- 부지 소요면적이 적다.

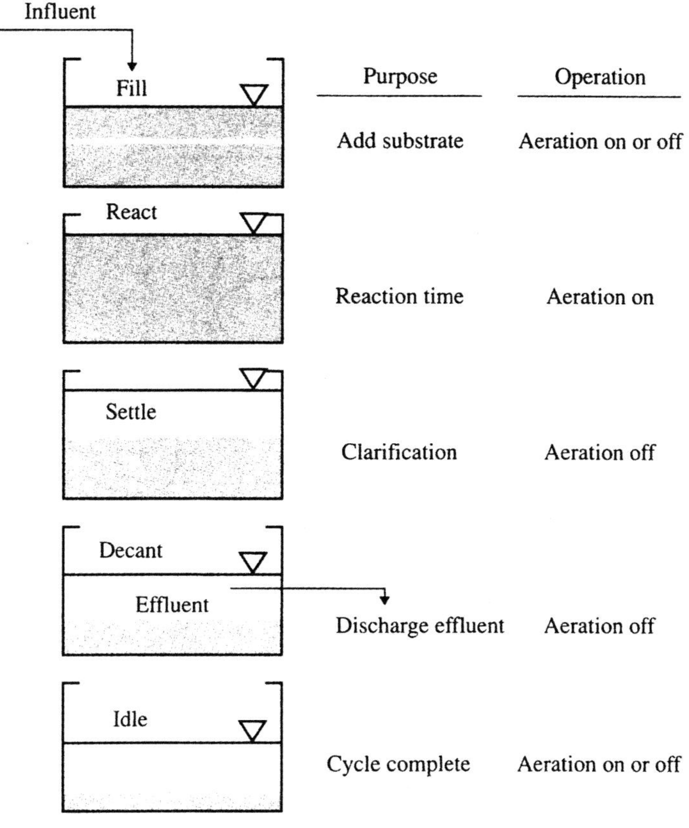

그림 9.24. SBR 조작 순서.

9.17 ## 호기성 고온활성슬러지

호기성 고온활성슬러지(Thermophilic aerobic activated sludge)를 이용하

면 분해속도가 빨라지고 슬러지 수량이 적어진다. 고온산화의 최적온도는 55~60℃로써, 일반적으로 45℃ 이상에서 운전하는 프로세스를 고온산화라 한다. 보고에 따르면, 중온조작(Mesophilic operation)에 비해 반응속도가 3~10배 빠르고 내생분해속도는 10배나 빠르므로 슬러지의 실질수량이 크게 감소한다. 자기가열(Autoheating)에 의해 고온을 유지하려면 COD 제거량이 20,000~40,000mg/ℓ 이고 산소전달효율이 10~20% 정도라야 한다. 한 가지 단점은 고온성 박테리아는 플럭을 형성하지 못하기 때문에 처리수로부터 생물체 분리가 쉽지 않다는 점이다.

9.18 ## 참고문헌

배우근 외 2인(2002), 생물환경공학, 한국맥그로힐, 208~501.

서명교 외 7인(1999), 상·하폐수처리, 동이출판사, 385~726.

오계헌 외 5인(2004), 폐수미생물, 도서출판 동화기술, 242~334.

유대환 외 1인(1995), 국내하수처리장 2차 침전지의 설계 및 운전에 관한 연구, 대한상하수도학회 학술발표회 논문집, 95.

윤오섭 외 6인, 유해폐기물처리, 동화기술, 229~289.

윤오섭(1998), 폐기물처리기술, 동화기술, 453~476.

이승원 외 1인(2007), 수질환경기사·산업기사, 성안당, 203~276.

장준영(1992), 수질환경기사 실기, 성안당, 5·159~5·300.

조영일 외 4인(2002), 산업폐수처리공학, 동화기술, 209~424, 565~606.

최의소(2001), 상하수도공학, 청문각, 266~314.

환경부(1995), 폐수종말처리시설의 설계

환경부(2008), 수질관리 교육용.

환경부(2008), 수질관리 법정교육용.

환경부(1997), 하수도 시설기준.

Barnes, D., and P. F. Bliss. (1983). *Biological Control of nitrogen in Wastewater Treatment*. E. & F. N. Spon, London.

Berk, S. G., and J. H. Gunderson. (1993). Wastewater Organisms: A Color Atlas. Lewis, Boca Raton, FL, 25.

Curds, C. R., and H. A. Hawkes. (1983). *Ecological Aspects of Used−Water Treatment*, Vol. 2. Academic Press, London.

Edeline, F. (1988). *L'epuration biological des eaux residuaires: theorie et technologie.* Editions CEBEDOC, Liege, Belgium, 304.

Forster, C. F., and D. W. M. Johnston(1987). Aerobic processes, 15~56, In: *Environmental Biotechnology*, C. F. Forster and D. A. J. Wase, Eds. Ellis Horwood, Chichester, U. K.

Hanel, L. (1988). *Biological Treatment of Sewage by the Activated Sludge Process*. Ellis Horwood, Chichester, U. K.

Metcalf and Eddy, Inc. (1991). *Wastewater Engineering: Treatment, Disposal and Reuse, McGraw Hill*, New York, 1334.

Stensel, H. D.(1981) Biological Nitrogen Removal System Design, Am Inst. of Chem Engrs, 237.

Stukenberg, J. R. et al(1983) Activated Sludge Clarifier Design Improvemeats,

JWPCF, 55, 341.

U. S. EPA. (1977). Wastewater *Treatment Facilities for Sewered Small Communities*. Report No. EPA－625/1－77－009. U. S. Environmental Protection Agency, Washington, D. C.

Vele., C. J.(1948) A Basic Law for the Performance of Biological Filters, Sewage Works J., 20, 609.

WPCF(1988) Aeration, MOP FD－13.

9.19.1. 다음 용어의 정의를 설명하라.

1) Step aeration	9) Sludge bulking
2) CFSTR	10) Sludge rising
3) Two − film theory	11) Pin floc
4) MLVSS	12) Oxidation ditch
5) F/M비	13) SBR
6) Sludge age & SRT	14) MCRT
7) SVI	15) Deep − shaft activated sludge process
8) SDI	

9.19.2. 생물학적 폐수처리에 관여하는 미생물을 개략적으로 분류해 보면 어떠한 종류의 양분을 요구하느냐에 따라 Bacteria는 크게 Heterotrophic bacteria 와 Autotrophic bacteria로 구분된다. 전자는 energy와 합성을 위한 탄소를 얻기 위하여 유기물을 이용하는데 후자는 탄소를 얻기 위하여 무기탄소를 이용하고 Energy를 얻기 위해서 무기물을 산화시킨다. 활성슬러지의 유기물 합성과정을 설명하라.

9.19.3. 하·폐수 처리장에 BOD 유입 시 활성슬러지 미생물상의 변화과정을 기술하라.

9.19.4. 생물학적 처리법은 미생물을 이용하여 폐수 중의 유기물을 산화 분해시

키는 것이다. 미생물이 잘 자랄 수 있는 영향인자와 운전인자를 제시하라.

9.19.5. 반응조 계획의 착안은 각 처리방법별로 BOD제거율, 필요부지면적, 운전
경비, 운전의 난이도 등을 비교하고, 각 처리방법의 특성을 고려하여 처
리장의 환경조건에 적합한 방법을 선정한다.
aeration tank의 설계과정과 용량결정 과정을 도식화하라.

9.19.6. K_La는 수온, 폐수 중의 유기물이나 무기물농도, 포기장치의 형상, 수심
및 포기조의 형태에 따라서 변화하기 때문에 가능한 한 실제시설의 포
기조에서 K_La를 측정하는 것이 바람직하다. 그렇지 못할 경우는 실험조
를 사용하여 구하여야 한다. K_La 측정방법에는 어떠한 방법이 있는가.

9.19.7. 활성슬러지 생물이 소비하는 산소량은 제거되는 BOD 성분 중에서 에너
지 획득을 위하여 산화 분해하는 부분에 대응한다. 즉 산소는 BOD의
산화와 세포물질 자체의 산화에 소비된다. BOD 산화와 세포물질 자체
산화에 소비되는 산소의 양은 어떻게 도출하는가.

9.19.8. 재래식 활성슬러지 공법에서는 MLSS가 1,500〜3,000㎎/ℓ 정도이며
고율 활성슬러지공법에서는 4,000〜5,000㎎/ℓ 정도 유지시킨다. 고
형물 체류시간(SRT) 측면에서 미생물세포를 고려한 체류시간 MCRT(mean
cell residance time)에 대하여 정의하라.

9.19.9. 활성슬러지법의 주요 반응조인 포기조의 운영관리에 있어서 포기조 내
미생물, 즉 MLSS의 적정유지는 처리의 효율 측면에서 상당히 중요하

다. 이는 포기조 내에 유입되는 유기물질과 이를 섭취, 분해, 제거하는 미생물 간에는 서로 균형이 유지되어야 처리의 효과를 높일 수 있기 때문이다. 슬러지의 반송비에 대하여 논하라.

9.19.10. 생물학적 처리법은 미생물을 이용하여 폐수 중의 유기물을 산화 분해시키는 것으로 미생물이 충분히 잘 자랄 수 있는 운전조건이 유지되어야 한다. 이러한 미생물의 운전조건이 맞지 않으면 슬러지팽화, Floc 해체현상, 슬러지 부상, Pin floc 등의 현상이 발생하게 되는데 그 원인과 대책을 요약하여 설명하라.

9.19.11. Pure oxygen aeration법은 공기 대신에 산소를 직접 포기조에 공급하는 방법으로, DO와 MLSS를 높게 유지할 수 있어 포기조 용량을 작게 할 수 있다. 이 처리방법의 특징을 설명하라.

9.19.12. 수심 150m의 대심도 반응조와 고액 분리시설로 구성된 활성슬러지법인 초심층 포기조는 하강유로(下降流路)와 상승유로로 구성된 샤프트부와 정부(頂部)의 헤드탱크로 구성된다. 이 공법의 원리를 설명하라.

9.19.13. 간헐식 포기 – 배수법(Intermittently aerated and decanted system)에서는 하나의 조를 사용하여 재래식 활성슬러지법의 모든 단위 프로세스와 조작을 수행한다. 즉 단일조에서 1차 침강, 생물산화, 2차 침강, 슬러지 소화는 물론 질산화와 탈질까지 수행한다. 단일조에서 이러한 일을 순차적으로 진행시키는 과정을 설명하라.

호기성 부착성장 생물학적 처리

10.1 살수여상법(Tricking filter)

10.1.1. 처리개요

살수여(과)상은 통상 도시하수의 2차 처리를 위하여 사용된다.

활성슬러지 공법과는 달리 1차 침전지의 유출수를 미생물 점막으로 덮인 쇄석(碎石) 또는 매개층 여재 위에 살수하여 생물막과 유기물을 접촉시키는 고정상(固定床)법에 의한 처리법이라고 정의할 수 있다.

여기서 미생물막층(Slime layer)은 주로 Bacteria, 원생동물, Fungi 등으로 구성되며 환경이 양호한 경우에는 슬러지 벌레, 파리의 유충, Rotifer 등의 고등동물이 존재하기도 한다. 또한 깊은 여상 바닥부근에는 질산화 박테리아가 서식하여 질산화가 일어나는 경우가 많다.

살수여상은 호기성 처리법으로 분류하지만 여재표면의 미생물막은 표층 0.1~0.2㎜만 호기성이고 그 내부는 혐기성이다.

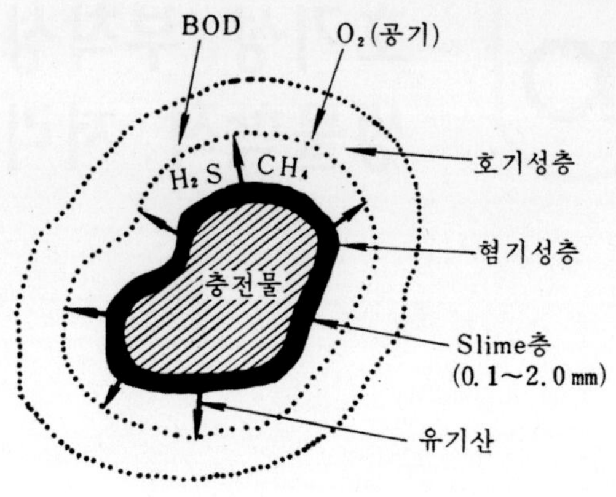

그림 10.1. 여재표면의 미생물 막.

그림 10.1에 도시된 바와 같이 미생물 막 위에서 폐수를 흘러내리면 용해된 유기물은 재빨리 미생물에 의해 분해되고 Colloid상의 유기물은 표면에 흡착된다. 여상상부에 있는 미생물은 영양분이 충분해서 대수성장 단계가 유지되나 여상하부의 미생물은 충분한 유기물을 얻지 못하므로 여상 전체로 보면 내생성장 단계에서 운영된다고 할 수 있다. 호기성 상태를 유지하기 위해서 산소는 보통 여과상의 바닥에서 표면으로 여재 사이의 공간을 따라 폐수와는 반대 방향으로 공급된다.

그러나 여상 내 공간이 막히거나 유기물 부하량이 큰 경우 혐기성 상태가 되어 냄새를 발생하는 때도 있다. 사실 여재 사이를 통과하는 공기의 방향과 속도는 외기온도와 여상 내부 온도의 차이, 즉 기온과 수온 차이에 따라서 다르다.

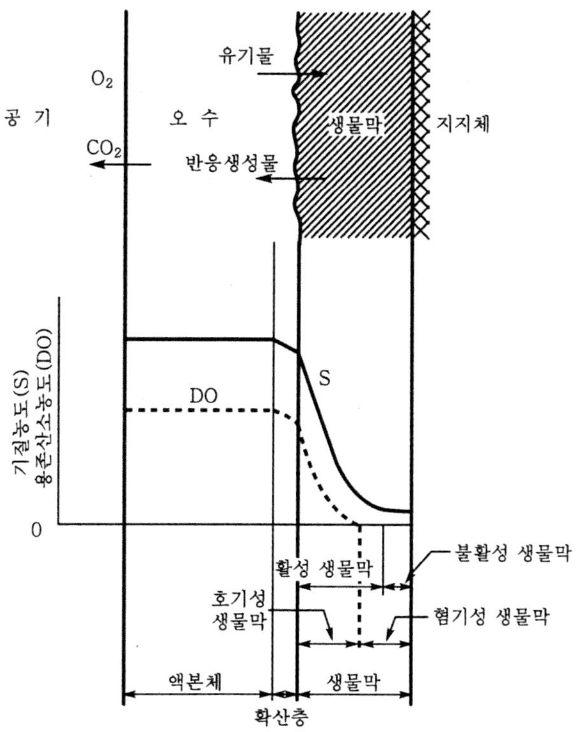

그림 10.2. 여재표면의 호기－혐기성 생물막.

미생물 점막의 표층은 산화작용에 의해 물질대사의 최종산물인 CO_2가 발생하며 과잉으로 증식된 미생물세포, 즉 점막의 일부는 유하하는 폐수의 전난력에 의해 여재로부터 탈리되어 최종침전지에서 고액 분리된다. 유기물질의 제거율은 여상의 상부층에서 가장 높으며 하부층으로 내려갈수록 폐수의 용존유기물질 농도가 감소되고 제거율도 감소된다.

이러한 측면에서 볼 때 여과층의 과도한 깊이는 큰 뜻이 없게 된다. 폐수와 점막과의 접촉시간은 매우 짧지만 얇은 수막과 여재의 넓은 표면적 때문에 충분한 흡착이 가능하다.

고율 살수여상의 경우 2차 침전지로부터 상징수를 재순환시켜 여상 내 물질반응을 촉진시킬 뿐 아니라 미생물 막에서도 유기물 분해반응을 촉진시킨다. 그러나 순환수의 주된 목적은 여상 상부층에 미생물 세포가 과도하게 번식되어 여재 사이의 공극(空隙)이 막히고 여상표면에 물이 고이는 이른바 연못화(Ponding) 현상을 예방하는 데 있다. 활성슬러지법과 살수여상법의 비교에 따른 장단점은 표 10.1과 같다.

장점: ● 포기에 동력이 필요 없다.

  ● 건설비와 유지비가 적게 든다.

  ● 운전이 간편하다.

  ● 폐수의 수질이나 수량의 변동이 덜 민감하다.

  ● 온도에 의한 영향을 적게 받고 특히 저온에서도 처리가 가능하다.

  ● 활성슬러지법에서와 같은 bulking 문제가 없다.

단점: ● 여상의 폐색이 잘 일어난다(Ponding).

  ● 냄새를 발생하기 쉽다.

  ● 여름철에 파리 발생의 문제가 있다.

  ● 겨울철에 동결문제가 있다.

  ● 미생물 막의 탈락(Sloughing off)으로 처리수가 악화되는 수가 있다.

  ● 수두손실이 크다.

항 목	활성슬러지법	살수여상법
소요면적	작다	크다
수두손실	작다	크다
건설비	많다	적다
bulking	발생한다	발생하지 않는다
파리(psychoda)	발생하지 않는다	발생한다
온도영향	크다	비교적 적다
슬러지 발생	많다	적다
충격부하 영향	크다	작다
폭기시설	필요(강제포기)	불필요(자연환기)
처리시설	대규모	소규모
유지관리비	많다	적다
운전관리	어렵다	쉽다

10.1.2. 살수여상의 구조

여상의 구성은 살수장치, 여상조(여재 및 주벽), 하부배수시설로 되어 있다.

형상은 종전에는 살수용으로 고정노즐을 사용하여 여상모양을 정방형 (正方形)으로 설계하기도 하였으나 근래에는 대부분 원형으로서 회전살수 기를 사용한다.

여재는 쇄석이나 플라스틱 여재를 사용하는데, 재질은 가급적 비표면적 이 크고 미생물의 부착성이 좋으며 폐수에 침식되지 않는 내구성 재질로 구성되어야 한다.

쇄석에는 석영, 화강암, 자갈, 무연탄, Cokes, 클링커, 도기조각 등이 이 용되고 크기는 표준살수여상의 경우 3~5㎝, 고속살수여상의 경우 5~6 ㎝ 정도의 비교적 큰 쇄석을 사용하는데, 여상 바닥으로부터 30㎝ 높이까지는 10~15㎝ 크기의 큰 쇄석을 채운다. 최근에는 플라스틱으로 벌집 모양의 매개질을 만들어 폐수처리에 많이 이용되는데, 이는 무게가 가볍고 화학적으로 강하며 공간이 많아 환기율이 좋을 뿐만 아니라 단위 부피당 비표면적이 크다는 장점이 있다.

그러나 플라스틱 여재는 미생물에 대한 독성작용이 없어야 한다.

살수장치는 근래에는 회전식 살수기를 사용하는데 이는 여과상 표면에 폐수를 골고루 뿌려주기 위하여 필요하며 살수관에 부착된 노즐(Nozzle)에서 분사되는 폐수의 반사작용에 의해 회전작용이 지속되므로 살수기의 중심선으로부터 최소한 60㎝의 높이가 요구된다. 또한 살수관과 여상면과의 간격은 15㎝ 정도가 적합하다. 노즐은 간격을 적당히 배치하여 여상표면에 골고루 살수되도록 노즐간격을 유지하여야 한다. 고속 살수여상의 경우 살수기의 회전속도는 살수관 2개를 배치할 때 2~4rpm 4개를 배치할 때 1~2rpm 정도이다.

여상 주벽(周壁) 및 바닥은 철근콘크리트로 수밀(水密)하게 시공하고 하부 유출구나 통기구는 필요할 때 차단되도록 시공한다.

여상벽의 여유고는 바람을 막기 위해 30㎝ 이상 되도록 한다. 하부집수시설은 처리수를 배수함과 동시에 여과상을 통해서 공기가 통할 수 있도록 한다. 여과상 바닥(그림 10.3)은 유공판을 깔아서 배수가 잘되도록 하여야 하며 유출수와 탈리된 점막이 고이지 않도록 수로를 향해 약 2%의 경사를 이루도록 한다.

중앙수로는 환기를 위한 공기통로의 여유도 필요하므로 약 1/2 정도 유출수가 차서 흐르게 설계되어야 하며 하부배수시설 면적은 여과상 표면적의 5% 이상, 중앙수로에서의 유속은 0.6m/s 이상이 요구된다.

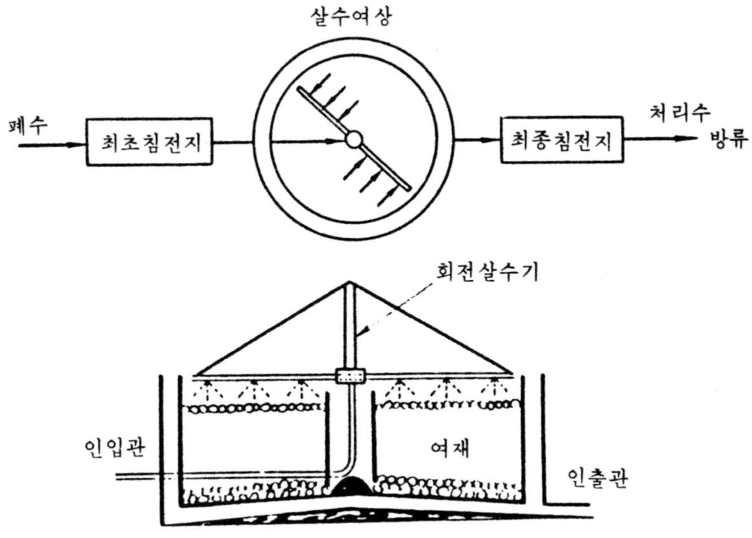

그림 10.3. 살수여상의 구조와 단면도.

10.1.3. 표준(저율) 살수여상법(Low - rate tricking bed)

살수용으로 고정노즐을 사용하며 형상은 정방형(正方形)이나 구형(矩形)으로 설계한다. 폐수는 배수조로부터 자동 싸이폰(Siphon)이나 펌프에 의하여 간헐적(5～20분)으로 유입되기 때문에 단위 여상면적당 처리량은 석으나 BOD 제거율은 고율 살수여상보다 높고 질산화반응이 완결된다. 표준살수여상은 구조가 간단하고 운전이 쉬우며 에너지 비용도 적게 소요된다. 그러나 넓은 부지면적이 소요되며 과부하에 민감하고 특유한 psychoda종 파리가 번식하기 쉽다.

10.1.4. 고율(고속) 살수여상법(High-rate tricking bed)

폐수를 여상에 연속적으로 유입시키며 통과한 순환수를 반송(Return)시켜 유입수와 합류시킴으로써 일정한 여과속도를 유지하고 여재에서는 점막의 일부가 연속적으로 탈리된다.

BOD 제거율은 표준살수여상보다 낮으며 점막에서 탈리된 고형물의 안정성과 침강성이 양호하지 못하고, 처리수의 재순환율이 높은 것이 특징이다(표 10.2).

표 10.2 살수여상의 비교

항 목	표준살수여상	고율살수여상	2단 살수여상
BOD부하($kg\ BOD/m^3$)	0.1~0.4	0.5~1.5	0.7~1.2
수리적 부하율 ($m^3/m^2 \cdot day$)	1~4	10~30	10~30
여상깊이(m)	1.5~2.4m	1.2~2.4m	1.5~2.1
여재 크기(mm)	30~50	50~60	50~60
BOD 제거율(%)	75~85	65~75	70~80
SS 제거율(%)	70~80	65~75	70~80
살수형태	간헐적(5~20분주기)	계속적(순환)	계속적(순환)
재순환율	0	0.5~3.0	0.5~4.0

고율살수여상은 유입수를 연속 살수하며 대량의 순환이 이루어지기 때문에 다음과 같은 이점이 있다.

- 유입하수의 유량, 온도, 유독물질의 영향이 적다.
- 살수기의 자동운전이 쉽다.
- 파리발생 및 비산이 방지된다.
- 악취발생이 적다.

10.1.5. 순환수의 적용

순환수(循環水)는 고율살수여상에서 채택되며 재순환유량은 원폐수량
에 대한 비로써 나타낸다. 통상 재순환율(Recirculation rate)은 0.5～3.0 정
도이며, 순환방법은 단단 재순환형(그림 10.4)과 2단 재순환형(그림 10.5)
이 있다.

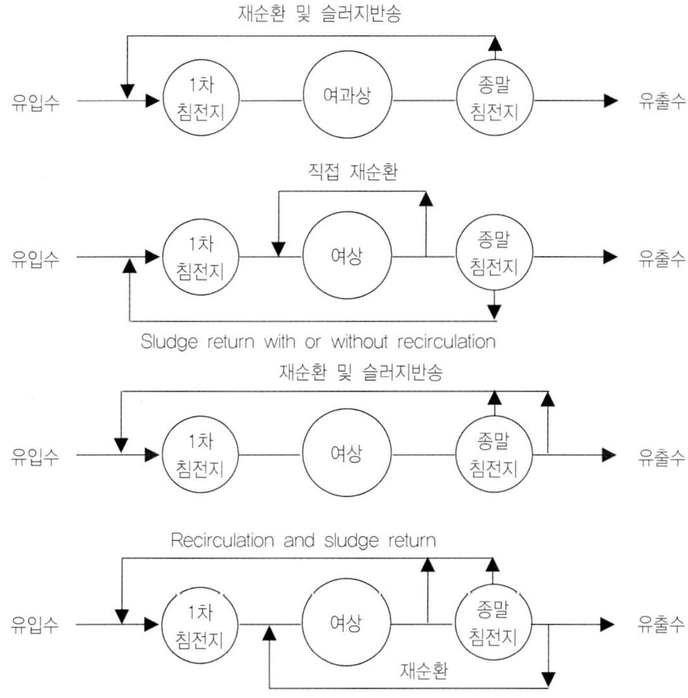

그림 10.4. 단단(單段) 고율살수여상의 재순환형.

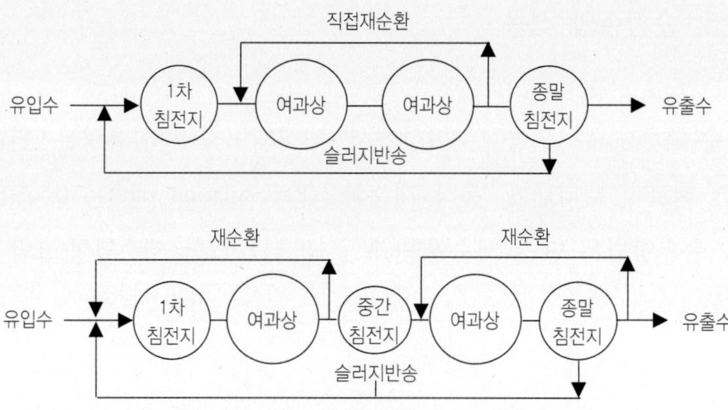

그림 10.5. 전형적인 2단살수여과상의 재순환 계통도.

(1) 재순환의 실시 시기와 방법

- 원폐수 유량이 적은 경우에 실시한다.
- 원폐수 유량에 비례하여 실시한다.
- 항상 일정한 율로 실시한다.
- 자동식 혹은 수동식의 일정한 비율로 실시한다.

(2) 순환수의 목적

- 여상의 과부하를 방지하기 위한 유기물질의 농도 희석
- 유입폐수의 수리적 부하율과 전단력을 증가시킴으로써 미생물 점막이 계속적으로 탈리되도록 하여 미생물의 과도한 성장을 방지
- 파리의 번식을 감소
- 유입폐수가 부족하여 최종침전지의 체류시간이 너무 길어지고 혐기

성 피해가 발생하는 것을 예방

- 유입폐수를 활성미생물과 접촉시킴으로써 처리효율을 높인다.

10.1.6. 살수여상 운영상의 문제점 및 대책

(1) 연못화(Ponding): 여상표면에 물이 고이는 현상

1) 원인

- 여재가 너무 작거나 균일하지 않는 경우
- 여재가 견고하지 못하여 심한 온도 차에 의해 부서지는 경우
- 최초 침전지에서 현탁고형물이 충분히 제거되지 않는 경우
- 미생물 점막이 과도하게 탈리되어 공극(空隙)을 메우는 경우
- 유기물질 부하량이 과도한 경우

2) 대책

- 여상표면의 여재를 잘 긁어주거나 고압수증기로 씻을 것
- 물이 고인 표면에 살수를 중단하고 연속적으로 폐수를 유입시킬 것
- 고농도의 염소를 1주 간격으로 주입할 것. 유입수의 유리잔류 염소가 $5\,\mathrm{mg}/\ell$ 정도 되도록 하고 야간에 수 시간씩 주입해 볼 것.
- 별도의 처리시설이 있을 때에는 유입폐수를 그 시설로 돌리고 연못화된 여상을 1일 이상 건조시킬 것
- 여상에 1일 이상 침수(撍水)할 것
- 위의 방법으로 효과를 거두지 못할 때에는 최종적으로 여재를 새 것으로 교환한다.

(2) 파리의 번식: 날씨가 따뜻한 여름철 같은 경우에는 크기가 아주 작은 pay-choda종의 파리가 발생하여 작업자에 불편을 주거나 인근 주택가에 날아들어 불쾌감을 조성한다.

1) 원인

- 미생물 막이 과도하게 성장하는 경우
- 간헐적인 살수 경우(특히 저율살수여상에서 발생하기 쉽다).

2) 대책

- 미생물 점막이 과도하게 성장하지 않도록 할 것
- 폐수를 연속적으로 살수할 것
- 1주 간격으로 여상을 24시간 침수할 것
- 주위 벽의 내부를 씻어서 항상 젖어 있도록 할 것
- 1~2주 간격으로 유입폐수에 염소를 혼합할 것(잔류농도 0.5~1ppm 정도)
- 4~6주 간격으로 살충제를 적용할 것

(3) 냄새(odor)

1) 원인

- 여상에 산소공급이 불충분하여 혐기성 상태로 된 경우

2) 대책

- 통풍로를 청소하여 환기가 잘되도록 할 것
- 순환수 등으로 유기물질 농도를 감소시킬 것
- 기타 여상이 호기성이 유지되도록 조치할 것

(4) 동결(凍結)

1) 원인

- 날씨가 대단히 추울 때(겨울철)에는 주위의 온도강하로 여상 표면
  이 결빙(結氷)되어 폐수의 유통을 방해하고 운영에 어려움을 준다.

2) 대책

- 순환수의 유량을 감소시키거나 중단할 것
- 폐수를 여상표면에 균등하게 살수할 것
- 2단 여상인 경우에는 각 여상을 병렬로 배치하여 운전할 것
- 여상을 방풍벽 또는 방풍수 등으로 막아줄 것

10.2 RBR(Rotating Biological Reactor)

반응조의 수면보다 약간 높게 설치된 수평회전축에 그림 10.5와 같이
여러 개의 원반(Disc)을 수직으로 고정시켜서 회전시키는 장치를 회전생
물반응체(RBR)라 하는데 각 원반표면에 미생물막이 형성되어 반응조 내
의 용존유기물질을 섭취 분해히여 제거한다.

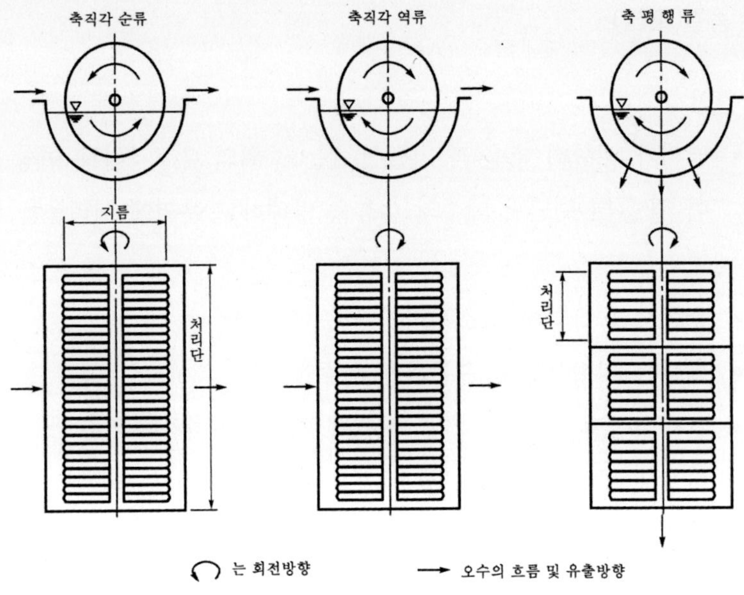

그림 10.6. 오수의 유입과 회전방향.

원판이 반응조 수면(40% 정도)에 잠길 때 점막에 유기물질이 침투 또는 흡착되며 수면 위로 노출될 때 산소의 공급을 받게 된다. 점막에 침투 또는 흡착된 유기물질은 미생물에 의하여 산화되고 증식된 미생물과 점막의 일부는 회전운동에 의해 탈리되므로 원판표면의 미생물군은 항상 일정하게 유지된다. 탈리된 점막은 원판의 회전작용에 의하여 현탁상태로 머물다가 2차 침전지로 유출된다(그림 10.7).

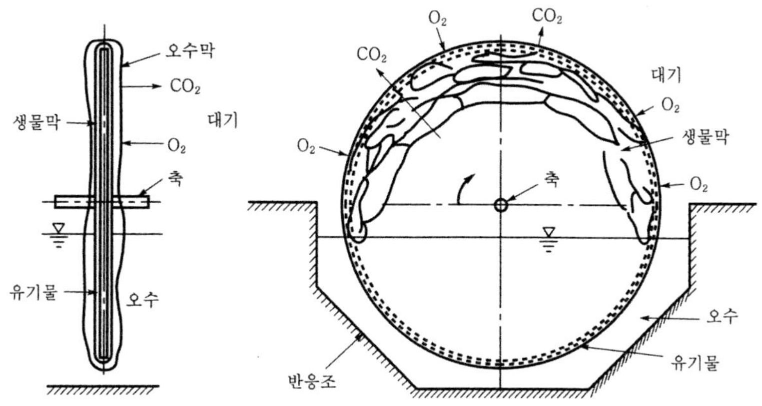

그림 10.7. 회전원판 표면의 생물막.

원판 설치 시에는 각 RBR의 사이를 칸막이하여 월류장치, Orifice, 하부 월류구 등으로 구성하여 순차적으로 흐르도록 한다. 이때 유속에 비하여 원판회전속도가 크므로 난류가 일어나 폐수는 적절히 혼합되며 고형물의 침전이 일어나지 않고 현탁상태가 유지된다.

RBR는 실내에 설치하는 것이 일반적인데, 그 이유는 한랭기에 보온을 유지하고 일광에 의한 조류번식과 강우에 의한 미생물 탈리 등을 방지하기 위해서이다.

처리방식은 연속적이며 반응조 전후에 최초침전지와 2차 침전지가 필요하다. 실제로 현장에서는 하수 등 저농도의 오수처리에 단독으로 이용하거나 다른 생물학적 방법과 병용해서 설계 운용된다.

(1) 회전원판의 설치

- 재질: poly ethylene 또는 poly styrene
- 직경: 2.5~3.6m
- 두께: 1~2㎝
- 배열: 수평축에 30~40㎝ 간격으로 부착하여 7.6m 정도까지 배열하여 다단으로 배치한다.
- 회전속도: 1~2rpm(원주위속도 0.3m/sec 정도)

(2) 장·단점

1) 장점
- 별도의 포기장치가 필요 없고 유지비가 적게 든다.
- 다단식을 취하므로 BOD부하 변동에 강하다.
- 슬러지 발생량이 적다.
- 슬러지 반송이 필요 없다.
- 질산화작용이 일어난다.
- pH변화에 잘 적응한다.

2) 단점
- 영향인자가 복잡하여 미생물량을 임의로 조절할 수 없다.
- 온도의 영향을 크게 받으므로 저온 시 대책이 문제된다.
- 운전이 원활하지 못할 경우 혐기성 상태로 인해 악취가 발생할 수 있다.
- 회전축의 파열이 일어나기 쉽다.

- 폐수의 성상에 따라 처리효율에 영향이 크다.
- 대규모 처리에 관한 자료 및 완벽한 model 해석이 충분하지 않다.

10.3 접촉 포기법

접촉포기법은 고정상식 활성오니법이라고 하며 회전원판법이나 살수여상법 등과 같이 생물막을 이용하여 유기성 폐수를 처리하는 방법의 하나이다.

포기조 내에 접촉여재를 충전하여 폐수와 여재표면에 생성된 생물막을 접촉시키면서 포기를 함으로써 폐수 중의 유기물을 제거시키는 방법이다(그림 10.8).

충전제로 과거에는 쇄석, 코크스, 연화, 대나무 등을 사용하였으나 최근에는 플라스틱 여재가 개발되어 많이 사용되고 있다.

접촉포기법은 호기성 처리의 2차 처리장치로 사용되지만 우리나라에서는 생활하수의 고도처리(활성오니 처리수를 재처리) 등에 사용한다.

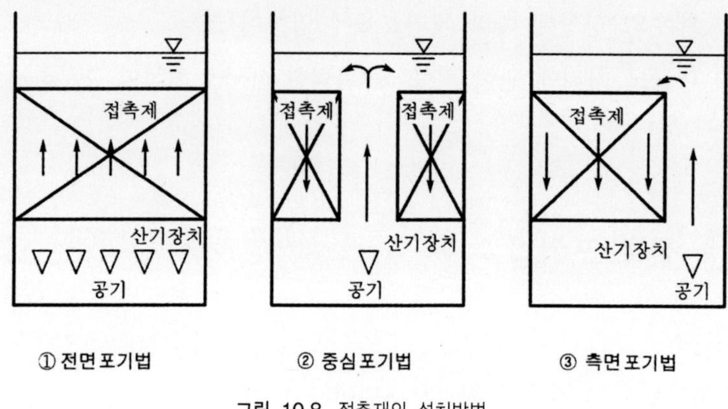

그림 10.8. 접촉재의 설치방법.

(1) 장치

A형 접촉포기조(그림 10.9)에서는 폐수를 변형 2단 탱크에서 고액 분리하고 분리된 물은 접촉폭기조에 유입되어 생물처리가 된다. 처리수는 소독조에서 소독하여 방류된다. 접촉폭기조 내는 정기적으로 역세척(폭기에 의해)하여 침강슬러지를 변형 2단 탱크로 반송하여 고형물을 분리한다 (그림 10.9).

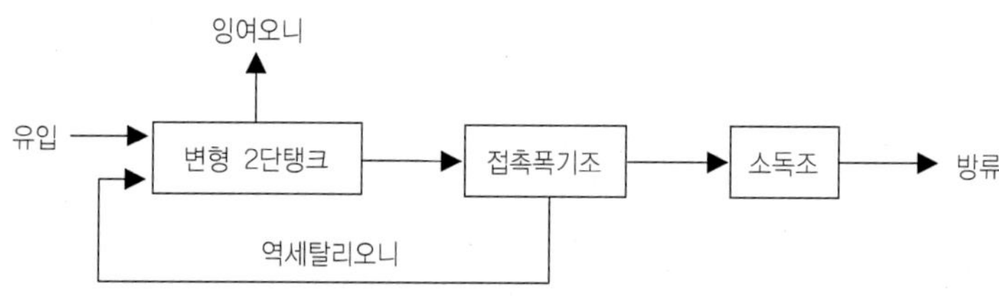

그림 10.9. A형 접촉폭기조의 계통도.

B형 접촉포기조(그림 10.10)에서는 접촉포기조를 2실로 분리하고 최종 침전지를 설치한다. 포기조 내의 정기적인 역세와 침강된 슬러지를 변형 2단 탱크로 반송시키는 것은 A형의 경우와 같다. 동시에 최종침전지의 슬러지도 변형 2단 탱크로 방송시킨다.

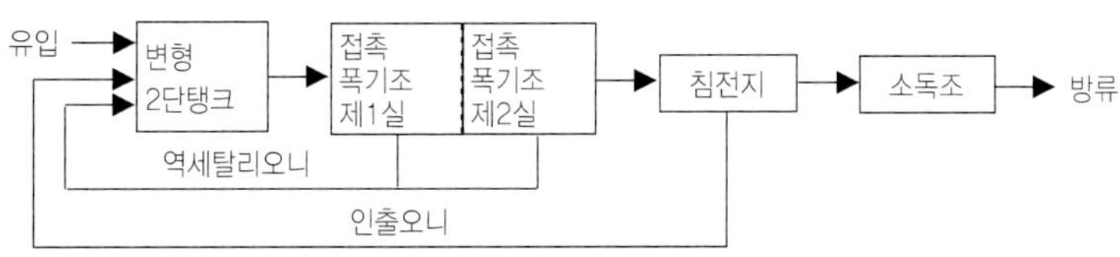

그림 10.10. B형 접촉폭기조의 계통도.

(2) 접촉여재의 재질 및 형상

접촉여재에 요구되는 재질이나 형태에 관하여 일반적으로 요구되는 사항을 열거하면 다음과 같다.

- 생물막이 부착하기 쉬울 것
- 공극률이 클 것(현재 많이 사용하고 있는 플라스틱 여재의 경우 공극률은 90% 이상)
- 장시간 사용으로 부서지지 않을 것(부서지면 막히는 원인이 된다)
- 생물막 부착에 의한 하중증가 및 교반수류에 의해 변형되지 않는 강도를 가질 것
- 슬러지에 의한 폐쇄가 되지 않을 것
- 폐수가 폭기조 내에서 균등하게 교반되어 사영역이 발생하지 않을 것
- 여재의 충전율은 가능한 큰 것이 좋으며 일반적으로 50% 이상 충

전되어야 하며 충전에 있어서 여재가 부상하지 않게 하여야 한다.

(3) 특징

생물막법은 살수여상법이 하수처리에 많이 이용되어 왔고 다음과 같은 장점이 있다.

- 부하변동에 대해 대응능력이 있다.
- 슬러지 발생량이 적다.
- 슬러지 반송이 필요 없다.

그러나 여재의 깊이를 크게 하면 냄새발생, 폐쇄현상 등이 발생하고 파리발생의 단점이 지적되어 활성슬러지법으로 대치되게 되었다. 활성슬러지법은 처리효과가 좋아 현재에도 많이 활용되고 있지만 소규모의 폐수처리에 적용시켰을 때 부하변동에 약하고, 슬러지(미생물) 및 송기량의 조정에 전문적인 관리를 요하며, Sludge bulking 등의 문제점이 발견되었다.

따라서 접촉포기법은 살수여상법과 활성슬러지법의 문제점을 개선하고 양자의 장점을 살린 방법이라고 볼 수 있다.

접촉포기법의 단점은

- 여재에서 생성되는 생물량은 부하조건에 의해 결정되며 운전 관리 조건에 따른 생물량을 조절할 수 없다.
- 부하량에 비례하여 생물슬러지가 생성하므로 부하가 클 경우 여재가 폐쇄되므로 부하조건에 한계가 있다.
- 폭기조 내 균일하게 폭기시키기가 어렵고 dead space가 생길 우려가 있다.

유동상(Fluidized beds)이라는 것은 반응조 내에 모래, 안스라사이트, 유리구 등의 입상매체를 충전하여 반응조 하부에서 유입수를 통과시킨다. 유량을 증가시키면 어느 일정량까지는 입상입자가 고정되어 있으나 유량을 점차 증가시키면 표면부근에 충전입자가 활동을 하여 유동화가 시작된다. 층 내의 상향유속이 단일입자의 침강속도 이상으로 되면 입자는 유체와 같이 유동하여 유출된다. 유동화의 시점에서 단일입자의 침강속도까지의 사이를 유동상이라고 하며 단일입자의 침강속도 이상의 영역을 수송상(Transporting phase)이라고 한다. 입자가 유동화하면 고체입자를 액체에 담근 것 같은 상태를 나타내어 고체와 액체의 혼합물이 전혀 새로운 유체로 취급된다.

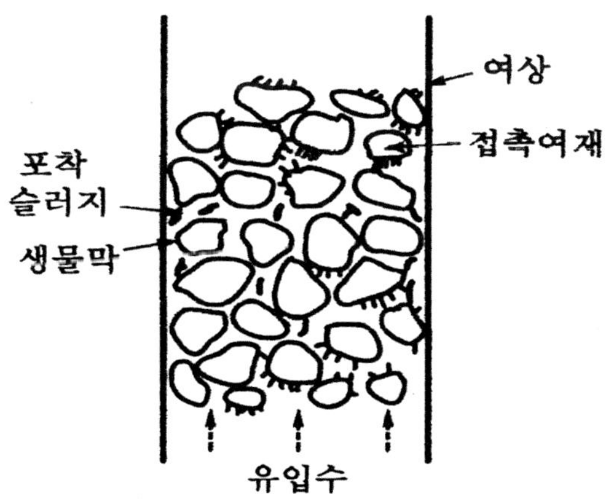

그림 10.11. 유동상의 단면.

　유동상입자생물막공정은 타 생물막법에 비하여 매우 큰 생물막 표면적을 지니고 있으며 접촉매체가 반응조 내에서 폐수와 유동화되기 때문에 설계 시에는 압력손실, 유동화 속도, 고형물 부착률 등에 특히 주의하여야 한다. 유동상의 압력손실은 유체를 분산시키는 지지층의 압력손실과 입상매체를 통과할 때의 압력손실과의 합이다. 유동상 실험장치를 사용하여 충전층 내 유속과 압력손실과의 관계를 구할 수 있으며 유동화 개시점까지는 유속에 비례하여 압력손실이 증가하지만 시작하면 어느 정도 일정하게 된다.

　유동상은 생물막의 부피가 유동적이기 때문에 고정상에서처럼 부하량이 증가하여도 폐쇄가 발생하지 않는다. 기존에 설치된 유동상의 대부분은 설계의 잘못으로 유동상의 장점을 충분하게 발휘하지 못하고 실패하였는데 이의 가장 큰 이유는 폐수특성별 선속도(상향유속)의 부적절, 지지입자의 크기와 입도에 대하여 절적한 범위나 유동상의 형상이 확립되지 않았기 때문이다. 유동상에서의 선속도는 고형물 부착률((미생물부피＋지지입자부피)/반응조부피)을 일정하게 유지하기 위하여 조절되어야 한다.

　매체입자 표면에는 미생물막이 부착하므로, 입자경 및 입자밀도가 변하여 유동화 개시속도 및 입자층고가 변화한다. 유동화 개시속도는 모래표면에 미생물막이 부착하기 시작하는 초기에 변화가 크다. 입자의 유동화 방법은 산소용해방법에 있어서는 다소 다르지만 근본적인 차이는 없다. 유동화 방식으로는 유입폐수에 의한 매체입자의 유동화가 가장 일반적이고 이 방법은 산소용해방법에 따라 세 가지로 나누어진다. 그림 **10.12(a)**는 산기식 포기방식으로 유입폐수를 포기조상부에 공급하고 여기에 산소를 용해한다. 이 산소용해액을 유동상 저부에서 상향류로 흐르게 하여 유

동상을 형성한다. 유입폐수 중의 BOD가 높은 경우에는 처리수의 일부를
순환하여 가압하는 가압용해방식을 사용한다. 그리고 유동상 내에서 효과
적으로 산소를 용해하고 매체입자를 유동화시키기 위한 또 다른 시도로
삼상유동상방식(그림 10.12(c))이 있다.

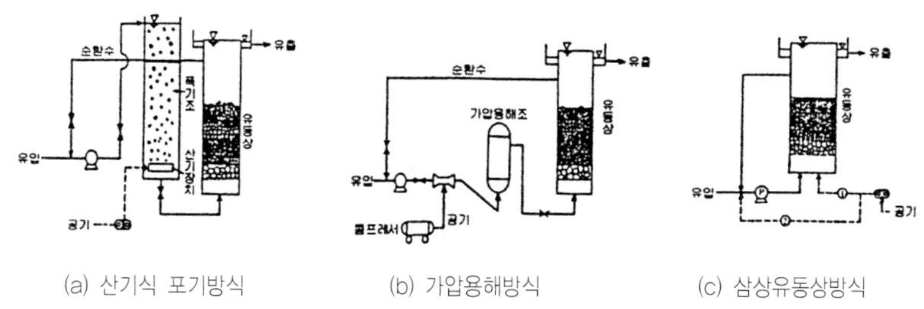

(a) 산기식 포기방식   (b) 가압용해방식   (c) 삼상유동상방식

그림 10.12. 유동화 방법.

　반응조 내 기체, 액체, 고체의 삼상이 존재하므로 기액의 유속조건 및
매체입자의 선정이 어렵다. 그러나 이 방식은 반응상 내에서 산소흡수와
생물처리가 동시에 행하여지므로 합리적이다. 유입폐수에 의한 유동화는
유량이 변동하는 경우에 크게 변화하게 된다. 이 점을 개선하기 위하여
공기에 의한 포기나 강제적 기계교반과의 병용을 사용하여 매체입자를
부유, 분산시키는 방법이 있다. 완진한 유동상이라 할 수 없어 유동상의
장점을 극대로 살릴 수는 없고, 부유 및 분산시키는 데 적합한 매체입자
경, 밀도의 입자를 선정하도록 주의할 필요가 있다.

조 내에 모래, 코크스, 활성탄 등의 고체입자를 첨가하고 적당한 교반조작에 의하여 조 내의 입자를 현탁시킨다. 호기성 처리를 할 경우에는 포기처리를 병행하고 필요한 용존산소농도를 유지한다. 반응은 각각의 반응조 내 고체입자 표면에 부착된 미생물막의 작용에 의하여 일어난다.

처리장치의 고체입자가 조 내에 어느 정도 균일하게 현탁되어야 하고 반응조에는 현탁입자의 침강을 촉진시키는 침강부를 설치한다. 통상 수면적 부하는 120㎥/㎡/일 정도가 이상적이며 용존산소의 농도를 유지하기 위하여 포기조작이 필요한데, 일반적인 현탁성 입자생물막조의 형식은 그림 10.13과 같다.

과거에는 활성슬러지공정의 포기조에 분말활성탄을 첨가하는 방법, 지오라이트분말을 첨가시키는 방법 등이 보고되었다. 전자의 활성탄을 포기조에 투여하는 방법은 기존의 활성슬러지시설을 그대로 이용하면서 활성탄의 유기물 흡착능에 의한 효과를 얻는 방식이고, 후자는 제오라이트의 암모늄이온의 흡착능과 활성슬러지와의 복합처리에 의한 효과로 폐수를 처리하는 방식이다. 이는 접촉산화공정, 회전원판법에 비하여 다음과 같은 특징을 가지고 있다.

- 생물막 매체를 입경 0.1~0.4㎜의 소립자로 하여 반응조 단위 용적당 막 면적을 매우 크게 할 수 있기 때문에 반응속도가 크다.
- 생물막 입자를 조 내에 현탁시키기 위한 교반조작에 의해 반응 성분과 미생물막의 접촉효율이 보다 향상되어 반응의 균일성이 확보된다.

- 적정 처리조건을 설정하면 고체입자 표면의 미생물량은 자동적으로 일정하게 되며 미생물량을 일정하게 하기 위한 인위적인 조작은 필요하지 않다.

- 반응속도가 크므로 반응조구조의 변형이 용이하며 처리시설의 소요 면적을 축소할 수 있다.

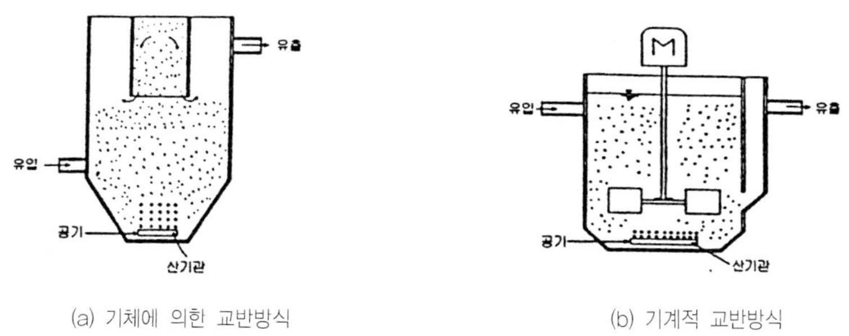

그림 10.13. 현탁성 입자생물막조의 형식.

10.6 참고문헌

박창호(2003), 생명공학기술, 청문각, 269~271.

배우근 외 2인(2002), 생물환경공학, 한국맥그로힐, 467~499.

서명교 외 7인(1999), 상·하폐수처리, 동이출판사, 628~644.

오계헌 외 5인(2004). 폐수미생물, 도서출판 동화기술, 305~309.

이승원 외 1인(2007), 수질환경기사·산업기사, 성안당, 252~266.

장준영(1992), 수질환경기사 실기, 성안당, 5 · 229～5 · 255.

조영일 외 4인(2002), 산업폐수처리공학, 동화기술, 392～393.

최의소(2001), 상하수도공학, 청문각, 294.

환경부(1995), 폐수종말처리시설의 설계.

환경부(2008), 수질관리 교육용 교재.

환경부(2008), 수질관리 법정교육교재.

Edeline, F. (1988). *L'epuration biologique des eaux residuaires: theorie et technologie*. Editions CEBEDOC. Liege, Belgium, 304.

Forster, C. F., and D. W. M. Johnston. (1987). Aerobic Processes, 15 − 56, In: *Environmental. Bio − technology*, C. F. Forster and D. A. J. Wase, Eds. Ellis Horwood, Chichester, U. K.

Grady, C. P. L., Jr., and H. C. Lim. (1980). *Biological Waste Treatment*. Marcel Dekker, New York, 963.

Harremoes, p. (1978). Biofilm kinetics, pp.71 − 109, In: *Water Pollution Microbiology*, Vol. 2, R. Mitchell, Ed John Wiley & Sons, New York.

USEPA. (1977). *Wastewater Treatment Facilities for Sewered Small Communities*. EPA Repory No. EPA − 625/1 − 77 − 009. U. S. Environmental Protection Agency. Washington, D. C.

10.7.1. 다음 용어의 정의를 설명하시오.

1) Ponding

2) Tricking filter

3) Low-rate tricking bed

4) High-rate tricking bed

5) RBR

6) Fluidized beds

10.7.2. 고율 살수여상의 경우 2차 침전지로부터 상징수를 재순환시킬 경우 순환수의 미생물은 여상 내에서 물질반응을 촉진시킬 뿐 아니라 여재막에서도 유기물 분해반응을 진행시킨다. 그러나 순환수의 근본적인 목적은 무엇인가.

10.7.3. 미생물 점막표층의 산화작용에 의해 물질대사의 최종산물인 CO_2가 발생하고 무기물질이 방출되어 과잉으로 증식된 미생물세포, 즉 점막의 일부는 유하하는 유입수의 전단력에 의해 여재로부터 탈리되어 최종침전지에서 고액 분리된다. 여기서 유기물 농도와 점막층의 두께는 어떠한 관계가 있는가.

10.7.4. 살수여상은 여상 상부층에 미생물 세포가 과도하게 번식되어 여재 사이의 공극(空隙)이 막히고 여상표면에 물이 고이는 이른바 연못화(Ponding)

현상 등의 문제가 있다. 활성슬러지법과 살수여상법의 비교에 따른 장단점을 분석하고, 또 이러한 문제점에 대한 대안을 도출하라.

10.7.5. 활성슬러지법은 처리효과가 좋아 현재에도 많이 활용되고 있지만 소규모의 폐수처리에 적용시켰을 때 부하변동에 약하고, 슬러지(미생물) 및 송기량의 조정에 전문적인 관리를 요하며, Sludge bulking 등의 문제점이 발견되었다. 그 대안으로 개발된 접촉폭기법은 살수여상법과 활성슬러지법의 문제점을 개선하고 양자의 장점을 살린 방법이라고 볼 수 있다. 이 방법의 원리를 설명하라.

10.7.6. 유동상은 생물막의 부피가 유동적이기 때문에 고정상에서처럼 부하량이 증가하여도 폐쇄가 발생하지 않는다. 기존에 설치된 유동상의 대부분은 설계의 잘못으로 유동상의 장점을 충분하게 발휘하지 못하고 실패하였는데 이의 가장 큰 이유는 무엇인가.

PART

11 혐기성 처리

11.1 혐기성 소화

11.1.1. 처리 개요

유기물질의 농도가 매우 높은 폐수는 산소이전의 제한 때문에 호기성으로 처리될 수가 없다. 따라서 이러한 폐수는 계획적으로 혐기성 반응에 의하여 처리된다. 혐기성 처리는 호기성에 비하여 긴 반응시간을 필요로 하며 또 반응이 불완전하여 유기물질의 제거율이 다소 낮은 단점이 있지만 고농도의 유기물질을 처리할 수 있고 산소공급이 불필요하며 반응부산물로 가연성 기체를 얻을 수 있는 장점이 있다. 혐기성 처리는 분뇨, 폐수슬러시 및 유기물 농도가 높은 공장폐수의 최초 처리방법으로 이용된다.

어떤 폐수를 혐기성 처리하려면 다음과 같은 조건이 갖추어져야 한다.

- 유기물 농도가 높아야 하는데 탄수화물보다는 단백질이나 지방이 많을수록 좋다.
- 미생물에게 필요한 무기성 영양소가 충분히 있어야 한다.

- 알칼리도가 알맞게 있어야 한다.
- 독성물질이 없어야 한다.
- 비교적 높은 온도가 좋다.

반면에 혐기성 처리는 호기성 처리방법에 비해서 몇 가지 장점이 있다.

- 오염농도가 높은 폐수를 처리할 수 있다.
- 슬러지 발생량이 적다.
- 영양소 요구량이 호기성에서 보다 적게 소요된다.
- 최종 물질로 생산되는 메탄(CH_4)은 유용한 물질이다.

11.1.2. 혐기성 반응의 원리

혐기성 소화(Anaerobic digestion)는 여러 종류의 Bacteria에 의해 이루어지는데 크게 유기산균과 메탄균으로 나눈다. 완전 혐기성하에서 원생동물은 자라지 못한다.

제1단계 소화는 임의성 내지 혐기성의 유기산균이 유기물을 분해시켜 유기산과 알코올을 생성하며 이때 CO_2와 아세톤 H_2 등이 소량 발생된다. 이 단계의 반응은 발효반응으로 분류되는데 유기물질의 주성분은 탄수화물이므로 당질의 발효에서 분해산물은 아래 물질이 포함된다.

- 유기산(휘발성산) – HCOOH(formic acid, 포름산, 의산)

  CH_3COOH(acetic acid, 아세트산, 초산, 착산)

  CH_3CH_2COOH(propionic acid, 프로피온산)

  $CH_3CH_2CH_2COOH$(butyric acid, 낙산)

$$CH_3CH(OH)COOH(Lactic\ acid,\ 락산,\ 젖산,\ 유산)$$

$$HOOC\ CH_2CH_2COOH(succinic\ acid,\ 석신,\ 호박산)$$

- 알코올(alcohol) − CH_3CH_2OH(ethanol)

$$CH_3CH(OH)CH_3(iso-propanol)$$

$$CH_3CH_2CH_2CH_2OH(butanol)$$

$$CH_3CH(OH)CH(OH)CH_3(butanediol)$$

- 케톤(ketone) − CH_3COCH_3(acceton)

- 기체 − CO_2, H_2, H_2S 등

1단계 소화에서 위의 물질 중 유기산이 많이 형성되어 pH가 다소 낮게 유지되므로 '유기산 형성과정' 또는 '산성 소화과정'이라고 부르며 발효반응은 유기물질을 CO_2, H_2O 등과 같은 최종무기물질로 끝까지 전환시킬 수 없으므로 BOD제거율이 호기성 반응에 비하여 매우 낮다.

제2단계 소화는 1단계에서 생성된 유기산을 메탄균이 분해시켜 CH_4 및 CO_2 등의 가스물질을 생성하며 이때 NH_3, H_2S, 메르캅탄(R−SH) 등도 일부 발생한다. 따라서 2단계 소화 과정을 '가스화과정', '메탄발효과정', '알칼리소화과정'으로 부르기도 한다.

유기물질이 기체로 전환되기 위해서는 유기산균과 메탄균의 적절한 활동이 요구된다. 즉 제1단계에서는 제2단계에 필요한 영양분인 유기산이 생성되며 제2단계에서는 유기산을 분해시킴으로써 유기산의 축적으로 pH가 저하되는 것을 방지한다. 또한 유기산균은 메탄균을 위하여 양분을 생산할 뿐 아니라 산화물을 소모시켜 환원제를 생성함으로써 완전 혐기성 상태를 만든다. 혐기성 처리의 문제점은 이러한 미생물의 분포에 불균형이 생길 때에 발생한다. 가령, 많은 양의 유기물질이 갑자기 소화조에 투

입되면 유기산균은 유기물질을 분해시켜 유기산을 과도히 생성하므로 낮은 유기산 농도에서 존재하는 메탄균은 유기산을 빨리 분해시켜서 pH의 저하를 방지할 수 있는 능력이 없기 때문에 소화조의 pH는 계속 떨어진다. 그 결과 먼저 메탄균의 활동이 줄어들어 유기산의 분해능력이 저하되고 이러한 현상이 계속되어 유기산이 너무 축적되면 모든 bacteria 활동이 중단되어 혐기성 소화의 실패를 가져온다. 비단 유기물질의 과다 부하뿐 아니라 온도가 갑자기 높아지거나 유기물의 종류가 변한다든가 혹은 독성물질의 유입에 의해서 많은 문제점을 초래할 수 있다.

이상 설명한 유기물질의 혐기성 반응을 요약하면 대체로 그림 11.1과 같다.

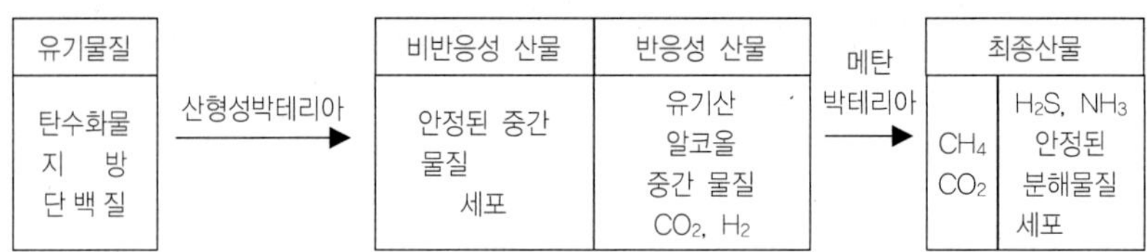

그림 11.1. 유기물의 혐기성 반응.

glucose($C_6H_{12}O_6$)의 반응례로, 위의 2단계 반응에서 메탄박테리아 반응속도가 산형성 박테리아의 반응속도보다 훨씬 더디므로 전체 반응을 제한한다.

$$C_6H_{12}O_6 \xrightarrow[\text{(1 단계)}]{\text{유기산균}} \begin{cases} 3CH_3COOH \\ 2CH_3CH_2OH + 2CO_2 \\ 2CH_3CH(OH)COOH \end{cases} \xrightarrow[\text{(2 단계)}]{\text{메탄균}} 3CH_4 + 3CO_2$$

11.1.3. 영향인자

(1) pH의 영향

혐기성 반응의 첫 단계에서 생산된 유기산이 메탄균에 의해 2단계 반응이 진행되지 못하면 조 내의 유기산과 CO_2가 축적되어 완충능력이 무너질 때 pH가 낮아진다. 메탄균은 앞서 언급했듯이 pH에 민감하여 pH가 낮거나, 높은 pH에서는 반응이 더디고 CH_4 생성률이 낮아진다.

그림 **11.2**에서와 같이 유기산농도가 2,000mg/ℓ 를 넘을 때 또는 pH가 6 미만일 경우 메탄 생성률이 급격히 낮아짐을 알 수 있다.

반대로 pH8을 초과할 때도 같은 현상이 일어난다. 이러한 원인 때문에 혐기성 반응에서 1단계, 2단계 반응의 평형과 알칼리에 의한 완충능력이 중요하게 된다. 일반적으로 생산된 기체의 30%가 CO_2일 때 1,500mg/ℓ 정도의 알칼리도가 완충용으로 필요하다.

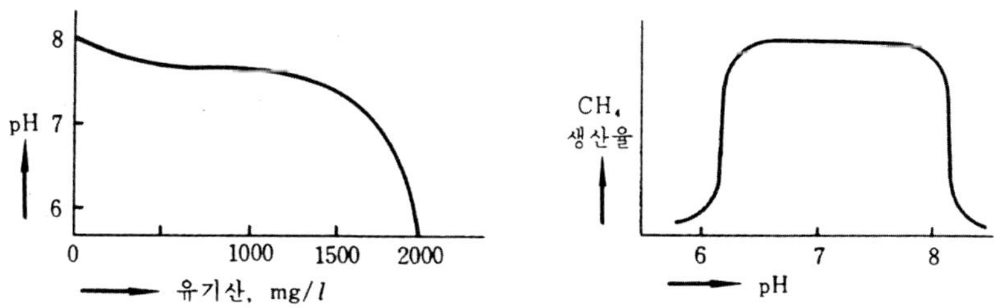

그림 **11.2**. 메탄 생산율에 대한 pH 영향.

(2) 온도의 영향

온도가 낮아지면 혐기성 반응에서 메탄박테리아가 영향을 크게 받는다. 따라서 메탄박테리아의 활동이 저하되어 메탄발생이 줄어든다. 메탄박테리아의 최적온도는 중온에서 35℃, 고온에서 55℃ 정도이다(그림 11.3).

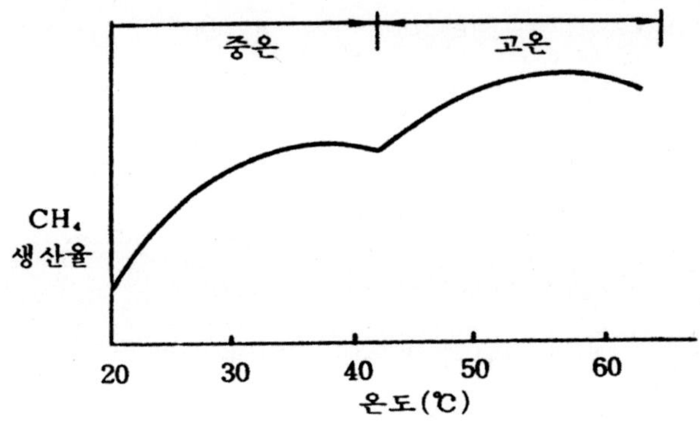

그림 11.3. 메탄생산율에 대한 온도영향.

그러나 우리나라와 같이 겨울철이 있는 온대지방에서 고온반응은 비경제적이므로 중온반응이 주로 이용되며, 온도에 따른 반응방식을 분류하면 다음과 같다.

고온(친열성)소화: 50~56℃(적온 54~56℃)

중온(친온성)소화: 31~38℃(적온 35~37℃)

저온(친냉성)소화: 10~15℃

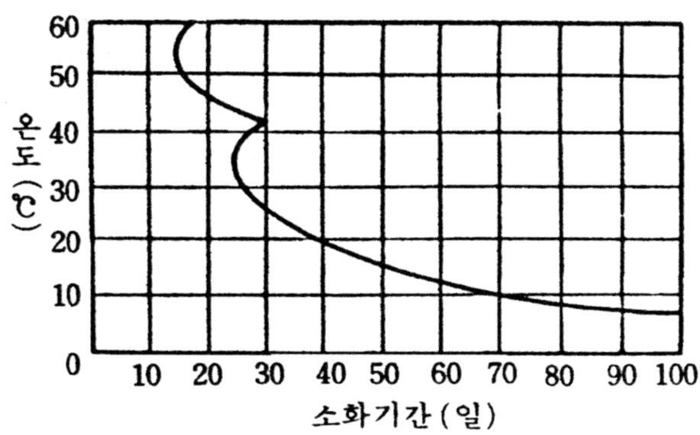

그림 11.4. 소화에 미치는 온도의 영향.

(3) 독성물질의 영향

혐기성 반응조에 독성물질이 유입되면 특히 메탄생성에 영향이 크다. Na^+, K^+, Ca^{++}, Mg^{++} 등은 낮은 농도에서는 반응을 촉진하지만 높은 농도에서는 독성을 나타내며 반응을 억제시킨다. 암모니아도 pH와 관련하여 유독성을 나타내는데 NH_4^+보다 NH_3 기체가 더 유독성을 준다.

중금속물질은 어느 한계 이상에서는 반응이 정지되는데, 일반적으로 중금속의 최대 허용농도는 다음과 같다.

표 11.1 혐기싱 소화조의 중금속 최대허용농도

중 금 속	최초침전슬러지 소화	혼합슬러지 소화
Cr^{+6}	50㎎/ℓ	50㎎/ℓ
Cu	10㎎/ℓ	5㎎/ℓ
Zn	10㎎/ℓ	10㎎/ℓ
Ni	40㎎/ℓ	10㎎/ℓ

(4) 세포 생성률

세포생산량은 유입폐수의 유기물질 농도 및 특성과 세포체류시간 등에 따라 좌우되는데 혐기성 반응에서는 세포체류시간이 길고 상당한 내호흡이 진행되므로 실생산량이 비교적 적다. 실험결과에 의하면 0.05 mg 세포/mgCOD의 생산율로 나타나고 있다. 여기서 세포생산량은 산형성 박테리아와 메탄형성 박테리아의 개별적 관찰은 어렵고 연속적인 반응에서 전반적인 생산 세포량을 파악할 수밖에 없다.

(5) 메탄 발생률

혐기성 반응에서 메탄가스 발생률은 아래 식에 따른다.

$$C_n H_m O_L + \left(n - \frac{m}{4} - \frac{L}{2}\right) H_2O$$

$$\rightarrow \left(\frac{n}{2} - \frac{m}{8} + \frac{L}{4}\right) CO_2 + \left(\frac{n}{2} + \frac{m}{8} - \frac{L}{4}\right) CH_4$$

위 식에 의하면 1 kg의 COD나 $BOD\mu$가 분해 제거될 때 0.35 ㎥의 CH_4 가스가 생산된다. 이 식은 세포생산이 포함되어 있지 않으므로 그것을 제하면 아래 식으로 계산된다.

$$G = 0.35(Lr - 1.42Rc)$$

여기서, G: CH_4 생산율(N ㎥/day)

      L_r: 제거 $BOD\mu$량(kg/day)

      R_c: 세포의 실생산율(kg VSS/day)

      1.42: 세포의 $BOD\mu$ 환산계수

$$Rc = \frac{YL_r}{1 + b\,\theta_c} = Y_{obs} \cdot Lr$$

여기서, Y: 세포생산계수($kg\,cell$/제거 $kg\,BOD_\mu$)

Y_{obs}: 세포의 실생산계수($kg\,cell$/제거 $kg\,BOD_\mu$)

b: 세포의 내호흡계수(day^{-1})

θ_c: 세포체류시간(day)

메탄(CH_4)은 연료로 이용되는 유용한 가스인데 저위 발열량은 8,570kcal/N m³이다.

11.1.4. 혐기성 반응의 적용방식

혐기성 반응은 고농도 유기폐수(식품공장, 피혁공장, 도살장 등), 슬러지 및 분뇨처리에 사용하는데 여기서는 적용방식에 관해 분류한다.

슬러지를 재순환하지 않는 방식은 반응조를 두 개로 나누어 첫 번째 조는 유입폐수를 적정온도로 가온하면서 잘 교반하여 반응시킨다. 조의 상부 공간은 발생된 가스가 저장된다. 두 번째 조에서는 첫 번째 조에서 반응 후 이송된 폐액이 고액 분리(침전)되어 침강된 슬러지는 탈수 및 처분된다. 상징수는 용존상태의 유기물이 많아 BOD 농도가 높으므로 다시 호기성 방법 등에 의해 처리되어야 한다.

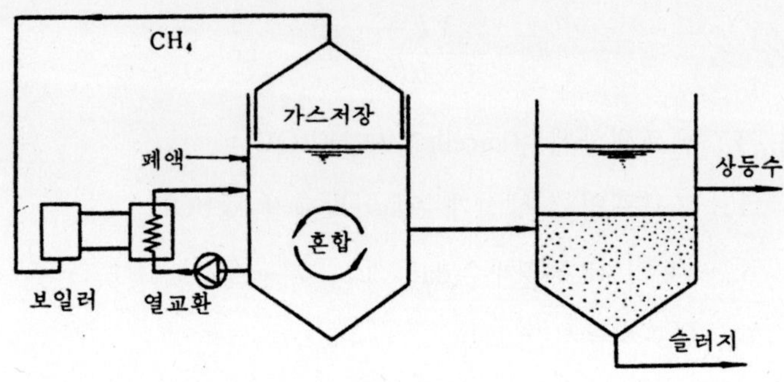

그림 11.5. 재순환 없는 혐기성 반응.

혐기성 반응조에서는 유기물질과 박테리아 세포의 농도를 구별하여 정량하는 것이 불가능하기 때문에 F/M비나 세포체류시간 등 설계변수의 적용이 어렵다.

따라서 슬러지 처리에서는 유기물 부하율($kg VS/m^3 \cdot day$)을 설계변수로 삼는다. 흔히 적용되는 부하율은 최적온도에서 완전 혼합되는 고율 혐기성 반응의 경우 $1.5 \sim 6.5\,kg VS/m^3 \cdot day$로서 반응소요시간은 $15 \sim 20$일 정도이다. 첫째 조에서는 전체 반응의 $80 \sim 90\%$가 이루어지고 둘째 조는 고액분리 과정에서 좀 더 반응이 진행되는데 전체 VS 제거율은 70%를 넘지 않는다.

한편 그림 11.6에서와 같이 교반이 없는 반응조에서는 조 내에 유입된 폐수가 몇 개 층을 이루는 가운데 제한된 일부에서만 반응이 진행되므로 그림 11.5의 교반식보다는 유기물 부하율이 낮게 적용된다. 이러한 저율 혐기성 반응의 경우 대개 $0.5 \sim 1.5\,kg VS/m^3 \cdot day$의 낮은 부하율과 $20 \sim 30$일간의 체류시간이 적용된다.

$$\text{VS부하율}(\text{kg}\,\text{VS}/\text{m}^3 \cdot \text{day}) = \frac{1\text{일 } VS\text{유입량}(\text{kg}\,VS/day)}{\text{조용적}(\text{m}^3)}$$

슬러지를 재순환하는 방식의 경우 재순환하지 않는 방식의 두 번째 조에서 고액 분리된 슬러지의 일부를 첫째 반응조로 재순환(반송)시켜 유입 폐수에 박테리아를 식종함으로써 첫째 조의 미생물 유지를 충분히 해 주어 유기물 부하율을 높이거나 반응시간을 단축시키는 효과를 얻는다. 둘째 조의 고액분리를 원활히 하기 위해서는 첫째 조와 둘째 조 사이에 탈기장치를 할 필요가 있다.

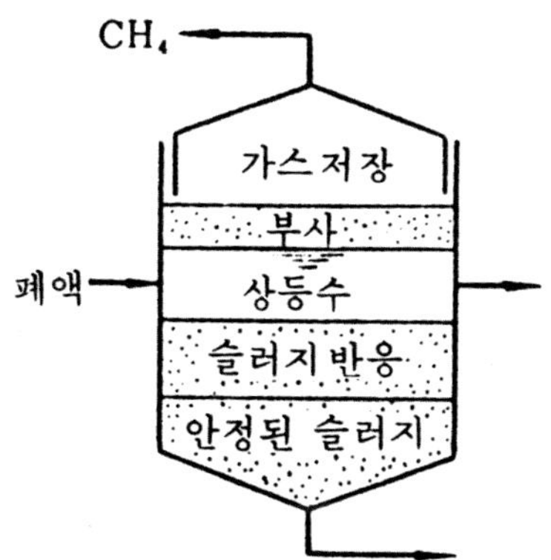

그림 11.6. 교반이 없는 혐기성 반응조.

11.1.5. 혐기성 반응조(소화조)의 구조 및 설비

(1) 형상 및 구조

보통 2개조 이상 원형으로 한다. 내경은 25m 이하이고 축심은 내경의

$\frac{1}{2}$ 정도로 한다. 바닥의 구배는 $\frac{25}{100}$ 이상으로 하여 아래에 고인 슬러지를 수압에 의해 유출시킬 수 있도록 한다.

반응조는 철근콘크리트로 시공하되 수밀·기밀성을 유지하고 부식에 강해야 한다. 덮개는 고정형과 부동형이 있는데 고정형일 경우 주로 철근콘크리트로 시공하여 모양을 평형, dome형, 원추형 지붕으로 하고 부사(scum)에 대한 방지장치를 한다. 부동형은 조 내 수위상승에 따라서 덮개가 상하로 이동하는 형식이다. 따라서 부사(scum)의 억제와 탈리액 인출에 대해 특별한 배려를 하지 않아도 되는 장점이 있으나 덮개의 상하운동이 잘 안 되는 경우도 있으며, 열손실을 최소화하기 위해 조 외부를 단열시공을 할 필요가 있다.

(2) 교반장치

반응효과를 높이기 위해 조 내의 교반이 필요한데 교반방법은 기계식 교반과 발생가스에 의한 교반 등 2가지가 있다.

기계적 반응은 교반기를 설치하거나 draft tubo를 사용하여 하부의 폐액을 수면 위에 올려서 살포시킨 후 하부로 순환시키는 방식이다. 발생가스에 의한 교반방법은 가스저장조의 가스를 압축시켜 반응조 하부에 불어넣음으로써 폐액의 상승 및 순환시키는 방식이다. 가스에 의한 교반 방법은 최근에 많이 사용하고 있는데 다음과 같은 장점이 있기 때문이다.

- 기계적 고장이나 마모 등의 문제가 없다.
- 조 내 수위변동에 관계없이 일정한 교반효과를 얻을 수 있다.
- 교반효력이 크다.

(3) 가온장치

1) 조 내에 가열관을 설치하여 온수를 순환시키는 방법

    설치비용이 적고 조작이 간편한 장점이 있으나 관의 온도가 높을 때 관 주위에 슬러지가 붙어서 열전도율을 저하시키고 고장 시 수리, 보수를 위해서는 조를 비워야 하는 결점이 있다.

2) 열교환기를 사용하는 방법

    조 밖에서 이중 접촉관에 의해 열교환을 시키는 방법으로 내관에는 폐액을 통과시키고 외관에는 보일러로부터의 온수를 반대 방향으로 통과시킨다. 통과유속은 내관의 폐액을 1.5~2m/sec, 외관의 온수는 1~1.5m/sec 정도로 한다. 이 방법은 시설비가 비싸지만 열전도율이 좋고 장치가 조 밖에 설치되어 있으므로 고장수리와 청소 등이 쉬운 장점이 있다.

3) 조 내에 수증기를 주입하는 방법

    보일러에서 생산된 고온도의 수증기를 조 내 폐액 중에 직접 취입(吹入)하는 방법으로 시설비가 싸고 조작이 간편하다.

(4) 유출입관

유입관은 폐액이 잘 혼합될 수 있는 곳에 배치하고 유출관은 조의 바닥 중심부에 설치한다. 탈리액 유출관은 적당한 높이의 여러 곳에 설치하고 관경은 공히 150㎜ 이상으로 한다.

(5) 가스의 포집 및 저장

가스의 발생량 및 압력변화에 대응하도록 하고 gas dome에는 안전변을 설치한다. 배관 및 저장조 내부의 방식(防蝕)시공을 하고 역화방지 및 탈황장치를 설치한다. 가스저장은 12시간분 정도의 용량으로 하며 가스 중 H_2S 탈황장치에 의거하여 제거한다.

(6) 기타 부대설비

scum 방지장치, 시료채취 장치, 온도측정 창치, 수위계, 맨홀 설치를 해야 한다.

11.1.6. 혐기성 반응조의 운전

(1) 시운전 절차

혐기성 반응조의 운전을 개시하는 절차는 다음과 같다.
① 모든 배관계통을 점검하고 물을 채운다.
② 가온계통의 운전을 시작하고 수일간 계속한다.
③ 소화된 슬러지나 탈리액을 넣어서 식종한다.
④ 식종량은 조용량의 20% 정도로 한다.
⑤ 조 내 온도를 35℃ 정도로 유지한다.
⑥ 폐액을 유입시킨다. 유입방법은 최초 15일간은 계획량의 $\frac{1}{2}$ 이하로 유입키고 그 후 점차로 증가시킨다.

⑦ 주기적으로 유기산농도, pH, 알칼리도, 가스의 CO_2 함량 등을 분석한다. 알칼리도가 상승하고 pH가 적당히 유지되면서 CH_4가스 발생이 증가하면 정상적으로 반응이 일어나고 있음을 짐작할 수 있다. 만약 이러한 지표들이 의심스러우면 부하량을 다시 감소시키고 반응상태를 조절한다. 반응조가 정상적으로 평형상태의 기능을 발휘하려면 상당한 기간이 소요된다는 것을 사전에 알고 운전해야 할 것이다.

(2) pH

반응조의 pH는 중성이나 약간 상회하는 정도가 좋고 6.5 이하나 7.8 이상은 좋지 않다. 산형성 박테리아와 메탄형성 박테리아의 반응이 평형되지 않으면 유기산 농도가 높아 pH가 저하되고 H_2S로 인한 냄새가 심하고 scum이 많아진다. 따라서 반응조 내의 pH와 산도 그리고 알칼리도는 수시로 점검할 필요가 있으며 저하된 pH를 상승시키는 데는 흔히 석회가 사용되는데 이때 석회성분이 바닥에 쌓이지 않도록 잘 교반해야 한다. 또한 석회 대신 NH_3를 사용하면 좋은 효과를 거둘 수도 있다.

(3) 온도

반응액의 온도는 통상 첫째 조에서 35℃ 정도로 유지해야 한다.

(4) 충격부하

혐기성 소화조 등은 충격부하에 매우 민감하다. 부하량이 급격히 증가

되면 반응의 평형이 깨지고 유기산이 증가하면 pH는 저하되는 등 냄새가 심하고 전체 반응이 둔해진다. 때로는 독성물질 유입으로 pH가 서서히 저하되고 CH_4 생산량이 감소되는 경우도 있다. 일반적으로 C/N비가 12~16일 때 소화가스의 발생량이 가장 많은 것으로 나타나 있다.

11.2 혐기성 접촉공정

혐기성 접촉공정은 혐기성 소화와 유사하나 소화슬러지를 반송한다는 점에 차이가 있다. 혐기성 접촉조는 완전교반으로 운전되며 소화 후 특수한 탈기장치를 갖춘 침전조 혹은 진공식 부상조에서 고액 분리되고 침전된 소화슬러지는 반송되어 유입수의 식종에 사용된다(그림 11.7). 혐기성 접촉공정의 설계 시 유입수 COD가 1,500~5,000 mg/ℓ 인 경우 경험적 설계인자로서 수리학적 체류시간은 2~10시간, 유기물부하는 COD 기준으로 0.48~2.40 kgCOD/㎥/일을 적용할 수 있으나 폐수별로 그 설계범위의 차이는 매우 크다. 혐기성 접촉공정의 장단점은 다음과 같다.

① 장점
- 고농도 용존성 유기물을 함유하는 폐수에 적용이 가능하다.
- 완전혼합으로 조 내 전체에 사수(死水) 지역을 줄일 수 있어 온도, 기질, pH 등을 일정하게 유지할 수 있다.
- 재래식 혐기성 소화에 비하여 소화조 용적을 감소시킬 수 있다.

② 단점

- 거대한 소화조를 혼합시키기 위한 적당한 혼합장치의 제공이 어렵다.

- 미생물 플럭의 침강성이 전체 공정의 효율을 지배하므로 침강성의 악화에 의한 운전실패를 야기할 수 있다.

- 침전조에서 침전되는 슬러지량을 예측하기 어렵다.

- 가스부착슬러지의 침강성 향상을 위한 각종 탈기시설이 침전의 전처리장치로써 필요하다.

- 고농도의 고형물을 함유한 폐수에는 적용이 곤란하다.

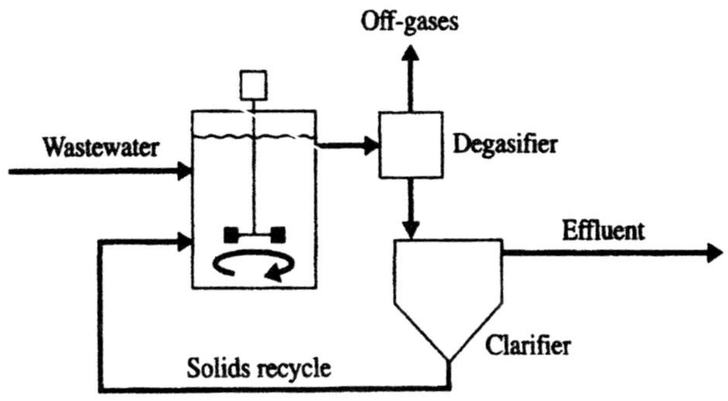

그림 11.7. 혐기성 접촉공정.

11.3 혐기성 지

혐기성 지는 에너지를 절약하고 지(池) 내를 혐기성 상태로 유지하며 수온유지를 위해 일반적으로 표면적을 작게 하고 수심 3~5m를 유지하며 교반을 하지 않는다. 혐기성 지에서 일반적으로 적용되는 수리학적 체류시간은 30~60일이다. 혐기성 지로 유입된 폐수는 바닥에 침전되며 상부의 상징액은 후속 처리시설로 이송된다. 혐기성 지의 경우 유용한 메탄가스의 생산을 목적으로 하지 않고 단순히 유기물의 안정화를 위해 채택된다. 혐기성 지에서의 유기물의 안정화는 유기고형물의 침전과 혐기성 소화에 의한 유기물의 분해에 의하여 이루어진다. 혐기성 지는 고형물함량이 많은 고농도 유기성폐수를 효과적으로 처리할 수 있다. 그러나 폐수 종말처리시설에 혐기성 지의 적용 시 소요부지면적이 크고, 에너지 재이용이 불가능하여 경제적이지 못할 뿐 아니라 처리효율의 안정성을 확보하기가 매우 어려워 실제적인 적용은 거의 불가능하다. 이 공정의 장단점은 다음과 같다.

① 장점

- 고농도 유기물을 산소공급 없이 처리 가능하다.
- 고형물 함량이 많은 유기성 폐수의 처리에 적합하다.
- 부지가 충분한 경우 건설비가 싸다.

② 단점

- 호기성 처리법에 비하여 매우 장시간의 체류시간이 소요된다.
- 메탄가스의 재이용이 어렵다.
- 일반적으로 제거율이 낮아 상징액의 고효율 후속처리가 요구된다.
- 넓은 부지면적을 필요로 한다.

11.4 부패조(Septic tank)

Imhoff 탱크와 같이 침전 및 소화가 한 탱크 내에서 동시에 진행되나 침전실과 소화실이 분리되어 있는 것은 아니다. 침전된 슬러지의 소화가 일어나면 Gas가 발생하고 Scum이 수면에 떠오르므로 유출구 앞에 정류벽을 두어서 Scum이 유출수와 함께 흘러가는 것을 방지한다.

폐수는 Sucm 및 슬러지와 항상 접촉하고 솟아오르는 가스에 의해서 슬러지가 교환되므로 유출수는 미세한 부유물을 함유하며 색깔이 검고 냄새가 날 뿐 아니라 BOD 값이 높다.

부패조는 그림 11.8에서와 같이 사각형조로 시공하여 뚜껑을 설치한다. 체류시간은 보통 1~3일 정도이며 여기에 슬러지의 저장을 위한 부피가 가산되어야 한다.

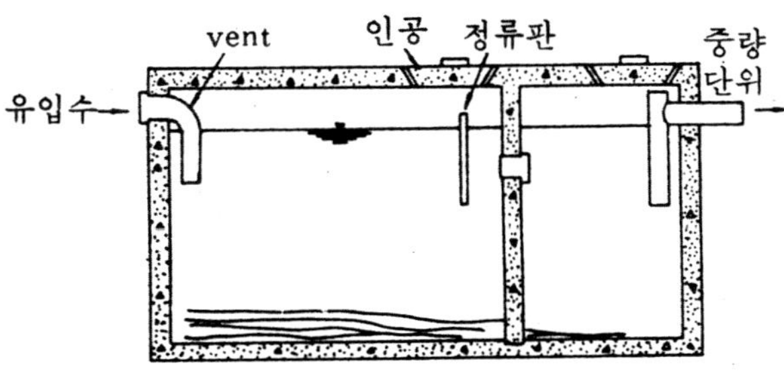

그림 11.8. 부패조.

부패조는 근래에 공공하수도가 갖추어 있지 않은 주택이나 시골의 학교 등에서 이용되고 있다.

부패조의 순용적(오수가 차지하는 부피)은 유량이 2~6㎥/day인 경우 유량의 1.5배 이상이 되어야 하며 6㎥/day 이상은 다음 식으로 계산된다.

$$V = 4.25 + 0.75Q$$

여기서, V: 부패조의 순용적(㎥)

Q: 유량(㎥/day)

11.5 UASB

상향류식 혐기성 슬러지 블랭킷공정(UASB)은 미생물의 부착을 위한 매체의 사용 없이 혐기성 미생물 자체만의 입상화에 의해 입경 0.5~2㎜ 정도의 그래뉼로 구성된 슬러지층을 형성시켜 고농도의 미생물을 반응조 내에 축적하는 방식이다(그림 11.9).

UASB로 유입되는 유입수는 반응조 바닥에서 유입되어 슬러지층을 통과하여 상부로 유동하게 되며, 유입된 폐수와 생물학적 그래뉼과의 접촉에 의해 처리가 이루어진다. 이때 슬러지층을 부유상태로 유지하기 위하여 유입수의 상승유속을 0.6~0.9m/h로 유지할 필요가 있다. 또한 혐기성 상태에서 발생되는 메탄, 이산화탄소와 같은 가스는 내부교란을 일으켜 그래뉼 형성을 촉진시킨다. 그러나 일부 가스는 그래뉼에 부착되어 그래뉼을 부상시키게 되며, 부상된 그래뉼은 정류판에 충돌하여 가스를 방출시키고 자신은 다시 슬러지층을 하강하게 된다. 발생된 가스는 UASB상부에 위치한 가스포집장치에 의하여 포집되어 유효하게 이용된다. 유입수의 COD가 5,000∼15,000mg/ℓ인 폐수에 대하여 상향류식 혐기성 슬러지 블랭킷공정의 적용 시 경험적 설계인자로서 수리학적 체류시간은 4∼12시간, 유기물 부하는 4∼12kgCOD/㎥/일을 적용할 수 있다. 그러나 폐수 성상에 따라 설계조건은 매우 큰 차이를 보이므로 주의하여야 한다.

UASB에 의하여 처리된 유출수에는 상당량의 잔류 유기 혹은 무기고형물이나 미생물 그래뉼이 포함되어 있을 수 있다. 따라서 후속공정으로 침전조를 둘 수 있다. 침전조에서 침전된 슬러지는 다시 UASB의 슬러지층 상부로 반송된다. 상향류식 혐기성 슬러지 블랭킷공정은 주로 중고농도의 유기성 폐수처리에 적용 가능하다.

상향류식 혐기성 슬러지 블랭킷공정의 장단점은 다음과 같다.

① 장점

- 고농도 유기성 폐수처리가 가능하다.
- 미생물체류시간을 적절히 조절하면 저농도 유기성 폐수처리도 가능하다.
- 기계적인 교반이나 매체가 필요 없어 비용이 적게 된다.
- 고액 및 기액분리장치를 제외하면 전체적으로 구조가 간단하다.
- 적절한 설계로 유출수의 부유물질농도를 낮게 유지할 수 있다.
- 수리학적 체류시간을 작게 할 수 있어 반응조 용량이 축소된다.
- 에너지요구량이 적다.

② 단점

- 각종 특허화된 반응조 및 효율적인 가스 – 고형물 분리장치(G – S 장치)가 필요하다.
- 반응기의 하부로부터 폐수유입을 위한 효과적인 분산장치가 필요하다.

- 고형물의 농도가 높을 경우 고형물 및 미생물이 유실될 우려가 있다.
- 초기 운전 시 슬러지의 입상화에 상당한 어려움이 있다.
- 슬러지의 입상화는 폐수성상에 크게 영향을 받는다.

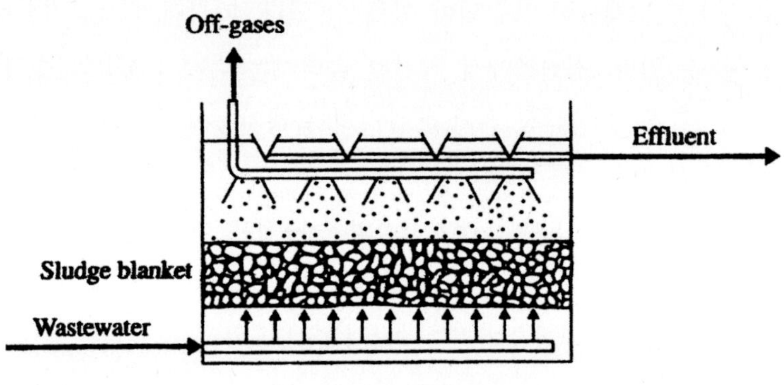

그림 11.9. UASB 공정.

11.6 혐기성 고정상

혐기성 고정상 공정은 다양한 종류의 매체를 사용하여 유기성 폐수를 안정화시키는 공정이다. 반응조 내에 매체를 충진·고정하여 충진된 매체에 미생물이 부착·증식된다.

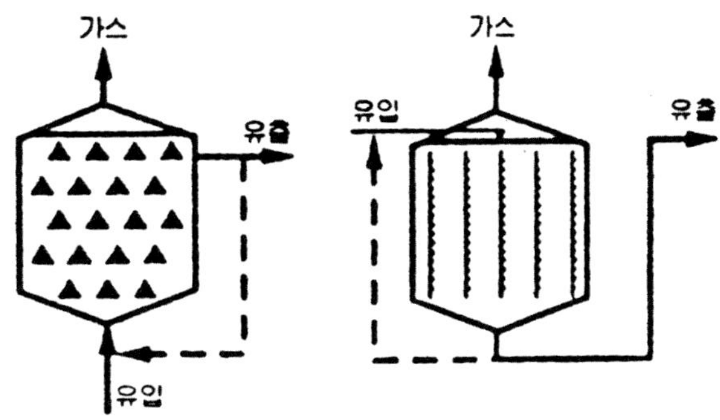

그림 11.10. 혐기성 고정상 공정(상하향류식).

혐기성 고정상 공정에서의 유기물의 분해는 매체에 부착된 혐기성 균과 하향류 혹은 상향류식으로 이용되는 유입수가 접촉됨으로써 이루어진다(그림 11.10).

혐기성 고정상 공정에서는 혐기성 미생물이 매체에 부착되어 거의 유출되지 않으므로 미생물체류시간(SRT)이 상당히 길어진다. 따라서 이 짧은 수리학적 체류시간에서도 미생물의 반송 없이 긴 SRT를 유지할 수 있으므로 저농도 유기성 폐수를 무가온으로 처리하는 데 사용될 수 있다.

혐기성 고정상 공정의 설계 시 유입수의 COD가 $10{,}000 \sim 20{,}000\,\mathrm{mg}/\ell$인 경우 수리학적 체류시간은 $24 \sim 48$시간, 유기물 부하는 $0.96 \sim 4.81\,\mathrm{kg}$ $\mathrm{COD}/\mathrm{m}^3/$일의 경험적 설계인자를 적용할 수 있으나 타 혐기성 공정과 마찬가지로 폐수특성에 따라 큰 차이가 있으므로 유의하여야 한다. 다음은 혐기성 고정상 공정의 장단점이다.

① 장점

- 미생물체류시간을 적절히 조절하여 저농도 유기폐수를 처리할 수 있다.

- 반응이 안정되면 환경조건의 변화에 현저한 탄력성을 지닌다.
- 장시간의 가동·중지 이후에 신속한 재가동이 가능하다.
- 슬러지생산량이 적고 소량의 영양분이 요구된다.
- 재순환이 필요 없다.
- 구조가 간단하다.

② 단점
- 초기 운전 기간이 길다.
- 충전매체의 비용이 고가이다.
- 유입수의 SS가 높을 때 처리수질이 악화된다.
- 부유미생물의 축적으로 인한 폐쇄나 단회로 현상이 발생하거나 가동 중 압력강하가 일어날 우려가 있다.

11.7 혐기성 팽창상

혐기성 팽창상 공정은 혐기성 고정상 공정의 단점인 부유미생물의 축적으로 인한 폐쇄나 단회로 현상이 발생하거나 가동 중 압력강하가 일어날 수 있는 문제를 해결하기 위하여 개발되었다. 즉 미생물이 부착되어 있는 매체 사이로 유입수 펌프를 이용해 상향식으로 흐르게 한다. 유출수는 유입수의 희석 및 유입수량을 일정하게 유지시켜 상(床) 내부에 팽창층을 형성시키기 위해 반송한다(그림 11.11). 또한 유출수의 반송은 유입폐수의 중화·알칼리도 요구량 감소, 독성 감소 및 충격부하의 최소화 등의 이점이 있다.

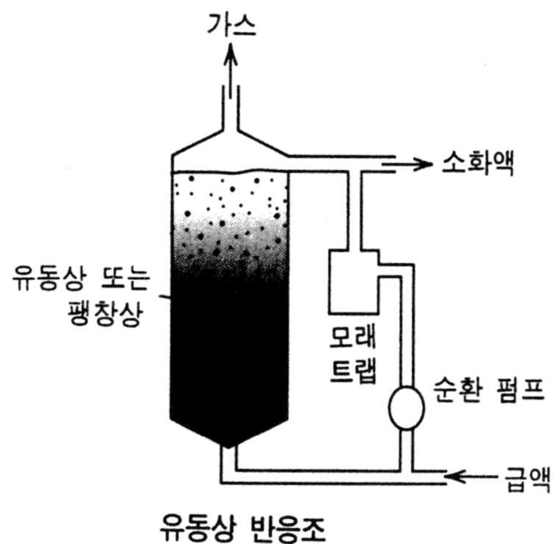

그림 11.11. 혐기성 팽창상(유동상) 공정.

상(床) 내의 미생물의 농도를 $15,000 \sim 40,000\,\mathrm{mg}/\ell$ 로 상당히 높게 유지할 수 있어 저농도 유기성 폐수를 짧은 수리학적 체류시간으로 처리하는데 적용될 수 있다. 혐기성 팽창상 공정의 장단점은 다음과 같다.

① 장점

- 낮은 체류시간, 높은 부하율로 운전이 가능하다.
- SRT를 적절히 조절하면 저농도 유기성 폐수를 처리할 수 있다.
- 매체의 폐쇄나 단회로의 문제가 거의 없으며 압력강하 정도가 작다.
- 상(床)의 크기를 줄일 수 있고, 이에 따라 필요 건설부지면적도 줄어든다.
- 매체의 첨가나 제거가 쉽다.
- 고농도폐수의 희석이나 독성물질에 대한 경감능력이 좋다.

② 단점

- 유출수 재순환에 의하여 공정이 복잡하다.
- 편류가 발생할 수 있어 적당한 유입수 분산장치가 필요하다.
- 초기 운전 기간이 길다.
- 충전매체의 비용이 고가이다.

11.8 혐기성 유동상

혐기성 유동상 공정은 입경이 작은 미소담체를 유동상태로 부유시켜 미생물과 유입수 간의 접촉면적을 크게 하여 처리효율을 증대시키는 동시에 혐기성 고정상 공정의 단점인 공극의 폐쇄, 단회로 및 압력강하 문제를 해결하기 위하여 개발되었다.

유동상은 입경이 0.2~1mm 정도의 모래, 활성탄, 안스라사이트, 경량골재 등의 미소담체를 유동상태로 부유시키고 담체의 표면에 미생물을 부착·증식시켜 상향류식으로 흐르는 유입폐수가 담체와의 접촉에 의해 폐수 내에 함유되어 있는 생물학적 분해 가능한 유기물질이 제거된다(그림 11.12).

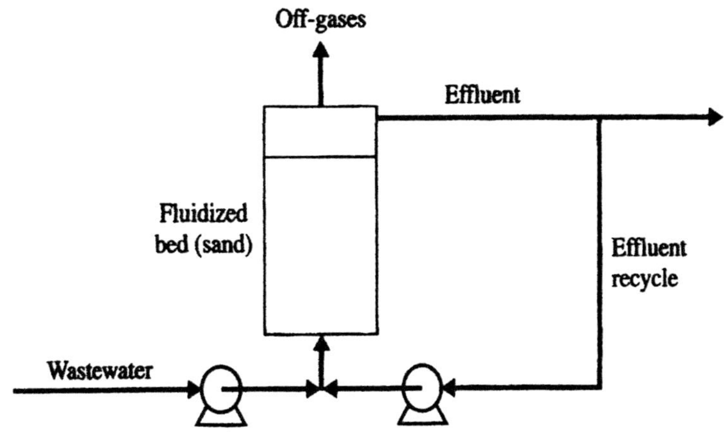

그림 11.12. 혐기성 유동상 공정.

혐기성 고정상 공정에서 사용하는 매체는 유동상 공정의 담체보다 상대적으로 입경이 큰 매체를 사용한다. 이는 미생물의 성장으로 담체 사이의 공극이 폐쇄될 우려가 있기 때문이다 그러나 혐기성 유동상 공정은 반응조 용적당 담체의 비표면적이 매우 크기 때문에 상(床)단위 용적당 처리효율이 비교적 높으며 담체가 유동상태에 있으므로 공극의 폐쇄, 단회로 및 압력강하문제가 없다.

혐기성 유동상 공정의 특징인 담체의 유동은 유입폐수와 재순환수(유출수)를 펌프를 이용해 주입함으로써 달성되며 담체는 유입폐수의 상승속도(선속도)가 담체의 중력 및 담체의 마찰력과 같아지는 곳에서 부유하게 된다.

이 공정은 폐수의 고부하 처리나 고농도 미생물의 확보라는 장점을 지니고 있지만, 운전 시 유동 또는 확장을 위한 에너지소비가 많으며 완벽한 유동상으로 운전하기 위한 고도의 운전능력이 필요하다. 초기 운전시간이 길며 담체의 손실우려가 있어 부수적인 장치의 설치가 요구된다. 또한 폐수를 펌프에 의해 유입시킴에 따라 상(床) 내부에서 편류가 발생할 수 있으며, 특히 유입부에서 문제는 경우에 따라 심각할 수 있다. 따라서 유입폐수를 고르게 분산시키기 위한 유입수 분산장치가 필요하다.

혐기성 유동상 공정은 담체의 비표면적이 매우 높아 상(床) 내 미생물 농도를 고농도로 유지할 수 있으므로 수리학적 체류시간을 짧게 운전하여 저농도 폐수를 처리하는 데 적용 가능하다.

혐기성 유동상 공정의 장단점을 요약하면 다음과 같다.

① 장점

- 낮은 체류시간 높은 부하율로 운전이 가능하다.
- SRT를 적절히 조절하면 저농도 유기성 폐수를 처리할 수 있다.
- 부유미생물의 축적으로 인한 폐쇄나 단회로현상이 발생하거나 가동 중 압력강하가 일어날 우려가 거의 없다.
- 상(床) 내 미생물농도를 줄임으로써 상(床)의 크기를 줄일 수 있고, 이에 따라 필요 건설부지면적도 줄어든다.
- 매체의 첨가나 제거가 쉽다.
- 고농도폐수의 희석이나 독성물질에 대한 경감능력이 좋다.

② 단점

- 유출 수 재순환에 의하여 공정이 복잡하다.
- 편류가 발생할 수 있어, 유입수의 분산장치가 필요하다.
- 담체의 손실을 방지하기 위한 특수장치가 필요하다.
- 초기 운전 기간이 길다.
- 충전매체의 비용이 고가이다.

 # 혐기성 여과상(Anaerobic filter)

살수여상에서와 같이 뚜껑이 있는 탱크 내에 여재를 채워놓는 형태로서 최근에 연구된 방법이다. 반응조의 단위용적당 비표면적을 증대시키기 위하여 그림 11.13과 같은 여재를 충진하고, 폐수는 바닥에서 주입되어 상단으로 유출된다.

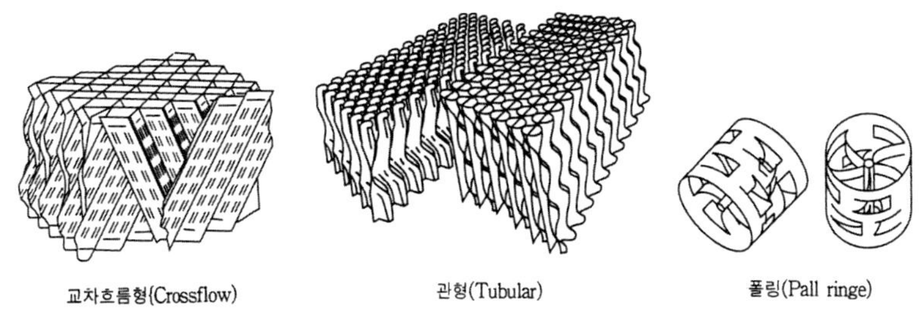

그림 11.13. 여재의 종류.

여상에 부착된 미생물은 유입수와 순환수에 의하여 일정농도를 유지하며 정화를 하게 된다(그림 11.14). 실험실 연구결과에 따르면 장점은 다음과 같다.

- 슬러지를 재순환시키지 않고서도 대단히 긴 세포체류시간을 얻을 수 있다.
- 유기물 농도가 낮을 경우 1일 이하의 수리학적 체류기간에서도 처리된다.
- 낮은 온도에서도 처리가 가능하다.

- 큰 효율의 손실 없이 간헐적으로 운영이 가능하다.

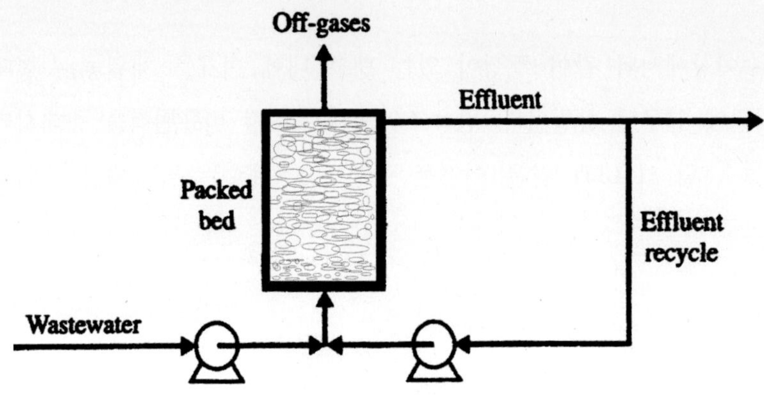

그림 11.14. 혐기성 여과상.

11.10 Imoff tank

Imoff 탱크는 부패조(Septic tank)와 같이 부유물의 침전과 침전물의 혐기성 소화가 한 탱크 내에서 이루어지는 처리시설로서 물리적 방법과 생물학적 방법을 동시에 이용하는 폐수처리 방식이다.

Imoff 탱크는 2개의 층으로 되어 있어 상층에서는 침전이 진행되고 하부에서는 슬러지의 소화가 이루어진다. 그러나 탱크는 상부와 하부 사이에 개구(開口)가 있어 완전히 폐수로 채워진다. 상층의 부유물은 전향벽(Deflector)에 의해 하부로 침전할 수 있지만 소화 시 생기는 가스는 바로 상승할 수 없고 Scum실을 통하여 공기 중으로 방출된다.

그림 11.15의 단면도를 보면 a 부분의 침전실, b 부분의 소화실, e 부분의 scum실로 구분되는데 폐수가 탱크 내로 유입되면 침전실에서 침전되는 부유물이 구멍을 통하여 소화실로 유입되어 분해된다.

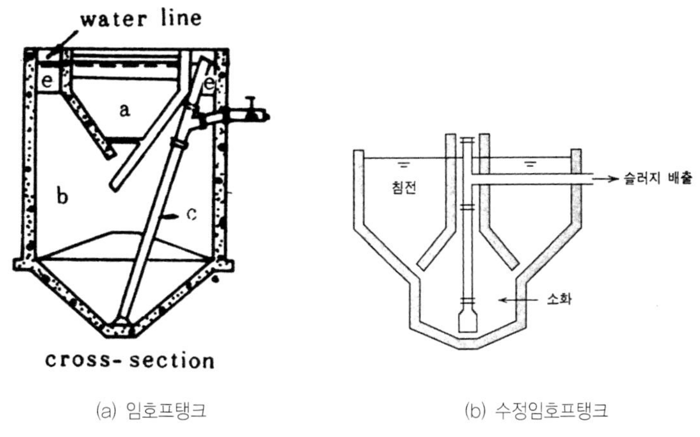

(a) 임호프탱크   (b) 수정임호프탱크

그림 11.15. 임호프탱크 단면도.

이 처리법은 독일의 Karl Imhoff에 의해 고안되었고 지금은 이용도가 줄어들어 소규모 처리장에 쓰이고 있는 정도이다. 침전실의 체류시간은 폐수에 따라 차이가 있으나 2~3시간 정도이고 탱크 내 유속은 0.3m/min, 표면침전율은 25~35㎥/㎡/day 정도가 좋다. 소화실은 슬러지를 6~12개월간 저장할 수 있어야 하며 기후가 따뜻한 지방에서는 더 짧은 기간으로 단축될 수 있다. Scum실은 소화실의 약 반이 되도록 하고 여기에 노출된 표면은 소화실 평면의 25~30% 정도가 되어야 한다.

Imoff 탱크는 냄새의 통제, 결빙(結氷)의 방지, 효율증대 등을 목적으로 지붕을 설치할 수 있으나 운영을 위해 꼭 필요한 것은 아니다. 유출수 내에 슬러지가 섞이지 않고 슬러지를 잘 소화시킨다는 점에서 부패조보다 좋으며 보통 침전지보다는 더 좋은 유출수를 낸다. 또한 슬러지는 완전히 부패해서 90~95%의 수분을 함유하므로 부패조나 보통침전지의 슬러지보다 탈수성이 좋다. Scum실에서 떠오르는 Scum을 자주 제거해 주지 않으면 Scum이 건조하거나 얼어서 가스의 유출을 방지하여 가스가 슬러지와 함께 침전실로 솟아오르므로 주의해야 한다.

11.11 참고문헌

김가현(1999), 상하수도공학, 청운문화사, 372~375.

도갑수(1996), 폐기물관리입문, 형설출판사, 231~236.

배우근 외 2인(2002), 생물환경공학, 한국맥그로힐, 617~629.

서명교 외 7인(1999), 상·하폐수처리, 동이출판사, 650~693.

오계헌 외 5인(2004), 폐수미생물, 도서출판 동화기술, 380~389.

유대환 외 1인(1995), 국내하수처리장 2차 침전지의 설계 및 운전에 관한 연구, 대한상하수도학회 학술발표회 논문집, 95.

윤오섭 외 6인(2001), 유해폐기물처리, 동화기술, 229~275.

윤오섭(1998), 폐기물처리기술, 동화기술, 417~439.

이승원 외 1인(2007), 수질환경기사·산업기사, 성안당, 342~349.

장준영(1992), 수질환경기사 실기, 성안당, 5·258~5·274.

조영일 외 4인(2002), 산업폐수처리공학, 동화기술, 411~414.

최의소 외 2인(1993), 하수처리장에서 정화조 폐액의 혐기성소화 처리에 관한 연구, 대한상하수도 학회지, 1, 13.

최의소 외 2인(1995), 하수슬러지의 농경지 이용, 한국 환경농학회지, 14, 1, 158.

환경부(1995), 폐수종말처리시설의 설계.

환경부(1997), 하수도시설기준.

환경부(2008), 수질관리 교육용 교재.

환경부(2008), 수질관리 법정교육교재.

Barnes, D. and P. A. Fitzgerald. (1987). Anaerobic Wastewater treatment processes. 57 – 113. In: *Environmental. Biotechnology*, C. F. Forster and D. A. J. Eds. Ellis Horwood, Chichester, U. K.

EPA(1979), Process Design Manual for Sludge Treatment and Disposal, EPA 625/1 – 79 – 011.

EPA(1993) Federal Register, Standards for the use or Disposal of sewage Sludge Rule, 58, 32, 9247 – 9420.

Jewell, W. J. (1987). Anaerobic sewage treatment. Environ. Sci. Technol. 21: 14 – 20.

Kirsop, B. H. (1984). Methanogenesis. Crit. Rev. Biotechnol. 1:109 – 159.

Koster, I. W. (1988). Microbial, Chemical and technological aspects of the anaerobic degradation of organic pollutants. 285 – 316. In: *Biotreatment Systems*, Vol. 1, D. L. Wise, Ed. CRC Press, Boca Raton, FL.

Lettinga, G. (1995). Anaerobic digestion and wastewater treatment systems.

Antonie Van Leeuwenhoek 67:3 − 28.

Lettinga, G. k., Field, J. van Lier, G. Zeeman, and L. W. Hulshoff Pol. (1997). Advanced anaerobic Wastewater treatment in the near future. Water Sci. Technol. 35:5 − 12.

Sahm, H. (1984). Anaerobic wastewater treatment. Adv. Biochem. Eng. Biotechnol. 29:84 − 115.

Speece, R. E. (1983). Anaerobic biotechnology for industrial waste treatment,. Environ. Sci. Technol. 17:416A − 427A.

Zehnder, A. J. B., Ed. (1988). Biology of *Anaerobic Microorganisms*, John Wiley & Sons, New York.

11.12.1. 다음 용어의 정의를 설명하시오.

    1) Imhoff tank

    2) UASB

    3) Sludge blanket

    4) Anaerobic filter

    5) Anaerobic contect process

11.12.2. 유기물질의 농도가 매우 높은 폐수는 산소이전의 제한 때문에 호기성으로 처리될 수가 없다. 따라서 이러한 폐수는 계획적으로 혐기성 반응에 의하여 처리한다. 혐기성 반응의 영향인자에 대하여 기술하라.

11.12.3. 혐기성 반응조에서는 유기물질과 박테리아 세포의 농도를 구별하여 정량하는 것이 불가능하기 때문에 F/M비나 세포체류시간 등의 설계변수의 적용이 어렵다. 그러면 슬러지 처리시 무엇을 설계변수로 적용하는 것이 타당한지를 설명하라.

11.12.4. 혐기성 접촉공정은 혐기성 소화와 유사하나 소화슬러지를 반송한다는 점에 차이가 있다. 혐기성 접촉조는 완전교반으로 운전되며 소화 후 특수한 탈기장치를 갖춘 침전조 혹은 진공식 부상조에서 고액 분리되고 침전된 소화슬러지는 반송되어 유입수의 식종에 사용된다. 이 공정의 장단점을 설명하라.

11.12.5. 상향류식 혐기성 슬러지블랭킷공정(UASB)은 미생물의 부착을 위한 매체의 사용 없이 혐기성 미생물 자체만의 입상화에 의해 입경 0.5~2 ㎜ 정도의 그래뉼로 구성된 슬러지층을 형성시켜 고농도의 미생물을 조 내에 축적하는 방식이다. UASB공정의 장단점을 설명하시오.

11.12.6. 혐기성 유동상 공정은 입경이 작은 미소담체를 유동상태로 부유시켜 미생물과 유입수 간의 접촉면적을 크게 하여 처리효율을 증대시키는 동시에 혐기성 고정상 공정의 단점인 공극의 폐쇄, 단회로 및 압력강하문제를 해결하기 위하여 개발되었다. 이 공정의 원리를 기술하라.

PART
12

생물학적 하이브리드 공법

　각종 생물학적 단위처리공정의 조합(Hybrid)은 보다 높은 처리효율의 확보와 경제적인 측면에서 최근 활발히 논의되고 있다. 대표적인 조합공법은 호기성 부착성장식 공정과 부유성장식 공법의 조합으로 이루어져 있다. 전형적인 살수여상공정이나 활성슬러지공정이 주로 이용될 수 있으나 그 외에도 회전원판공법, 산화지 혹은 그 밖의 처리시설과 생물막탑의 조합으로도 구성될 수 있다. 또한 각종 혐기성 공정과 각종 호기성 공정의 조합도 가능하다. 따라서 생물학적 처리공법의 조합에는 수많은 방법이 있을 수 있다. 그러나 본 장에서는 최근 체계화되어 가고 있는 호기성 생물학적 처리공정의 조합에 한하여 설명하였다.

　호기성 단위공정의 이단(二段)조합에 의한 공법은 충격부하에 강하고 에너지 효율이 크고 유지관리가 편리한 부착성장식의 장섬과, 처리수질이 좋고 다양한 처리조건에서 운전 가능한 부유성장식을 결합시킴으로써 각 단일공정의 단점을 극복할 수 있는 점이 가장 큰 장점이라 할 수 있다. 또 하나의 장점으로는 처리하고자 하는 대상폐수의 특성에 따라 설계자가 처리공정을 선정하여 결합시키거나 기존공정에 추가시킴으로써 처리효율의 안정성과 경제성을 도모할 수 있다. 이용하고자 하는 주(主) 공정과 처리시설에 가해지는 부하, 처리수 및 슬러지의 반송 여부와 반송위치에 따라 수많은 이단공법(二段工法)이 있을 수 있다. 일반적으로 이용되는 이단 생물학적 공법은 크게 미생물 부착성장식 공정에 저부하 혹은 중간 부하를 유입시키는 공법과 고부하를 유입시키는 공법으로 나누어질 수 있다. 본 장에서는 호기성 부착성장식 공정을 외국의 명칭과 통일하기 위하여 편의상 살수여상이라고 부르기로 한다. 실제로 본 장에서 설명된 이단공법용 살수여상은 각 공법별 적용 살수여상과 동등한 기능을 갖는 각종 호기성 생물막공정으로 대체되어도 무방하다. 설계부하 등의 설계치는 폐수특성에 따라 큰 차이가 있고, 이단공법의 경험이 상당히 축적된 상태는 아니기 때문에 적용 시에는 반드시 실험을 통하여 설계인자를 도출할 필요가 있다.

이단공법의 설계는 환경적인 변화 이외에 다음의 사항을 고려해야 한다.

- 1차 침전지: 1차 침전지의 부유물질농도와 슬러지 발생량은 이단공법의 처리효율에 많은 영향을 미치며 그 영향은 부착성식의 매체에 따라 다르게 나타난다.

- 살수: 이단공법의 처리효율에 큰 영향을 미치는 살수방법과 살수기는 일반적인 살수여상과 동일하다.

- 매체: 매체의 선정 시 매체의 파손, 압축, 폐쇄를 방지하기 위해 폐수별 이단공법종류별로 매체의 특성을 고려한다.

- 슬러지반송: 슬러지 반송이 침강성을 일부 향상시킬 수도 있으며 처리장에 따라서는 악취발생의 원인이 되기도 한다.

- 탈리 및 미생물농도: 부착성장식 반응조의 탈리는 수리학적 습윤율에 의해 조절되며 부유성장식 반응조 용량이 작은 이단공법은 미생

물농도 변화가 크다.

- 기존 처리시설: 기존의 처리시설을 이용함으로써 비용절약 및 처리 효율의 향상을 가져올 수 있다.
- 유출수의 수질: 유출수의 수질을 높이기 위해서는 폐수의 특성에 따른 적절한 공정의 선정과 각 공정 간의 균형이 이루어져야 한다. 처리수의 수질이 엄격히 규제될 경우에는 반드시 처리도실험을 하도록 한다.
- 온도: 이단공법은 저온지역에서 살수여상의 개선공정으로 이용된다.
- 악취: 이단공법에서는 일반적으로 악취가 발생하지 않으나 부착성 장식에서 악취발생 가능성을 염두에 두어야 한다.
- 슬러지량과 침강성: 슬러지량은 유기물 부하나 수리학적 부하, 매체의 종류, 일차침전지의 처리효율, 부착성장식 반응조의 탈리에 영향을 받으며 침강효율도 고려하여야 한다.
- 소요에너지: 부유성장식에 대한 부착성장식의 에너지 절약효과는 기기의 발전으로 줄어들고 있다.
- 소요부지: 다른 생물학적 공정에 비하여 부지가 적게 요구된다.

12.1 살수여상 – 고형물접촉법

살수여상 – 고형물접촉법(Tricking Filter/Solids Contact Process, TF/SC)은 그림 12.1에서와 같이 살수여상 또는 기타 생물막공정(이하 살수여상)과 부유성장식의 호기성 고형물 접촉조 및 침전지로 구성되어 있다. 호기성 고형물 접촉조는 접촉수로로 대체될 수도 있다. 이 공법에서는 살수여상에서 탈리된 미생물이 슬러지반송에 의해 고형물 접촉조에서 농축된다. 이 공법은 기존 살수여상의 보완형이라 할 수 있다. 경우에 따라서는 반송슬러지의 재폭기를 위한 슬러지 재폭기조를 추가 설치하거나 고액분리 향상을 위하여 특수응집침전지를 두는 경우도 있다. 전형적인 TF/SC법에서는 슬러지의 재폭기공정을 포함하지 않는다.

고형물 접촉조의 크기는 일반적인 표준활성슬러지공정 폭기조의 10～15% 수준이다. 이와 같은 고형물 접촉조의 설치에 의한 살수여상 크기는 일반여상의 10～30%까지 축소 가능하다. 살수여상·고형물 접촉법의 장점은 타 공정에 비하여 상대적으로 살수여상에서 용존성 BOD의 많은 부분이 제거되어 요구되는 에너지가 작다는 점이다. 또한 살수여상의 후처리로서 고형물 접촉조를 설치하는 경우 반송슬러지가 생물응집제의 역할을 수행하여 여상의 처리효율을 향상시킬 수 있다.

살수여상에 형성된 미생물 중 일부는 탈리되어 슬러지 반송을 통해 접촉조에 모이게 된다. 접촉조에서 부유성장식으로 1시간 이하로 폭기시킨다. 이 과정에서 부유물질은 응집하고 미처 처리되지 못한 용존성 BOD가 제거된다. 고형물 접촉조 또는 접촉수로에서의 접촉시간을 더욱 짧게 하고 반송슬러지의 재폭기조를 설치할 수도 있다. 접촉조의 유출수에는 분산상태의 고형물을 많이 함유하고 있으므로 고액분리 시 주의가 요망된다. 따라서 유출수 내의 고형물농도를 효과적으로 감소시키기 위하여 일반침전지 대신 고형물 간의 자체생물응집 및 고액분리를 위한 응집침전지를 설치할 수도 있다. 여기서 응집침전지란 화학처리 시 응집 및 고액분리를 동시에 수행하는 고속응집침전지와 그 원리는 같다.

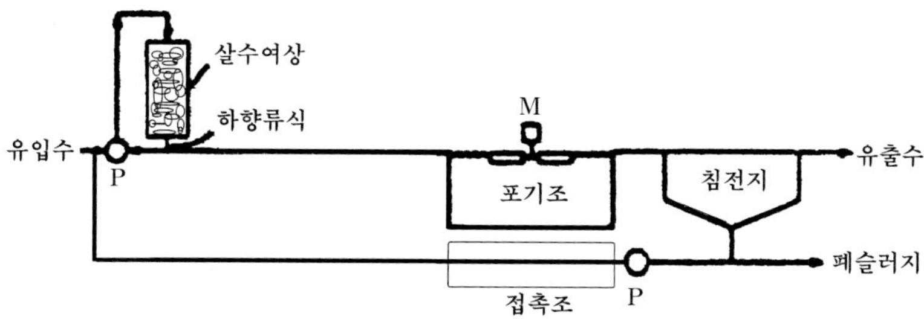

그림 12.1. 살수여상 - 고형물접촉법.

12.2 슬러지반송 살수여상법

슬러지반송 살수여상법은 활성생물여상법(Activated Bio - filter. ABF)이라고도 불리며, 침전지로부터 슬러지를 살수여상에 반송시키는 점을 제외하면 고속살수여상과 비슷하다. 그림 12.2는 슬러지반송 살수여상법의 일반적인 공정도이다. 그러나 엄밀한 의미에서 이단공법의 하나라고 볼 수는 없으나 살수여상과 활성슬러지공정의 개념을 조합하였다는 의미에서 이단공법의 하나로서 취급되고 있다. 이 공정에서 반송슬러지는 살수여상 내에서 고농도의 부유성장 미생물을 유지힐 수 있게 한다. 반송슬러지가 유입수와 함께 여상으로 유입되기 때문에 고속여상을 플라스틱매체 혹은 삼나무매체가 이용된다. 이 공정은 부착성장미생물 및 침전지의 부유성장 미생물을 동시에 이용함으로써, 전형적인 고속살수여상에 유입시키는 BOD 부하보다 높은 부하의 적용이 가능하고 가해지는 부하에 비하여 상대적으로 높은 BOD 제거효율을 갖는다.

일부 연구에 의하면 ABF사용 시 살수여상에 살수전 반송슬러지와 유입수를 혼합함으로써 침강성이 향상된다고 한다. 이러한 가능한 이유로는 높은 F/M비와 여상 내의 플러그 흐름으로 인하여 사상균의 성장이 억제되기 때문이라 할 수 있다.

이 공법은 처리목적, 목표 처리수 농도, 설계자에 따라 설계부하에 큰 차이가 있을 수 있는 공법이다. 낮은 유기물 부하에서는 처리효율이 우수하지만 일반적으로 유기물 부하가 96～160kg · BOD/100㎥/일 범위에서는 유출수의 BOD, SS농도를 30mg/ℓ 이하로 계속적으로 유지하기는 어렵다. 단지 고효율을 목표로 하지 않는 경우, 예를 들어 BOD제거효율 60～65%를 처리 목표로 하는 경우의 설계부하는 3.2～4.1kg · BOD1/㎥/일 정도이다. 보다 높은 처리효율을 얻고자 하거나 저온에서 처리효율저하를 극복하기 위해서는 후속처리로 짧은 체류시간을 갖는 폭기조를 설치할 수도 있는데 이러한 경우는 슬러지반송살수여상 · 활성슬러지법에 해당된다.

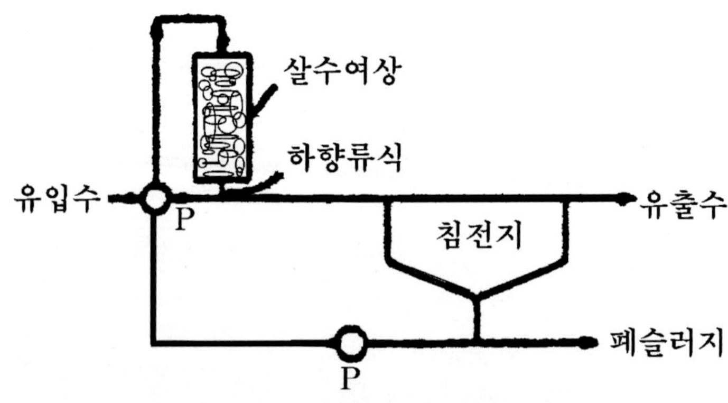

그림 12.2. 슬러지반송 살수여상법.

12.3 초벌여상 – 회전원판법

    초벌여상 – 회전원판법(Roughing Filter/rotating Biological Contactor, RF/RBC)
은 회전원판공정에 과부하 유입으로 인한 처리효율저하의 문제점을 해결
하기 위해 회전원판공정의 전(前) 단계에 초벌여상을 설치하는 공법이다.
    초벌여상을 설치함으로써 단일 회전원판공정에 유입되는 두 배의 유기
물 부하에서도 높은 처리효율을 가져올 수 있다. 초벌여상과 회전원판공
정 사이에 중간침전지가 설치될 수도 있지만 회전원판공정의 처리효율이
중간침전지의 유무에 관계가 없기 때문에 보통 초벌여상·회전원판법은
중간침전지를 두지 않는다.
    기계적 구동장치에 의한 회전원판공정에서는 초벌여상으로부터 탈리되는
미생물막의 과도한 퇴적을 방지하기 위하여 폭기시설을 설치하기도 한다.

12.4 초벌여상 – 산화지법

    산화지로 유입되는 BOD부하를 줄이고 부착성장식 반응조로부터 생성
된 미생물을 효과적으로 제어하기 위한 상호보완적인 조합공정으로 초벌
여상과 호기성 산화지, 통성(임의성) 산화지 혹은 폭기식 산화지로 구성될
수 있다. 초벌여상에서 발생하는 탈리고형물은 별도의 슬러지처리시설에
서 처리되거나 산화지로 이송되어 자연적인 통성(임의성) 반응을 통하여

소화된다. 그러나 본 공정 적용 시 주의해야 할 사항은 조류 등에 의한 유출수의 높은 부유물질농도이다. 여러 수학적 모델 혹은 실험적인 예측으로 본 이단공법에서 초벌여상의 적용 가능성을 검토하는 데 이용될 수 있다.

12.5 초벌여상 – 활성슬러지법

초벌여상 – 활성슬러지법(Roughing Filter/Activated Sludge Process, RF/AS)의 기본공정의 흐름은 살수여상 – 고형물접촉법과 동일하다. 단지 이 공정은 보다 높은 유기물부하에서 운전되고, 초벌여상은 유기물의 일부만을 제거하여 후속하는 활성슬러지공정의 안정성을 향상시키는 역할을 한다. 특히 충격부하 시 전처리로 초벌여상에서 유기물의 부하를 감소시키기 때문에 활성슬러지공정의 안정성에 기여는 매우 높다. 살수여상 – 고형물접촉(TF/SC)공법에서는 대부분의 용존성 BOD제거가 살수여상에서 이루어지는 반면 RF/AS공법에서는 주로 제거반응이 활성슬러지공정에서 일어나는 점이다. 따라서 RF/AS공법은 기존의 활성슬러지공정의 보완을 위하여 전처리로서 초벌여상을 추가한 개량조합형이라 할 수 있다.

초벌여상 – 활성슬러지법에서 여상의 크기는 포기조에서 충분한 양의 산소, BOD제거, 고형물의 소화가 이루어지기 때문에 기존 살수여상의 크기보다 작다. 초벌여상의 크기는 단일공정으로서 기존 살수여상 소요크기의 12~20%이다. 또한 초벌여상에 후속하는 활성슬러지공정의 수리학적 체류시간은 기존의 활성슬러지만을 이용할 경우에 비하여 35~50% 정도에 불과하다. 따라서 TF/SC 혹은 RF/SC공정의 선정은 기존 처리시설의 연계 가능성과 건설비, 부지소요면적, 유지관리비 등을 고려하여 결정해야 한다.

12.6 슬러지반송 살수여상 – 활성슬러지법

슬러지반송 살수여상 – 활성슬러지법(Biofilter/Activated Sludge Process, BF/AS)은 그림 **12.3**에서와 같이 초벌여상 – 활성슬러지법과 침전슬러지를 여상으로 반송하는 것을 제외하면 공정흐름이 동일하다. 또한 슬러지반송 살수여상법(Activated Biofilter Process, ABF)의 여상과 침전지 사이에 활성슬러지공정을 추가하는 것만을 제외하면 동일하다. 유기물 부하나 활성슬러지공법의 체류시간 등 설계인자는 초벌여상 – 활성슬러지법과 유사하다.

살수여상으로 침전활성슬러지를 반송시키는 것에 의하여 슬러지벌킹이 종종 야기되는 폐수처리 특히 식품폐수의 처리 시 사상균 성장을 억제할 수 있는 이점이 있다. 여상으로의 슬러지 반송에 의하여 침강성이 향상되는 경향이 있지만 살수여상에 산소전달능력을 향상시키시는 못한다. 활성슬러지 폭기조의 일반적인 F/M비는 $1.0 \sim 1.5\,\mathrm{kgBOD/kgMLVSS.day}$ 범위이며, 이것은 일반적인 활성슬러지공정의 F/M비의 $3 \sim 4$배 정도 높다. 결과적으로 폭기조 크기는 전형적인 활성슬러지 폭기조 크기의 약 1/4크기이다.

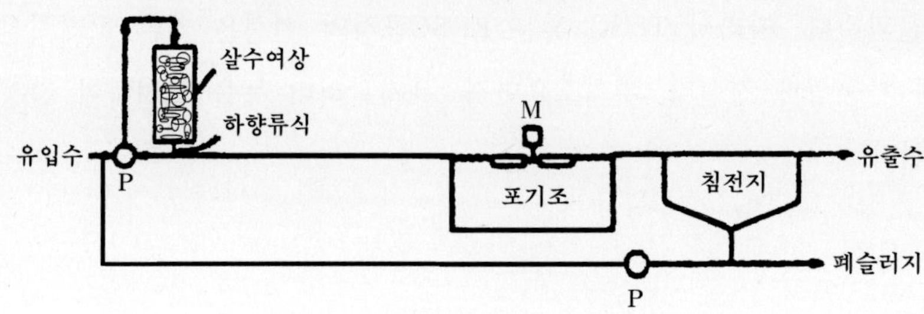

그림 12.3. 슬러지반송 살수여상 – 활성슬러지법.

12.7 살수여상 – 침전지 – 활성슬러지법

그림 12.4는 살수여상 – 침전지 – 활성슬러지법의 공정도를 나타낸다. TF/AS(Tricking Filter/Activated Sludge)는 초벌여상 – 활성슬러지법이나 슬러지반송살수여상 – 활성슬러지법과 마찬가지로 높은 유기물 부하의 적용이 가능하지만 타 이단공법과 달리 살수여상과 활성슬러지공정 사이에 중간침전지가 설치된다는 점에서 차이가 있다. 즉 전형적인 살수여상과 전형적인 활성슬러지공정을 직렬로 연결한 공정흐름을 가지고 있다. 기존 살수여상 후속처리로서 활성슬러지공정을 추가할 때 적용되기도 하고, 산업폐수와 생활하수가 함께 유입되는 고농도폐수처리나 질산화가 요구되는 경우에 이용 가능하다.

중간침전지는 여상으로부터 탈리되는 미생물을 활성슬러지공정 전에 제거한다. 이것은 특히 활성슬러지공정에서 질산화가 요구될 때 미생물상의 분리라는 점에서 장점을 갖는다. 중간침전지의 다른 장점은 살수여상에서 탈리된 부착성장 미생물이 활성슬러지 폭기조 내의 부유성장 미생물에 미칠 수 있는 영향을 줄일 수도 있다는 점이다. 그러나 일반적인 설계사례는 중간침전지의 사용으로 슬러지침강성이 향상되거나 산소요구량이 감소한다는 증거를 제시하지 못하고 있다. 따라서 질산화 등 특별한 이유가 없는 한 중간침전지의 건설비를 줄이기 위해 이 공법보다 초벌여상 – 활성슬러지법이나 슬러지반송살수여상 – 활성슬러지법이 선호되고 있다.

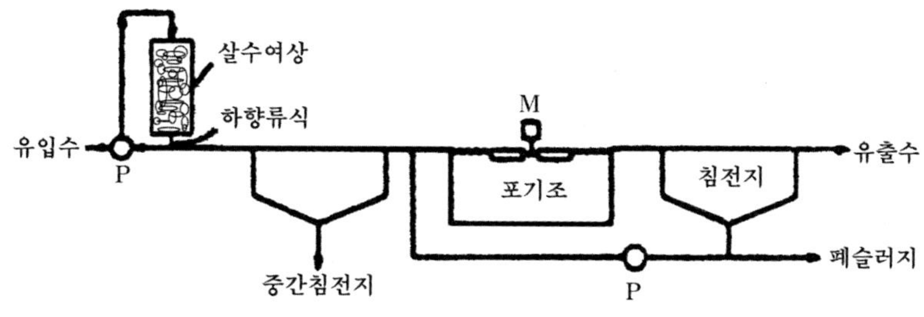

그림 12.4. 살수여상 – 침전지 – 활성슬러지법.

12.8 2단 – 3단 산화지

가정하수 등 유기물 폐수는 수심이 얕은 연못이나 유수지에 체류시키면 자연의 생물학적 과정에 의해서 효율적으로 안정화되고 처리되는데, 이와 같은 목적으로 만든 연못을 안정지(Stabilization pond), 늪(Lagoon) 또는 산화지(Oxidation pond)라고 한다.

산화지에 의한 처리원리는 Bacteria와 조류(Algae)의 공생에 의해 유기물질이 분해 제거된다.

그림 12.5에서와 같이 Bacteria가 유기물을 섭취 분해하여 질소(N)와
인(P) 성분의 영양소 그리고 CO_2를 물속에 내놓으면 상부에서 조류는 이
들 물질과 햇빛을 이용하여 광합성(光合成)을 하여 산소를 만든다. 조류
에 의해 발생된 산소(O_2)는 호기성 bacteria에 의해 이용되므로 이러한 순
환이 계속해서 진행되는 것이다.

햇빛과 적당한 온도가 부여되면 얕은 산화지에서는 그림 12.5에 주어
진 bacteria와 조류가 존재하게 되며 그 외에 Protozoa, rotifer 등의 고등동
물이 출현하여 강자(Predator)가 Bacteria나 조류와 같은 약자(Prey)를 잡아
먹고 산다.

산화지의 수면은 호기성, 바닥은 혐기성 상태인 산화지를 임의성(任意
性) 산화지라고 부르며 원리는 그림 12.5와 같다.

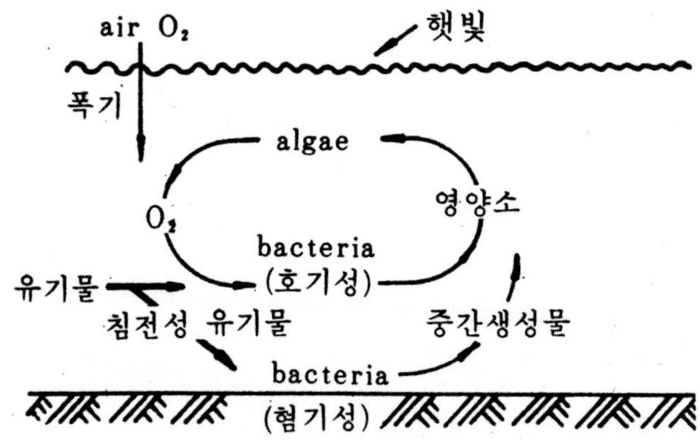

그림 12.5. bacteria와 조류 간의 공생.

이러한 산화지는 겨울에는 수면이 얼고 눈에 덮여서 포기가 안 되고 조류의 번식도 중단되므로 유기물이 바닥에서 혐기성 분해가 일어나 봄이 되면 냄새를 발생하는 경우가 있다. 따라서 산화지의 BOD 제거율은 여름철에는 95% 정도로 높아지나 겨울에는 50% 정도로 낮아지는 수도 있다.

결과적으로 표 12.1과 같이 각종 산화지를 비교해 보면, 산화지는 자연조건에 의해 처리되기 때문에 효율조정이 어렵고 기후에 영향을 크게 받을 뿐 아니라 생물학적 처리법 중 가장 넓은 부지가 요구되며 처리효율이 낮다.

표 12.1 각종 산화지법의 비교

종류 / 항목	호기성 산화지 (aerobic oxidation pond)	조건성 연못 (facultative pond)	혐기성 연못 (anaerobic pond)	폭기식 연못 (aerated lagoon)
깊이	0.5~1m	1~2m	3~5m	2~4m
체류기간	10~20일	20~30일	30~60일	2~10일
특징 및 장단점	① 조류와 호기성 박테리아의 공생을 이용 ② 전반적인 유기물 제거율은 조류의 O_2 생산에 의해 제한된다. ③ 야간에는 O_2가 부족, 혐기성이 될수 있다. ④ 겨울철에는 온도가 낮고 광합성이 감소하여 처리효과가 낮다. ⑤ 최종침전지나 혐기성 연못, 조건성 연못 다음에 용존 유기물질민을 최종적으로 처리하는 고도처리에 이용될 수 있다.	① 바닥이 혐기성 유지로 인해 냄새발생 문제가 있다. ② 기타 호기성 산화지와 비슷하다.	① 표면적을 작게, 수심을 깊게 하여 혐기성 유지 ② 고농도의 유기물질 즉 분뇨, 식품공장폐수, 폐수슬러지 등의 최초 처리 방법에 이용 ③ BOD 제거효율이 낮아 후속처리로 호기성 산화지 등이 필요하다. ④ 냄새가 심하다. ⑤ 기타 혐기성 소화원리와 비슷하다.	① 산소공급을 조류에 의존하지 않고 활성슬러지법과 같이 폭기장치에 의존한다. ② 슬러지의 반송이 없는 경우 폐수의 수리학적 체류시간이 길어진다. ③ 기타 반응원리는 활성슬러지법의 경우와 비슷하다.

산화지의 배열방식에는 직렬식(Series)과 병렬식(Parallel)으로 배치되는데 설계에 따라 유기물질, 고형물, 대장균 등을 고도로 제거할 수 있다. 산화

지의 반응은 매우 복잡하므로 이론에 의해서 설계되기보다는 경험과 지방특성을 고려한 판단에 의한다. 또한 산화지는 생물학적 처리 목적 이외에 유량조정, 저류, 슬러지처분 등의 용도로 사용되기도 하는데, 배치방식을 보면 그림 12.6과 같다.

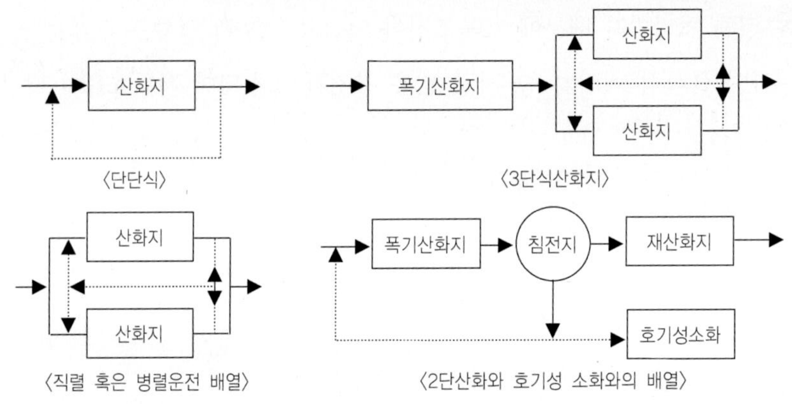

그림 12.6. 산화지의 배치도.

12.9   **참고문헌**

배우근 외 2인(2002), 생물환경공학, 한국맥그로힐, 622.

서명교 외 7인(1999), 상·하폐수처리, 동이출판사, 676.

오계헌 외 5인(2004). 폐수미생물, 도서출판 동화기술, 381.

이승원 외 1인(2007), 수질환경기사·산업기사, 성안당, 272~273.

장준영(1992), 수질환경기사 실기, 성안당, 5·255~5·258.

조영일 외 4인(2002), 산업폐수처리공학, 동화기술, 413.

환경부(1995), 폐수종말처리시설의 설계.

환경부(1997), 하수도시설기준.

환경부(2008), 수질관리 교육용.

환경부(2008), 수질관리 법정교육.

Edeline, F. (1988). *L'epuration biologique des eaux residuaires: theorie et technologie.* Editions CEBEDOC. Liege, Belgium, 304.

Forster, C. F., and D. W. M. Johnston. (1987). Aerobic Processes, 15 − 56, In: *Environmental. Biotechnology*, C. F. Forster and D. A. J. Wase, Eds. Ellis Horwood, Chichester, U. K.

Grady, C. P. L., Jr., and H. C. Lim. (1980). *Biological Waste Treatment.* Marcel Dekker, New York, 963.

Harremoes, p. (1978). Biofilm kinetics, 71 − 109, In: *Water Pollution Microbiology*, Vol. 2, R. Mitchell, Ed John Wiley & Sons, New York.

USEPA. (1977). *Wastewater Treatment Facilities for Sewered Small Communities.* EPA Repory No. EPA − 625/1 − 77 − 009. U. S. Environmental Protection Agency. Washington, D. C.

12.10.1. 다음 용어의 정의를 설명하시오.

1) TF/SC(Tricking Filter/Solids Contact Process)

2) ABF(Activated Biofilter)

3) RF/RBC(Roughing Filter/Rotating Biological Contactor)

4) RF/AS(Roughing Filter/Activated Sludge Process)

5) BF/AS(Biofilter/Activated Sludge Process)

12.10.2. 이단공법용 살수여상은 각종 호기성 생물막공정으로 대체되어도 무방하다. 설계부하 등의 설계치는 폐수특성에 따라 큰 차이가 있고, 아직은 이단공법의 경험이 상당히 축적된 상태는 아니기 때문에 적용 시에는 반드시 처리도 실험을 통하여 설계인자를 도출할 필요가 있다. 이단공법의 설계 시 환경적인 변화 이외에 고려사항을 기술하라.

12.10.3. 가정하수 등 유기물 폐수는 수심이 얕은 연못이나 유수지에 체류시키면 자연의 생물학적 과정에 의해서 효율적으로 안정화되고 처리되는데, 이와 같은 목적으로 만든 연못을 안정지, 늪(Lagoon) 또는 산화지(Oxidation pond)라고 한다. 산화지의 처리원리를 설명하라.

12.10.4. 산화지는 자연조건에 의해 처리되기 때문에 효율조정이 어렵고 기후에 영향을 크게 받을 뿐 아니라 생물학적 처리법 중 가장 넓은 부지가 요구되며 처리효과가 낮다. 산화지의 종류에 따른 장단점을 비교 설명하라.

12.10.5. 산화지에서 bacteria가 유기물을 섭취 분해하여 질소(N)와 인(P) 성분의 영양소 그리고 CO_2를 물속에 내놓으면 상부에서 조류는 이들 물질과 햇빛을 이용하여 광합성(光合成)을 하여 산소를 만든다. 조류의 탄소원과 에너지원에 대하여 설명하라.

고도처리

폐수내에 들어 있는 물질 중에는 통상의 처리조작 및 공정으로는 효과가 전혀 없거나 거의 없는 것들이 많다. 이에는 칼슘, 칼륨, 황산염, 질산염, 인산염 등과 같은 간단한 무기이온에서 비롯하여, 계속 그 수가 증가하고 있는 복잡한 합성 유기물질에 이른다. 이러한 물질이 환경에 미치는 악영향이 보다 명확하게 밝혀지면서, 배출시설의 배출허용농도를 엄격하게 규제하고 있는 실정이다.

고도처리란 수중의 질소, 인 등의 영양염류와 2차 처리공정에서 제거되지 않은 난분해성 유기물질, 여러 종류의 무기이온을 비롯한 중금속 등을 제거하기 위한 수처리시설을 총칭한다. 이전에는 3차 처리라는 용어가 사용되었는데 최근에는 기술개발에 의해 단독공정으로 2차 처리 이상의 수질을 얻을 수 있는 처리기술들이 많기 때문에 고도치리라는 용어를 사용하고 있다.

하·폐수의 고도처리는 그 제거대상 물질도 다양하고 처리방법도 다양하여 앞으로 우리나라의 실정에 맞는 처리공정의 개발을 위하여 연구와 노력이 필요한 분야라고 생각된다. 고도처리는 그 내용이 방대하나 중요도를 감안하여 질소·인 제거 및 상수도의 위해물질 제거를 위한 처리위 주로 설명하고자 한다.

질소·인의 영향으로 호수나 저수지 등의 정체수역에서는 부영양화가 발생하고 있다. 부영양화란 질소, 인과 같은 영양염류로 인한 조류의 과잉번식에 의한 것으로 수자원의 가치를 저하시키고 생태계를 파괴시키는 등 심각한 문제를 야기한다. 따라서 최근에 대두되는 하수의 고도처리에 있어 N, P의 제거가 매우 중요한 비중을 차지하고 있다.

특히 근래에는 수질 환경기준의 강화와 총량규제로 기존 처리장에서도 앞으로는 고도처리 방식의 보완이 뒤따라야 할 것으로 예상된다.

고도처리방법으로는 크게 물리적 방법, 화학적 방법 및 생물학적 방법으로 구분할 수 있으며 처리방법의 선택은 처리된 유출수의 용도, 폐수의 특성, 처리방법의 적합성, 오염물의 처분방법, 경제성 등에 의해서 좌우된다.

질소, 인 제거 공정의 종류는 그림 13.1과 13.2와 같다.

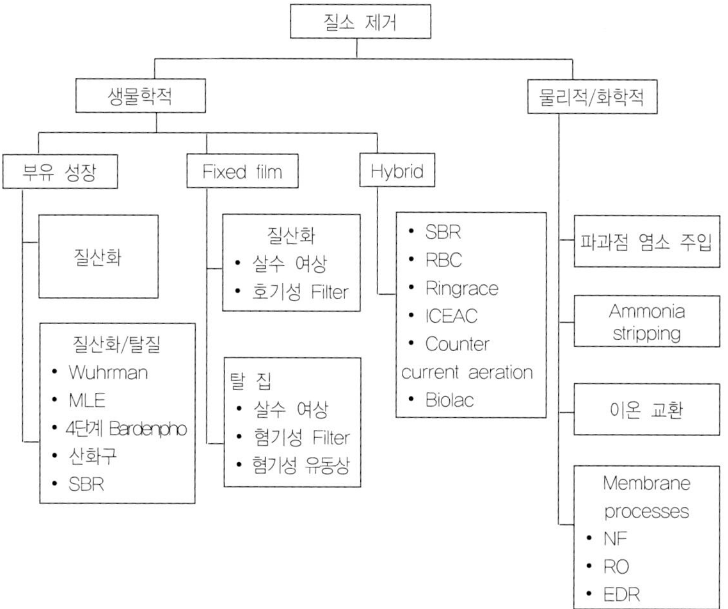

그림 13.1. 질소제거 공정.

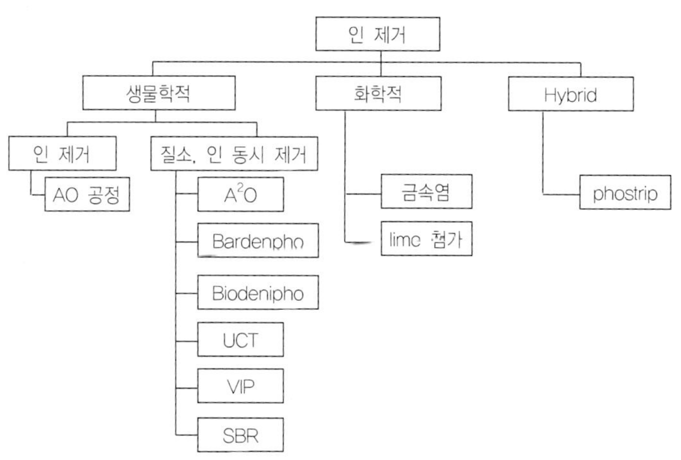

그림 13.2. 인 제거 공정의 분류.

13.1.1. Ammonia air stripping

수중의 암모니아는 NH_4^+ 이온과 휘발성인 NH_3 분자의 형태로 존재하는데 그 비율은 pH와 수온에 따라서 다르게 나타난다.

암모니아는 pH11 이상에서 대부분이 NH_3 분자로 전환되는데, 일반적으로 수처리시설에서는 소석회를 첨가하여 pH를 조정한다.

수온강하에 따른 암모니아의 탈기효율 저하 원인은 NH_4^+ 이온이 NH_3 분자의 형태로 전환이 되지 않거나 확산율 감소로 기체의 포화용존농도가 높아짐으로써 탈기를 위한 추진력이 감소되기 때문이다. 이러한 효율 감소를 R_Q(공기 대 물 유량의 비) 값을 증가시킴으로써 상쇄할 수도 있겠지만 그럴 경우 수온은 더욱 하강한다.

암모니아는 물속에서 NH_3와 NH_4^+의 2가지 형태로 평형을 이루고 있는데 이의 상관관계는 수처리(암모니아 탈기)와 밀접한 관계를 갖는다.

$$NH_3 + H_2O \rightleftharpoons NH_4^+ + OH^-$$

$$K_b = \frac{[NH_4^+][OH^-]}{[NH_3]}$$

한편, $NH_4^+ \rightleftharpoons NH_3 + H^+$

$$K = \frac{[NH_3][H^+]}{[NH_4^+]} = 10^{-9.25}(25\,℃)$$

$$\frac{[NH_3]}{[NH_4^+]} = \frac{10^{-9.25}}{[H^+]} = \frac{10^{-9.25}}{10^{-pH}}$$

$$\frac{[NH_3]}{[NH_4^+]} = 10^{pH-9.25}$$

위의 식에서 NH_3와 pH의 관계를 알 수 있다.

$$pH<9.25 : NH_4^+ > NH_3$$

$$pH>9.25 \quad NH_3 > NH_4^+$$

암모니아 탈기(stripping)는 NH_3 형태로 제거되므로 위의 관계에서 탈기 시 pH는 9.25보다 큰 11~12로 함이 적당함을 알 수 있다

그림 13.3은 pH 및 온도에 따른 암모니아이온과 분자의 분포상태를 도시하였다.

$$NH_4^+ \quad \leftrightharpoons \quad NH_3 + H^+$$

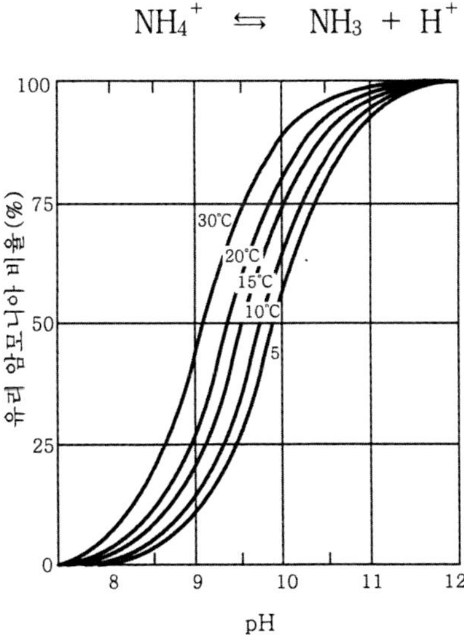

그림 13.3. pH 및 온도에 따른 암모니아이온과 분자의 분포상태.

(예제) 탈기법에 의한 폐수 중의 암모니아성질소를 제거하기 위하여 pH 를 조절하고자 한다. 수중 암모니아성 질소 중의 NH_3를 99%로 하기 위한 pH를 산출하라.

$$NH_3 + H_2O \rightleftharpoons NH_4^+ + OH^-, \text{ 평형상수 } K = 1.8 \times 10^{-5}$$

폐수 중 NH_3의 백분율은 다음과 같이 나타낼 수 있다.

$$NH_3(\%) = \frac{NH_3}{NH_3 + NH_4^+} \times 100 \Rightarrow \frac{100}{1 + NH_4^+/NH_3} = 99\%$$

$$\therefore NH_4^+ / NH_3 = 0.0101$$

반응식의 평형관계에서 제시된 K값은 염기 해리상수로서 1.8×10^{-5}이므로 다음의 관계식을 만들 수 있다.

$$K = \frac{[NH_4^+][OH^-]}{[NH_3]} \times 100 \Rightarrow 1.8 \times 10^{-5} = 0.0101 \times OH^-$$

$$\therefore OH^- = 1.782 \times 10^{-3}$$

$$\therefore pH = 14 - \log\left(\frac{1}{1.782 \times 10^{-3}}\right) = 11.25$$

Ammonia air atripping은 탑을 사용하여 실시하는데 그림 13.4를 이용하여 stripping 탑의 물질평형방정식을 구하면 다음과 같다.

$$G(Y_2 - Y_1) = L(X_2 - X_1), \quad \frac{G}{L} = \frac{(X_2 - X_1)}{(Y_2 - Y_1)}$$

여기서, G: 단위시간당 유입기체의 mol수

L: 단위시간당 유입액체의 mol수

Y_1: 탑 바닥에서 기체 내 용질의 농도, 용질이 없는 기체의 mol

당 용질의 mol수

Y₂: 탑 꼭대기에서 기체 내 용질의 농도, 용질이 없는 기체의
mol당 용질의 mol수

X₁: 탑 바닥에서 액체 내 용질의 농도, 액체 1mol당 용질의
mol수

X₂: 탑 꼭대기에서 액체 내 용질의 농도, 액체 1mol당 용질의
mol수

만약 탑의 바닥에서 흘러 나가는 폐수와 들어가는 공기 내에 NH_3가 없다고 가정하면 다음과 같은 식이 성립한다.

$$\frac{G}{L} = \frac{X_2}{Y_2}$$

위의 식에서 G/L는 폐수로부터 NH_3를 Stripping하기 위하여 요구되는 공기의 폐수량에 대한 비이다. 그러나 이 값은 Stripping탑의 높이가 무한 대로 커서 100%의 효율을 이룰 수 있는 경우의 것이므로 실제로 요구되는 공기의 양은 이론적인 값의 1.5~2.0배이다.

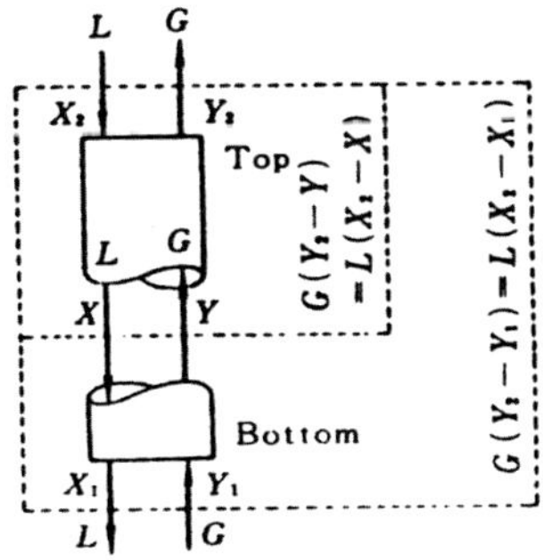

그림 13.4. Ammonia air stripping tower의 이론.

(예제) Air atripping에 의한 폐수 중의 암모니아를 30℃에서 완전 제거하고자 한다. 최소한의 폐수량에 대한 공기비($\frac{G}{L}$) 값을 산출하시오(단, 물속의 NH_3 평형곡선에서 Y=0.024, X=0.028이다).

$$\frac{G}{L} = \frac{X}{Y} = \frac{mol-NH_3/mol-H_2O}{mol-NH_3/mol-Air} = \frac{mol-Air}{mol-H_2O} = \frac{0.028mol-Air}{0.024mol-H_2O}$$

$$= 1.167mol-Air/mol-H_2O$$

$$Air부피 = 1.167mol-Air \times 22.4l/mol = 26.141l\text{-}Air$$

$$H_2O부피 = 1mol-H_2O \times 18g/mol \times \frac{1\,l}{1000\,g} = 0.018\,l-H_2O$$

$$\therefore\ \frac{G}{L} = \frac{26.141}{0.018} = 1452.3\,m^3-Air/m^3-H_2O$$

13.1.2. 이온 교환법(Ion 交換法)

이온 교환법은 이온성 물질을 제거하기 위해 사용하는데 그 원리는 제7장 화학적 처리에서 상세히 설명하였다.

폐수 내의 이온들은 대부분 여러 종류가 혼합된 상태이므로 제거에는 순서가 있으며 합성된 양이온 및 음이온 교환물질의 경우 이온선택 순서는 대략 다음과 같다.

$$Li^+ < H^+ < Na^+ < K^+ < Rb^+ < Ag^+ < Mg^{++} < Zn^{++} < Cu^{++} < Co^{++} < Ca^{++}$$

$$< Sr^{++} < Ba^{++} < OH^- < F^- < HCO_3^- < Cl^- < Br^- < I^- < NO_3^- < ClO_4^-$$

이온교환수지의 흡착과 재생반응은 다음과 같으며, 그림 13.5는 이온교환과 암모니아 탈기의 조합공정도를 나타낸다.

$$(Z-Na^+) + NH_4^+ \quad \underset{\text{재생(탈착)}}{\overset{\text{통수(흡착)}}{\longleftrightarrow}} \quad (Z-NH_4^+) + Na^+$$

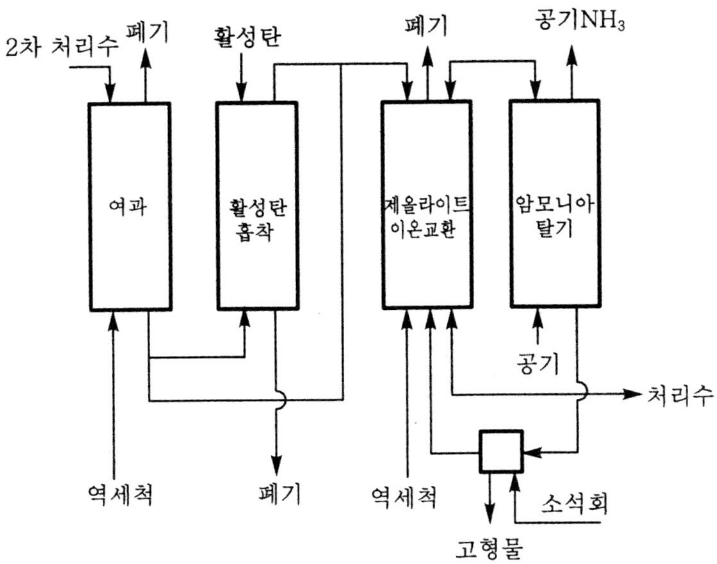

그림 13.5. 이온교환-암모니아 탈기 공정도.

13.1.3. 전기투석법(電氣透析法)

전기투석(Electrodialysis)은 본래 바닷물의 염분을 제거하기 위해 개발되었으나, 폐수로부터 인과 질소를 제거하는 데 유망한 방법의 하나로서 폐수처리의 최종단계가 될 가능성이 크다.

전기투석전지(Electrodialysis cell)의 기본부품은 이온교환수지로 만든 일련의 막이다. 이 막은 이온만이 통과하며 특정형태의 이온은 선택적으로 통과한다. 전기투석전지에 사용되는 막은 양이온막과 음이온막의 두 가지 형식의 막이 있는데 전자는 고정음전하(Fixed Negative charge)를 소유하고 있으며 음전하는 양이온을 통과하나 음이온은 통과하지 못한다. 후자는 고정양전하(Fixed positive charge)를 소유하여 음이온은 통과하나 양이온은 통과하지 못한다. 그림 13.6과 같이 막을 통과하는 이온의 속도는 양이온 및 음이온 투과막에 일정 전압을 걸면 가속된다.

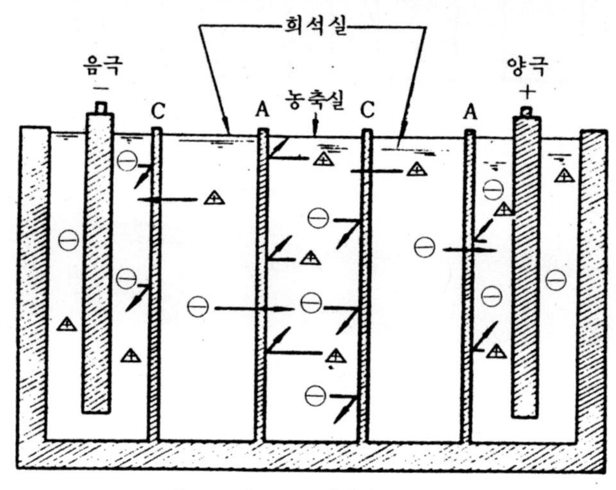

그림 13.6. 전기투석의 도해.

양극과 음극은 전지의 양극단에 위치하여 양극에 가장 가까운 막은 음이온을 통과시키고 음극에 가장 가까운 막은 양이온을 통과시키도록 되어 있다. 원폐수는 중앙구역으로 연속적으로 공급되며 처리폐수는 희석구

역으로부터 인출된다.

폐수의 고도처리를 위해 전기투석법을 이용하면 용해도가 낮은 염기 막의 표면에 침전하거나 콜로이드상태의 유기물이 막을 폐쇄시키는 단점이 있으므로 전처리로서 활성탄 흡착법, 화학적 침전법, 단층여과법 등을 사용하여 이러한 원인을 없애야 한다.

13.1.4. 산화(酸化)

잔존 유기물의 감소, 암모니아 제거, 살균 등의 목적으로 화학적 산화법을 택할 수 있다. 예를 들어 염소주입에 의해서 암모니아를 질소(N_2)와 염산으로 파괴시키는 것이 실제로 가능하다.

$$2NH_3 + 3Cl_2 \rightarrow N_2 + 6HCl$$

이 방법의 적용에 문제가 되는 것은 염소요구량을 나타내는 각종 유기물이나 무기물이 폐수 내에 존재한다는 것이다.

오존(O_3)도 유기물의 제거나 살균을 목적으로 사용될 수 있으나 타 방법에 비해 비용이 많이 드는 단점이 있다.

13.1.5. 환원(還元)

질산염은 전기적으로 혹은 환원제를 사용하여 환원될 수 있다. 환원제가 사용될 경우에는 촉매가 요구된다.

수산화 제1철에 의한 질산염의 환원반응은 다음과 같다.

$$KNO_3 + 2Fe(OH)_2 + H_2O \rightarrow KNO_3 + 2Fe(OH)_3$$

$$KNO_2 + 6Fe(OH)_2 + 5H_2O \rightarrow 6Fe(OH)_3 + NH_3 + KOH$$

그러나 이들 환원방법은 대부분 고가의 약품을 필요로 하고 처리된 유출수는 사용된 환원제나 촉매에서 생긴 독성물질을 함유할 수도 있다.

13.1.6. 유동층 탈질

모래나 다공매체를 유동화시킴으로써 탈질이 가능하다는 보고가 있다. 예를 들어 전처리한 질산화 처리수를 통과시켜 체류시간 약 4분에서 NO_3^- 80%를 제거한다.

13.1.7. 제올라이트 흡착법

제올라이트는 NH_4^+를 약 90~95% 흡착 제거한다.

기타 화학적 처리공법은 앞에서 충분히 논의하였으므로 여기서는 생략한다(제7장 물리화학적 처리공정 참조).

13.2 물리화학적 질소제거

질소 및 인은 동식물의 성장 및 증식을 위한 필수 영양염류로서 폐수에 이러한 성분들이 부족하게 되면 미생물증식이 억제되어 제한 인자가 되므로 폐수처리 현장에서는 질소, 인을 추가로 공급해야 하는 경우도 많다. 그러나 폐수 내 질소, 인이 과잉으로 함유되어 있는 경우 활성슬러지 법으로는 잘 처리되지 않으며, 제대로 처리되지 않고 방류될 경우 호소 등에 부영양화 현상을 유발하게 된다.

13.2.1. 자연계 질소순환

자연계에서 질소순환은 복잡한데 이는 질소가 나타내는 몇 가지의 원자가 상태 및 원자가의 변화가 생명활동을 하는 미생물에 의하여 생길 수 있다는 사실 때문이다. 흥미 있는 것은 세균에 의해 일어난 원자가의 변화가 호기성 상태 또는 혐기성 상태 중 어느 쪽이 우세한가에 따라서 (＋) 또는 (－)의 하나가 될 수 있다는 것이다. 질소는 7가지의 원자가 상태로 존재할 수 있다.

$$\overset{-3}{N}H_3, \quad \overset{0}{N}_2, \quad \overset{+1}{N}_2O, \quad \overset{+2}{N}O, \quad \overset{+3}{N}_2O_3, \quad \overset{+4}{N}O_2, \quad \overset{+5}{N}_2O_5$$

생물학적 견지에서는 원자가 상태가 ＋1, ＋2, ＋4인 질소 화합물은 별로 흥미가 없다. 하지만 다른 화합물은 모두 중요하며, 환경기술자에게 흥미를 주는 질소의 화학은 다음과 같이 요약할 수 있다.

$$
\begin{array}{cccc}
\overset{-3}{N}H_3, & \overset{0}{N}_2, & \overset{+3}{N}_2O_3, & \overset{+5}{N}_2O_5 \\
\Updownarrow & & \Updownarrow {\scriptstyle +H_2O} & \Updownarrow {\scriptstyle +H_2O} \\
\text{유기유도물질} & & \text{아질산} & \text{질산}
\end{array}
$$

즉 NH_3는 유기유도물질이고 N_2O_3는 아질산의 무수물이며 N_2O_5는 질산의 무수물이다. 질소화합물의 여러 형태와 자연에서 일어날 수 있는 변화 사이의 관계는 질소순환을 보면 잘 알 수 있다.

그림 13.7의 자연계에서 질소순환 과정을 보면, 대기가 저장소 역할을 해서 질소가 전기적 방전, 질소고정 박테리아 및 조류의 작용으로 끊임없이 제거되고 있는 것을 보여준다.

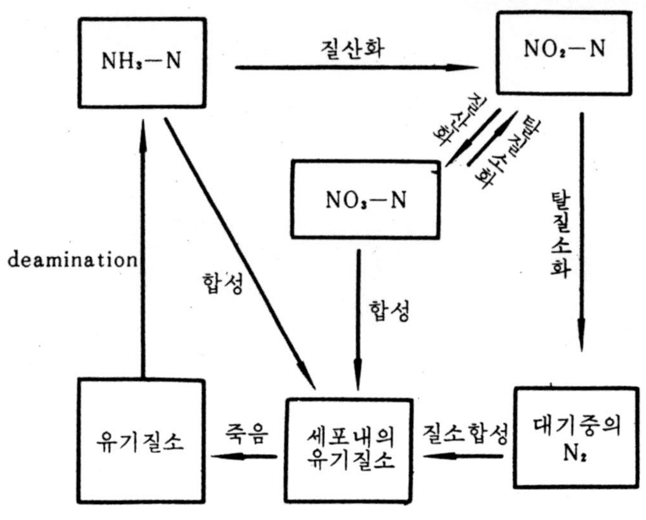

그림 13.7. 자연계에서의 질소변화.

번개가 있을 때에는 대량의 질소가 N_2O_5로 산화되며 이것이 물과 결합하여 HNO_3가 되어 우수로서 지상에 떨어진다. NO_3^-은 식물에 비료로서 제공되며 이것이 단백질로 전환된다.

$$NO_3^- + CO_2 + H_2O \xrightarrow[\text{녹색식물}]{h_v} \text{단백질}$$

대기 중의 질소는 질소고정 박테리아와 특정한 조류에 의하여 단백질
로 전환된다.

$$N_2 \xrightarrow[\text{특정조류}]{\text{특수박테리아}} \text{단백질}$$

또한 NH_4화합물은 식물에 NH_3를 공급하여 단백질 생산에 더욱 기여
한다.

$$NH_4^+(\text{또는 } NH_3) + CO_2 + H_2O \xrightarrow[\text{녹색식물}]{hv} \text{단백질}$$

동물과 사람은 무기화합물로부터 질소를 이용하여 단백질을 생산할 수
없으며 식물이나 또는 식물을 먹고 사는 동물에 의존하여 단백질을 생산
한다. 동물의 체내에서 단백질은 대부분 성장과 근육조직의 보상에 이용
될 때 얼마간의 에너지 생산에도 이용된다. 하여튼 질소화합물은 생명활
동 도중에 신체조직의 노폐물로서 배출되며 죽게 되면 신체조직 중에 저
장된 단백질은 폐기물이 된다. 소변은 대사적 소비물질에 기인하는 질소
를 함유하고 있다. 소변 중에서 질소는 주로 요소로서 존재하며 효소인
Urease에 비해 비교적 빨리 가수 분해되어 탄산암모늄으로 된다.

$$\begin{matrix} H_2N \\ {} \\ H_2N \end{matrix} \!\!\!\!\! \diagdown\!\!\diagup\, C = O + 2H_2O \xrightarrow{\text{urease}} (NH_4)_2CO_3$$

동물의 대변은 상당한 양의 비동화 단백질물질(유기질소)을 함유하고
있으며, 동물과 식물의 사체에 남아 있는 단백질과 비동화 단백질은 호기
성 또는 혐기성 상태에서 박테리아에 의해 암모니아로 전환된다.

$$\text{단백질(유기성 N)} \xrightarrow{Bacteria} NH_3$$

암모니아와 암모늄은 수용액 중에서 평형을 이루며,

$$NH_4^+ \rightleftharpoons NH_3 + H^+$$

NH_4^+의 백분율은 다음과 같다.

$$NH_4^+(\%) = \frac{100}{1 + \dfrac{K_a}{[H^+]}}$$

위의 식에서 암모니아와 암모늄이 수용액 중 평형을 이룰 때 Ka의 대 푯값은 0℃에서 8.29×10^{-11}, 10℃에서 1.86×10^{-10}, 15℃에서 2.73×10^{-10}, 20℃에서 3.98×10^{-10}, 25℃에서 5.68×10^{-10}이다. 위의 반응식에서 보듯이 NH_4^+의 백분율로부터 pH7.0, 온도 0~25℃에서 NH_3^{-N}의 99% 이상이 NH_4^+ 형태로 있는 것을 알 수 있으며, pH8.0에서는 NH_4^+가 0℃에서 99%로부터 25℃에서 95%까지의 범위로 비율이 변하는 것을 알 수 있다.

요소와 단백질은 박테리아의 작용으로 유리된 NH_3는 식물에 의해서 직접 식물성 단백질을 만드는 데 이용되는 수도 있다. 그러나 만일 식물의 요구량 이상으로 유리되어 나온다면, 그 과량은 독립영양성 질산박테리아에 의해서 산화된다. Nitrosomonas는 호기성 상태에서 NH_3(또는 NH_4^+)를 NO_2^-로 전환시키며 이 산화로부터 에너지를 탈취한다.

$$2NH_4^+ + 3O_2 \xrightarrow{\textit{Nitrosomonas}} 2NO_2^- + 4H^+ + 2H_2O + Q$$

$$2NH_3 + 3O_2 \xrightarrow{\textit{Nitrosomonas}} 2NO_2^- + 2H^+ + 2H_2O + Q$$

이 아질산염(NO_2^-)은 nitrobacter에 의해서 NO_3^-으로 전환된다. 총괄적으로는 다음과 같다.

$$NH_4^+ + 2O_2 \longrightarrow NO_3^- + 2H^+ + H_2O + Q$$

$$NH_3 + 2O_2 \longrightarrow NO_3^- + H^+ + H_2O + Q$$

이들 산화에서 유리되는 에너지(Q)는 CO_2와 함께 세포합성에 이용된다.

$$15CO_2 + 13NH_4^+ \longrightarrow 10NO_2^- + 3C_5H_7O_2N + 23H^+ + 4H_2O$$

$$\underset{Nitrosomonas}{}$$

$$5CO_2 + NH_4^+ + 10NO_2^- + 2H_2O \longrightarrow 10NO_3^- + 3C_5H_7O_2N + H^+$$

$$\underset{Nitrobacter}{}$$

위의 반응식에서 볼 때 NH_3에서 NO_2^-로 되는 것보다 NO_2^-에서 NO_3^-으로 변하는 것이 쉽다. 왜냐하면 NH_3^{-N}에서 NO_2^-로 되기 위해서는 3개의 산소분자(NH_3 2개 분자에 대하여) 요구되나 NO_2^-에서 NO_3^-이 되는 것은 1개의 산소분자가 필요하기 때문이다.

혐기성 상태하에서 질산염과 아질산염은 탈질소화(Denitrification)라는 과정에 의해서 모두 환원된다.

NO_3^-은 NO_2^-으로 환원되고 그 다음은 아질산염의 환원이 일어난다. NO_2^-의 환원은 소수의 세균에 의해 그대로 NH_3까지 진행된다. 그러나 이들의 대부분은 이 환원을 N_2까지 진행시키며 N_2는 대기 중으로 방출된다. 이것은 혐기성 상태가 발전할 때 토양 중에 비료성분을 심각하게 상실시키기도 한다. 질산염의 환원으로 생성되는 N_2는 때때로 하수처리 시 활성슬러지 공정에 문제가 되는데, 최종 침전지에서 활성슬러지의 체류가 길어질 때 NO_3^-이 적당량으로 존재한다면 N_2가 다량 생산되어 슬러지를 부상시키게 된다.

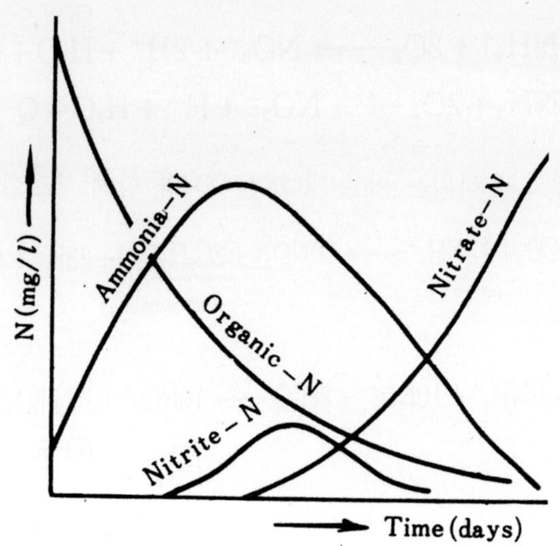

그림 13.8. 호기성 상태하에서 오염된물에 존재하는 질소의 형태 변화.

13.2.2. 질산화 – 탈질소법

NH_3는 호기성 상태에서 NO_3^-로 산화시키는 질산화(Nitrification) 단계를 거친 다음, 2단계로 NO_3^-를 혐기성 상태에서 질소기체(N_2)로 전환시키는 탈질소(Denitrification) 반응을 거치게 된다. 그러나 질소가 NO_3^-형태로 이미 존재한다면 단지 탈산소 단계만 필요하다.

좀 더 구체적으로 기술해 보면 질산화는 Autotrophic bacteria에 의해 NH_4^+가 2단계를 거쳐 NO_3^-로 변한다.

$$1단계 : NH_4^+ + \frac{3}{2}O_2 \xrightarrow{\ Ntrosomonas\ } NO_2^- + 2H^+ + H_2O$$

$$2단계 : NO_2^- + \frac{1}{2}O_2 \xrightarrow{\ Ntrobacter\ } NO_3^-$$

$$전체반응 : NH_4^+ + 2O_2 \rightarrow NO_3^- + 2H^+ + H_2O$$

한편 질소질의 일부는 세포로 합성된다.

$$합성: 4CO_2 + HCO_3^- + NH_4^+ + H_2O \rightarrow C_5H_7NO_2 + 5O_2$$

위의 에너지 및 합성반응을 합하여 전체 반응으로 나타내면 다음과 같다.

$$22NH_4^+ + 37O_2 + 4CO_2 + HCO_3^-$$

$$\rightarrow C_5H_7O_2N + 21NO_3^- + 20H_2O + 42H^+$$

이와 같은 질산화는 운전 및 환경조건이 적절하면 호기성 미생물처리 과정에서도 일어난다.

탈질소 과정에서 NO_3^-가 수소수용체(水素收容體)로 이용되므로 혐기성 반응으로 되며 methanol을 탄소공급원으로 주입할 경우 에너지 반응은 다음의 두 단계로 나뉜다.

$$1단계: 6NO_3^- + 2CH_3OH \rightarrow 6NO_2^- + 2CO_2 + 4H_2O$$

$$2단계: 6NO_2^- + 3CH_3OH \rightarrow 3N_2 + 3CO_2 + 3H_2O + 6OH^-$$

$$전체 반응: 6NO_3^- + 5CH_3OH \rightarrow 5CO_2^- + 3N_2 + 7H_2O + 6OH^-$$

$$세포합성반응: 3NO_3^- + 14CH_3OH + CO_2 + 3H^+$$

$$\rightarrow 3C_5H_7O_2N + 19H_2O$$

실제적으로 합성반응에 요구되는 Methanol의 양은 에너지 반응의 $25 \sim 30\%$ 정도이다. NO_3^-를 제거하기 위한 전체 반응은 경험적으로 다음과 같다.

$$NO_3^- + 1.08CH_3OH + H^+$$

$$\rightarrow 0.065C_5H_7O_2N + 0.47N_2 + 0.76CO_2 + 2.44H_2O$$

폐수에는 NO_3^- 이외에 NO_2^- 나 용존산소도 함유되므로 상기식을 이용하여 methanol 필요량을 산출하기는 어렵고 다음 식을 사용하여 산출한다.

$$C_m = 2.47\ N_0 + 1.53N_1 + 0.87D_0$$

여기서, C_m: 요구되는 Methanol 농도(mg/ℓ)

$\quad\quad N_0$: 최초 NO_3^- 농도(mg/ℓ)

$\quad\quad N_1$: 최초 NO_2^- 농도(mg/ℓ)

$\quad\quad D_0$: 최초 용존산소의 농도(mg/ℓ)

충분한 양의 공기가 공급될 경우 질산화는 SRT(세포체류시간)를 10일 이상으로 증가시키면 재래식 활성슬러지 반응조에서 실시될 수 있으나 이 경우 여러 가지의 복잡한 문제점이 발생하기 때문에 질산화 과정을 BOD제거 과정과 분리시켜 실시하는 경우도 있다.

(예제) 암모니아성 질소 $1mg/l$를 질산성 질소로까지 산화시키기 위한 필요산소량은 이론적으로 몇 mg/l가 되겠는가?

$$NH_3 + \frac{3}{2}O_2 \rightarrow NO_2^- + H^+ + H_2O$$

$$+)\ \underline{\quad NO_2^- + \frac{1}{2}O_2 \rightarrow NO_3^- \quad}$$

$$NH_3 + 2O_2 \rightarrow NO_3^- + H^+ + H_2O$$

$\quad 14g\ :\ 2 \times 32g$

$\quad 1mg/l\ :\ x\,mg/l$

$\therefore$ 필요산소량 $= 1\,mg/l \times \dfrac{2 \times 32}{14} = 4.57\,mg/l$

13.2.3. 박테리아(Bacteria) 동화작용법

생물학적 처리방법에 의해서 미생물이 정상적으로 성장할 때 질소나 인을 영양소로 이용하도록 하는 방법이다. Bacteria의 세포구성이 $C_5H_7O_2N$이라면 1kg의 세포를 합성하는 데는 약 0.12kg의 질소 및 0.025kg의 인이 필요하게 된다. 이때 미생물은 탄소와 에너지(energy) 공급을 위해서 탄수화물이나 기타 유기물을 요구한다.

보조적인 탄소 및 에너지원으로서 Methanol을 주입할 경우 암모니아(NH_3)는 다음 반응에 의해 세포질로 전환된다.

$$\text{energy 반응: } CH_3OH + \frac{3}{2}O_2 \rightarrow H_2O$$

$$\text{합성: } 5CH_3OH + NH_3 + \frac{5}{2}O_2 \rightarrow C_5H_7O_2N + 8H_2O$$

13.2.4. 조류(藻類) 채취법

Bacteria 동화작용법과 같이 질소나 인을 섭취해서 자란 조류(Algae)를 제거함으로써 목적을 달성하는 방법이다. 즉 용존 또는 콜로이드 상태의 질소화합물을 조류의 세포질로 동화(同化)시킨다는 것으로 반응원리는 다음과 같다.

$$106CO_2 + 81H_2O + 16NO_3^- + HPO_4^{--} + 18H^+ + 햇빛$$

$$\rightarrow C_{106}H_{181}O_{45}N_{16}P + 150O_2$$

이 방법은 토지의 요구가 과대하고 조류의 채취 및 처분에 관계되는 문제점과 비용이 크다는 단점이 있다.

13.2.5. A₂/O

A/O 공법을 개량하여 질소 및 인을 제거하기 위한 공법으로써, 반응조는 그림 **13.9**와 같이 혐기성조(Anaerobic tank), 무산소조(Anoxic tank), 호기성조(Aerobic tank)로 구성되어 있다.

질소제거를 위해 내부반송과 침전지 슬러지 반송을 하며, 혐기성조에서는 인의 방출, 호기성에서는 인의 과잉섭취, 무산소조에서는 내부반송수의 Nitrate를 탈질한다.

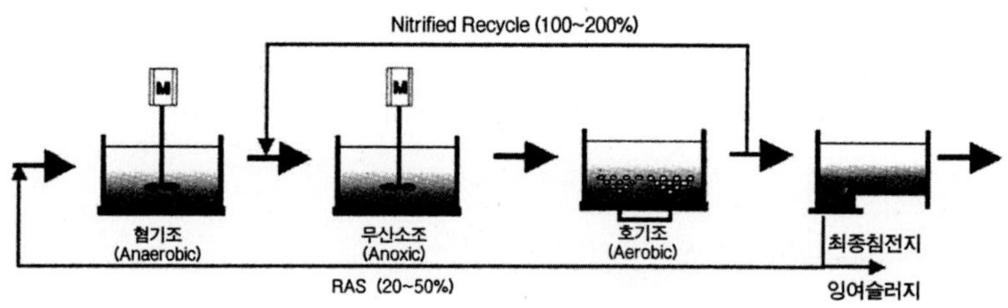

그림 13.9. A₂/O 공정.

13.2.6. MLE(Modified Ludzack – Ettinger)

반응조는 혐기성조(Anaerobic tank), 호기성조(Aerobic tank)로 구성되어 있으며, 탈질의 에너지원으로는 유입수의 생분해 가능한 Biodegradable 유기물을 사용한다.

탈질효율은 침전지에서 반송되는 슬러지와 혼합반응조에서 반송되는 슬러지의 합, 즉 반송되는 Nitrate의 총량에 의해 제한된다. 일반적으로 경제적인 내부반송비는 4:1이 이상적이다.

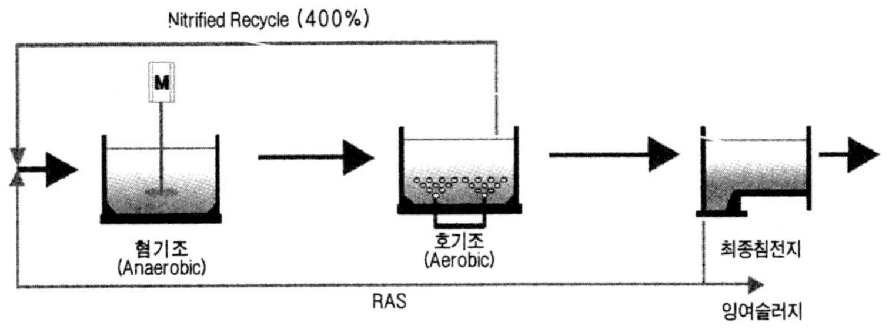

그림 13.10. MLE 공정.

13.2.7. Modified bardenpho

반응조는 혐기 – 무산소 – 호기 – 무산소 – 호기조로 구성되어 있다. 전단의 혐기 – 무산소 – 호기는 질소, 인 및 유기물을 제거하고, 후단의 무산소조에서는 내생탈질과정을 통하여 탈질을, 후단 호기조에서는 폐수 내 잔류 질소가스를 제거, 종침에서는 인의 용출을 방지하는 것이 하나의 특징이다.

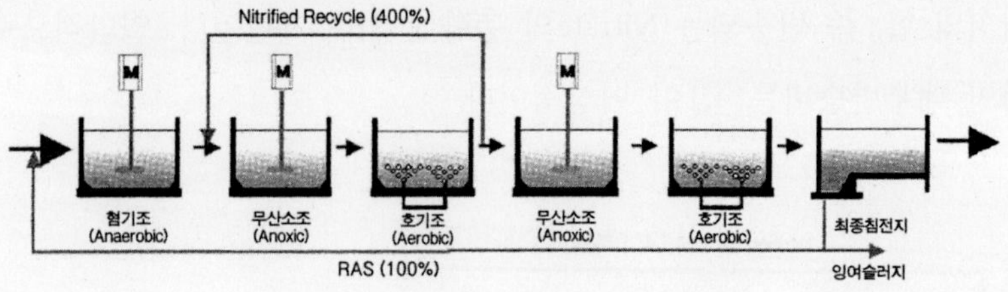

그림 13.11. Modified Bardenpho 공정.

13.2.8. MUCT(Modified University of Cape Town)

VIP 공법과 유사하나 다른 점은 무산소조가 2조로 구성되어 있다. 전체 공정은 혐기성조, 2조의 무산소조, 호기성조로 되어 있으며 탈질을 위한 내부반송과 무산소조에서 혐기성조로의 내부반송 및 침전지 슬러지 반송으로 운전된다.

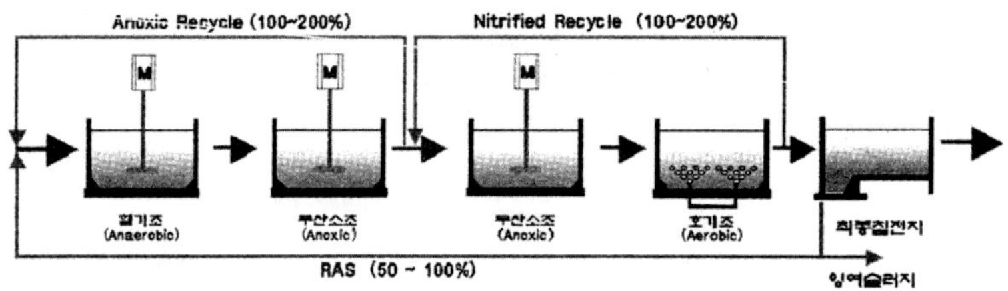

그림 13.12. MUCT 공정.

첫 번째 무산소조는 반송슬러지 중의 Nitrate를 제거하고, 질산성 질소에 의한 혐기성 지역의 인방출 방해작용을 최소화한다.

두 번째 무산소조는 호기성조의 내부반송수 내 Nitrate 탈질역할을 한다.

유입수의 일부 유기물은 혐기조에서 혐기성 분해에 의하여 분해하고 공정의 산소요구량을 감소화한다.

13.2.9. VIP(Virginia Initative Plant)

반응조는 혐기성조, 무산소조, 호기성조로 구성되어 있으며, 반송은 탈질을 위한 내부반송과 무산소조에서 혐기성조로의 내부반송 및 침전지 슬러지의 반송으로 이루어져 있다.

유입수 내 일부 유기물은 혐기성 지역에서 혐기성 분해 공정의 산소요구량을 감소시키는 효과가 있다.

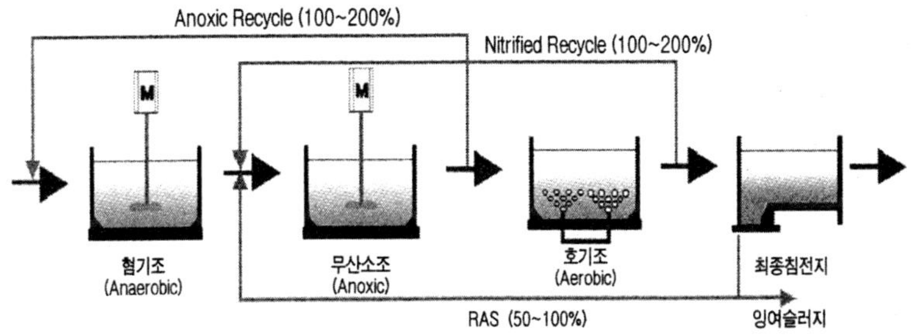

그림 13.13. VIP 공정.

13.2.10. 질산화 내생탈질법(후탈질법)

질소 제거율의 목표치가 높은 경우에 유력한 처리공정으로써 TN 제거율은 70~90% 정도이다. TN 농도가 낮은 생활하수의 경우 5mg/ℓ 이하까지 처리가 가능하며 기존의 장기포기법에 질소 제거기능을 부가할 수 있다.

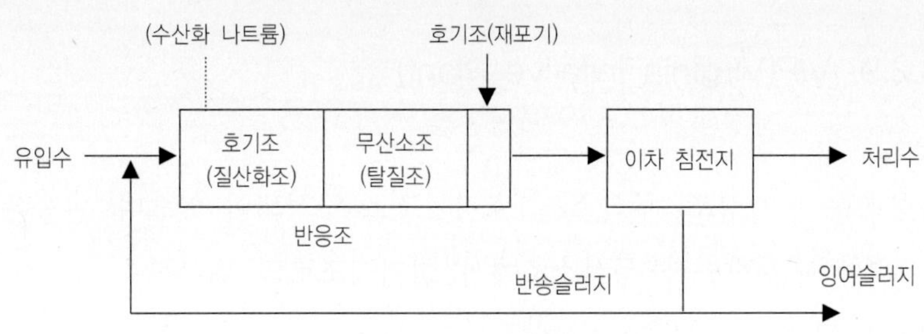

그림 13.14. 질산화 내생탈질 공정.

13.2.11. 단계 혐기 – 호기법

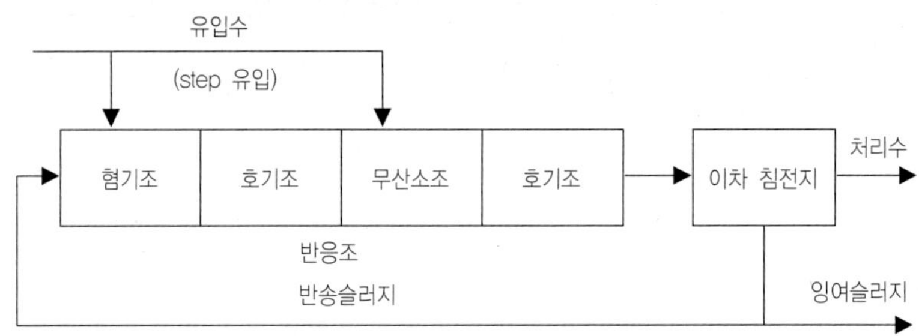

그림 13.15. 단계 혐기 – 호기공정.

질소제거는 내부순환 없이 탈질반응에 필요한 탄소원을 내부탄소 및 유입하수를 직접 이용하기 때문에 질소제거 효율이 50~60%로 안정적이다. 유입부하의 변동과 수온저하에 대해서 안정된 처리를 기대할 수 있어,

동절기의 사상성 벌킹을 방지할 수 있다. 또한 혐기조 운전에 따라서는 인 제거도 가능하다.

13.2.12. 간헐 포기법

간헐 포기법은 단일 단계에서 질소를 제거하는 방법이다. 활성슬러지법에서 포기를 일정주기 간헐적으로 행함으로써 호기성 및 무산소 단계를 반복하여 질소를 제거하는 방법이다.

13.2.13. 탈질 생물막법

부유 성장식 탈질법의 순환식 질산화 탈질법, 내생 탈질법, 외부 탄소원 탈질법 등은 매체를 이용한 생물막법에 의해서도 가능하다. 즉 무산소-호기 생물막 반응조를 조합하고 다양한 매체를 활용하여 부착 성장식의 안정적인 질소제거가 이루어질 수 있다. 부유 성장식 탈질법에 비하여 SRT를 용이하게 또는 길게 할 수 있고, 질산화, 탈질 미생물의 분리배양이 가능하여 체류시간의 감소가 가능하다.

13.2.14. 기타 질소제거법

기존의 연속회분식 활성슬러지법(SBR), 산화구법 등에서 SRT를 길게 유지하고 무산소조를 도입함으로써 질산화－탈질에 의한 질소제거가 이루어질 수 있다.

 ## 화학적 인제거

13.3.1. 응집제첨가 활성슬러지법

화학적 인제거공정은 3가 금속이온이 하수 중의 3가 인산이온과 반응하여 난수용성의 인산염을 생성하는 반응에 기초를 둔다.

$$M^{3+} + PO_4^{3-} \rightarrow MPO_4 \downarrow$$

$$Fe^{3+} + H_2PO_4^{-} \rightarrow FePO_{4(S)} \downarrow + 2H^{+}$$

$$Al^{3+} + H_2PO_4^{-} \rightarrow AlPO_{4(S)} \downarrow + 2H^{+}$$

유입수의 용해성 총인 농도에 대한 응집제의 첨가 mole비는 목표 처리수 인 농도와 응집제 몰비의 관계로부터 설정한다(표 13.1).

표 13.1 인 제거 정도에 따른 알루미늄 투여량

인 제거(%)	mole비	Al:P
	범위	대푯값
75(%)	1.25:1～1.5:1	1.4:1
85(%)	1.6:1～1.9:1	1.7:1
95(%)	2.1:1～2.6:1	2.3:1

각종 응집제가 활성슬러지 미생물의 생물활성에 거의 악영향을 주지는 않는다지만, 응집반응에 동반되는 알칼리도 소비에 따라 질산화 반응이 저해를 받을 가능성이 있으므로 반응조 말단에 첨가하는 등의 주의를 필요로 한다.

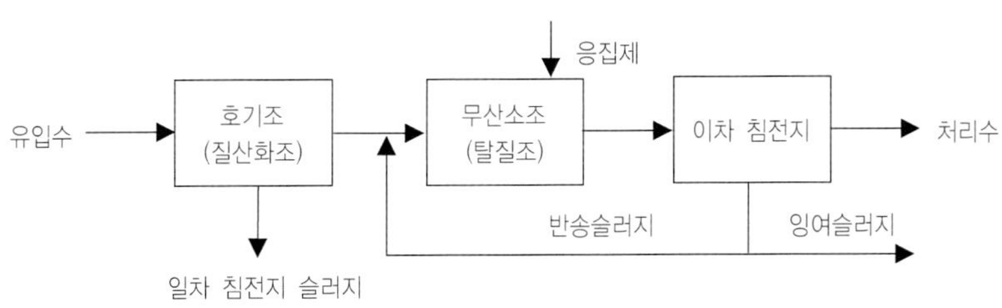

그림 13.16. 응집제 첨가 활성슬러지 공정.

13.3.2. 정석 탈인법

석회응집 침전법은 인 불안정 지역에서 적용하는 공정인데, 정석 탈인법은 정인산 이온이 칼슘이온과 난용해성의 염인 하이드록시 아파타이트($[Ca_{10}(OH)_2(PO_4)_6]$)를 생성하는 반응에 기초를 둔다. 석회를 투입하여 인 세서를 성공적으로 이루기 위해서는 pH를 10 또는 그 이상 증가시켜야 한다.

$$10Ca^{2+} + 6PO_4^{3-} + 2OH^- \rightarrow Ca_{10}(PO_4)_6(OH)_2$$

$$5Ca^{2+} + 3H_2PO_4^- + 7OH^- \rightarrow Ca(PO_4)_3OH + 6H_2O$$

응집 침전법에 비하여 석회의 주입량을 $30 \sim 90\,mg/\ell$로 적게 할 수 있으며 슬러지의 발생이 적다. 하수 중에 포함되어 있는 총 탄산이온의 알

칼리도가 정석반응을 방해하기 때문에, 전(前) 단부 산첨가를 위한 탈탄
산 공정이 필요하다.

$$Ca^{2+}$$
$$\Downarrow$$
유입 → 전처리 → 정석반응 → 후처리 → 방류수

그림 13.17. 정석 탈인 공정.

13.4 **생물학적 인제거**

생물학적 인 제거(BPR, Biological Phosphorus Removal)의 성공 여부는
인 축적미생물(Phosphorus Accumulating Organism, PAO$_s$)과 같은 미생물
군의 활성도(Activity)에 달려 있다. 이러한 미생물들은 호기성 또는 무산
소 상태에서 인을 흡수하여 다중인산염으로 축적하고 다음에는 혐기성
상태에서 미생물들이 저분자 유기물(주로 지방산: Volatile Fatty Acid, VFA)
을 이용하여 인을 방출한다(그림 13.18).

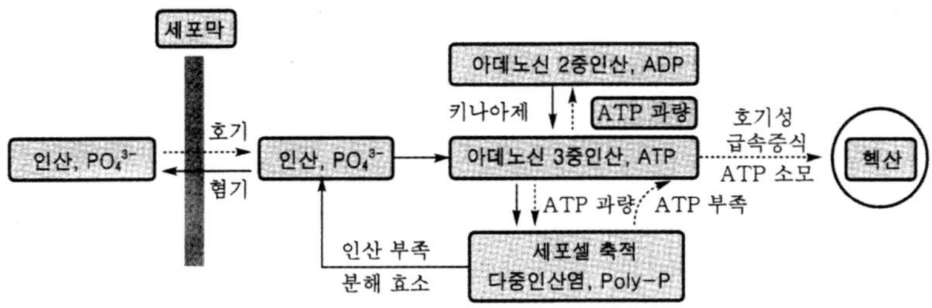

그림 13.18. 인의 방출과 섭취.

이러한 미생물이 어떠한 부류인지는 잘 알려져 있지 않고 상당량이 존재하고 있지만 모든 활성슬러지 처리공정에서 활동적이지 않다는 사실은 이미 알려져 있다. 이들을 활성화시키고 배양시키는 데 시간이 걸린다. 이들의 최대성장률(μ_{max})은 20℃에서 대략 1~2/d이고 이는 질산화미생물의 성장률의 두 배에 해당한다. 그러므로 질산화를 위한 SRT의 약 반에 해당하는 고형물 체류시간(SRT)이 필요하게 된다. 질산화 미생물과 함께 인 축적미생물은 기본적으로 호기성 상태에서 성장하며 적절한 온도(15~18℃)에서는 질산화 반응 없이 생물학적 인의 제거가 가능하다. 필요한 호기성 SRT는 10℃에서 4~6일이고 20℃에서는 1~2일이다. 20℃ 이상의 온도에서는 두 형태의 미생물이 모두 매우 빨리 성장하므로 PAOs가 성상될 때에 실산화 반응을 피하기가 힘들다. PAOs의 온도에 대한 영향은 질산화 미생물보다 작다. 인의 생물학적 대사과정은 그림 **13.19**와 같이 표현된다.

혐기상태와 연속되는 호기상태를 거치는 동안 활성슬러지 미생물에 의해 섭취된 정인산은 세포 내에 폴리인산으로 축적된다. 혐기상태에서는 세포 중에 축적된 폴리인산이 가수 분해되어 정인산으로 혼합액에 방출되며, 혼합액 중의 유기물이 세포 내에 섭취된다. 이때 인의 방출속도는 일반적으로 혼합액 중의 유기물 농도가 높을수록 크다. 또한 혐기상태에서는 정인산의 방출과 동반되어 섭취되는 유기물은 글리코겐 및 PHB(Poly Hydroxybeta Butyrate)를 주체로 한 PHA 등의 기질로서 세포 내에 저장된다.

호기상태에서는 이렇게 세포 내에 저장된 기질이 산화 분해되어 감소되는데, 활성슬러지 미생물은 이때 발생하는 에너지를 이용하여 혐기상태에서 방출된 정인산을 섭취하고, 폴리인산으로 재합성한다. 이상의 과정이 반복되면서 활성슬러지의 인 함유량이 증가하게 된다.

인의 생물학적 대사반응은 다음과 같이 표현된다.

$$PO_4^{3-} + ADP = ATP \cdots (\text{ATP 부족일 때})$$

$$(PO_4^{3-})_n + S = (PO_4^{3-})_{n-1} + S - PO_4^{3-} \cdots (\text{Poly}-\text{P의 분해})$$

$$S - PO_4^{3-} + X = S - X + PO_4^{3-} \cdots (\text{인산의 방출})$$

$$(PO_4^{3-})_n + ATP = (PO_4^{3-})_{n+1} + ADP \cdots (\text{Poly}-\text{P의 축적})$$

여기서, (PO_4^{3-}) : Poly-P
$(PO_4^{3-})_{n+1}$: 초과 축적 Poly-P
S : 세포내로 운반된 기질
X : 세포물질

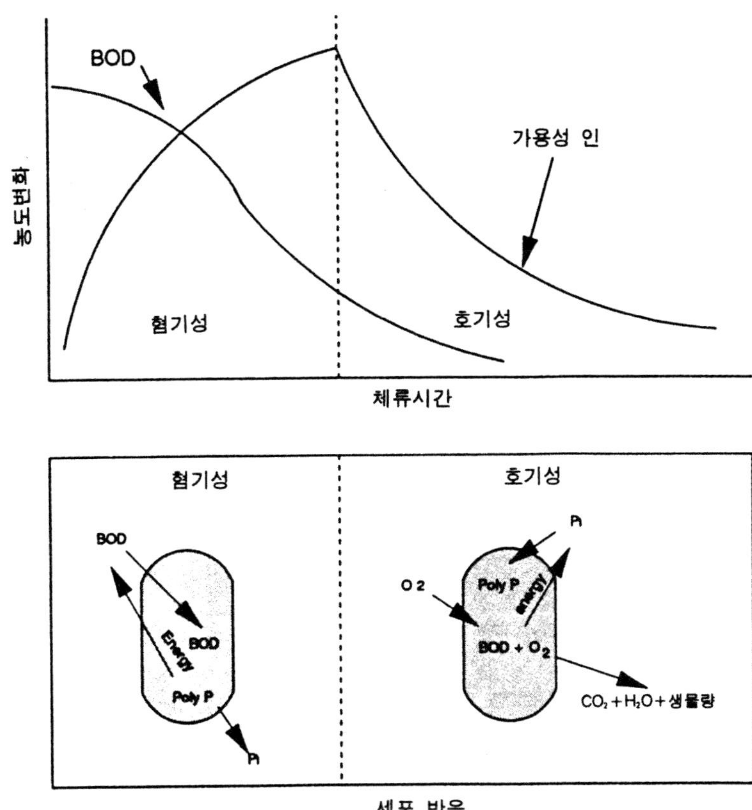

그림 13.19. 인의 생물학적 대사에 따른 농도.

13.4.1. A/O(Mainstream 공정)

호기상태에서 인을 섭취하고 혐기상태에서 인을 방출하는 데 기초하며, 혐기성 반응조의 운전지표로 산화환원 전위를 호기성 반응조는 DO 농도를 사용할 수 있다.

반응조 전반 20~40% 정도를 혐기성 반응조로 한다. 특히 주의할 점은 우천 시에 인 제거 기능이 저하되는 경향이 있기 때문에 보완적 설비로서 응집제 첨가 등 물리, 화학적인 인 제거공정의 병용이 필요할 경우도 있다.

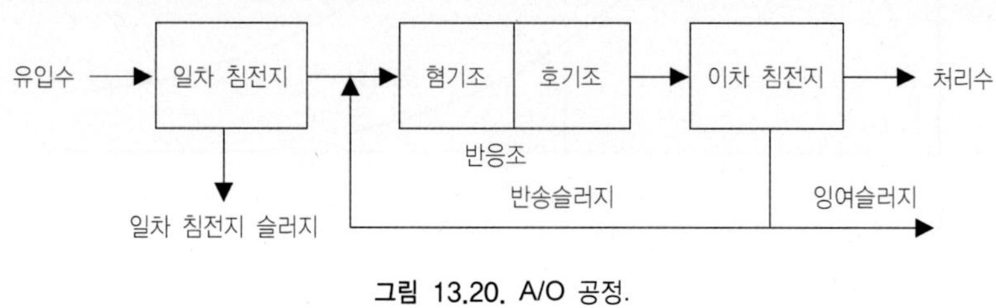

그림 13.20. A/O 공정.

13.4.2. Sidestream 공정

Sidestream 공정의 특징은 비교적 유입수의 유기물 부하에 영향을 받지 않으며, mainstream 공정에 비해 슬러지의 처리가 용이하다.

석회 주입량은 알칼리도에 의하여 결정되는데, 탈인조 상징액이 총유입수량에 비하여 아주 적으므로 인을 침전시키기 위하여 소요되는 석회의 양이 순수 화학처리 방법보다 적게 된다.

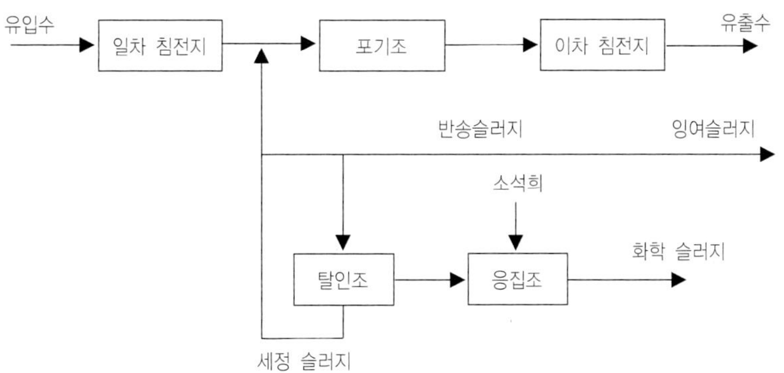

그림 13.21. Sidestream 공정(Phostrip 공법).

13.5 질소 · 인 동시제거

생물학적 질소 · 인 동시 제거의 성공 여부는 혐기조와 호기조의 배치 및 체류시간의 조절에 있으며 공정의 원리는 다음과 같다.

- 공정에서 대체로 혐기성조를 가장 앞에 둔다.

그 이유는 인을 먼저 제거시키기 위함인데 그것은 유입수 중의 유기물 (특히 VFA)이 한정되어 있으므로 인 제거 미생물이 생존할 수 있는 좋은 조건을 부여하기 위함이다. 일반적으로 미생물의 경쟁력 순서는 유기물 제거 미생물>탈질 미생물>인 제거 미생물이다.

- 호기성조의 체류시간이 짧게 하여야 한다.

그 이유는 호기조에서 질산화되면 혐기조에 영향을 주기 때문이다. SRT가 길어지면 잉여 슬러지의 양이 감소하고 결과적으로 인의 제거량이 감소하게 된다.

- 혐기성 반응조에 질산성 질소가 유입되면 인 제거율이 떨어진다.

질산성 질소가 존재하면 이를 이용하는 탈질 미생물과 인 제거 미생물이 쉽게 분해 가능한 용존 유기물의 섭취를 위하여 경쟁하게 되나 탈질 미생물의 증식속도가 빠르기 때문에 인 제거 미생물에 의한 인 제거율은 그만큼 떨어지게 된다. 특히 유입수의 유기물 농도가 낮은 국내 하수나 SRT가 긴 경우에 그 영향이 심하게 나타난다.

표 13.2 생물학적 인·질소 제거 원리

구 분		혐기조 (anaerobic reactor)	무산소조 (anoxic reactor)	호기조 (oxic reactor)
		인 방출조	탈질조	질산화조
질소제거	형태	NH_4-N, $Org-N$	NH_4-N, NO_2-N, NO_3-N $NO_3-N \rightarrow N_2 \uparrow$	$NH_4-N \rightarrow NO_2-N$, $\rightarrow NO_3-N$
	조건	$-DO$: $0.0\,mg/\ell$ 부근 -유기물 풍부	$-DO$: $0.2\,mg/\ell$ -온도: $25\sim30℃$ -pH: 7.0 ± 0.5 -유기물 풍부	$-DO$: $2\,mg/\ell$ 부근 -pH: 7.0 ± 0.5 -온도: 중온 -알칼리도 충분
	특징	-	-유기물을 소모하여 탈질수행 -pH 증가(알칼리 생성)	-pH 감소(알칼리 소모)
	방해물질	-	-탈인에 많은 유기물이 소모되면 탈질에 필요한 유기물이 부족	-FA(Free Ammonia) *Nitrosomonas*: $10\sim150$ mg/ℓ, *Nitrobactor*: $0.1\sim1.0\,mg/\ell$ -FNA(FreeNitrous Acid), *Nitrosomonas Nitrobactor* : $0.22\sim2.8\,mg/\ell$
	형태	$-PO_4-P$ 방출 -유기물을 세포 내 PHB로 저장	PO_4-P 감소	PO_4-P 과잉섭취 (미생물건조중량: $1.5\sim2\% \rightarrow$ $4\sim12\%$까지 섭취)

구 분		혐기조 (anaerobic reactor)	무산소조 (anoxic reactor)	호기조 (oxic reactor)
		인 방출조	탈질조	질산화조

인
제
거
	조건	－ 온도:영향은 둔감
		－ pH: 6～9
		－ SRT: 길게 유지
		－ HRT: 1～2시간
		   (VFA로 전환시간)
		－ 유기물 풍부
			－ 방출 발생은 어려움
			   (NO_x의 방해)
				－ DO: 0.2mg/ℓ 부근

	방해물질	－ NO_x: 탈인균의 인 방출에 유용한 유기물질에 의해 소모		

13.5.1. 혐기 － 무산소 － 호기 조합법

이 방법은 앞에서 논의한 A_2/O 법과 같으나 단지 침전조 유입 전에 응집제를 첨가할 뿐이다. 생물학적 인 제거공정과 생물학적 질소 제거공정을 조합시킨 처리법으로서, 활성슬러지 미생물에 의한 인 과잉섭취 현상 및 질산화·탈질반응을 이용한다. 인 제거 공정은 혐기－호기 조합법이며, 질소와 인을 동시 제거하기 위하여 혐기 반응조, 무산소(탈질) 반응조, 호기(질산화) 반응조의 순서로 배치하여 유입수와 반송 슬러지를 혐기 반응조에 유입시키면서 호기 반응조 혼합액을 무산소 반응조에 순환시키는 방법이다.

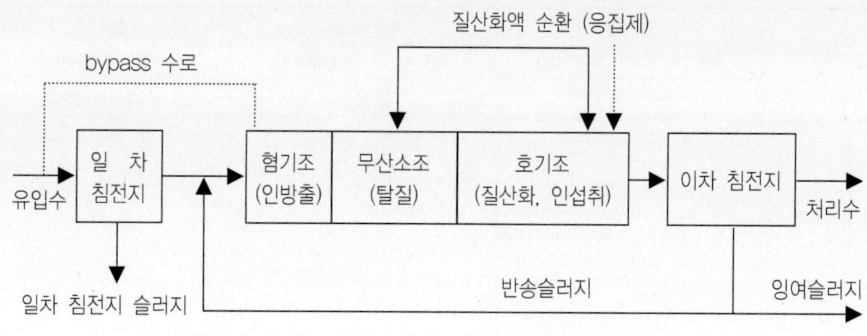

그림 13.22. 혐기-무산소-호기 조합법의 처리계통.

13.5.2. 응집제병용형 생물학적 질소 제거법

이 방법은 생물학적 질소 제거법의 순환식 질산화 탈질법 또는 질산화 내생 탈질법의 생물 반응조에 응집제를 첨가하여 기존의 생물처리 기능에 인 제거 기능을 부가한 고도처리공정으로 인 및 질소를 동시에 제거할 수 있게 한 공정이다.

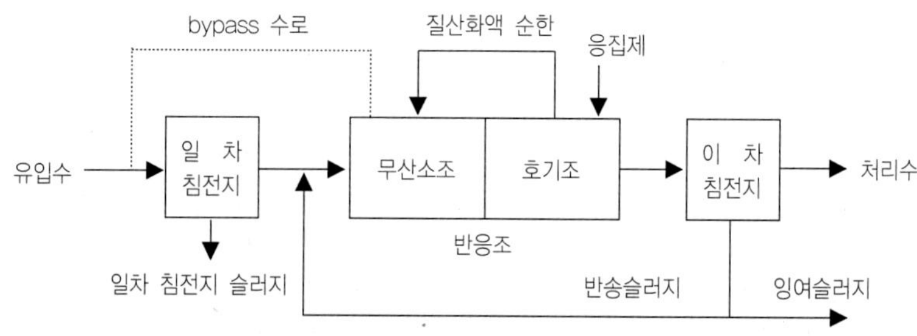

그림 13.23. 응집제 병용형 순환식 질산화 탈질법의 처리 계통.

13.5.3. 기타 질소 / 인 동시제거공법

최근 많이 이용되고 있는 질소와 인의 동시 제거공정을 요약하면 다음
과 같다.

- VIP 공법, UCT 공법: A_2/O 공법의 기본적인 처리계통을 토대로 하
  여 혐기조로의 질산성 질소 유입을 방지하기 위하여 무산소조로부
  터 혐기조로의 순환을 추가하고 반송 슬러지 유입을 무산소조로 변
  경하여 적용한 공법이다.
- 5단계 Bardenpho 공법: A_2/O 공법의 호기조 이후에 무산소조와 호
  기조를 추가한 공법이다.
- DNR 공법: A_2/O 공법의 혐기조를 분할하여 전 단계의 혐기조에서
  반송된 슬러지의 탈질을 수행하는 공법이다.
- DeN & 공법: 기존 하수처리장에 대한 add – on 개념으로 무산소조
  와 호기조가 추가되는 공법이다.
- P/L 공법: Sidestream 공정에 선택조를 추가한 공법으로서 낮은 F/M
  비에 의한 사상성 미생물의 슬러지 벌킹을 방지하는 공법이다.
- 연속회분식 활성슬러지법: 1주기 내에 혐기, 무산소, 호기의 각 공
  정을 적절히 배분하여 질소, 인의 동시 제거가 가능하게 한 공법이다.
- 간헐포기식 활성슬러지법: 포기간격 조절에 의한 질소, 인의 동시
  제거 공법이다.
- Bio – SAC 공법: 미생물 고정화 담체를 이용한 유동상 생물막법을
  이용하여 질소, 인의 동시 제거가 가능하게 한 공법이다.

- B3공법, HBR 공법: 반응조 내에서 독특한 세균을 우점 배양하여
  처리함으로써 질소, 인의 동시 제거가 가능하게 한 공법이다.

13.6 상수의 고도처리

상수의 고도처리는 상수원의 오염증가에 따른 THM의 전구물질인 천
연 유기물질(NOM, Natural Organic Matter)을 제거시키는 방법, 살균 시
에 생성되는 소독 부산물 생성의 감소화 또는 제거시키는 방법, 급수관거
내의 미생물 성장을 억제시키기 위한 생물 분해 가능 유기물질을 제거시
키는 방법, 농약, TCE, PCE와 같은 미량 유기화학물질이나 중금속을 제
거시키는 방법, 급수관거의 부식방지방법 등을 포함하고 있다. 따라서 어
떻게 물을 고도 처리할 것인가는 원수의 성상과 목표수질에 의해서 상이
하게 된다. 그러나 여기서 어떠한 수질을 처리목표로 하느냐 하는 데는
문제가 있다. 왜냐하면 우리나라를 비롯한 세계 각국에서는 계속적으로
규제항목이 추가되고 있기 때문이다.

13.6.1. 전처리방법

과거에는 전 염소 처리를 수행하였으나 NOM으로부터의 THM 형성,
Giardia나 Crypto sporidium 제거에 비효과적이기 때문에 다른 방법이 이

용될 전망이다. 대체방법으로는 이산화염소(ClO_2), 염소와 암모니아의 결합에 의한 결합잔류염소, $KMnO_4$, O_3, UV, AOP_s(Advanced Oxidation Process) 등의 방법이 있다. 이 중 AOP_s는 기존의 오존접촉조에 H_2O_2나 TiO_2를 주입하거나 오존산화 바로 직후 UV 처리에 의해 hydroxyl radical의 생성량을 증가시켜 TOC 제거당 오존의 소비량을 크게 감소시킬 수 있다. O_3/H_2O_2, O_3/UV, O_3/TiO_2와 같은 오존을 이용한 AOP_s 이외에도 흔히 사용되는 AOP_s로는 H_2O_2/UV, TiO/UV, Fe^{2+}/H_2O_2(Fenton's reagent) 등이 있다.

13.6.2. 응집침전

Alum, $FeCl_3$, polymer 등의 응집제를 사용하여 탁도, 색도, 병원균 및 THM 전구물질의 제거가 가능한데, 제거효율증대를 위해 약품주입을 증대시켜 탁도와 병원균뿐만 아니라 NOM을 보다 효과적으로 제거시키는 Enhanced Coagulation 방법이 이용된다. 아울러 기존의 탁도제거를 목적으로 한 응집침전보다 정교한 공정관리를 요한다. 응집제의 특성에 적합한 pH 조정 등을 정교하게 컨트롤하는 방안과 침전지에 경사판을 설치한다든가 용존공기부상(DAF, Dissolved Air Flotation), 가는 모래(microsand)를 침전지에 투입하여 침전효율을 높이는 방법도 이용된다.

응집약품의 제어는 일반적으로 zeta－meter, Jar－test에 의해 결정되나 SCD(Streaming Current Detector)를 약품주입기와 연동시키는 것이 효과적이다.

13.6.3. 여과

　흔히 사용되는 급속여과 대신에 유출수의 수질 측면에서 효율이 좋은 완속여과, 입상활성탄여과(GAC, Granular Activated Carbon), 생물활성탄여과(BAC, Biological Activated Carbon), 규조토여과(DE, Diatomaceous Earth), nanofiltration과 같은 분리막을 이용하다.

　특히 GAC는 SOC(Synthetic Organic Compounds)를 제거시키는 최적의 처리방법(BAT, Best Available Tecknology)이다.

13.6.4. 유기물질 제거

　유기물질은 재래식 정수공정(약품침전＋여과＋소독)에서는 제거목표로 삼지 않았으나 응집침전과 여과공정에서 고형물질에 부착된 유기물과 콜로이드형의 유기물이 상당량 제거되는 것으로 나타나고 있다. 비극성 물질은 활성탄 흡착으로, 생분해물질은 생물분해나 생물활성탄 공정으로 제거된다.

13.6.5. THM 제거방법

　NOM과 염소와의 화학반응에 의해 형성되는 THM의 형성을 제어하기 위해서는 염소주입 이전에 NOM을 미리 제거시키거나 염소 이외의 소독

방법을 사용하거나 또는 염소주입량을 감소시키는 방법이 있다. 대체약품으로는 UV, ClO_2, O_3 등을 이용한다. NOM 제거방법으로는 활성탄흡착, 응집침전의 효율화 방법, ozonation, AOP_s, 막 분리 등이 이용된다.

그러나 오존소독은 소독과정에서 Bromate, HAAS, HAN 등의 소독부산물(DBP, Disinfection By − Product)의 형성 가능성이 있다.

13.6.6. 유해성물질 제거

농약(SOC_s, Synthetic Organic Compounds)으로 사용되는 PCE(Tetrachloro-ethylene), TCE(Trichloroethylene) 등은 휘발성 유기화합물(VOC, Volatil Organic Compounds)로의 생분해가 불가능하나 GAC, BAC, PAC에 의한 흡착이나 AOP(Advanced Oxidation Orocesses) 산화는 효과적이다.

13.6.7. NOM 제거

NOM 중의 많은 양이 Humic 물질이다. humic 물질은 분자량이 700∼300,000이나 되며, 그 종류에는 Humin(물에 용해되지 않음), Humic acid(pH2 이하에서 불용성), Fulvic acid(모든 pH에서 용해상태)가 있다. Humic acid는 분자량이 20,000∼50,000가량이며 Fulvic acid는 비교적 분자량이 작다.

Humic 물질은 동·식물이 부패될 때에 생성되는 물질로 토양으로부터의 미량 영양소를 흡착시키며 검은 색깔을 띠고 있다. 토양 내에서 수분함량을 증대시키며 N, P, S를 서서히 용출시켜 작물이 이용하게 하는 역할을 한다. 이러한 특징으로 수중으로 각종 미량 유기물질을 흡착 이동시키는 역할을 하고, 염소 주입 시에는 THM을 형성한다.

이미 언급한 바와 같이 GAC로는 모든 NOM을 효과적 제거시키기 곤란하며 재래적인 응집반응에 pH를 낮추어 응집제를 좀 더 많이 주입하는 Enhanced coagulation 방법을 이용하여 제거할 수도 있으나 이 또한 제거율에 한계가 있다. 오존이나 APOs에 의해 NOM의 완전 산화도 가능하나 경제적이지 못하여 BAC나 Membrane filtration의 전처리로 이용되고 있다. 또한 APOs를 사용할 경우 NOM뿐만 아니라 미량으로 존재 가능한 농약이나 유기용매(TCE, PCE 등)와 같은 SOC도 상당한 정도로 산화시키거나 인체에 무해한 산화물로 변화시킬 수 있는 장점이 있다.

13.6.8. 맛과 냄새제거

맛과 냄새의 주요 유발물질은 남조류(Blue-green algae)와 Actinomycetes의 부산물인 Geosmin($C_{12}H_{22}O$, 분자량 109)과 2-MIB($C_{11}H_{20}O$, 분자량 168), 염소, Chlorophenol, nitrogen, trichloride, phenoic compound 등이다. Geosmin은 흙냄새와 곰팡이냄새, 이 외에 소독약냄새를 피우며 Actinomycetes는 토양미생물로서 흙냄새를 나타낸다. Geosmin과 2-MIB의 Henry 상수는 각각 6.66×10^{-5} ㎥·atm/mole로 chloroform 3.28×10^{-3} atm/mole보다 매우 작아서 단순한 공기주입에 의한 염소소독 부산물과 같이 없어지지 않는 특성을 가지고 있다.

맛과 냄새의 제거향상을 위해 재래적인 처리공정에 전오존, 후오존, 활성탄흡착시설을 추가한 실험결과를 보면 입상활성탄의 처리효율이 가장 양호한 것으로 나타났다.

입상활성탄에서 맛과 냄새물질은 71~85%의 제거효율을 보였는데 EBCT (Empty Bed Contact Time)를 7~14분으로 하였을 때의 결과이다. $KMnO_4$ 소비량은 37~57% 제거가 가능하였으며 NH_4^{-N}은 18~34%가 제거되는 것으로 나타났다. 입상활성탄에서 NH_4^{-N}이 제거되는 기본원리는 생물학적 산화이며 따라서 미생물 성장에 충분한 시간(EBCT 10분 이상)을 주는 것이 좋은 것으로 나타났으나, 선속도(LV, Linear Velocity), 공간속도(SV, Space Velocity), 활성탄 층고(BH, Bed Height) 등도 충분히 고려해야 한다.

13.6.9. 질소제거

질소 제거방법에는 이온교환법, Zeolite, 파괴점 염소주입(Break-point chlorination) 등이 있다. 이온교환법의 원리는 강염기 음이온수지인 R-Cl를 NO_3^-와 결합시켜 RNO_3와 Cl^-로 만드는 방법이다. 여기서 음이온의 선택성은 이온교환수지에 따라서 차이가 있으나 대략 다음과 같다.

$$PO_4^{3-} > SO_4^{2-} > I^- > NO_3^- > Br^- > CN^- >$$
$$NO_2^- > Cl^- > HCO_3^- > OH^- > F^-$$

따라서 질산성 질소보다 선택성이 높은 황산이온 등이 먼저 교환되기 때문에 질산성 질소의 제거효율을 저하시키게 된다. 암모니아성 질소는 zeolite(types: SiO_2, Al_2O_3, Na_2O, CaO의 구성)에 의해서도 제거 가능한데,

몽탄정수장의 예를 보면 NH_4^{-N} 4.4mg/ℓ 에서 93% 제거가 가능하였다. 파괴점 염소제거방법과 비교할 때에 시설비는 zeolite가 염소 주입에 비해 4배가량 고가인 데 비해 유지관리비는 1/2가량이었다는 보고가 있다.

대체적으로 직접탈질을 시키는 경우에 있어서의 후처리공법으로는 응집, 공기공급, 활성탄흡착, 오존주입, 염소주입법이 이용되고 있다. 생물탈질 방법으로는 SBR(Sequencing Batch Reactor), USBR(Upflow Sludge Blanket Reactor), 유동층방법 등이 가능한 것으로 나타나 있다. 최근에는 탈질 bacteria가 코팅된 PAC 접촉 후속공정으로 Ultrafiltration을 이용해 원수 내의 NO_3^-, NOM, SOC 등을 동시에 제거하는 공법이 개발 중에 있다.

13.7 참고문헌

박홍근(1998), 탈질양을 조절한 SBR의 인 제거, 고려대학교 석사학위 논문.

배우근 외 2인(2002), 생물환경공학, 한국맥그로힐, 507~614.

서명교 외 7인(1999), 상·하폐수처리, 동이출판사, 617~623.

오계헌 외 5인(2004), 폐수미생물, 도서출판 동화기술, 260~271.

이승원 외 1인(2007), 수질환경기사·산업기사, 성안당, 279~315.

장준영(1992), 수질환경기사 실기, 성안당, 5·313~5·333.

최의소(2001), 상하수도공학, 청문각. 119~179.

최의소 외(1992), 생활하수의 영양염류함량에 관한 연구, 한국수질보전학회, Vol. 8, No.3, 188-194.

하준수(1993), 화학적 방법에 의한 도시하수의 고도처리, 고려대학교 석사학위 논문.

한국건설기술연구원(1990), 하수도시설의 유지관리개선방안에 관한 연구 – 하수처리장 중심으로, KICT 90 – EC – 111.

환경부(1995), 오폐수 탈질 탈인 기술개발: 기존분뇨처리장을 이용한 분뇨축산 폐수의 탈질 탈인 기술개발 1차년도 보고서.

환경부(1996), 상수도시설기준.

환경부(1995), 폐수종말처리시설의 설계.

환경부(1997), 하수도시설기준.

환경부(2008), 수질관리 교육용.

환경부(2008), 수질관리 법정교육용.

Bin, Luo et al. (1998). *Toxicity Reduction: Evaluation and Control*, Technomic Pub. Co., Lancaster, Pa.

Chen J. (1992). Three Decades of Experience with Deep – bed Teriary Filter Systems for Advenced Wastewater Treatment Proc. 66th Ann. Conf of W. E. F., Miami Beach, Florica, USA.

Chol, E. Na, yong – Hun, and Lee, Choon – Geun(1999). Nitrogen removal by BAF from weak scwage at low temperature, *proc. of IAWQ Confernce on Biofilm Systems*, NY.

Dorfner, K. (1973). *Ion Exchange Properties and Applications*, Ann Arbor Science Pub.

Downing A.L. et al. (1993). Nitrification in the Activated Sludge Process. J. Int. Sew. *Purif.*, 130.

Eckenfelder W. W. (1989). *Industrial Water Pollution Control*, 2nd Edition,

McGraw Hill Book Co. EPA. (1993). *Manual Nitrogen Control*, U. S. EpA/625R − 93/010.

EPA(1980). "Carbon Adsorption Isotherms for Toxic Organics." EPA − 600/8 − 80 − 023, Aprill.

Ferguson J. F., J. Eastman. and Jenkins. D.(1973) Calcium Phosphate Precipitation at Slightly Alkaline pH Values, *JWPCF.*, Vol. 45, Na4, 620~630.

Harrism D. S. et al. (1990). Comparative Sludge Management Planning for the Hyperion Treatment Plant(L. A). *Wat. Sci. Tech.* Vol. 22, No. 12, 7 − 22.

Henze M. (1992). Characterization of Wastewater for modelling of Activated Sludge Processes. Wat. *Sci. Tech.* Vol. 25, No. 6, 1 − 185.

Henze M. (1996). Bilogical Phosphorus Removal from Wastewater. Process and Technology. WQI, July/Augest 32.

IAWQ Task Commitee for Activated Sludge Pollution Dynamics(1995) ASM2, IAWQ, G, B.

Jenkins D. and Heanowicz S. W. (1991). *Principles of Chemical Phosphorus Removal In Phosphorus Nitrogen Removal for Minicipal Wastewater* edited by Sedlak, R., Lew is Publisher.

Langlais, B., D. A. Reckhow, and D. R. Brink, eds.(1991), *Ozone in Water Treatment: Application and Engineering*, Lewis Publishers, Chelsea, Mich.

Randall C. W. (1992). *Design and Retrofit of WWTP for Bilological Nutrient Removal*. Technomic Pub Co.

Soap and Detergent Association. (1991). *Principles and Practice of Phosphorus and*

Nitrogen Removal from municipal Wastewater. Cewis publishers co. New York. NY.

Stumm, W., and J. J. Morgan(1981). *Aquatic Chemistry*, John Wiley & Sons, New York.

U. S. EPA(1973). *Process Design Manual for Carbon Adsorption*, Technology Transfer.

WEF. (1998). Design of Municipal Wastewater Treatment Plants MOP. NO. 8., Alesandria, USA.

Wentzel M. C., Ekama G. A., Dold. P. L. and Marais G. v. R. (1990). Biological Excess Phosphorus Removal Steady State Process Design. Water SA. Vol. 26, 29 − 48.

Wilson A. W. Do P. and Keller W. E. (1998). Implemeutation of the Biological Nutrient Removal at Calcary; s Bonny brook Wastewater Treat ment Plant. Wat. Sci. Tech. Vol. 38, 89. 47 − 54.

WPCF. (1983). Nutrient Control Manual of Practice. No. FD7.

Wuhrmann K. (1964). Nitrogen removal in sewage treatment process. Verhandlungenden Znt. Verein Limmol., 15, 580.

Yong C., Mckinncy R., Johnson L., Zack C. and Koeppen T. (1997). The use of a modified sequencing batch reactor for organic carbon and nitrogen removal. *Proceeings of Water Environment Federation 70th Annual Conference & Exposition,* Vol. 1, 569 − 593.

Yun Z. Choi E, and Han Y. T. (1997) Polishing of BNR Process Effluent by Tertiary Denitriying Filter. *Wat. Sci. Tech.,* Vol. 36, No. 12. 29 − 37.

13.8.1. 다음 용어의 정의를 설명하시오.

1) Ammonia air stripping	12) 정석탈인
2) Electrodialysis	13) 5단계 Bardenpho
3) Nitrosomonas	14) DNR
4) Nitrification	15) UCT
5) Autotrophic bacteria	16) THM
6) Denitrification	17) NOM
7) A/O	18) AOPs
8) VIP	19) Enhanced coagulation
9) MUCT	20) Streaming current detector
10) BPR	21) Break-point chlorination
11) PAOs	22) EBCT

13.8.2. 고도처리는 통산의 유기물제거를 주목적으로 하는 2차 처리에서 얻어지는 처리수질 이상의 수질을 얻기 위해 행하여지는 처리방법이다. 이전에는 3차 처리라는 용어가 사용되었는데 최근에는 기술개발에 의해 단독공정으로 2차 처리 이상의 수질을 얻을 수 있는 처리기술들이 많기 때문에 3차 처리 대신 고도처리라는 용어를 사용하고 있다. 상수의 고도처리방법과 하수의 고도처리방법을 나열하라.

13.8.3. 전기투석(Electrodialysis)은 본래 바닷물의 염분을 제거하기 위해 개발

되었으나, 폐수로부터 무기자양분(인과 질소)을 제거하는 데 유망한 방법
이다. 따라서 폐수처리법의 최종단계가 될 가능성이 크다. Electrodialysis
의 원리를 기술하라.

13.8.4. 질소의 화학은 복잡한데 이는 질소가 나타내는 몇 가지의 원자가 상태
및 원자가의 변화가 생명활동을 하는 미생물에 의하여 생길 수 있다는
사실 때문이다. 흥미 있는 것은 세균에 의해 일어난 원자가의 변화가 호
기성 상태 또는 혐기성 상태 중 어느 쪽이 우세한가에 따라서 (+) 또는
(−)의 하나가 될 수 있다는 것이다. 질소는 7가지의 원자가 상태로 존
재할 수 있다. 질소의 원자가 상태변화를 설명하라.

13.8.5. 화학적 인 제거공정은 3가 금속이온이 하수 중의 3가 인산이온과 반응
하여 난수용성의 인산염을 생성하는 반응에 기초를 둔다. 반응의 원리를
설명하라.

13.8.6. 생물학적 인 제거(BPR, Biological Phosphorus Removal)의 성공 여
부는 인 축적미생물(Phosphorus Accumulating Organism, PAO$_s$)과
같은 미생물군의 활성도(Activity)에 달려 있다. 이러한 미생물들은 호기
성 또는 무산소 상태에서 인을 흡수하여 다중인산염으로 축적한다. 호기−
혐기성 상태에서 인 제거 미생물들은 어떠한 역할을 하는지 설명하라.

13.8.7. 생물학적 질소·인 동시 제거의 성공 여부는 혐기조와 호기조의 배치
및 체류시간의 조절에 있다. 그 원리를 설명하고, 공법은 어떠한 것이
있는지 그 공정을 나열하라.

13.8.8. 응집제 병용형 생물학적 질소 제거법은 생물학적 질소 제거법의 순환식 질산화 탈질법 또는 질산화 내생 탈질법의 생물 반응조에 응집제를 첨가하여 기존의 생물처리 기능에 인 제거 기능을 부가한 고도처리공정으로 인 및 질소를 동시에 제거할 수 있게 한 공정이다. 이 공법의 원리를 기술하라.

13.8.9. NOM 중에서 많은 양이 Humic 물질이다. Humic 물질은 분자량이 700~300,000이나 되며 그 종류에는 humin(물에 용해되지 않음), Humic Acid(pH2 이하에서 불용성), fulvic acid(모든 pH에서 용해상태)가 있다. Hmic acid는 분자량이 20,000~50,000가량이며 Fulvic acid는 비교적 분자량이 작다. NOM의 제거방법을 설명하라.

슬러지처리

14.1 슬러지처리 개요

정수 및 폐수처리 과정에서 액체로부터 고형물이 분리되어 형성되는 물질을 통틀어서 슬러지(Sludge)라고 부르며, 이들은 별도로 처리 및 처분된다. 여기에는 침전지의 바닥에 침전한 것과 반대로 부상된 스컴(Scum)을 포함하고 스크린(Sceen)에 걸린 이물질도 통상 슬러지와 함께 처리되므로 광의적으로 슬러지에 포함시킨다.

일반적으로 처리장의 슬러지는 함수율이 매우 높으므로(95% 이상) 처리하기에는 용적(容積)이 너무 크기 때문에 용적을 감소시키기 위한 수분(水分) 제거가 1차적으로 고려되어야 하고 또한 유기물(有機物) 함량이 높아 부패성(腐敗性)이 강하므로 그대로 배출시키는 경우 병원균에 의한 위생적(衛生的)인 문제 외엔 악취, 용존산소(DO)의 고갈, 환원성 토양 조성 등 각종 나쁜 영향을 준다.

따라서 유기질의 기술적 제거가 중요하게 고려되어야 한다. 이와 같이 슬러지는 물리적, 생화학적으로 복잡하여 이를 처리함에 있어서는 이러한 조건을 충분히 검토해야 한다.

슬러지의 특성은 슬러지의 출처, 생성 후의 기간, 거쳐 온 처리방법 등에 따라 변한다. 1차 슬러지는 통상 회색이고, 악취를 가졌으며 쉽게 소화된다. 응집슬러지는 철분 함유 시 표면이 붉은 빛을 나타내나 대개는 검은 빛이며 냄새는 1차 슬러지에 비해 덜하다.

활성슬러지는 갈색을 띠우며, 부패 중인 것은 어두운 색깔을 띠고 냄새가 난다.

살수여과상 슬러지도 활성슬러지와 같이 갈색을 띠며 냄새가 별로 없으나 타 슬러지에 비해서 부패속도가 느리나 일단 부패하기 시작하면 쉽게 소화(消化)된다. 소화슬러지는 어두운 갈색이거나 검은색이며 대량의 가스를 포함한다. 그러나 소화가 잘된 슬러지는 나쁜 냄새가 거의 없으며 약간의 tar 냄새가 있다.

부패조에서 제거된 슬러지는 검은색이나 장기간 철저히 소화된 것이 아니며 악취를 풍긴다.

활성슬러지나 살수여상슬러지같이 주로 미생물로 된 것은 그 구성이 $C_5H_7O_2N$, $C_7H_{11}O_3N$, $C_{118}H_{170}O_{51}N_{17}P$ 등으로 표시할 수 있으나 슬러지의 종류나 처리되는 폐수의 종류에 따라 변할 것이다.

생슬러지는 일반적으로 70% 유기물과 30% 정도의 무기물이 포함되어 있고 소화슬러지는 유기물량의 2/3 정도가 무기화, 가스화 또는 액화되어 제거되고 45%의 유기물과 55% 정도의 무기물로 구성된다.

도시 하수처리장에서는 1차 처리 결과 침강성 부유물로 구성된 1차 슬러지(Primary sludge)가 1차 침전지에서 생기는데 1차 슬러지는 대략 65% 정도의 유기물을 하유한다. 2차 처리 과정에서는 주로 미생물로 구성된 2

차 슬러지가 생기며 약 90% 정도의 유기물을 함유한다. 활성슬러지 처리 과정에서 생성된 2차 슬러지를 활성지라고도 한다.

슬러지의 열용량은 소각이나 타 연소방법에 의하여 슬러지를 처리할 경우 중요한 고려사항이 된다. 통상 1차 슬러지의 열용량이 가장 크며 특히 슬러지가 유지류(油脂類)나 Scum을 함유하는 경우에는 더욱 열용량이 높다.

슬러지의 부피는 주로 함수율에 의하여 결정되고 함수율은 통상 무게에 의해 표현되며, 슬러지의 구성은 그림 14.1과 같다.

$$슬러지 = 수분 + 고형물(TS)$$

$$고형물(TS) = 무기물(FS) + 유기물(VS)$$

$$
\begin{array}{ccc}
TS & \longrightarrow VS & + \quad FS \\
\downarrow & \downarrow & \downarrow \\
TSS & \longrightarrow VSS & + \quad FSS \\
+ & + & + \\
TDS & \longrightarrow VDS & + \quad FDS
\end{array}
$$

$$\%solids = 100 - 수분$$

TS = Total Solids (총 고형물, 증발잔유물)
VS = Volatile Solids (휘발성 고형물)
      (600℃ 산화)
FS = Fixed Solids (강열잔류고형물)
TSS = Total Suspended solids(총부유성고형물)
      (섬유막에 여과 안된 것)
VSS = Volatile Suspended solids (휘발성 부유물)
FSS = Fixed suspended solids (강열잔류 부유물)
TDS = Total Dissolved solids (총 용존성고형물)
VDS = Volatile Dissolved solids (휘발성 용존고형물)
FDS = Fixed Dissolved solids (강열용존고형물)

그림 14.1. 고형물 성분과의 관계.

슬러지의 부피는 비중(比重)과 밀접한 관계가 되므로 비중은 부피산출에 중요한 자료가 된다.

$$\frac{W_S}{S_S} = \frac{W_f}{S_f} + \frac{W_V}{S_V}$$

$$\frac{1}{S} = \frac{W_S}{S_S} + \frac{W_W}{S_W}$$

여기서, W_S: 슬러지의 고형물 무게 S_V: 유기성 고형물 비중

S_S: 슬러지의 고형물 비중 S: 슬러지의 비중

W_f: 무기성 고형물 무게 W_W: 물(수분)의 무게

S_f: 무기성 고형물 비중 S_W: 물(수분)의 비중

W_V: 유기성 고형물 무게

또한 슬러지 부피는 수분함유량이나 고형물 함유량에 좌우되므로 슬러지 비중을 1로 하는 경우에 다음의 관계식이 성립된다.

$$V_1(100 - P_1) = V_2(100 - P_2)$$

여기서, V_1: 수분 P_1%일 때 슬러지부피

(농축, 탈수 전 슬러지 부피)

V_2: 수분 P_2%일 때 슬러지부피

(농축, 탈수 후 슬러지 부피)

따라서 $V_2 = \dfrac{V_1(100 - P_1)}{(100 - P_2)}$ 이고

$(100 - P)$는 고형물 %(TS%)이므로

$V_2 = \dfrac{V_1\,TS_1}{TS_2}$ 의 관계가 성립된다.

슬러지 처리의 목표는 안정화, 부피감소, 처분의 확실성에 있다. 생오니는 자연상태에서 소화과정으로 들어가게 되고, 그것은 많은 병원균과 회충란 등을 포함하고 있으므로 오니 소화과정에서 이들 처리를 고려해야 한다. 오니처리의 기본적 목표는 다음과 같은 것들이 충족되어야 한다.

- 안정화(安定化): 슬러지 중의 유기 고형물질이 더 이상 부패균에 의해 부패되더라도 주위 환경에 악영향을 미치지 않는 상태가 되어야 한다. 즉 토양이나 표면수(表面水) 또는 공기를 오염시키지 않는 상태로 되어야 한다.
- 살균(殺菌): 특히 하수(下水) 슬러지 속에는 각종 병원균, 기생충 등이 존재하기 쉬운데 앞의 안정화 과정에서 대부분 사멸되나 사멸되지 않았으면 슬러지 이용에 지장을 주므로 살균의 필요성이 대두된다.
- 부피의 감소: 슬러지 처리의 1차적인 목적(目的)은 부피의 감소에 있다고 할 수 있다. 슬러지의 안정화로 고액분리(固液分離)가 용이하게 되고 처분을 쉽게 할 뿐 아니라 비용이 절감된다.
- 처분의 확실성: 슬러지를 처분하는 동안 슬러지를 처분히기에 편리하고 안전(安全)하게 해야 한다.

이상의 목적을 달성하기 위해 Sludge가 처리되는 일반적인 과정은 농축→ 안정화 → (개량) → 탈수 → 처분의 계통을 거친다.

일반적으로 슬러지 처리는 발생원과 성상에 따라 다소의 차이는 있으나 그중 가장 문제가 되는 것은 폐수처리장의 슬러지이다. 분뇨나 Imhoff

조, 부패조의 슬러지를 처리하는 방법은 하수처리장의 슬러지 처리방법을 이용하면 되므로 여기서는 주로 하수처리장의 슬러지 처리에 관하여 설명하고자 한다.

일반적으로 흔히 사용되는 처리계통(處理系統)은 농축(濃縮)과 소화(消火) 그리고 화학적인 개량(改良)을 실시한 후 탈수(脫水)시킨다. 탈수방법에는 건조상(乾操床), 진공여과(眞空濾過), 원심분리(遠心分離)가 흔히 사용된다.

연소방법에는 다단로방법이 가장 많이 사용되고 있으며 유동층(流動層)을 이용한 연소방법이 많이 채택된다. 습식연소(濕式燃燒)는 건식연소(乾式燃燒)에 비해 공기오염(空氣汚染)이 없는 장점이 있으나 유지관리비가 많이 든다. 최종처분으로서는 지역에 따라 선택 사용되며 슬러지의 재이용을 고려해서 처리하는 것이 보다 바람직하다.

생오니(生汚泥)는 많은 병균과 회충란 등을 포함하고 있으므로 오니 소화과정에서는 이러한 위생적 사항과 이용이나 매몰(埋沒) 후에 2차 공해가 없도록 해야 한다.

이러한 이유로 오니가 처리되는 일반적 처리과정은 농축 → 안정화 → 탈수 → 처분의 과정을 거친다(그림 14.2).

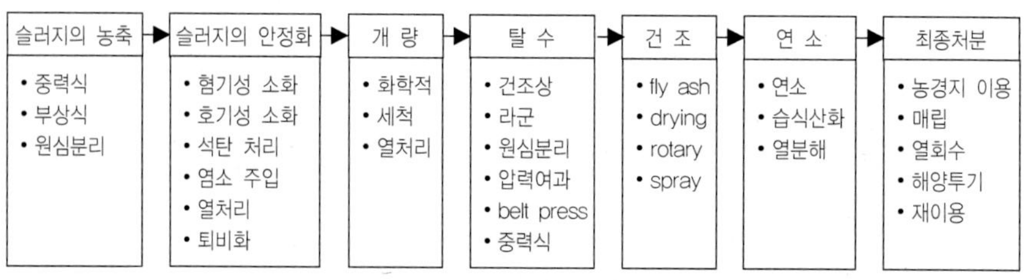

그림 14.2. 슬러지처리 계통도.

 ## 슬러지(sludge) 농축(濃縮)

농축(Thickening 또는 Concentration)은 슬러지 내의 수분을 탈리시켜 수분함량을 줄이고 상대적으로 고형물 함량을 증가시키는 방법으로 결국 수분을 분리 제거한 만큼 슬러지 용적을 감소시키는 데 목적이 있다. 대체적으로 폐수처리장에 생산되는 슬러지는 수분함량이 높으므로 우선농축을 시키는 것이 바람직하다.

생(生) Sludge의 함수율은 96% 이상으로서 함수율을 줄인다는 것은 Sludge량을 대폭 감소하는 것으로서 다음과 같은 이점이 있다.

㉮ 슬러지가 농축되므로 소화조의 용적을 감소시킬 수 있고, 슬러지 가열 시에도 열량이 적게 소모되며 소화조 내의 미생물과 양분이 잘 접촉할 수 있으므로 처리효과가 크다.

㉯ 슬러지의 양이 적어지므로 이송관이나 펌프의 규모를 줄일 수 있다.

㉰ 슬러지 개량(改良)에 소요되는 화학약품이 적게 든다.

㉱ 결과적으로 농축시킨 슬러지의 비용이 절감된다.

농축방법에는 중력식(重力式)과 부상식(浮上式)이 있는데 중력식으로는 기계식 농축조가, 부상식으로는 용존공기 부상조가 일반적으로 이용되고 있다.

농축이론(그림 14.3)은 침전이나 부상이론과 별 차이가 없으며, 중력식에는 중력식 농축조(Gravity thickener)와 기계식 농축조(Mechanical thickener)가 있다. 중력식은 침전시설과 유사하며, 기계식은 슬러지가 서로 Bridging 되는 것을 방지시켜 주기 위한 교반장치가 첨가되어 있는 점이 다르다.

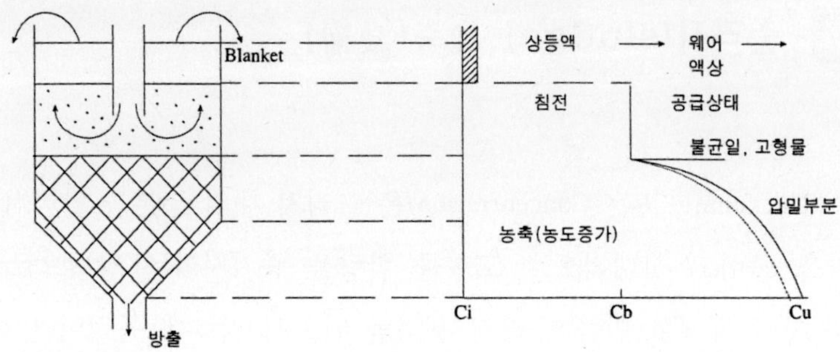

C_i : 유입 고형물 농도

C_b : 최저 농도

C_u : 방출 농도

그림 14.3. 입자의 농축이론.

14.3.1. 기계식 농축조

1차 또는 활성슬러지를 계속 주입시키며 휘저어 줌으로써 고형물(固形物) 간의 Bridging이 파괴되어 물이 빠져나가기 때문에 농축된다(그림 14.4). 상등수는 1차 침전지로 되돌려 보내고 농축된 슬러지는 바닥에서 제거된다. 1차 슬러지는 고형물이 10%까지 그리고 활성슬러지는 3～4%까지 농축된다.

탱크의 용적을 결정하기 위한 고형물 부하율은 1차 슬러지의 경우가 가장 높고 활성슬러지의 경우가 가장 낮은데, 일반적으로 표면 부하율은 16～37㎥/㎡ · day이다.

최소 체류시간은 6시간 정도이며, 탱크의 수심은 대체로 5m 정도의 원형으로 하고 바닥은 4:1의 구배로 해서 슬러지가 잘 이동되도록 설계한다.

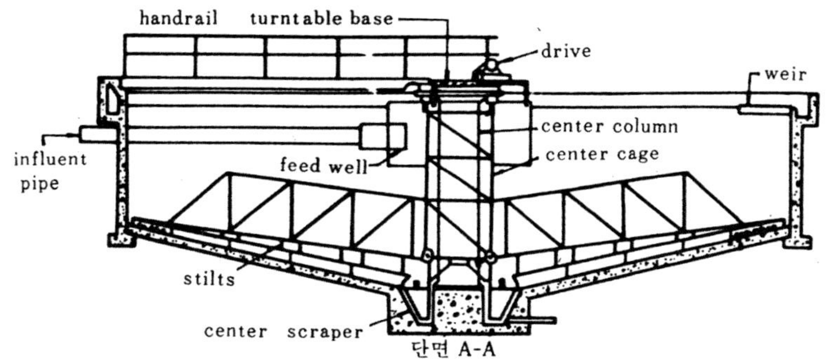

그림 14.4. 기계식 농축조.

14.3.2. 부상농축조

물리적 처리는 부상조와 원리가 같은 것으로서 통상공기를 불어 넣거나 화학약품을 사용하여 효율을 높이며 주로 활성슬러지의 농축에 잘 이용된다. 압축공기를 사용하는 경우 압력, 반송비, 유입슬러지의 농도, 체류시간, A/S비, 슬러지 성질, 부하율, 화학조제의 사용 등이 농축에 영향을 미친다. 이러한 영향인자 중에서 최대변수는 표면부하율에 지배를 받는다(표 14.1).

표. 14.1 슬러지 부상조 부하율

슬러지 종류	부하율($kg/m^2 \cdot day$)
활성 슬러지 혼합액	25~75
침전된 활성 슬러지	50~100
활성슬러지	100~200
1차 슬러지	275 이하

　공기부상의 기구는 그림 **14.5**와 같이 입자에 기포를 부착시켜 겉보기 밀도를 작게 함으로써 슬러지 입자가 부상하게 된다. 슬러지 입자가 작을 경우에는 응집제를 첨가하여 플럭을 크게 한 후 기포를 부착시키게 되는데, 그 공기와 고형물비는 다음과 같다.

　순환가압법인 경우

$$\frac{A}{S} = \frac{1.3 S_a R(fP - 1)}{QS}$$

　전가압법인 경우는

$$\frac{A}{S} = \frac{1.3 S_a (fP - 1)}{S_i}$$

여기서, A/S: 공기/고형물비

　　　　S_a: 포화공기량(cm³/ℓ)

　　　　R: 가압반송수량(ℓ/d)

　　　　P: 가압수의 절대압력(atm)

　　　　Q: 유입수량(ℓ/d)

　　　　S_i: 유입 부유물질농도(mg/ℓ)

　　　　f: 공기용해분율(0.8이내)

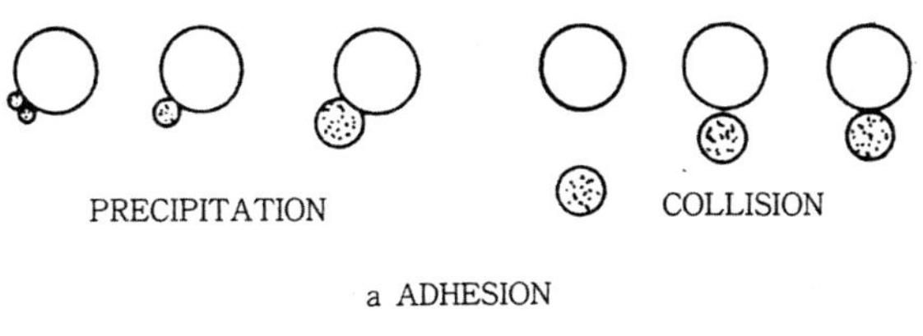

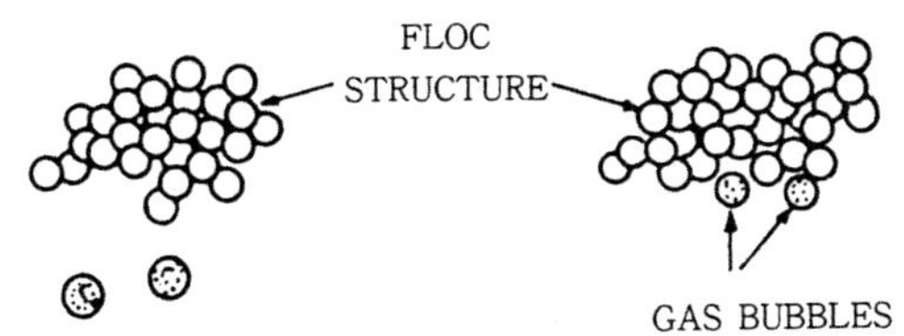

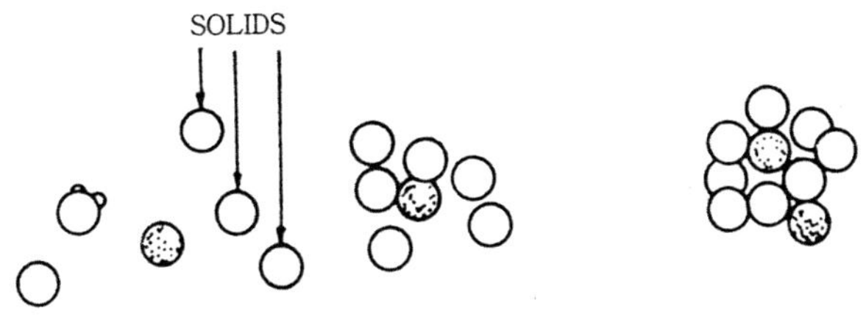

그림 14.5. 공기부상의 기구.

14.4 혐기성 소화

14.4.1. 소화원리

농축된 슬러지는 그대로 이용될 수도 있으나 통상 후처리를 행한다. 처리방법에는 소화법(消化法: Disestion)이 있는데 슬러지의 유기물을 제거하고 슬러지량을 감소시키는 데 목적이 있다. 소화의 원리(그림 14.6)는 제11장 생물학적 처리에서 설명한 혐기성 소화, 혐기성 산화지(또는 Sludge Lagoon), Imhoff tank의 원리와 같으며, 소화조의 운전인자는 다음과 같다.

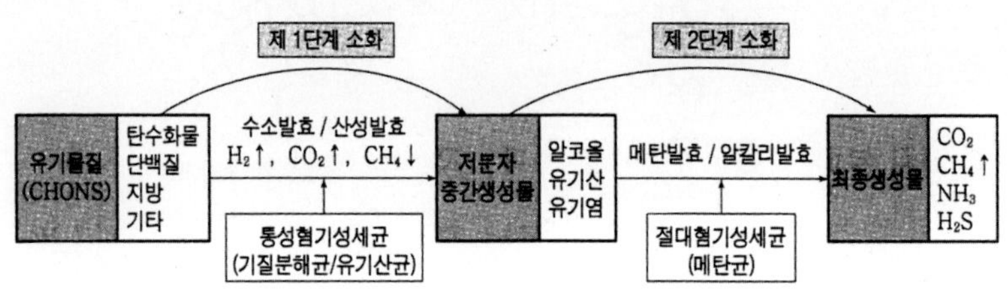

그림 14.6. 혐기성 소화처리의 원리.

① 공급

미생물에 대하여 먹이를 공급하는 방식의 통제는 경험에 의해서 원활한 공급속도를 조절하는 것이 이상적이나 최소공급 횟수는 1일 2회 정도이다.

② 접촉

먹이와 미생물 간의 적당한 접촉은 혼합에 의해 이루어진다. 그리고 이 방법은 기계적 혹은 소화가스 재순환에 의해 이루어진다. 교반의 목적은 세균, 슬러지 접촉을 많이 하고 소화조 슬러지를 유효하게 활용하며 탱크 내 슬러지의 온도를 균일하게 하면서 Sucm 발생을 방지한다.

③ 소화시간

소화에 요구되는 시간은 소화조의 온도에 의하여 결정되는데, 고온에서는 보다 짧은 고형물의 체류시간을 요한다. 소화조는 내적 혹은 외적 열 교환기로 가열하며 여기에 필요한 에너지는 소화 기간 동안 발생하는 메탄가스를 이용한다. 유기물량이 많으면 소화가 용이하며 소화일수가 길수록 소화도가 크다.

④ 온도

소화를 위한 최적온도는 35℃로써, 이 경우를 중온소화법이라 한다. 우리나라는 대부분 중온소화방법으로 30∼37℃(최저 10℃, 최고 40∼45℃)의 온도를 택하여 사용한다. 한편 고온소화는 40∼60℃(최저 45℃, 최고 75℃, 최적 50∼57℃이다)로 빨리 진행되고 보다 높은 가스를 생성한다. 그러나 연료, 운영비, 고장 빈번 등의 단점이 있다.

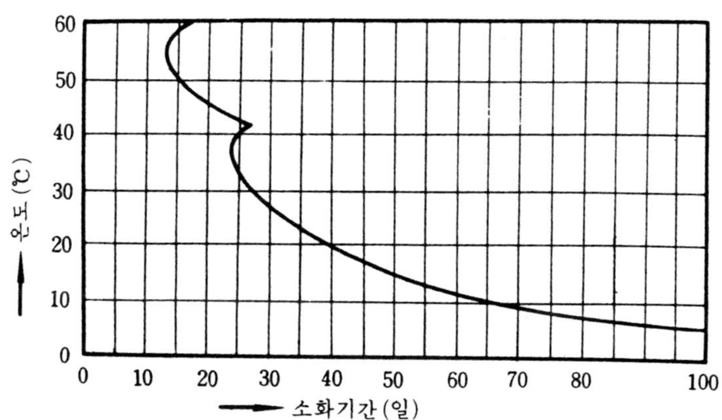

그림 14.7. 슬러지 소화에 미치는 온도의 영향.

소화온도 30∼37℃에서 소화일수 25∼30일이 되고, 50∼60℃에서 15∼20일이 된다. 저온 10∼15℃(최저 −4℃, 최고 25∼30℃)에서 소화일수는 40∼60일이며 최적온도는 15∼20℃이다.

⑤ pH, 휘발성 산의 농도

소화조 운영에 있어서 가장 중요한 매개변수 중 하나는 메탄균의 환경에 적절한 조건을 유지하는 것이다. 이와 같은 메탄균은 pH변화에 민감하다. 그렇다 해서 pH변화에 의한 관리방법은 바람직하지 못하다. 왜냐하면 pH가 한 번 변하면 그 소화조는 이미 운영에 문제가 생기기 때문이다.

이것을 재가동하는 데에는 많은 노력과 어려운 점이 따른다. 이 점에서 가장 중요한 변수인 휘발성산의 농도가 이용된다. 이상이 없는 소화조 내 휘발성 산의 농도는 $250\,mg/\ell$ 이하이나, 휘발성 산의 농도가 $2{,}000\,mg/\ell$ 이상이 되면 독성으로 작용한다. pH6 이하 8 이상에서 메탄균 증식이 현저히 저하되며, pH6.8~7.2에서 메탄균과 산 생성균이 공생한다. 메탄균의 최적 pH는 6.8~7.2, 알칼리도(bicarbonate)는 최소 $1{,}000\,mg/\ell$ 이상이어야 한다($5{,}000\,mg/\ell$ 미만). 휘발성 산, 알칼리도, 가스생성량과 구성 등은 pH저하의 전구체들이다. pH가 저하 시 석회(lime)를 첨가(pH6.5 미만)하는데, 이와 같은 석회첨가는 부작용을 발생시킨다.

$$CaO + H_2O \rightarrow Ca(OH)_2$$

$$Ca(OH)_2 + 2CO_2 \rightarrow Ca(HCO_3)_2$$

CO_2가 제거되고 pH가 증가하며 또한 알카리도, 즉 bicarbonate alkalinity가 감소한다.

$$[H^+] + [HCO_3^-] \rightleftharpoons [H_2CO_3] \rightleftharpoons [CO_2] + [H_2O]$$

용해성 CO_2 감소는 우측으로 진행되고 중탄산이온(HCO_3^-)의 농도가 감소되어 알칼리도가 감소(알칼리도 $1{,}000\,mg/\ell \sim 5{,}000\,mg/\ell$)된다. 따라서 최종 중화를 위해 M^+HCO_3 첨가가 요구된다. 혐기성 소화조는 혐기성 미생물의 성장률이 낮고 메탄균이 환경에 대단히 민감하여 호기성 처리보다 최초 운영효율이 낮다. 소화조의 시작은 폐수로 채운 후 정상적인 양의 1/10 정도 슬러지를 주입, pH 6.8~7.9로 조정하여 정상적 운영궤도에 오면 주입률을 증가시킨다. 소화조 운영상태는 가스생성량/day, CO_2 비율, 소화슬러지 중 휘발성산 함유도에 의해 판단한다.

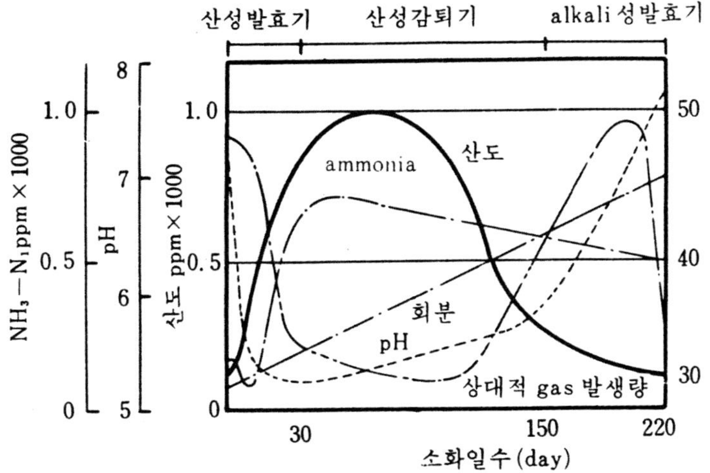

그림 14.8. 오니의 소화과정에 따른 pH와 산도변화.

⑥ 가스구성

메탄생성률과 가스구성은 운영상의 변수이다. 그러나 메탄생성률은 가스가 안정하게 공급되지 않는 경우에는 측정이 곤란하다. 정상적인 CH_4 농도는 65%이고 CO_2는 30% 정도이다. 가스는 혐기성 소화 시 슬러지의 부산물로서 1/3 CO_2, 2/3 CH_4 정도이다. 정상적인 가스발생은 휘발성 고형물 첨가 시 0.5~0.75㎥/kg, 이것이 분해되면 0.75~1.1㎥/kg 정도다. 이와 같은 소화가스의 열량은 약 5.3×10^6 cal/㎥이다.

⑦ 영양 Balance(C/N)

하수의 C/N비는 12∼16에서 세균활동이 최고이며 C부족은 질소가 세균증식에 충분히 이용되지 못해 잉여질소가 가성 NH_3로 전환되어 세균활동에 악영향을 끼치게 된다.

14.4.2. 재래식 슬러지소화

소화조에는 단단(單段) 재래식 소화조와 2단(二段) 소화조가 있고 단단소화조에서는 슬러지의 소화, 농축 그리고 상등액의 형성이 모두 동시에 이루어져 전체 부피의 50%만 이용된다. 소화가 진행되어 감에 따라 혼합이 잘 안 되고 층이 형성되므로 효율이 낮다(그림 14.9).

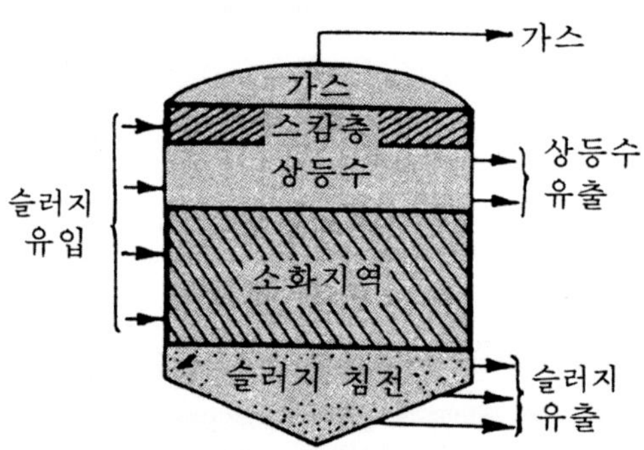

그림 14.9. 단단재래식 소화조.

부동형(浮動形) 지붕을 가진 재래식 단단소화조의 부피 산정은 다음과 같다.

$$V = \frac{Q_1 + Q_2}{2} \times T_1 + Q_2 \times T_2$$

여기서, V: 소화조의 전체 부피(m^3)

Q$_1$: 생슬러지의 평균주입량(m^3/day)

Q$_2$: 조 내에 축적되는 소화슬러지의 부피(m^3/day)

T$_1$: 소화 기간(day)(20~35℃에서 대략 25day)

T$_2$: 소화슬러지의 저장 기간(day)(대략 30~120일)

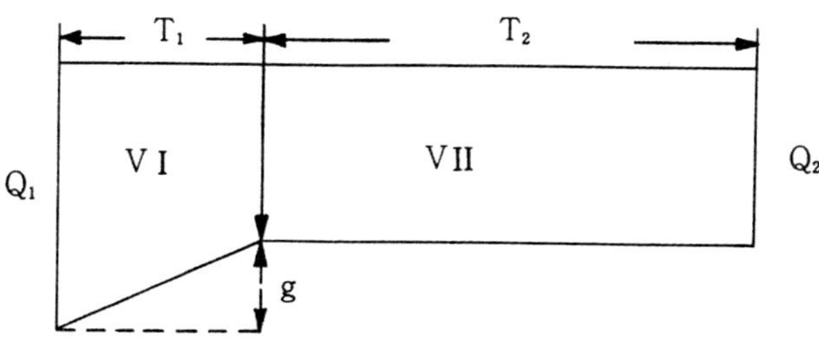

그림 14.10. 재래식 소화조의 부피계산.

반면 2단소화조는 이러한 결점을 보완한 것이라 할 수 있다.

2단소화조의 첫 번째 조는 가열되며 슬러지 재순환 펌프, 가스 재순환 시설 기계적인 교반 등의 하나를 채택하여 혼합하는 것이 주목적이고, 두 번째 조는 소화슬러지의 저장, 농축 그리고 비교적 깨끗한 상등액의 형성을 위해 사용된다(그림 14.11). 통상 두 조는 같은 형으로 만들어지기 때문에 바꾸어 사용될 수 있으며 두 번째 조는 지붕이 없거나 가열되지 않는 탱크 혹은 슬러지 산화지가 사용되기도 한다. 지붕은 고정형(固定形)이나 부동형(浮動形)으로 하고 탱크의 직경은 6~35m, 수심은 7.5~13.5m

정도로 한다. 바닥은 농축조와 같이 수평에 대해 $\frac{1}{4}$의 경사를 두어 슬러지제거를 원활히 한다.

운영과정을 요약하면, 슬러지는 탱크 내 coil 설치나 외부의 열교환기를 통해 가열되고 소화가 진행되면서 가스가 형성되는 부분에 주입되며 가스가 표면으로 떠오를 때 그리스, 기름, 지방질 등도 부유시켜서 결국 수면에 스컴(Scum)층을 형성시킨다. 활발한 소화가 이루어짐에 따라 유기물 성분은 줄어들고 중력에 의해서 슬러지는 농축된다.

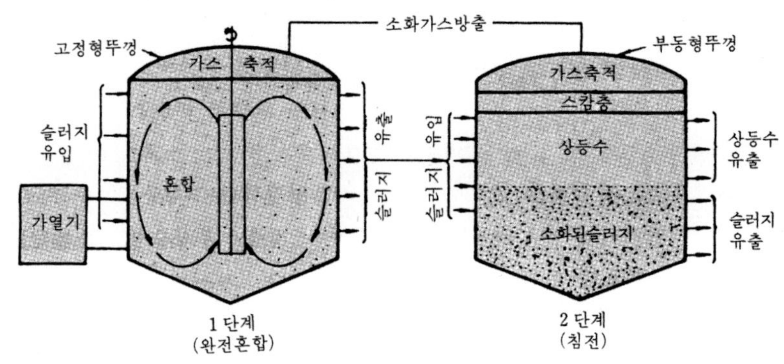

그림 14.11. 2단 소화조의 설명도.

14.4.3. 고율 슬러지소화

고율소화조는 고형물(固形物) 부하가 크다는 점에서 재래식 단단소화와 다르다. 즉 슬러지는 앞에서와 같이 가스재순환, 양수(揚水), 기계혼합식 중의 한 방법으로 잘 혼합되어 가열(加熱)되므로 소화율이 높다. 고로 부

하율이 높고 체류시간이 짧으며 혼합이 잘 이루어진다는 것 외에는 재래
식 2단소화와 별다른 차이가 없다고 할 수 있다(표 14.2).

표 14.2 소화조 부하율과 체류시간

항 목	혼합되지 않는 재래식 단단소화조	완전 혼합되는 고율소화조에 첫째 조
고형물 부하율 (kg.vs/㎥ · day)	0.35~0.85	1.6~6.4
체류시간(day)	30~90	10~15
부피(ℓ/등가인구)	–	–
첫째 조	55~85	12~17
첫째 조 + 둘째 조	115~170	20~42
VS감소율(%)	50~70	50

혼합기는 교반능력을 크게 해서 조의 바닥까지 교반되도록 하고 가스
관도 굵어야 한다. 또한 상징액 제거관과 슬러지 제거관은 여러 개 설치
하고 조 깊이는 가능한 깊어야 한다.

슬러지는 계속적으로 또는 0.5~2시간 간격으로 주입되며 동시에 소화
된 슬러지는 다른 조로 옮겨서 상징액은 분리되고 잔류 가스도 유출된다.
소화조의 부피의 산정은 다음과 같다

$$V_1 = Q_1 \times T$$

$$V_{11} = \frac{Q_1 + Q_2}{2} \times T_1 + Q_2 \times T_2$$

여기서, V_1: 1단 고율소화에 필요한 부피(㎥)

    Q_1: 생슬러지의 평균주입량(㎥/day)

    T: 소화 기간(day)

    V_{11}: 소화슬러지의 농축과 저장에 필요한 2단소화조의 부피(㎥)

Q_1: 소화슬러지의 부피, 생슬러지의 평균주입량과 같다.

Q_2: 축적되는 소화슬러지의 부피(m^3/day)

T_1: 농축 기간(day)

T_2: 소화슬러지의 저장 기간(day)

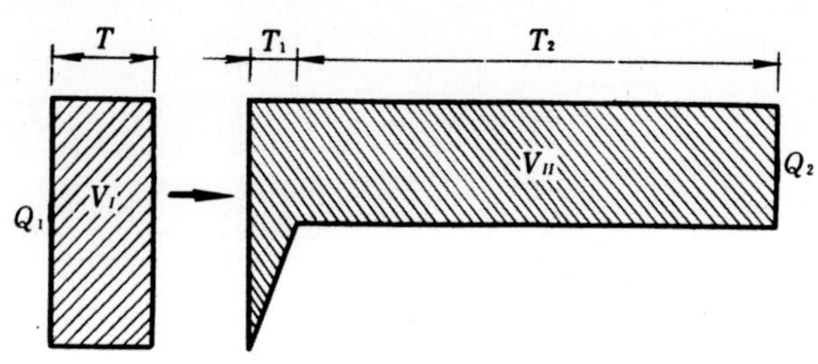

그림 14.12. 고율소화조의 부피계산.

14.5 호기성 소화(Aerobic digestion)

14.5.1. 소화원리

호기성 소화의 목적은 폐슬러지를 장기간 폭기시킴으로써 미생물을 내상 성장단계에 있게 하여 BOD를 감소시키고 폐슬러지의 휘발성 고형물을 파괴시키자는 것이다. 즉 미생물에 의한 자산화(自酸化)를 이용하여 슬러지를 구성하는 유기물을 부분적으로 또는 완전히 산화시키는 데 있다. 호기성 소화법은 주로 1차 침전지를 가지지 않는 폐수처리장의 폐활성 슬러지를 처리하기 위하여 이용되며, 그 원리가 활성슬러지법과 같다고 할 수 있다(호기성 부유성장 생물학적 처리 제9장 참고).

호기성 소화법은 공기를 폐슬러지에 계속 주입시켜서 실시되는데, 슬러지의 산소요구율이 낮으므로 공기공급률은 슬러지의 혼합에 의해서 결정되며 통상소화조 부피 $1,000\,m^3$당 $0.25 \sim 0.5\,m^3/sec$의 율로 한다. 일반적으로 소화 중인 슬러지로부터 상징수를 분리시켜 폭기조로 되돌려 보내기 위해 상징수 분리를 해야 하고 소화된 슬러지는 주로 매립법, 토양살포법, 늪처리법(Lagooning), 모래건 조상법 등에 의해 처분된다.

설계를 위한 뚜렷한 표준은 없으나 유기물 부하는 $0.11\,kgvs/m^3/day$ 이하로 하고 폭기시간은 최소한 5일 이상이어야 한다.

이런 상태에서 VS와 BOD는 $35 \sim 50\%$ 정도 감소되고 소화된 슬러지는 냄새나 기타 불쾌감을 일으키지 않으면서 잘 건조된다. 폐활성 슬러지를 장시간 포기시키면 Bulking이 일어나서 잘 농축되지 않는다. 호기성으로 소화된 슬러지의 SS농도가 $5,000\,mg/\ell$ 이상인 경우 깨끗한 상징수를 분리시킬 수 있도록 중력에 의해 침전하는 경우는 드물므로 대량의 호기성 소화된 슬러지를 처분하는 데 문제점을 일으킨다. 슬러지를 농후한 상태로 전처리하고 이어 2차 처리를 활성슬러지법으로 처리하는 형태로는 전처리에서 분뇨를 희석 조정한 후에 후처리하는 형태 등을 다음과 같이 분류할 수 있다.

- 최초 침전방식
- 무희석 분뇨의 호기성 소화방식
- 희석분뇨의 활성슬러지방식
- 산화 처리와 화학처리를 조합한 방식
- 염소, 오존 등에 의한 산화 처리

표 14.3 소화조의 비교

호 기 성	혐 기 성
동력 소요된다.	메탄과 같은 유용한 가스가 발생한다.
상등액에는 BOD가 약 100mg/ℓ이므로 처리장으로 큰 영향이 없다.	상등액의 BOD가 높다.
매우 안정된 슬러지가 생산되므로 냄새가 없고 지상살포가 가능하다. 또한 라군 같은 곳에 저장 가능하다.	냄새가 많다.
비료가치가 크다.	비료 가치가 적다.
간혹 탈수가 안 되는 수가 있지만 대체로 잘된다. 모래 여과상으로 탈수가 쉽다.	대체로 같다.
운전이 쉽다.	운전이 까다롭다.
2차 슬러지에 적용 가능하다.	1차 슬러지에 보다 적합하다.
질소가 산화되어 NO_3로 방출된다.	질소가 NH_3-N으로 방출된다.
시설비가 적다.	시설비가 크다.
	생물학적으로 분해 가능한 세척제(LAS-TYPE)가 운전에 지장을 준다.
공장이나 소규모 활성슬러지에 좋다.	

14.5.2. 습식 산화법

일명 Zimpro식이라 부르며 슬러지 자체의 발열량을 시용하면서 170~260℃로 가열하고, 80~150kg/㎠의 압력으로 내압용기 중에 슬러지와 공기를 교대로 보내어 슬러지 내의 유기물을 산화 분해시켜서 결국 물과 재, 연소가스로 분리 처리되는 방법이다. 설비는 반응탑, 고압펌프, 공기압축기, 열교환기 등으로 구성되어 있고, 처리과정과 장단점은 다음과 같다.

1) 처리과정

① 농축슬러지를 분쇄하여 입자를 작게 한다.

② 저장탱크에서 약 30~80℃로 가온한다.

③ 가압펌프에 의하여 $85 \sim 127\,kg/c\text{㎡}$로 가압시킨 후 공기압축기로부터의 고압공기와 함께 열교환기로 보낸다.

④ 제1차 및 제2차 열교환기를 거쳐서 $200 \sim 220\,℃$ 정도로 가열시킨 후에 반응탑에 보낸다.

⑤ 가열된 슬러지와 공기의 혼합물이 반응탑 내의 온도를 상승시켜 산화반응을 일으킨다. 이때 반응탑의 온도는 $26\,℃$까지 올라가며 배출구는 $220 \sim 230\,℃$ 이다.

⑥ 반응탑에서 배출되는 회분, 물 및 가스는 열교환기를 거쳐서 냉각된 후 각각 분리된다.

2) 장점

- 산화범위에 융통성이 있다.
- 슬러지의 질(質)에 상관없이 잘 처리된다.
- 최종물질(ash 등)이 소량이다.
- 시설의 규모가 작다.
- 유출수의 위생적으로 안전하다.

3) 단점

- 고도의 기술을 요한다.
- 냄새가 있다.
- 건설비가 많이 든다.
- 유지비가 많이 든다.
- 질소의 제거율이 낮다.

14.5.3. 라군 이용

라군이란 넓고 얕은 연못으로 배수를 넣고 자연에 가까운 흙 제방으로 둘러싸인 큰 웅덩이 상태에서 슬러지를 처분하는 방법이다. 라군 처리는 거의 임시 수용용으로 사용되며 일부에서는 소화슬러지를 탈수하는 데 이용한다. 라군에서 소화되는 기간은 약 3년이라는 긴 지속 기간이 필요하기 때문에 값싼 토지와 인근 주민의 악취문제 등이 고려가 된 장소이어야 한다. 일반적인 라군의 종류는 3가지로 분류된다.

- 통성 연못

  1~1.5m 못에 번식한 조류의 광합성에 의해 유기물이 분해되며 저부에서 혐기성 상태가 이루어진다.
- 고율 연못

  0.8~0.3m의 호기성 상태로서 유기물이 분해된다.
- 에어레이션 라군

  2.5~5.1m 깊이로 폭기함으로써 유기물 처리능력을 높게 하나 SS가 혼입되기도 한다.

14.5.4. 호기성 비료화

슬러지 안정화의 호기성 생물학적 방법은 비료화 방법으로서 이용가치가 높다.

기본적인 호기성 방정식은 다음과 같다.

유기물+O_2 $\xrightarrow[\text{미생물}]{\text{호기성}}$ CO_2+H_2ONO_3+SO_4^-+다른 복합유기물+열

퇴비화에서는 C/N비가 중요한 인자이다. C/N비에서 C는 퇴비미생물의 에너지원이며 N은 미생물체를 구성하는 인자이므로 C/N비는 미생물 단위개체당 먹이로서 어느 정도가 공급되는가 하는 척도를 나타낸다. 즉 퇴비화 과정이 어느 단계에 끝나서 유용한 비료가치 정도를 나타내는 지표가 된다.

C/N비는 보통 약 20~30:1 정도를 적정비로 나타내며 셀룰로오스성분 등이 포함된 것은 19~22:1 정도로 나타난다. C/N비가 너무 적으면, 즉 N이 많으면 외부로 N(NH_3-N)이 유실되며 너무 크면 퇴비화 형성이 잘 안 된다. 일반적으로 C/N비가 낮을수록 최고온도 도달시간이 짧은 반면 최고온도 지속시간도 짧은 특성을 지니며 C/N비가 높을수록 그 반대의 성질을 갖는다. 도시하수의 슬러지는 C/N비가 10 정도로 낮다. 외관으로 양호한 발효퇴비는 다갈색 균일성이고 그렇지 않으면 흙갈색의 덩어리슬러지가 발생한다. 이와 같은 것은 도시폐기물(C/N:30)과 혼합합성 퇴비화법이 유리하며 퇴비화의 분해산물은 다음과 같다.

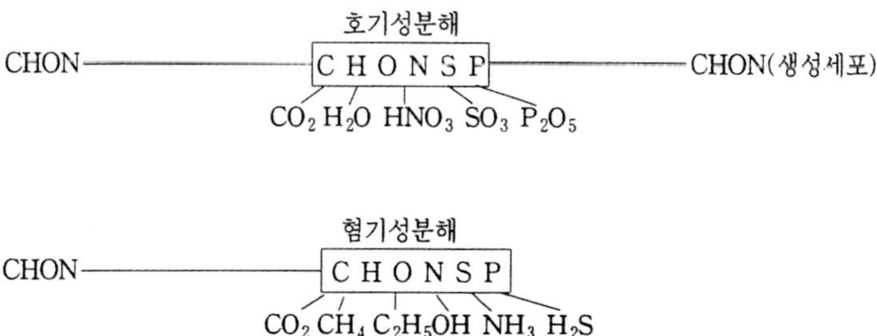

14.6.1. 석회사용 안정화

석회는 냄새 등을 제거하는 데 사용하여 왔다. 생석회는 다음과 같은 반응으로 슬러지에서 수분을 제거하기도 한다.

$$CaO + H_2O \rightarrow Ca(OH)_2$$

석회는 산화시키지 않으며 위험물을 생성치 않기 때문에 슬러지 안정화에 좋은 물질이다. 확실한 안정화 방법 중 하나는 병원성 미생물의 파괴다. pH11~11.5, 온도 15℃, 4시간 지속시간에 대장균군과 Salmonella typhosa가 파괴된다.

그러나 생슬러지에 석회를 첨가하면 비저항이 감소된다.

14.6.2. 염소 안정화

약 2,000mg/ℓ의 염소를 사용하여 슬러지 안정화에 이용하면 슬러지는 건조상에서 탈수가 잘되고 장시간에 걸쳐 안정성이 향상된다. 그러나 염소 안정화 슬러지는 여과기형 탈수에는 부적절하다. 왜냐하면 pH가 낮은 것은 화학적 개량법에 방해를 일으키기 때문이다. 실험결과로는 pH4.0 이상이어야 한다. pH가 낮고 염소화합물이 많이 포함된 화합물이 다양하게 있으므로 이와 같은 슬러지는 최종처분에 주의를 기울여야 한다. 염소

주입으로 pH가 낮아져 독성이 유발될 수 있다.

14.6.3. 산소 안정화

산소에 의한 생물학적 안정화는 공기 대신 순수한 산소를 이용하는 것 외에는 호기성 산화방법과 유사하다. 화학적으로 산소는 고온, 고압하에 적당한 시간이 유지되면 안정화된다.

Zimpro법은 $150 \sim 3,000$psi(1atm $= 14.7$psi)와 스팀을 사용하여 유기물을 고온($200 \sim 250$℃), 고압하에 산화 반응시키는 것이다. 이와 같은 슬러지는 멸균과, 탈수능, 압축성은 좋으나 여기에서 나오는 여액의 BOD는 약 $2,500$㎎/ℓ로써 처리상 설계에 고려를 하여야 한다.

14.6.4. 가열안정화 방사방법(IRRADIATION)

방사원으로는 방사선동위원소인 Co^{60}, Cs^{60}에서 발생하는 r선과 핵반응기에서 나오는 폐기성분, 가속기에서 방출되는 고에너지전자를 이용하여 슬러지의 안정화에 이용하는 방법이다. 슬러지에 대한 방사는 부식성 및 오염이 되지 않으면서 조절이 가능하며, 이 방법은 PCB와 같은 난분해성 물질을 파괴하는 데 유용하다.

세균은 $300 \sim 400$Krad가 필요하고, 바이러스의 활성저지에는 $400 \sim 1,000$Krad가 필요하며, 이것보다 큰 미생물들은 더 민감한 반응을 보인다.

슬러지의 개량(Conditioning)은 슬러지의 조정(調整)이라고도 하며, 슬러지를 탈수하기 전에 전처리로서 슬러지의 탈수특성을 좋게 하기 위해 실시된다. 개량방법에는 여러 가지가 있으나 약품처리와 열처리 방법이 가장 많이 사용되며 그 외 냉동과 방사선처리법도 있다(표 14.4).

표 14.4 각 슬러지 개량방법의 비교

슬러지 개량법	단위 공정	기 능	특 징	원 리
고분자 응집제 첨가	농축 탈수	• 고형물 부하, 농도 및 고형물 회수율 개선 • 슬러지 발생량, 케이크의 고형물 비율 및 고형물 회수율 개선	• 슬러지 응결을 촉진한다. • 슬러지 성상을 그대로 두고 탈수성, 농축성의 개선을 도모한다.	• 슬러지는 안정한 콜로이드상의 현탁액으로 이것을 불안정하게 하는 것이 약품의 기능이다. • 결합수의 분리, 표면전하의 제거 등의 역할도 한다. • 슬러지 입자는 공유결합, 이온결합, 수소결합, 쌍극자 결합 등을 형성하므로 전하를 뺏기도 하고 얻기도 한다.
무기약품 첨가	탈수	슬러지 발생량, 케이크의 고형물 비율 및 고형물 회수율 개선	무기 약품은 슬러지의 pH 변화시켜 무기질 비율을 증가시키고 안정화를 도모한다.	금속 이온(제2철, 제1철, 알루미늄)은 수중에서 가수 분해하므로 그 결과 큰 전하를 갖으며 중합체의 성질을 갖는다. 그러므로 부유물에 대한 전하 중화작용과 부착성을 갖는다.
세정	탈수	약품 사용량 감소 및 농축을 증대	혐기성 소화 슬러지의 알칼리도를 감소시켜 산성 금속염의 주입량을 감소시킨다.	슬러지량의 2~4배가량의 물을 첨가하여 희석시키고 일정 시간 침전 노축시킴으로써 알칼리도를 감소시킨다.
소각제 (ash)의 첨가	탈수	벨트 진공 탈수기의 케이크의 박리 개선, 가압 탈수기의 탈수성 개선, 약품 사용량 감소	슬러지를 소각재를 재이용하는 방법으로 무기성 응집 보조제로 슬러지 개량 등에 사용할 수 있다.	슬러지 고각재에는 무기성 물질이 다량 함유되어 있으므로 이를 재이용하여 탈수성을 증대시키는 개량제로 사용하면 소화 슬러지의 함수율을 감소시키고 응결핵으로 작용한다.

14.7.1. 세척(洗滌)

　소화슬러지를 물과 혼합시킨 다음 재침전시키는 방법으로 슬러지의 탈수특성을 향상시키기 위한 직접적인 관여가 아니고 약품처리(또는 약품조정) 시 약품(주로응집제) 요구량을 감소시키기 위한 목적으로 사용된다. 즉 소화된 슬러지는 알칼리성이 강한데(생슬러지의 30배 이상) 물로 씻음으로써 알칼리도를 줄이고 슬러지 탈수에 사용되는 응집제량을 줄일 수 있다. 알칼리도가 $2,000 \sim 2,500\,\text{mg}/\ell$ 를 함유한 슬러지를 $400 \sim 500\,\text{mg}/\ell$ 까지 낮춘 경우가 있다.

　또한 슬러지의 세척은 소화된 슬러지 내의 가스방울을 없애줌으로써 부력(浮力)을 감소시켜 잘 농축되게 한다. 그러나 미립자가 씻겨 나간다든지 질소분이 씻겨나가 슬러지의 비료 가치가 낮아진다는 단점이 있다.

　세척(또는 水洗)은 단단세정, 다단병류식세정, 다단역류식 세정 등 방식이 있다.

14.7.2. 약품처리(Chemical conditioning)

　슬러지의 탈수특성(脫水特性)을 좋게 하여 차후의 진공여과나 원심분리에 의한 탈수가 좋게 되도록 하기 위해 실시된다. 슬러지를 약품 처리하면 고형물이 응집되고 흡수된 물은 제거된다. 응집제로는 명반(Alum), 각종 철염이 많이 쓰이며 최근에는 유기합성에 의한 고분자전해질(Polyelectrolyte)이 개발되어 원심분리에 의한 탈수 전의 약품 처리에 이용되고 있으나 응집작용은 좋은 반면 탈수작용은 좋지 않은 것으로 보고되고 있다.

응집제의 종류는 표 14.5와 같으며, 응집제 소요량은 슬러지의 종류,
소화 정도, 고형물 농도 등에 따라서 다르다.

표 14.5 응집제 종류

약 품 명	분 자 식
유산반토	$Al_2(SO_4)_3 \cdot 18H_2O$
염화 제2철	$FeCl_3 \cdot 6H_2O$
황산 제1철	$FeSO_4 \cdot 7H_2O$
황산 제2철	$Fe_2(SO_4)_3 \cdot 9H_2O$
염기성 염화알루미늄	$Al(OH)_2Cl$(실험식)
소석회	$Ca(OH)_2$

14.7.3. 열처리(熱處理)

슬러지를 140℃까지 가열 후 냉각시키든가 또는 −20℃까지 동결시킨
후 녹임으로써 탈수성을 높일 수 있다. 이 효과에 대해서는 온도변화에
의한 콜로이드의 응집작용과 세포막 파괴에 의한 세포 내 수분리설(水分
離說)에 원인이 있는 것으로 생각되고 있다.

슬러지를 고온 처리하면 단백질이 용해되어 BOD가 매우 높아진다. 따
라서 슬러지로부터 분리된 액체를 생물학적 처리시설로 반송할 때 BOD
부하량이 매우 높아진다. 열처리는 이론은 간단하지만 실제적 타당성은
판단하기 어렵다. 그러나 다른 곳에서의 폐열을 이용한다면 경제적으로
타당할 것이다.

하수오니의 경우 200℃ 정도 가온하면 물과의 친화력이 급속히 저하되

어 고형물과 액체와의 분리가 상당히 좋아지고 탈수효과가 향상된다. 약
품첨가에 비해 슬러지량이 적게 형성되므로 그 후의 처리용량 및 처리비
의 감소 등 경제성을 도모할 수 있다.

14.8 탈수

14.8.1. 개요

슬러지와 같은 압축성인 것은 중력탈수가 곤란하므로 일반적으로 압력,
진공압 또는 원심력 등의 고도의 기계력을 이용하여 탈수를 행한다. 이때
대부분의 간격수(間隔水), 콜로이드상 및 모관결합수(毛管結合水)의 일부
도 제거된다. 일반가정 하수에서 생기는 슬러지 탈수의 가능한계는 함수
율 55～60%까지이다.

입자 간 수분의 종류는 다음과 같으며 수분의 결합상태는 그림 **14.13**
과 같다.

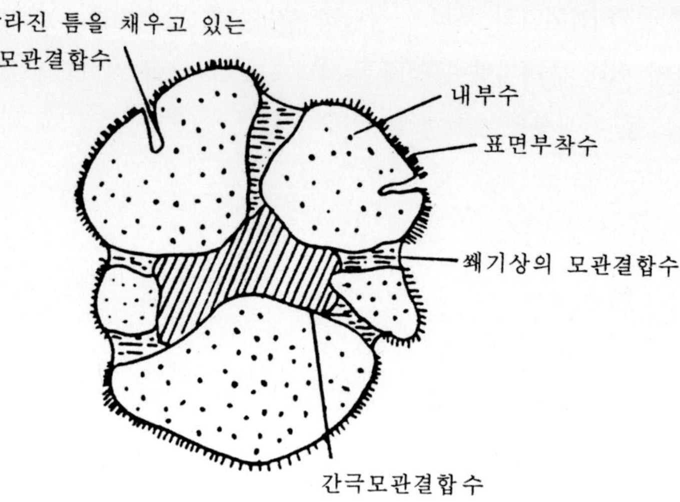

그림 14.13. 입자 간에 있어서 수분의 결합상태.

- 표면부착수(表面付着水): 슬러지 입자표면에 부착하고 있는 물

- 내부수(內部水): 입자를 형성하고 있는 세포의 세포액으로 존재하는 물

- 모관결합수(毛管結合水): 슬러지 입자의 갈라진 틈을 가득 채우고 있는 모관수

- 간극모관결합수(間隙毛管結合水): 슬러지 입자에 둘러싸인 공간을 채우고 있는 모관수

- 쐐기상의 모관결합수: 모관압에 의해 슬러지 입자와 슬러지 입자를 쐐기상으로 결합시키고 있는 모과수

이들 수분의 결합강도는 내부수>표면부착수>쐐기상 모관결합수>간극모관결합수>갈라진 틈을 채우고 있는 모관결합수의 순이다. 따라서 탈수

성은 이 역순으로 용이하게 된다.

　모관압으로서 결합되어 있는 물을 제거하기 위해서는 모세관의 표면장력보다 큰 힘을 가하면 되므로 원심력(원심분리), 진공압(진공여과) 등으로 탈수가 가능하다. 특히 간극 모관결합수는 결합강도가 낮아서 농축조에서 분리가 가능하다. 한편 콜로이드상 입자의 결합수를 분리하는 것은 곤란하며, 표면부착수도 분리가 어렵다. 이와 같은 콜로이드상 결합수를 제하기 위해서는 응집제를 사용하여 슬러지입자의 플럭을 형성시켜 침전분리하여 제거하는 데 응집제로는 전해질이 사용된다. 내부수도 세포에 둘러싸여 있어 입자와의 결합이 상당히 강하므로 세포를 파괴시키지 않고는 탈수되기 어렵다. 따라서 기계적 방법보다는 세포액의 압축으로서 가능하다. 일반적인 가정하수에서 발생하는 소화슬러지(함수율 95%) 중 수분의 70% 정도는 쉽게 분리할 수 있는 간극모관결합수라고 보며, 탈수의 가능성은 탈수시험에 따라 결정한다.

　탈수시험 결과에 따른 기계적 탈수방법에는 진공여과, 압력여과, 압착여과, 원심분리 등의 방법이 있다(표 14.6).

표 14.6 탈수기 종류별 공정비교

분 류	VACUUM FILTER	FILTER PRESS	SCREW DECANTER	BAND FILTER	SCREW PRESS
PROCESS 흐 름 도	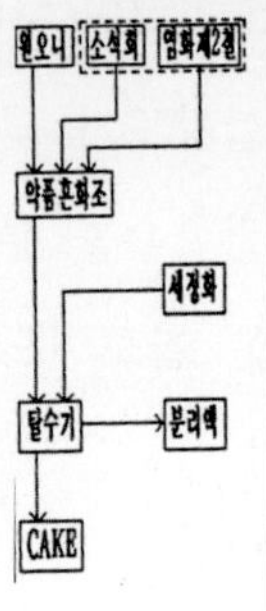 원오니 / 소석회 / 염화제2철 → 약품혼화조 → (세정화) → 탈수기 → 분리액 / CAKE	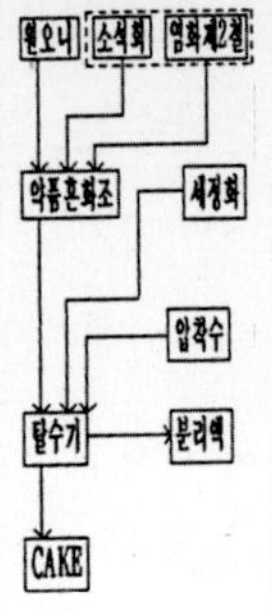 원오니 / 소석회 / 염화제2철 → 약품혼화조 / 세정화 / 압착수 → 탈수기 → 분리액 / CAKE	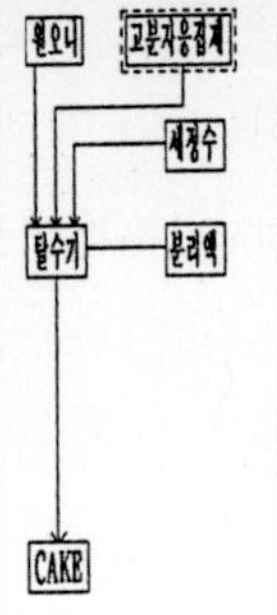 원오니 / 고분자응집제 → 세정수 → 탈수기 → 분리액 / CAKE	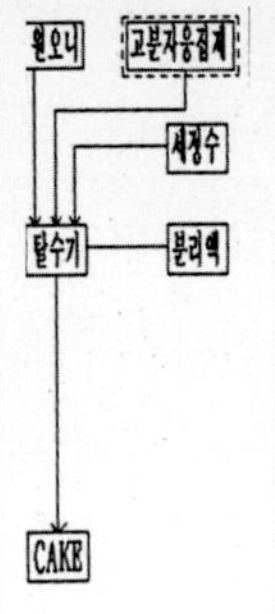 원오니 / 고분자응집제 → 세정수 → 탈수기 → 분리액 / CAKE	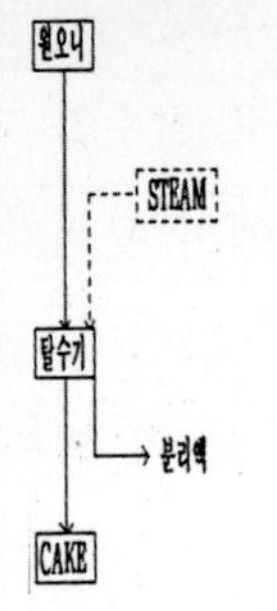 원오니 → STEAM → 탈수기 → 분리액 / CAKE
응집제 종류 및 첨가율	소석회 40%(ds당) 염화제 2철 10% (ds당)	소석회 40%(ds당) 염화제 2철 10% (ds당)	고분자응제 1.0 - 1.5%(ds당)	고분자응제 1.0 - 1.5%(ds당)(0.3 - 1.0%)	경우에 따라서 steam 사용
탈수공정	연속	Batch	연속	연속	연속
탈수성SS 회수율 %	98	97	80	95	85
CAKE 함유율 %	65 - 80	60 - 70	80 - 85	70 - 80	60 - 80
MAINTE - NANCE	① 여포교환 ② 급유 ③ 여포사행조정 ④ 여포세정상태 점검	① 여포교환 ② 급유 ③ 여포사행조정 ④ Diaphragm 교환 ⑤ 여포세정상태 점검	① 급유 ② 세정 ③ Bearing 등 교환 ④ Screw교환 ⑤ V - Belt교환	① 여포교환 ② 급요 ③ 여포사행조정 ④ 여포세정상태 점검	① 급유 ② 세정 ③ Bearing 등 교환 ④ Screw교환 ⑤ V - Belt교환

14.8.2. 여과비저항(濾過比抵抗)

슬러지 탈수의 가능성을 일률적으로 표현하는 방법으로 슬러지의 여과 비저항을 측정하는 것이 고안되었다. 여과비저항은 여과속도의 측정에 의해 유도된다. 여과속도는 정압하에서 일정시간 내에 생기는 여약량에 의

해 정해지지만, 슬러지 입자가 비압축성이라고 가정해서 다음 식으로 나
타낸다.

$$\frac{dV}{dt} = \frac{P \cdot A^2}{\mu(c \cdot r \cdot V + R \cdot A)}$$

여기서, $\dfrac{dV}{dt}$: 여과속도

    P: 여과압력(여포의 전후 압력 차)

    A: 여과유효면적

    μ: 여액의 점도

    cx: 여액의 단위체적당 형성되는 cake 건조고형질량

    r: 슬러지 여과비저항

    V: 여액의 여과비저항

    R: 단위 여과면적당의 초기의 저항(일반적으로 무시할 정도)

여과비저항 r의 값은 단위여과면적당의 단위중량의 Cake를 통해서 단
위시간에 단위점도의 여액을 단위유량만큼 생기게 하기 위해 필요한 압
력 차의 값에 대응한다.

위의 식을 적분하면

$$\frac{t}{V} = \frac{\mu \cdot c \cdot r}{2P \cdot A^2}V + \frac{\mu \cdot R}{P \cdot A}$$

즉 $\dfrac{t}{V} = a \cdot V + b$의 함수식으로 쓸 수 있다. 여기서 $\dfrac{t}{V}$와 V는 직선관

계에 있어 그의 구배 $a = \dfrac{\mu \cdot c \cdot r}{2P \cdot A^2}$로 되며,

절편 $b = \dfrac{\mu \cdot R}{P \cdot A}$로 되는 것을 알 수 있다.

따라서 여과비 저항 r을 다음 식으로 유도된다.

$$r = \frac{2a \cdot P \cdot A^2}{\mu \cdot c}$$

실험은 그림 **14.14**와 같은 장치를 써서 t = 20～180초마다 여액량(V ㎖)
을 연속적으로 측정하여 그 결과를 다음 그림 **14.15**에서와 같이 횡축에
V, 종축에 t/V를 취하여 점을 찍어 그래프에서 구배 a를 구할 수 있고 위
의 식에 의해 r을 산출할 수 있다.

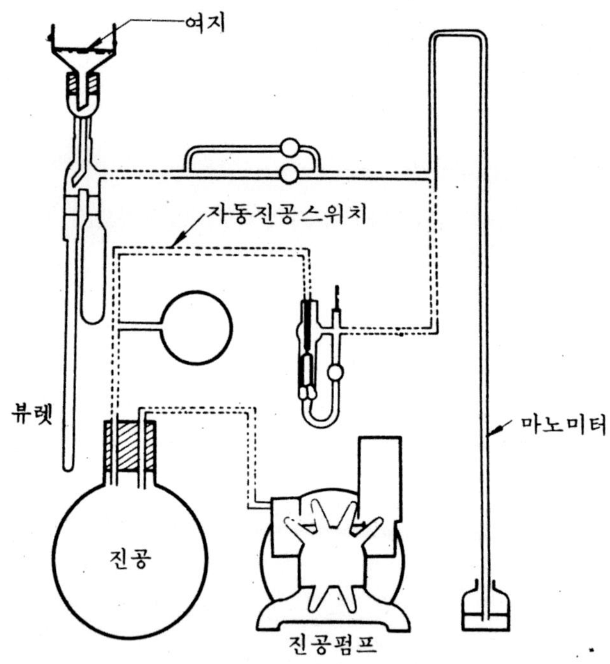

그림 **14.14.** 여과비 저항측정 장치.

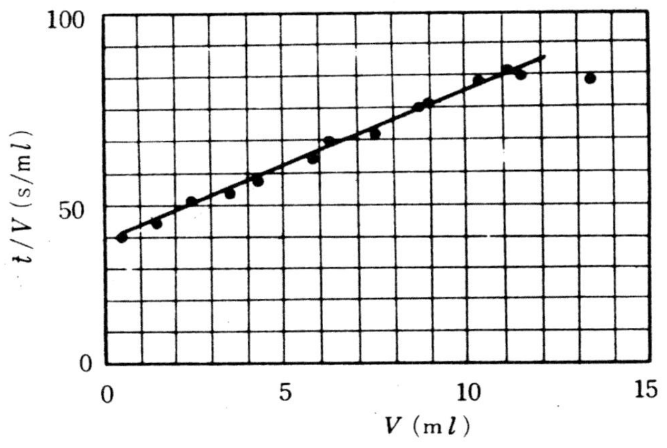

그림 14.15. 여과비 저항 실험곡선.

14.8.3. Leaf test(엽상여과 시험)

Leaf test는 그림 **14.16**의 실험장치에 Leaf(여엽)의 크기는 직경 2㎝, 길이 9.5㎝로 여포의 표면적 59.7㎠이 되게 설치하고 다음과 같은 순서에 따라 시험한다.

- 채취한 슬러지 시료에 응집제를 주입하여 전처리한다.
- 진공펌프로 여과압력을 400㎜Hg로 한다.
- Beaker 내의 슬러지 속에 Leaf를 담그고 cock를 열어 여과한다. Leaf 의 여과시간 2분, 탈수시간 2분 정도로 한다.
- 여과시간이 다되면 Leaf를 들어 올려서 Cake를 위로 정치하고 탈수한다. 탈수시간이 종료될 때까지 Cake 상태의 관찰과 통기 여부를 조사한다.

- 진공펌프를 멈춘 후 Leaf에서 Cake를 탈리한 후, Cake 두께 전 질량, 함수율 등을 조사한다.

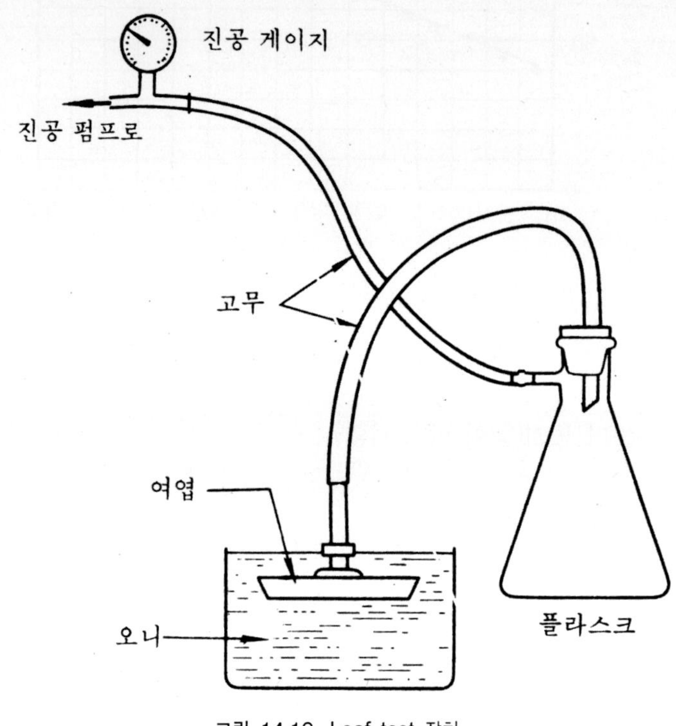

그림 14.16. Leaf test 장치.

14.8.4. Buchner funnel test

슬러지의 비저항계수를 측정하기 위하여 그림 14.17의 장치로 다음과 같이 시험한다.

- 시료용 슬러지를 Beaker에 취해 응집제($FeCl_3$ 등)를 첨가하고 보조제 (CaO 등)를 주입하여 전처리한다.

- 진공펌프를 가동하고 압력조정 Cock를 가감하면서 400mmHg로 조절한다.

- 전처리된 슬러지를 Funnel 가운데 100㎖를 넣는다.

- Cock를 열어 일정 여액량을 측정한다.

- 1회 시험이 끝나면 Funnel을 세정하고 다시 정치한 후 시험조작을 반복한다.

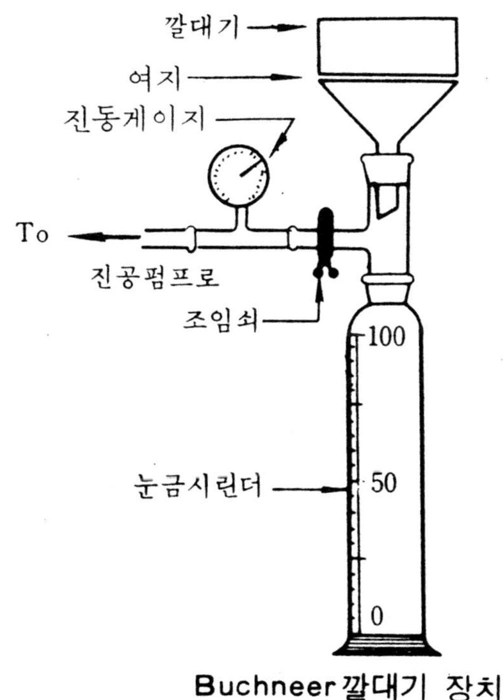

그림 14.17. Buchneer funnel test 장치.

14.8.5. CST test

　앞에서와 같이 슬러지 개량제의 선택은 Jar test 및 Bottle 실험, Capillary Suction Time 등을 하여 단단한 플럭형성을 보아서 선택하는 것이 필요하다. CST 장치는 그림 14.18과 같다. 슬러지액이 1㎝ 이동하는 데 소요되는 여과시간을 측정하는 floc의 강도(F)는 다음과 같다.

$$F = S_1 \ / \ S_2$$

여기서, F: Floc strength(as a fraction)

　　　　S_1: CST로 조정된 슬러지

　　　　S_2: 일정시간 실험실 교반 후 CST

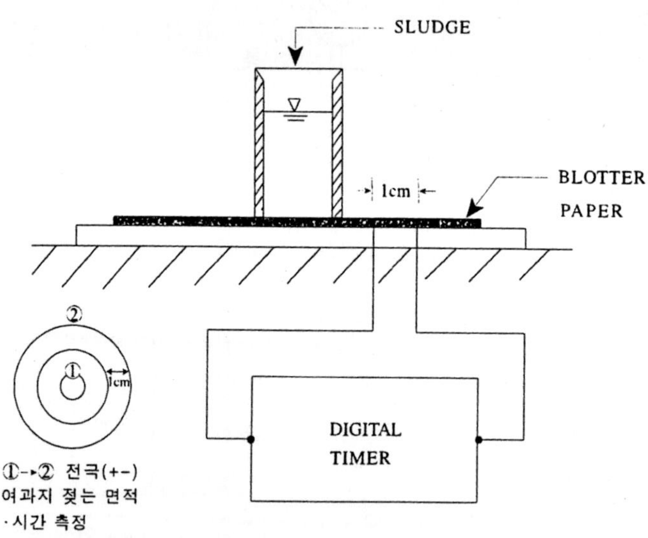

그림14.18. CST 장치.

14.8.6. 진공여과(眞空濾過, Vacuum filteration)

가장 널리 이용되는 기계식 탈수기로서 생(生)슬러지나 소화(消化)슬러지의 탈수에 모두 이용할 수 있다. 이 방법은 고형물(固形物)은 걸러내고 물은 통과시키는 다공성 여재(濾材)를 사용하는데 여재로서는 통상 강철제 Coil, 금속망, 섬유막이 사용된다.

여과는 그림 **14.19**에서와 같이 여과막으로 덮인 수평드럼(Drum)의 1/4 정도가 슬러지에 담긴 채 회전하며 Drum 내부에 작용하는 진공(眞空)에 의해서 슬러지는 대부분 막(膜)에 걸려서 고형물 층을 형성하게 되는데 이를 filter cake라 한다. 이때 Filter cake는 scraper에 의해서 여과기로부터 제거되며 이 반복은 계속된다.

진공여과기의 운영효율은 filter cake의 생산율로 측정되는데 이의 단위는 통상 여과기 표면적 1㎡당 1시간에 생산되는 건조된 고형물무게를 kg 단위로 나타낸 값(kg/㎡·hr)이다. 이 값은 활성슬러지의 경우 12 정도이며 잘 소화된 1차 슬러지의 경우 34 정도이다. 진공 여과된 슬러지, 즉 Filter cake의 함수율은 슬러지 질이나 개량 정도에 따라 차이가 있겠으나 대략 60~80% 정도이다. 소화슬러지는 취급하기가 쉽지만 활성슬러지는 여과 및 취급이 어렵다. 설계시 진공탈수기의 여과면적을 구하는 식은 다음과 같다.

$$A = 1,000(1 - W)\frac{Q}{R}$$

여기서, A: 여과면적(㎡)

Q: 슬러지량(㎥/hr)

W: 슬러지 함수비

R: 여과율($kg/m^2 - hr$)

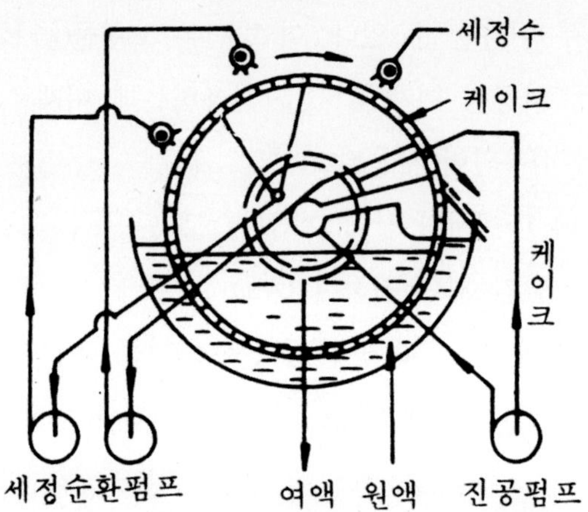

그림 14.19. young형 진공여과기.

14.8.7. 가압여과(Filter Press)

가압여과는 여과막을 통해서 슬러지를 압력으로 탈수시키는 방법으로 물은 여과되고 슬러지는 막에 남게 된다. 진공여과에서와 같이 응집이 필요하며 가압여과는 연속운전이 아닌 Batch 운전이다.

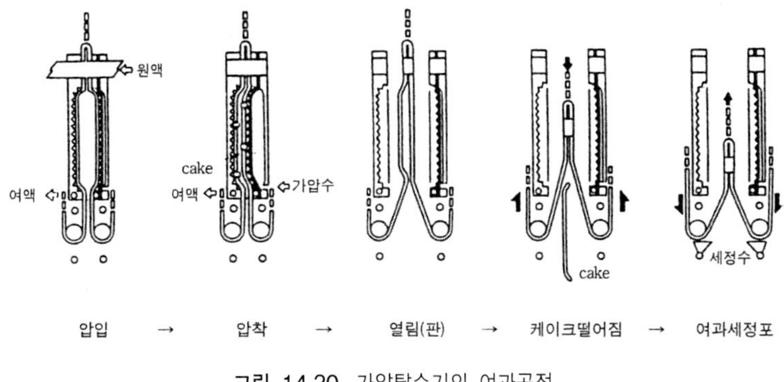

그림 14.20. 가압탈수기의 여과공정.

14.8.8 벨트프레스 탈수(Belt press filter)

이 방법은 최근에 흔히 쓰이는 방법으로 1개 또는 2개의 이동되는 belt
에 의해서 슬러지를 연속적으로 탈수시키는 방법이다. belt의 이동에 따라
roller 사이의 압력으로 탈수가 이루어진다.

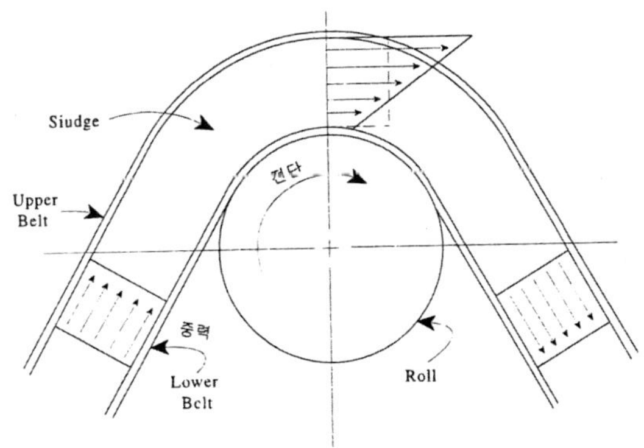

그림 14.21. 벨트프레스의 탈수 메커니즘.

14.8.9 원심분리(Centrifugation)

　원심분리법에 의한 슬러지의 탈수를 위해서는 슬러지 내의 고형물이 물보다 되도록 비중이 큰 것이 좋다.

　요즘 많이 사용되는 원심분리기는 Solid－bowl conveyor식으로 이는 Bowl과 Conveyor로 된 하나의 회전체로서 Bowl과 Conveyor의 회전속도는 약간 다르며, 중심축의 주입관으로 주입된 슬러지는 bowl의 벽에 붙으면서 나선형 Conveyor에 의해서 원주로부터 원추부분으로 밀려 물로부터 분리되어 전면에서 배출되고 액체는 유출구를 통하여 뒤로 배출된다.

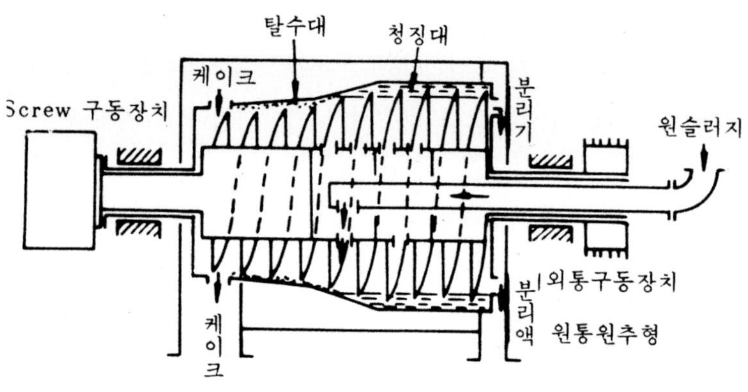

그림 14.22. 원심분리기의 구조.

14.8.10 슬러지 건조상(乾燥床)

　슬러지를 탈수시켜 건조시키는 일종의 모래층으로서 슬러지에 함유된

물 중에서 22~85%는 건조상에서 배수 제거되고 나머지는 증발된다. 건
조속도는 슬러지의 특성에 따라 다르나 지방분은 잘 건조되지 않으며 오
래된 슬러지도 건조속도가 느리다.

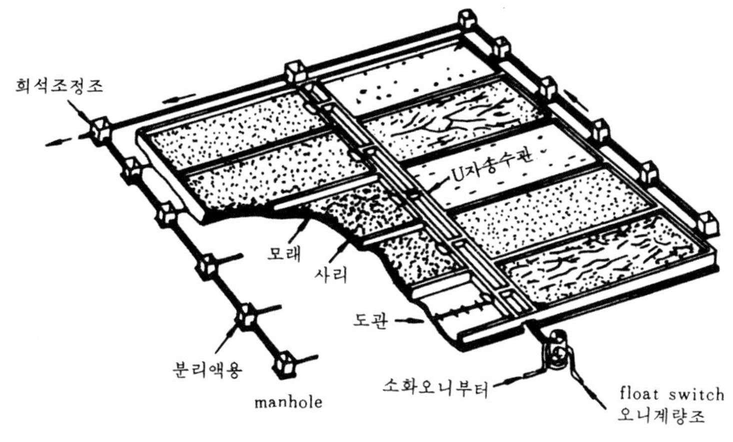

그림 14.23. 슬러지 건조상.

14.8.11. 가열건조(加熱乾燥 : heat drying)

슬러지를 가열시켜 건조시키는 방법으로 건조비용이 막대(莫大)하므로
잘 사용되지 않으며 건조 시 심한 냄새를 유발시킨다.

건조 슬러지를 이용할 수 있다면 경제성이 있는 방법이 될 수도 있다.

물리적, 화학적 혹은 생물학적 처리방법에 의하여 슬러지로 제거된 고형물은 농축 및 안정화한 다음 최종처분을 한다.

최종처분이 슬러지의 안정화나 부피감소의 정도를 결정하게 된다. 슬러지의 최종처분에 관한 문제점으로는 슬러지량의 증가, 슬러지 전용처분시설의 부족으로 탈수케이크 처분의 곤란, 매립지의 미확보 등이 시급한 실정으로서 최종처분의 결정은 건설비와 장기적인 유지관리비 슬러지의 최종처분방법, 지역적 규모와 특성, 운전관리능력, 매립지의 확보가능 여부 등의 종합적인 요소를 고려해야 한다. 슬러지 처분의 방법으로는 소각, 매립, 퇴비화, 해양투기 등의 방법이 있다.

슬러지 소각은 고온에서 슬러지의 수분을 제거시켜 유기물을 산화, 가스화하는 방법으로 종류별 특성은 표 14.7과 같다.

표 14.7 주요 소각로 종류별 특성 비교

구 분	다단 소각로	회적 소각로	유동층 소각로
소각로 내부 온도	700 – 900℃	700 – 900℃	750 – 850℃
공기비	1.3 – 2.0	1.1 – 1.15	1.3
탈수케이크 함수율	15 – 25% (건조기 필요)	10 – 20% (건조기 필요)	20 – 35%(건조기를 사용하는 것이 경제적)
노상면적 부하율	50 – 70kg/㎡ · h	5 – 70kg/㎡ · h	200 – 270kg/㎡ · h
소각로 용적 부하율(적정 발열량)	150,000 – 300,000 kcal/㎥ · h	70,000 – 90,000 kcal/㎥ · h	250,000 – 400,000 kcal/㎥ · h
열회수율	50 – 60%	30 – 50%	30 – 32%

슬러지의 매립은 함수율에 따라 매립지 내부에서 압밀성의 유동특성이 다르고 매립조건에 따라 침술수량 및 가스발생량이 달라지므로 충분한 사전 검토가 이루어져야 제2차 환경오염을 방지할 수 있다.

퇴비화는 자연계에 생존하는 박테리아, 조류 등의 미생물에 의해 에너지원이 많은 유기물질이 에너지원이 적은 무기성 최종생성물로 변환하여 그 생존에 필요한 에너지를 획득하기 위해 유기물을 분해하는 작용이다. 그 방법에는 호기성 방법과 혐기성 방법의 2가지 경우가 있는데, 퇴비화 원료의 조작인자를 보면 함수율, 점도 pH, C/N비 등에 영향을 받는다.

14.10 참고문헌

길경익(1993), 정수슬러지의 하수처리장 투입에 의한 영향연구, 고려대학교석
　　　사학회 논문.

배우근 외 2인(2002), 생물환경공학, 한국맥그로힐, 617~677.

서명교 외 7인(1999), 상·하폐수처리, 동이출판사, 651~769.

서울시정개발원(1997), 서울시 하수처리장 슬러지의 감량 및 재이용 방안에 관
　　　한 연구.

오계헌 외 5인(2004), 폐수미생물, 도서출판 동화기술, 365~389.

유광태 외 1인(1994), 생석회를 이용한 하수슬러지의 화학적 안정화, 대한 토
　　　목학회 학술발표 논문집(Ⅱ).

유대환 외 1인(1995), 국내하수처리장 2차 침전지의 설계 및 운전에 관한 연

구, 대한상하수도학회 학술발표회 논문집, 95.

윤오섭 외 6인(2001), 유해폐기물처리, 동화기술, 208~340.

윤오섭(1998), 폐기물처리기술, 동화기술, 397~524.

이승원 외 1인(2007), 수질환경기사 · 산업기사, 성안당, 341~356.

장준영(1992), 수질환경기사 실기, 성안당, 6 · 3~6 · 70.

조영일 외 4인(2002), 산업폐수처리공학, 동화기술, 510~560.

최의소(2001), 상하수도공학, 청문각, 319~360.

최의소 외 2인(1995), 하수슬러지의 농경지 이용, 한국 환경농학회지, 14, 1, 158.

환경부(1995), 폐수종말처리시설의 설계.

환경부(1997), 하수도시설기준

환경부(2008), 수질관리 교육용 교재.

환경부(2008), 수질관리 법정교육교재.

Chaney, R. L(1993) Public Health and sludge utilization, Biocycle, 31, 20, 68.

Choi, E. and Jhung, K.(1997) Current status of Anaerobic in Korea: From Biogus Generation to Return Flow Control, *Proc of the 5th International Conf of Anaerobic Digestion*, Vol, 1, 99.

EPA(1979), Process Design Manual for Sludge Treatment and Disposal, EPA 625/1 - 79 - 011.

EPA(1993) Federal Register, Standards for the use or Diposal of sewage Sludge Rule, 58, 32, 9247 - 9420.

Garelli, B. A. et al(1992) Improved Centrifuge Sludge Dewatering by steam and carbon Dioxide Injection, WET, 4, 6.

Howard, F. S.(1979) Energy Production Though Sludge/Refuse Pyrolysis,

JWPCF, 51, 4.

Martel, J.(1989), Development and Design of sludge Freezing Bedo, ASCE, EED, 115, 4, 799.

McKinney, R. E.(1982) Data Evaluation for the Design and Operation of Activated Sludge Plants, Eng Continuing Education Programs, Univ of Kansas, Lawrence.

Nielson, B.(1992) Sludge Dewatering Methods and Economy, Sludge 2000, Conference of Sludge Use and Disposal, Robinson, College, Cambridge.

Randall, C. et al(1992) Design and Retrofit of Wastewater Treatment Plants for Biological Nutrient Removal, Techromic Pub Co.

Visilind, P. A. and Martel, C. J.(1990) Freezing of Water and Wastewater Sludges, ASCE, EED, 116, 5, 854.

WEF(1998) Design of Municipal Wastewater Treatrnear Plants, MOP 8.

연습문제

14.11.1. 다음 용어의 정의를 설명하시오.

1) Thickening
2) A/S비
3) Zimpro 식
4) C/N비
5) 모관결합수

6) 여과비 저항
7) Leaf test
8) Buchneer funnel test
9) CST

14.11.2. 슬러지의 부피는 주로 함수율에 의하여 결정되며 함수율은 통상 무게에 의해 표현된다. 슬러지의 구성, 즉 고형물 성분과의 관계를 기술하라.

14.11.3. 슬러지 처리의 목표는 안정화, 부피감소, 처분의 확실성에 있다. 생오니를 자연상태에서 냄새가 나는 상태의 소화과정으로 들어가게 되고 또, 그것은 많은 병원균과 회충란 등을 포함하고 있으므로, 오니소화 과정에서 이들 처리를 고려해야 한다. 오니처리의 기본적인 목표를 설명하라.

14.11.4. 농축이론은 침전이나 부상이론과 별 차이가 없으며, 중력식에는 중력식 농축조(Gravity Thickener)와 기계식 농축조(Mechanical Thickener)가 있다. 중력식은 침전시설과 유사하며, 기계식은 슬러지가 서로 Bridging 되는 것을 방지시켜 주기 위한 교반장치가 첨가되어 있는 점이 다르다. 입자의 농축이론을 설명하라.

14.11.5. 농축된 슬러지는 그대로 이용될 수도 있으나 통상 더 처리된다. 처리방법에는 소화법(消化法 : Disestion)이 있는데 슬러지의 유기물을 제거하고 슬러지량을 감소시키는 데 목적이 있다. 혐기성 소화의 원리를 기술하라.

14.11.6. 슬러지의 개량(Conditioning)은 슬러지의 조정(調整)이라고도 하며, 슬러지를 탈수하기 전에 전처리로서 슬러지의 탈수특성을 좋게 하기 위해 실시된다. 슬러지의 개량방법을 설명하라.

14.11.7. 퇴비화는 자연계에 생존하는 박테리아, 조류 등의 미생물에 의해 에너지원이 많은 유기물질이 에너지원이 적은 무기성 최종생성물로 변환하여 그 생존에 필요한 에너지를 획득하기 위해 유기물을 분해하는 작용이다. 그 방법에는 호기성 방법과 혐기성 방법의 2가지 경우가 있는데, 퇴비화 원료의 조작인자를 기술하라.

기업과 환경

15.1 환경문제

지구촌 환경문제가 현실적인 위협으로 등장하면서 환경과 에너지 문제가 국가의 미래를 결정하는 새로운 녹색성장 패러다임으로 부각되고 있다. 녹색성장은 환경오염을 줄이고 경제를 살리는 지속 가능한 성장패턴이며, 환경과 경제 간의 악순환 구조를 선순환 구조로 전환하는 계기가 될 것이다. 기존의 경제 우선정책이 경제적으로 한계점에 도달한 것은, 국가와 사회의 모든 시스템 오작동의 산물이자 환경을 외면한 결과물이라고 표현해도 결코 지나친 표현은 아닐 것이다. 이제 환경문제는 환경자체만의 문제가 아니라 경제, 국방, 외교문제로 가시화되면서 환경을 모르고는 사업도, 정치도, 외교도 불가능하다고 해도 과언이 아닐 것이다. 그 근본적인 원인인 환경문제의 특성을 요약하면 다음과 같다.

- **상호관련성**

환경문제는 인간이 생활을 영위하기 위하여 행하는 모든 활동에서 발생되며 발생되는 양상 또한 다양하다. 인간이 먹고 남긴 음식찌꺼기는 쓰레기가 되며, 그 자체가 오염원이 될 뿐만 아니라 이를 소각하면 대기오염물질을 발생시키고, 매립 시 부적정 처리된 침출수는 수질을 오염시키며, 이렇게 오염된 물에서 자란 물고기는 식탁에 올려 우리의 건강을 해칠 수 있다.

대도시 아파트단지 및 공단조성 등 각종 개발행위는 분명 인간을 이롭게 하자는 것이지만 건설공사장의 먼지발생, 소음·진동, 자연환경 훼손 등의 오염이 크든 작든 필수적으로 수반되며, 조성된 공단에서는 폐기물과 대기·수질오염물질 등이 다양하게 발생된다.

● 광역성

오염물질은 공기와 물을 통하여 발생지역에서 인근지역으로 넓게 확산된다. 중국의 오염물질이 바람을 타고 우리나라에 와 백령도 같은 청정지역에 산성비를 내리게 하고, 낙동강 상류지역에서의 오염물질 유출은 낙동강 하류지역인 부산·경남지역 식수공급 중단사태를 발생시킨다. 이와 같은 오염영향의 광역화는 오염원인 제공자와 오염피해자가 서로 다른 결과를 초래하여 오염해결에 대한 비용부담 등에 있어 지역 간, 국가 간 분쟁을 초래하기도 하며, 지역 간 국가 간 협력체제 구축의 원인이 되기도 한다.

최근에 지구환경보전을 위한 국제적 노력이 활발하게 전개되고 있는 것도 오존층보호, 기후변화방지 등과 같은 환경문제를 한 국가의 노력으로는 해결할 수 없는 이러한 환경문제의 특성 때문이다.

● 시차성

환경문제는 발생에서부터 피해 발견까지는 상당한 시차가 존재한다. 토양 및 작물 잔류성이 강해 독성이 강한 것으로 알려진 DDT(Dichloro Disphenyl Trichloro Ethane)의 경우 1874년 최초로 합성되어 스위스의 밀러(Muller)가 1942년 DDT의 탁월한 살충효능을 발견한 이래 레이첼 카슨 여사가 1962년에 발표한 『침묵의 봄』에서 그 해독을 널리 알릴 때까지도 전 세계적으로 광범위하게 사용되었으며, 요즈음 우리가 흔히 듣고 있는 CFCs 또한 이미 오존층 파괴물질로서 그 해독이 널리 알려진 물질이지만 최초의 상품인 프레온이 시장에 나왔을 때는 생물학적 독성이 전혀 없다는 점을 증명하려고 담당과학자가 이것을 마시기까지 하였다고 한다. 이러한 환경 특성은 우리 인체가 즉각적으로 반응하지 않을 때 먹이사슬을 통해 우리 인체에 축적되며, 원상회복이 불가능한 정도로 악화된 다음에야 비로소 그 증상이 나타남으로써 뒤늦게 원인물질을 밝혀내는 경우도 생기게 된다.

- **오염물질 간 상승성**

각각의 오염물질들은 상호 화학반응에 의하여 더 큰 문제를 유발(상승작용)하는데 질소산화물이나 탄화수소가 대기 중에 존재할 때 이들이 인체에 미치는 영향보다 태양광선의 작용을 받아 오존(O_3) 등과 같은 이차 오염물질을 발생시킬 때 그 피해는 더욱 가중된다.

15.2 환경과 경제

환경은 경제활동에 필요한 유용한 서비스를 생산하는 자원이다. 이는 인간의 생명을 유지해 주며 쾌적한 분위기를 제공해 주고, 경제활동에 따른 원치 않는 부산물을 흡수 그리고 저장하며 생산에 필요한 원료와 에너지를 공급한다. 만약 폐기물을 흡수하는 환경의 수용능력이 무한하다면 환경오염 문제는 일어나지 않는다. 오염문제는 시장실패에 기인한 것으로 시장기구가 환경을 효율적으로 이용할 수 있도록 안내 역할을 하지 못하기 때문이다. 환경의 질이 떨어짐에 따라서 환경이 제공하는 서비스(Irreversibility of environment) 범위는 점차 좁아진다. 따라서 인간의 생명이 위협받고, 생산에 필요한 원료와 에너지를 제공할 수 있는 기능이 영향을 받아 장래의 경제성장에 해를 끼친다. 환경은 개인에게 있어서는 자유재지만 사회에서는 희소재인 것이다. 거시적인 관점에서 볼 때 궁극적으로 경제성장이 제한되는 것은 자원(토지, 노동 그리고 자본)의 희소성 또는 인구의 증감에서 오는 것이 아니고 희소한 환경자원에 기인한다.

환경이 생산하는 총 서비스의 가치를 최대화하기 위해서 국민은 일상생활에서 발생되는 오염물을 최소화하고, 기업은 생산과정을 재설계함으로써 폐기물을 최소한으로 줄여야 하며 한 생산과정에 의해서 발생된 부산물은 다른 생산과정의 원료가 될 수 있는 공장입지의 계획이 있어야 한다. 또한 재활용, 물질의 재이용 그리고 오염감축을 위한 기술들이 생산시스템에 통합되어야 한다. 정부는 대내적으로 부합한 목표를 세우고 이를 이행할 수 있는 효율적인 방법을 개발해야 한다. 환경의 질을 증가시키는 대가로 우리(국민, 기업 그리고 정부)는 환경오염을 방지하기 위한 비용을 나누어 가져야만 된다.

15.3 환경과 무역

환경과 무역의 연계문제가 최근에 빈번하게 논의되고 있다. 그러나 이

문제도 역시 과거부터 계속적으로 논의되어 발전되어 온 것이다. 최근 지구환경 보호문제와 더불어 중요성이 더하여 가고 있는 것이다.

무역에 관한 가장 중요한 국제간의 규범은 물론 GATT(General Agreements on Tariff and Trade, 관세와 무역에 관한 일반협정)이다. GATT는 자유무역을 구현하고 있으며, 또한 국가가 자국의 보건과 안전을 위하여 수입을 규제할 수 있음을 제20조에서 인정하고 있다.

더욱 중요한 사실은 일방적인 국가입법으로 자국만이 아니라 자국 외의 환경과 생태계를 보호하기 위한 무역규제조치를 도입하려는 추세가 늘고 있으며, 이러한 일방적인 조치를 합법화하기 위하여 GATT 제20조를 개정하거나 새로운 무역규범을 마련하고자 하는 움직임이, 소위 그린라운드(Green Round)라 하여 GATT를 중심으로 일고 있다.

엄격한 환경규제를 받고 있는 선진국의 생산자들은 국내 환경기준을 준수하기 위해서는 생산비용의 증가가 불가피하기 때문에, 이러한 규제를 받지 않는 외국상품의 수입으로부터 자국산업을 보호하기 위하여 이러한 제품의 수입에 대해 적절한 '환경상계관세'를 부과해야 한다고 주장하고 있다. 소위 전술한 그린라운드(Green Round)로 표현되기도 하는데, 이른바 개도국의 '생태학적 덤핑'(Ecological dumping)이 자국의 국제경쟁력을 약화시킨다는 우려 때문이다.

환경기준강화가 국제경쟁력을 약화시켰다는 증거는 없다. 물론 국가 간 환경기준이 상이하기 때문에 국내의 환경기준을 충족할 수 없는 기업들이 환경기준이 낮은 국가로 기업설비를 이전하기도 하였다. 이 경우에도 국제적 산업이전은 환경기준 이외에 노동력의 양과 질, 임금수준, 사회간접시설, 세금 관계, 시장규모, 운송비용 등 여타 요인에 의해 영향을 받는다는 사실을 감안하여야 할 것이다.

정부의 환경규제강화와 소비자의 저공해제품 선호현상에 부응하기 위해서 기업은 환경투자비용이 증가하여야 하고 이로 인해 당분간 기업의 국제경쟁력이 감소할 수 있을 것이다. 그러나 이러한 외국 환경변화에 능동적으로 대응하는 기업은 이를 계기로 장래의 경쟁력을 제고할 수도 있을 것이다.

예를 들면 환경오염을 저감하기 위한 자원 및 에너지절약 노력은 환경보호와 함께 기업의 원가절감에 기여하게 될 것이며, 오염물질의 절감을 위한 기술개발은 새로운 사업기회를 제공할 수도 있을 것이다.

그러나 선진국의 생산자들은 국제적 환경 관련 협약과 GATT 체제 내의 예외조항을 이용한 자국 산업의 보호, 더 나아가 명시적인 환경상계관세의 도입 등 환경을 무기로 한 보호주의의 확대가 지금의 현실인 만큼, 이에 대비한 성장패턴과 경제구조의 일대전환이 요구된다. 에너지 및 환경, 경제 간의 악순환 구조를 선순환 구조로 전환하기 위한 녹색성장 패러다임의 신성장 동력으로 기업의 국제경쟁력 극복이 절실한 시점이다.

15.4 지속가능한 개발(ESSD)

인간은 누구나 쾌적한 환경을 향유할 수 있는 보편적인 권리가 있고 장래 닥쳐올 위기(Ecological crisis)를 방어할 의무를 가지고 있다. 그러나 오늘날 경제성장과 사회발전의 과정에서 인간활동이 활발해짐에 따른 과도한 환경오염으로 인하여 자연환경에 미치는 영향이 점차 증대되고 있다. 환경오염으로 자정능력에 의존할 수 없을 정도로 확산되어 환경의 질(Environmental quality)을 보전하려는 노력은 이제 어느 한 나라에 국한되는 문제가 아닌 세계적인 공동관심사로 클로즈업되고 있다. 따라서 환경적으로 건전하고 지속 가능한 개발(ESSD, Environmentally Sound and Sustainable Development)은 지구환경 보전의 기본개념으로 확립되었다.

지속 가능한 개발의 핵심 개념인 Sustainable development란 개념은 1987년 환경과 개발에 관한 세계위원회(WCED)가 제출한 보고서 "Our Common Future"에서 처음 제시되었다.

지속 가능한 개발(Sustainable development)이란 "미래의 우리 후손이 그들 스스로의 요구를 충족시킬 수 있도록 가능케 하는 능력과 여건을 저해하지 않으면서, 현재 우리 스스로의 욕구를 충족시킬 수 있도록 하는 성장"으로 정의되어 있다.

기존의 개발방식이 지구환경 용량을 고려치 않는 무한생산, 무한소비에 기초한 지속 가능하지 않은 개발(Unsustainable Development)이었다고 한다면 지구 환경용량을 초과하지 않는 범위 내에서 제한적으로 시행되어 지속적인 성장을 가능케 하는 개발을 지속 가능한 개발(SD, Sustainable Development)이라고 할 수 있다. 지속 가능한 사회로의 전환은 우리 시내가 맞은 호기라고 할 수 있다. 앞에서 언급한 바와 같이 이러한 전환은 결코 쉬운 일이 아니지만 또한 불가능한 것도 아니다.

첫째, 우리 인류는 인구과잉, 식량부족, 전쟁 또는 오염 등으로 인해 결국 멸망한 것이라고 경직된 사고방식을 가져서는 안 된다. 이러한 경직된 자세로부터는 창조적인 사고나 행동이 나오지 않기 때문이다.

둘째, 기술에 대한 맹종을 버려야 한다. 우리 인류의 문제를 해결하기 위한 최종 해답은 기술이 아니다. 기술은 단지 해답의 일부분임을 알아야 한다. 오늘날의 문제는 현재의 상황에 의하여 야기된 것이기 때문에 과거를 회상하며 편하고 쾌적했던 날들을 그리워하는 것은 문제해결에 아무런 도움을 주지 못한다. 시대가 요구하고 있는 것은 새로운 문제에 새로운 해결책이 있어야 한다는 것이다.

셋째, 우리는 편협한 사고방식을 지양하여야 한다. 지속 가능한 사회를 건설하기 위해서는 우리 모두의 창조력이 필요하다. 우리가 추구하고 있는 미래사회의 모습이 어떤 것인지 정확히 알지 못할 경우에도 그 사회가 어떻게 유지될 것이라는 원리는 알고 있다. 이러한 이유만으로도 지속 가능한 사회를 건설하는 데 참여하기에는 충분하다.

15.5 기업의 역할

기업은 대규모 생산, 대규모 소비라는 측면에서 환경문제에서 차지하는 비중이 일반 개인보다 크며 환경문제에서 차지하는 역할도 매우 중요하다. 선진국을 중심으로 일부기업에서 일고 있는 녹색생산, 녹색소비, 그린마케팅, 그린메뉴펙투어링은 환경문제에 있어서 기업의 역할을 단적으로 표현하고 있다.

15.5.1. 청정기술

청정기술(Clean Technology)이란 어휘가 암시하는 바와 같이 '깨끗한 기술', '맑은 기술', '오염이 없는 기술'을 뜻하며 저오염, 저공해 기술(Low and non－waste technology)로 통칭된다. 즉 발생된 오염물질을 처리하는 사후처리기술(End of pipe technology)의 상대적 개념으로 사용된다. 청정기술은 20세기 말의 최고의 환경기술로 표현되며 환경오염물질의 사후처리기술만으로는 계속 증가되는 환경오염문제를 해결할 수 없다는 측면에서 각광을 받고 있다. 청정기술의 개념에서 중요한 요소는 제품의 생산에는 큰 영향을 미치지 않으면서 오염을 원천적으로 줄이자는 발상이다. 이런 측면에서 '오염은 적게, 생산은 보다 좋게(Better production with less pollutants)'라는 표현으로 잘 알려져 있다.

이러한 청정기술의 기본개념은 (1)기존공정의 최적화(Process optimization) (2)공정의 개선(Process modification) (3)공정의 변화(Process change)에 의한 오염물질 배출 자체를 줄이기도 하고, 배출된 오염물질을 처리한 후 자체 공정 또는 타 공정에 이용할 수 있을 것이다.

결론적으로 제품의 설계, 생산, 유통, 사용, 폐기 등에 걸친 환경영향을 최소화하기 위해 전 과정 평가(LCA, Life Cycle Assessment)와 PPM_s(Process and Production Methods) 관리가 요구된다.

15.5.2. 상품의 저공해화

환경오염 규제의 강화는 기업들로 하여금 환경오염 효과가 적은 상품의 생산을 유도하고, 소비자들의 환경욕구 증대는 이 같은 상품에 대한 수요를 증가시키는 요인이 된다. 즉 규제가 강화되면서 환경오염을 발생시키는 것이 비용화됨에 따라 환경오염을 발생시키는 제품과 환경오염을 덜 발생시키는 제품과의 생산비 차이가 줄어들게 되고, 소비자들이 저공해상품을 선호함에 따라 기업은 기존상품을 저공해화한 제품을 개발, 판매함으로써 높은 수익을 얻을 수 있게 되는 것이다.

15.5.3. 기업의 자연보호운동

환경오염이 사회적 문제로 대두되면서 '기업의 환경에 대한 기여도'가 기업의 이미지 및 경영실적까지 영향을 미치게 된다. 환경보호자로 인식된 기업은 그에 상응하는 이익을 향유하게 될 것이며 환경파괴자로 낙인찍힌 기업은 불이익을 초래하여 경쟁에서 도태되는 사태도 발생하게 될 것이다.

따라서 기업의 입장에서는 직접적인 이익과 바로 연결되지 않는다 하더라도 국민들에게 좋은 이미지를 심어줌으로써 장기적으로 이익을 증대시킬 수 있는 방안이 되기도 한다.

15.5.4. 폐기물 회수시스템의 마련

대량생산, 대량소비로 대변되고 고도산업화 사회에 있어서 다량의 폐기물 발생은 필연적인 것이며 이는 환경오염을 유발시켜 궁극적으로 낭비를 초래하게 된다.

폐기물 처리문제에 있어서 생산 및 유통을 담당하는 기업은 폐기물의 종류에 관계없이 책임을 회피하기 어려울 것이다. 이제 과거와 같이 산업폐기물은 기업이, 생활폐기물은 공공기관(소비자들이 비용을 부담)이 처리를 담당해야 하는 시기는 지난날의 과거일 뿐이다. 기업의 폐기물 회수시스템이 효율적으로 활용되기 위해서는 시스템의 구축과 함께 설계, 생산단계에서는 사전적인 고려가 무엇보다도 중요하다. 기업들은 적정 처리가 어려운 제품의 생산중단, 과잉포장 및 불필요한 모델변경의 자제, 제품의 표준화 및 규격화, 리사이클을 고려한 제품의 설계 등을 동시에 모색하는 자세가 필요할 것이다.

15.5.5. 자원의 재활용

현재 폐기물 처리문제에 대한 대책은 크게 매립과 소각을 포함한 중간처리의 추진, 재활용의 촉진, 폐기물 자체의 감량화 등으로 나누어진다. 폐기물처리와 관련된 방법 중 국가별로 차이는 있지만 전체 폐기물의 80~90%가 매립이나 소각처리에 의존하고 있는 실정이다.

그러나 폐기물 소각로, 매립지 등 폐기물 처리시설의 설치는 해당지역

주민들의 반대로 어려움이 심화되고 있는 상황이며, 재활용의 추진 역시
기존제품에 비해 가격 경쟁력이 열세에 있어 진전이 순조롭지 못한 상태
이다. 또한 폐기물의 감량화는 라이프스타일의 변화를 포함하는 장기적
과제에 속하는 것으로 기업이나 소비자 모두의 인식변화가 전제되어야
된다는 특성을 지니고 있다.

　폐기물 재활용을 활성화시키기 위해서는 민간기업의 참여가 불가피하
다고 볼 때, 어떠한 방법으로 경제성을 확보하는가가 차후의 과제로 대두
될 수 있다. 한 예로 폐기물을 재생하여 절반의 비용으로 제품을 생산했
다고 하더라도 폐기물을 수거, 분리 세척, 운송하는 비용 모두를 포함시
켜야 하기 때문에 기존 제품에 비해 경제성을 확보하기는 쉽지 않다는
설명이다.

15.6　환경오염 규제

15.6.1. 환경기준(Environmental quality standards)

　환경기준이란 일반적으로 그 지역 환경유지에 요구되는 일정한 조건을
전제로 요청되는 기준이라 할 수 있다. 환경기준은 직접규제를 위한 규제
기준이라기보다는 어느 범주 내의 지역에 대한 목표기준이다. 예를 들어
서울지역의 대기, 수질, 소음·진동에 대한 지역환경기준을 들 수 있다.
　환경기준은 정부가 지향하는 일종의 목표기준으로서 크게 4가지의 의

미를 갖는다.

첫째, 환경질의 목표(Goal)에 해당하며, **둘째,** 환경규제관리의 지침 (Guideline)의 성격을 띠며, **셋째,** 환경질 달성 여부에 대한 판정기준 (Criteria)에 해당하고, **넷째,** 환경질에 대한 표준(Standard)에 해당한다고 할 수 있다.

우리나라의 경우 환경정책기본법상의 환경기준은 지역환경조정의 유지·개선을 위한 정부 행정상의 목표로서 설정하고 이를 달성·유지하기 위하여 환경오염방지 계획, 배출기준의 강화 등 여러 가지 대책을 강구하지 않으면 아니 된다. 이 기준은 행정법상의 허용한도도 아니며 그것이 유지되지 않을 경우 행정적 규제를 발동하는 규제기준도 아니다. 환경기준은 환경오염대책 추진에 있어 행정상의 목표일 뿐이며 법적 구속력은 갖지 않는다.

15.6.2. 수질환경기준

우리나라의 수질환경기준은 1977년 환경보전법에 근거하여 마련되었고, 현재는 환경정책기본법에 근거하고 있으며 수역별, 항목별, 등급별로 구분하여 설정하고 있다.

수역별로는 하천, 호소, 해역으로 구분하고 있으며, 기준항목이 대부분 유사하나 유기물질에 대한 기준항목이 하천의 경우는 생물화학적 산소요구량(BOD)을 택하고 있는 데 반하여 호소와 해역에서는 화학적 산소요구량(COD)을 기준으로 하고 있다. 그 외에도 부영양화와 적조현상의 지표로서 호소와 해역에서는 총질소와 총인항목이 추가되어 있다.

항목별로는 생활환경기준과 사람의 건강보호기준으로 구분하고 있으며, 생활환경 기준으로는 pH, 생물화학적 산소요구량(BOD), 화학적 산소요구량(COD), 부유물질(SS), 용존산소(DO), 대장균군수 등 6개 항목이 있으며, 인체건강보호기준 항목으로는 카드뮴(Cd), 비소(As), 시안(CN), 수은(Hg), 유기인, 납(Pb), 크롬(Cr), 피시비(PCB) 등 9개 항목이 있다. 하천과 호소의 경우는 Ia등급에서 VI등급까지 7개 등급으로, 해역에서는 3개 등급으로 구분하여 설정하고 있다.

15.6.3. 배출기준

오염물질의 배출규제는 배출기준을 중심으로 하며 이 기준을 초과하여 오염물질을 배출하는 오염원에 대하여 그 배출을 억제하여 오염을 방지하려는 수단이다. 따라서 배출규제에 관한 항목으로 배출기준, 배출시설의 종류, 오염물질의 종류, 오염물질의 측정방법에 관한 규정을 두고 있는 것이 보통이다.

배출기준이라 함은 배출시설에서 배출되는 환경오염의 요인이 되는 오염물질의 최대허용량 혹은 최대허용농도를 말하며 이를 배출허용 기준이라고도 한다. 이 배출기준은 오염규제 입법상의 강제조치의 한계가 되며 배출부과금의 기준이 된다는 점에서 매우 중요한 의미를 지니고 있다.

15.6.4. 농도규제와 총량규제

농도규제방식은 오염원 수와 규모가 증대됨에 따라 많은 오염물질이 환경 속에 축적된다는 사실과 관련하여 재검토하지 않으면 아니 된다. 배출기준에 의해 규제가 완전히 이행되더라도 오염물질에 의한 전체적인 오염량은 방지하기 어렵고 오염물질 배출시설의 수가 증가하게 되면 개별배출시설에서 배출기준을 준수한다 하더라도 환경기준의 달성이 어려운 경우가 발생하게 된다. 여기에서 오염물질 총량의 규제문제가 대두되게 된다(그림 15.1).

총량규제라 함은 각 지역의 대기나 하천, 항만 등의 자연정화작용, 기상, 지형 등을 조사하고 그 오염한도량을 산출하여 이를 기초로 그 지역에 있는 공장, 사업장 등에 대하여 유해물질의 배출량을 할당하는 방식이다. 이 방식이 적용되면 각 배출시설의 1일 배출절대량이 정하여지기 때문에 각 배출시설로서는 이를 충족할 수 있는 오염방지 장치를 설치하든가 조업단축을 하든가 혹은 배출시설을 이전하든가 하여야 하므로 오염축적의 방지에 큰 역할을 기대할 수 있고, 나아가 건전한 환경을 보전할 수 있게 되는 것이다.

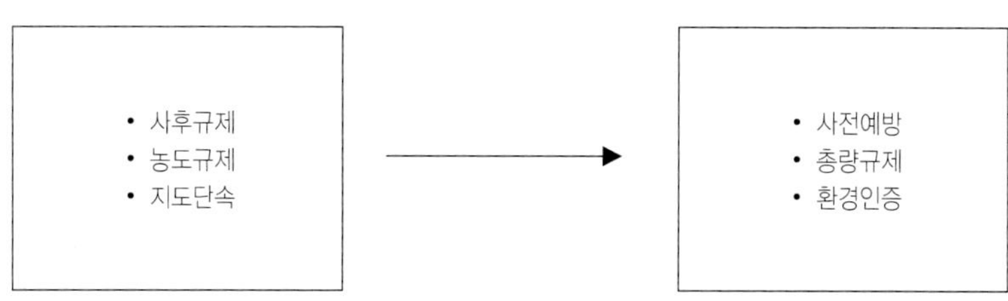

그림 15.1. 정부의 환경정책 방향.

15.6.5. 간접규제방법

환경오염물질 배출에 대한 규제에는 크게 두가지를 들 수 있다. **첫째**가 전술한 직접적인 규제방식이며, **둘째**가 경제적인 유인책을 통하여 간접적으로 환경기준의 달성을 꽤하는 것이다.

우리나라는 물론 주요 국가의 환경규제는 점차 직접적 규제방식에서부터 간접 규제방식으로 전환되어 가는 추세이다(그림 15.2). 환경오염방지를 위한 간접규제방식에는 배출부과금제도, 제품부과금제도, 과징금제도 등이 있다.

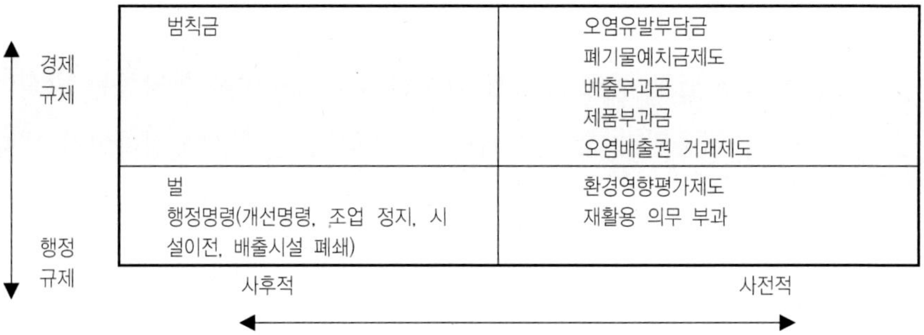

경제 규제	범칙금	오염유발부담금 폐기물예치금제도 배출부과금 제품부과금 오염배출권 거래제도
행정 규제	벌 행정명령(개선명령, 조업 정지, 시설이전, 배출시설 폐쇄)	환경영향평가제도 재활용 의무 부과
	사후적	사전적

그림 15.2. 환경규제방식의 변화추세.

 배출시설설치(변경) 허가

15.7.1. 배출시설설치 허가제도

배출시설설치 허가제도란 국민건강과 생활환경에 피해를 주거나 또는 줄 우려가 있는 오염물질을 배출하는 시설의 무분별한 설치, 운영을 제한 하는 데 있다. 국가의 환경자원이 파괴되는 것을 예방하기 위하여 국가는 배출시설의 자유로운 설치를 법으로 제한하고, 배출시설을 설치하고자 하는 자는 법이 정하는 요건을 갖추어 환경오염 피해를 최소화한 경우(오염 물질, 배출허용기준 이하로 배출하는 등)에 한하여 배출시설의 설치·운 영을 개별적으로 허용하는 제도를 말한다. 그동안 환경보전법에 의해 운 영되어 오던 이 제도는 환경보전법이 개별법화되면서 무허가 배출시설에 대한 이행강제수단이 신설되는 등 허가업무의 중요성이 더욱 확보되었다.

배출시설설치 허가제도는 배출시설을 설치하고자 하는 자가 시설을 설 치하기 전에 제출한 허가신청서류의 내용심사를 통하여 일정요건 충족을 전제로 배출시설의 설치를 허가하는 사전허가이며, 배출시설을 설치하고 자 하는 자의 능력, 지식 등 주관적 요소를 대상으로 하는 대인적 허가가 아니고 물건의 내용, 상태 등 객관적 요소를 대상으로 법상 선정된 소정 의 물적 요건만 충족하고 있으면 허가가 가능한 대물적 허가이다. 또한 허가 유효 기간이 한정되어 있지 않을 뿐 아니라 허가 갱신제도도 없기 때문에 최초허가를 득하여 설치한 배출시설이 존재하는 한 허가의 효력 은 지속되는 무기한 허가로 볼 수 있다. 그러나 최초로 허가받은 사항 중

중요 사항을 변경할 경우에는 변경허가를 받도록 의무화하고 있는바, 이 것이 사실상 허가 갱신제도의 기능을 수행한다고 볼 수 있다.

이와 같은 배출시설설치 허가는 법령에 특별한 규정이 없는 한 적법한 허가신청이 있는 경우에는 반드시 허가를 해 주어야 하는 기속허가라 할 수 있으며, 법상 허가요건을 충족하더라도 우선 여부를 판단하여 허가를 보류할 수 있는 자유제량허가는 아니라고 본다.

15.7.2. 허가의 제한 및 효과

(1) 허가의 제한

국가는 국민의 쾌적한 환경조성과 수질환경기준을 유지하기 위하여 다 음과 같은 사안에 대하여 배출시설의 설치허가를 제한한다.

- 허가를 받고자 하는 배출시설로부터 배출되는 오염물질로 인하여 환경기준의 유지가 곤란하거나 주민의 건강·재산이나 동·식물의 생육에 중대한 위해를 가져올 우려가 있는 지역
- 허가요건을 갖추어 신청한다 하더라도 국토이용관리법 등 관계법령 등에 의하여 배출시설설치가 불가능한 지역
- 배출시설의 설치허가를 위하여 건축물의 신축, 증축 또한 용도변경 을 필요로 하는 건축법 등의 관계규정에 의한 당해공정의 신축, 증 축, 용도변경 등이 불가능한 지역 등에는 배출시설설치 허가가 제 한된다.

(2) 허가의 효과

법상 요건을 갖추어 허가를 받으면 배출시설을 설치할 수 있다. 그러나 본 허가는 자동적으로 동 시설의 조업, 운영까지도 보장하는 것이 아니다.

즉 배출시설을 설치 완료하고 가동개시 신고 후 배출시설설치 허가 관청으로부터 검사를 받아 배출시설 및 방지시설의 적합판정을 받지 않으면 안 된다.

15.8 위법행위에 대한 제재 및 행정구제

15.8.1. 제재의 종류

행정법규 위반행위에 대한 제재는 크게 행정벌과 행정처분의 두 가지로 나누어진다. 행정벌은 그 주체가 사법기관이고 행정처분은 그 주체가 행정기관인 점이 다르다. 또 행정벌은 행정목적의 달성에 장해를 주는 등 행정상의 질서를 문란하게 한 행위에 대하여 가해지는 행정질서벌로 구분된다. 행정형벌은 벌금, 징역 등 형법상에 형명(刑名)이 있는 형벌을 지칭하며 행정질서벌은 과태료를 말한다. 행정기관이 처벌주체가 되는 행정처분에는 환경법상 개선명령, 조업정지처분, 허가취소처분, 배출부과금부과처분 등 다수가 있다. 이상에서 언급한 행정상 위법행위에 대한 제재를 요약하여 표시하면 아래와 같다.

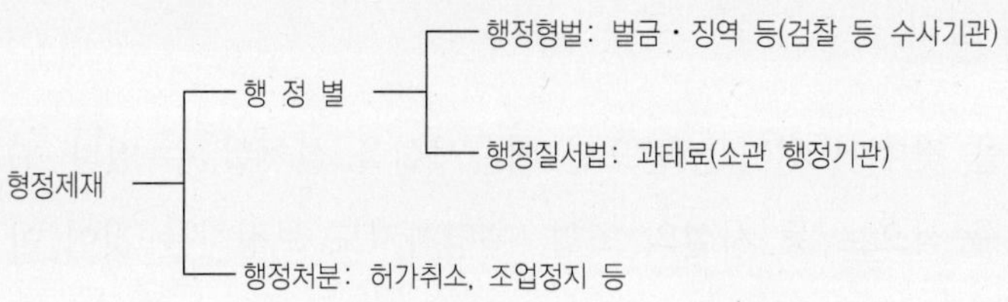

또한 하나의 위반행위에 대하여 행정벌과 행정처분을 병과할 수는 있
으나 같은 행정벌에 속하는 행정형벌과 행정질서벌을 병과할 수는 없다.

15.8.2. 행정구제(行政救濟)

일반적으로 행정기관의 위법·부당한 행위로 인한 국민의 권익을 보호
하기 위하여 행정구제제도가 인정된다.

현행법상 인정되고 있는 행정구제제도로는 사전절차로서의 청문제도와
사후절차로서의 행정심판과 행정소송이 있다.

(1) 청문

청문은 행정기관이 행정처분을 하기에 앞서 미리 처분의 상대방에게 의
견진술의 기회를 주는 것을 말한다.

청문은 상대방으로 하여금 청문에 출석하거나 또는 서면으로 위반행위
에 대한 변명을 하거나 자기에게 유리한 증거를 제시할 수 있는 기회를
주기 위한 것으로 민주이념에 부합됨과 동시에 사전적 권리구제 제도로

서의 기능을 한다.

환경법에서는 조업정지, 허가취소 등 비교적 불이익이 큰 행정처분을 할 때에는 반드시 청문절차를 거치도록 규정하고 있다. 따라서 그와 같은 경우에 청문 없이 행정처분을 하게 되면 그 처분은 효력을 발생할 수 없게 된다.

(2) 행정심판

위법·부당한 행정처분으로 인하여 자기 권익을 침해받은 상대방은 행정기관에 대하여 동 처분의 취소를 구하는 행정심판을 제기할 수 있다(행정심판법). 행정심판은 행정기관의 고지(告知)가 있는 경우에는 그로부터 60일 이내에 그렇지 않은 경우에는 180일 이내에 처분청에 제기하여야 한다. 행정심판에 대한 판단(재결)은 처분청의 직근상급 행정청이 하게 된다.

(3) 행정소송

행정처분의 상대방은 행정심판결과(재결)에 이의가 있으면 다시 사법기관에 행정소송을 제기할 수 있다.

행정소송은 행정심판을 거치지 아니하고는 곧바로 제기할 수 없음이 원칙이다(행정심판전치주의). 그러나 행정심판 제기 후 60일이 지나도 재결이 없는 등의 경우에는 행정심판을 거치지 않고 직접 행정소송을 제기할 수 있는 예외가 있다.

김락주 외 1인(1998), 환경과학총론, 동화기술, 69~80, 366~381.

김준화 외 3인(1998), 환경과학, 형설출판사, 355~365.

박석환 외 5인(2002), 환경생태학, 신광출판사, 165~182.

환경부(2008), 수질관리 교육용.

환경부(2007), 수질관리 전문관리과정.

환경부, 수질 및 수생태계보전에관한 법률.

환경부, 환경정책기본법.

환경부, 폐기물관리법.

환경부, 대기환경보전법.

15.10.1. 다음 용어의 정의를 설명하시오.

1) GATT
2) Green round
3) 환경상계관세
4) Ecological dumping
5) ESSD
6) LCA
7) PPMs
8) 환경기준
9) 배출기준
10) 총량규제
11) 농도규제

15.10.2. 환경문제는 환경자체만의 문제가 아니라 경제, 국방, 외교문제로 가시화되면서, 환경을 모르고는 사업도, 정치도, 외교도 불가능하다고 해도 과언이 아닐 것이다. 그 근본적인 원인인 환경문제의 특성을 요약하여 설명하라.

15.10.3. 지구촌 환경문제가 현실적인 위협으로 등장하면서, 환경과 에너지 문제가 국가의 미래를 결정하는 새로운 녹색성장 패러다임으로 부각되고 있다. 녹색성장은 환경오염을 줄이고 경제를 살리는 지속 가능한 성장 패턴이며, 환경과 경제 간의 악순환 구조를 선순환 구조로 전환하는 계기가 될 것이다. 녹색성장이란 무엇을 의미하는가.

15.10.4. 선진국의 환경을 무기로 한 보호주의의 확대가 지금의 현실인 만큼, 이에 대비한 성장패턴과 경제구조의 일대전환이 요구된다. 에너지, 환경

및 경제 간의 악순환 구조를 선순환 구조로 전환하기 위해서는 녹색성
장 패러다임의 신성장 동력이 절실한 시점이다. 새로운 신성장 동력에
대하여 설명하라.

15.10.5. 기업은 대규모 생산, 대규모 소비라는 측면에서 환경문제에서 차지하는
비중이 일반 개인보다 크며, 따라서 환경문제에서 차지하는 역할도 매
우 중요하다. 선진국을 중심으로 일부기업에서 일고 있는 녹색생산, 녹
색소비, 그린마케팅, 그린메뉴펙투어링은 환경문제에 있어서 기업의 역
할을 단적으로 표현하고 있다. 환경문제에 대한 기업의 역할은 무엇이
요구되는가.

15.10.6. 환경기준은 행정법상의 허용한도도 아니며 그것이 유지되지 않을 경우
행정적 규제를 발동하는 규제기준도 아니다. 환경기준은 환경오염대책
추진에 있어 행정상의 목표일 뿐이며, 법적 구속력은 갖지 않는다. 근
본적인 목표기준을 설명하라.

210, 215
Break throgh point ; 173
Brownian motion ; 114, 222
Buchner funnel test ; 538

(C)
Capillary pore ; 163
Catabolism ; 238, 248, 303
Centrifugation ; 544
CFSTR ; 294~297, 303, 320, 363
Chemical adsorption ; 163
Chemical conditioning ; 529
Chemotroph ; 244, 245
Chloramin ; 211, 227
Ciliophiora ; 234
Clean technology ; 561
Cleaning ; 197
CMC ; 122, 123, 222
Coagulation ; 39, 115, 221, 222, 288,
    489, 498
Colloidal fouling ; 192
Colloidal system ; 110, 222
Competitive inhibitor ; 260, 303
Complete mix ; 289, 318, 320
Concentration polarization ; 191, 226
Conditioning ; 528, 551
Contact stabilization ; 344
Continous flow stirred tank reactor ;
    294, 296, 304
Continuous culture ; 269, 270
CPI(corrugated plate intercepter) ; 37
Critical micellar concentration ; 122
CST test ; 540
CT ; 208

(D)
DAF(dissolved air flotation) ; 489
DBP(disinfection by-product) ; 491
DE(diatomaceous earth) ; 490
Death phase ; 269
Deep shaft activated sludge process
    ; 363
Denitrification ; 341, 465, 466, 498
Density ; 188, 197
Desalination ; 199
Dialysis ; 114, 222
Dichloramin ; 212
Disestion ; 512, 551
DLVO ; 124~126, 222
Doubling time ; 263
Downflow filter ; 146

(E)
EBCT ; 173, 222, 498
EBCT(empty bed contact time) ; 493
Ecological crisis ; 558
Ecological dumping ; 557, 575
Electrical double layer ; 117, 222
Electrodialysis ; 457, 498
Electrodialysis cell ; 457
Electro-osmosis ; 128
Electrophoresis ; 115, 128
Electrophoretic mobility ; 133
Electrostatic force ; 177
End of pipe technology ; 561
Endogenous decay ; 274, 303
Enhanced coagulation ; 492
Environmental quality standards ; 564
Enzyme ; 308
ESSD ; 558, 575
Eucaryote ; 230

Micro strainer ; 23
Microfiltration ; 186, 198
Microfloc ; 100
Microsand ; 489
Microstrainer ; 159
Mitosis ; 231
Mixed liquor suspended Solids ; 330
MLE(modified ludzack-ettinger) ; 470
MLSS ; 175, 202, 204, 315, 320,
      329~335, 340, 343, 346, 351,
      352, 364
Modified aeration process ; 345
Module ; 186, 187, 194
Mono chloramin ; 212
MUCT(modified university of cape
      town) ; 472
Mud ball ; 157, 222

(N)
Nanofiltration ; 199, 490
Natural logarithms ; 265
Nitrification ; 219, 466, 495, 498
Nitrobacter ; 464
Nitrosomonas ; 464, 484, 498
Noncompetitive ; 259
Noncompetitive inhibitor ; 261

(O)
Odor ; 135, 217, 378
Organic carbon ; 497
Organic fouling ; 192, 200
ORP(oxidation reduction potential) ;
      78
Osmosis ; 116, 222
Oxidation ditch process ; 347
Oxidation number ; 69

Oxidation pond ; 236, 441, 446
Ozone/H$_2$O$_2$ (PEROXONE) ; 100, 101
Ozone/high pH ; 100, 101
Ozone/UV AOP ; 102

(P)
PAC ; 165, 174, 175, 219, 491, 494
PACT® ; 174
PAOs(phosphorus accumulating organism)
      ; 478, 499
PCE(tetrachloroethylene) ; 491
pH ; 29, 38, 57~61, 68, 78, 83, 140,
      236, 310, 333, 382, 409, 454,
      492, 527
Phostrip ; 451, 483
Photoautotroph ; 243, 303
Photo-Fenton ; 92, 93, 218, 222
Photoheterotroph ; 243, 245, 303
Photosynthesis ; 236
Phototroph ; 243, 244
Physical adsorption ; 163
Plankton ; 235
Plate and frame ; 186, 194, 195
Plug flow reactor ; 291, 296
Poly hydroxybeta butyrate ; 480
Ponding ; 370, 377, 393
Post chlorination ; 215
Potential hydrogen ; 62
PPI(parallel plate inercepter) ; 36
PPMS(process and production methods)
      ; 561
Pre chlorination ; 215, 223
Presedimentation basin ; 39
Pressure filter ; 144
Primary sendimentation ; 40
Procaryote ; 230

Process modification ; 561
Process optimization ; 561
Protozoa ; 230, 233, 238, 303, 311
Psychrophilic microbes ; 246
Pure oxygen aeration ; 351, 365

(R)
Rapid sand filter ; 145
RBR(rotating biological reactor) ;
    379
Reaction rate ; 279
Recirculation rate ; 375
Red tide ; 236
Reverse osmosis ; 186
Reversible accumulation ; 192, 193
Reynolds number ; 42, 222
Rotifer ; 237, 238, 367

(S)
Salting out ; 115
Sarcodina ; 233, 234, 238, 311
Scouring velocity ; 28
Screening ; 23, 301
SDI(species diversity index) ; 334
Sedimentation ; 38
Sedimentation potential ; 128
Septic tank ; 413, 424
Sequencing batch reactor SBR ; 358,
    494
Shock load ; 294, 305, 339
Short curcuiting ; 294
Sidestream ; 482, 483, 487
Slow sand filter ; 145
Sludge age ; 331
Sludge blanket ; 142, 429
Sludge bulking ; 236, 311, 319, 333,

339, 363, 386, 394
SDI(sludge density index) ; 334
SVI(sludge volume index) ; 333
SOC$_s$(synthetic organic compounds)
    ; 491
Sol ; 112
Solid retention time ; 276
Solubility product ; 62, 63, 222
Solubility product constant ; 62
Specific growth rate ; 276, 303
Specific substrate utilization rate ;
    276
Spiral wound ; 186, 194, 195
Stabilization pond ; 441
Stationary phase ; 269
Steady state ; 255, 277, 497
Steaming potential ; 128
Step aeration ; 318, 319, 342, 363
Stokes raw ; 222
Strainer ; 150
Streaming current detector ; 489, 498
Submerged orficie ; 51
Suctoria ; 234, 238, 311
Sulfur oxidizing bacteria ; 245
SCWO(supercritical water oxidation)
    ; 105, 222
Superoxide Ion ; 98, 225
Surface ; 110
Surface activity ; 122
Surface chemistry ; 110, 220
Surface force ; 163
Surface science ; 110
Sustainable development ; 559
Synthetic organic compounds ; 490

(T)

210, 226
고분자 응집제 ; 131, 132, 137, 156, 158
고분자 전해질 ; 131, 135, 138
고온성 미생물 ; 246
고율 연못 ; 524
고율(고속) 살수여상법 ; 374
고율소화조 ; 518, 520
고정양전하 ; 458
고정음전하 ; 458
고정흡착방식 ; 173
고형물 체류시간 ; 276, 331, 332, 364, 479
곰팡이류 ; 109, 236
공간속도 ; 493
공공하수도 ; 413
공기부상 ; 53, 54
공기부상의 기구 ; 510, 511
공기장애 ; 156
공유결합 ; 259, 528
공탑접촉시간 ; 173
과망간산칼륨 산화 ; 103
관능기 ; 177
관세와 무역 ; 557
관형 ; 186, 194, 195, 291
광독립영양체 ; 243
광영양체 ; 243
광종속영양세균 ; 245
광 – 펜톤산화법 ; 92
교빈조 흡착방식 ; 173
규조토여과 ; 144, 490
균류 ; 188, 236, 310, 339
그린라운드 ; 557
금속수산화물 ; 61, 91, 137
급속교반 ; 68, 135, 138, 139
급속모래 여과지 ; 145, 149
기계식 농축조 ; 507~509, 550

기질농도 ; 250, 251, 255~257, 260, 268

(ㄴ)

나노필터 ; 199
나선형 ; 186, 194, 544
난류상태 ; 289
남조류 ; 230, 235, 492
내부수 ; 532, 533
내생감소 ; 274
냄새 ; 94, 98, 99, 100, 135, 206,
212, 217, 235, 236, 311, 338,
368, 370, 378, 409, 410, 413,
443, 492, 493, 502, 526
녹조류 ; 233, 234
농도규제 ; 567, 575
농도분극 ; 189, 191, 192, 193, 194,
226
농도수지산정법 ; 31
농축 ; 38, 58, 191, 201, 223, 308,
434, 504~509, 511, 516~518,
520, 529, 546
늪 ; 441, 446

(ㄷ)

다(유)공관형 ; 151
단로흐름 ; 294
단순부상 ; 53
단위중량 ; 535
단층여과, 다층여과 ; 146
대수생장기 ; 265
대이온 ; 117, 126
독성물질 ; 29, 314, 321, 340, 396, 398,
401, 410, 420, 422, 460
독소 ; 236
동력 ; 139, 189, 357, 370, 558, 576
동화반응 ; 238, 247

살수여상 – 고형물접촉법 ; 433, 435, 438
살수여상 – 활성슬러지법 ; 439, 440
삼투압 ; 116, 117, 187
삼투현상 ; 116
상수원 ; 488
상승작용 ; 555
상향류여과 ; 146
색도 ; 99, 137, 235, 489
생물 화학적 산소요구량 ; 565, 566
생물활성탄여과 ; 490
생분해 ; 91, 175, 239, 470, 491
생성속도 ; 254, 255, 270
생장률 ; 263, 265
생태학적 덤핑 ; 557
생합성 ; 238, 240, 241, 243
생활하수 ; 357, 383, 440, 474, 494
생흡착 ; 345
석출법 ; 90
석회사용 안정화 ; 526
선속도 ; 48, 388, 421, 493
섬모충류 ; 234, 312
세균 ; 94, 109, 135, 146, 210, 213~216,
　　230, 232, 233, 238, 243, 244, 246,
　　263, 311, 488, 499, 512, 527
세대시간 ; 263
세척 ; 29, 69, 151, 189, 529, 564
세포 ; 229~231, 238, 240, 241, 246,
　　263, 266, 269, 309, 339, 402, 480
소각 ; 308, 503, 546, 563
소독부산물 ; 209, 227, 491
소류속도 ; 28
소수 ; 105, 465
소수콜로이드 ; 112
소화법 ; 512, 520, 521, 551
소화조 용적 ; 410
속도경사 ; 68, 139, 222

손실수두 ; 24, 25, 147, 153, 161
수도 ; 312
수소결합 ; 528
수온 ; 58, 156, 325, 364, 368, 452,
　　566
수위 ; 155
수화 ; 123, 181
순 산소 활성슬러지법 ; 351
스크린 ; 23~26, 37, 160, 501
슬러지 건조상 ; 544, 545
슬러지 밀도지표 ; 334
슬러지 블랑켓 ; 142, 143
슬러지 순환형 ; 142
슬러지 용량지표 ; 333
슬러지 일령 ; 175, 331
슬러지반송 살수여상법 ; 435, 436, 439
슬러지반송살수여상 – 활성슬러지법 ; 440, 441
슬러지블랭킷공정 ; 415, 430
슬러지의 개량 ; 528, 551
습식 공기산화법 ; 105
습식산화법 ; 522
심층포기식 활성슬러지법 ; 352
쐐기상의 모관결합수 ; 532

(ㅇ)

안정지 ; 441, 446
암모니아 탈기 ; 452, 453, 456, 457
압력여과 ; 144, 506, 533
압축성 ; 527, 531
압출유형 ; 291, 296, 297, 342
약품처리 ; 147, 528, 529
약품혼화지 ; 140
양수 ; 518
억제작용 ; 259, 261
엉김 ; 112, 115, 116
에너지장벽 ; 125

조용덕

약 력

경원대학교 공학박사(환경공학 전공)
상하수도 기술사
수질관리 기술사
현재) 에코하이텍 대표
     (주)건영이엔씨 기술이사
     경원대학교 겸임교수
     한국건설교통기술평가원 신기술 심사위원

주요 논문 및 저서

탄소나노튜브에 나노입자의 금속이 합성된 흡착제를 이용한 폐수처리장치
대사다능성에 의한 난분해성 인쇄폐수의 생분해 방법
무산소 활성오니공정을 이용한 폐수처리의 동력학적 해석 및 설계분석
철 전이금속이 담지된 분말활성탄을 이용한 후렉소잉크 폐수의 처리
호기성 공동대사작용에 의한 판지폐수처리 外

이상화

약 력

오하이오주립대학교 공학박사(화학공학 전공)
미국국립에너지연구소(NREL) 방문교수
미국 휴스턴대학 교환교수
현재) 경원대학교 교수
     경원대학교 공학교육혁신센터 협력위원
     경기도 BNS센터 연구부장
     한국화학공학회 공업화학부분 운영위원

주요 논문 및 저서

응집 공정상에서 플럭의 성장 특성 고찰
원수의 pH에 따른 전기장 – 멤브란 파울링 효과 고찰
UV/TiO$_2$ 허니컴 반응기에서 페놀의 광산화 반응
응집침강조에서 고상응집제를 이용한 탁도와 인의 제거 특성 고찰
Ultrafiltration of Desizing Wastewater Containing PVA in Bench Scale Test
Remediation of petroleum – contaminated soils by fluidized thermal desorption 外

"하나뿐인 지구" 지구촌 경제재 물 환경치유

수질공학의 응용과 해설[2]

초판인쇄 | 2010년 2월 26일
초판발행 | 2010년 2월 26일

지은이 | 조용덕 이상화
펴낸이 | 채종준
펴낸곳 | 한국학술정보㈜
주　소 | 경기도 파주시 교하읍 문발리 파주출판문화정보산업단지 513-5
전　화 | 031) 908-3181(대표)
팩　스 | 031) 908-3189
홈페이지 | http://www.kstudy.com
E-mail | 출판사업부 publish@kstudy.com
등　록 | 제일산-115호(2000. 6. 19)

ISBN　978-89-268-0782-8 14530 (Paper Book)
　　　　978-89-268-0783-5 18530 (e-Book)
　　　　978-89-268-0778-1 14530 (Paper Book set)
　　　　978-89-268-0779-8 18530 (e-Book set)

이담 Books 는 한국학술정보(주)의 지식실용서 브랜드입니다.